大飞机出版工程　总主编/顾诵芬

民机先进航电系统及应用系列

国家出版基金项目
NATIONAL PUBLICATION FOUNDATION

主编/冯培德　执行主编/金德琨

航空
电子系统综合化
与综合技术

Principles and Techniques
of Avionics System Integration

王国庆/著

上海交通大学出版社
SHANGHAI JIAO TONG UNIVERSITY PRESS

内容提要

　　航空电子系统是面向飞机飞行应用、系统功能和设备资源运行和管理的机载电子系统。航空电子系统综合化是面向飞行应用、系统功能和设备有效性的综合技术。

　　本书首先，根据航空电子系统需求，构建了面向飞行应用、系统功能和设备资源的组织模式和架构，提出了系统综合化需求和目标。再次，针对应用任务综合技术，论述了飞行应用、飞行情景、任务识别和任务运行的综合方法；针对系统功能综合技术，论述了系统功能组织、专业模式、运行条件和处理逻辑综合方法；针对物理资源综合技术，论述了通用计算资源、专用计算资源、专用物理资源和系统物理资源综合方法。最后，针对当前综合化航空电子系统典型架构，论述了联合式系统、IMA 系统和 DIMA系统的架构特征和综合模式。

图书在版编目(CIP)数据

航空电子系统综合化与综合技术/ 王国庆著. —上
海: 上海交通大学出版社，2019(2020 重印)
大飞机出版工程.航空电子系列
ISBN 978－7－313－19737－5

Ⅰ. ①航… Ⅱ. ①王… Ⅲ. ①航空设备－电子系统
Ⅳ. ①V243

中国版本图书馆 CIP 数据核字(2018)第 153649 号

航空电子系统综合化与综合技术
HANGKONG DIANZI XITONG ZONGHEHUA YU ZONGHE JISHU

著　　者：王国庆
出版发行：上海交通大学出版社　　　　　地　　址：上海市番禺路 951 号
邮政编码：200030　　　　　　　　　　　电　　话：021－64071208
印　　制：上海盛通时代印刷有限公司　　经　　销：全国新华书店
开　　本：710 mm×1000 mm　1/16　　　印　　张：39.5
字　　数：540 千字
版　　次：2019 年 12 月第 1 版　　　　　印　　次：2020 年 7 月第 2 次印刷
书　　号：ISBN 978－7－313－19737－5
定　　价：398.00 元

总序

　　国务院在 2007 年 2 月底批准了大型飞机研制重大科技专项正式立项,得到全国上下各方面的关注。"大型飞机"工程项目作为创新型国家的标志工程重新燃起我们国家和人民共同承载着"航空报国梦"的巨大热情。对于所有从事航空事业的工作者,这是历史赋予的使命和挑战。

　　1903 年 12 月 17 日,美国莱特兄弟制作的世界第一架有动力、可操纵、重于空气的载人飞行器试飞成功,标志着人类飞行的梦想变成了现实。飞机作为 20 世纪最重大的科技成果之一,是人类科技创新能力与工业化生产形式相结合的产物,也是现代科学技术的集大成者。军事和民生对飞机的需求促进了飞机迅速而不间断的发展,体现和应用了当代科学技术的最新成果;而航空领域的持续探索和不断创新为诸多学科的发展和相关技术的突破提供了强劲动力。航空工业已经成为知识密集、技术密集、高附加值、低消耗的产业。从大型飞机工程项目开始论证到确定为《国家中长期科学和技术发展规划纲要》的十六个重大专项之一,直至立项通过,不仅使全国上下重视起我国自主航空事业,而且使我们的人民、政府理解了我国航空事业半个世纪发展的艰辛和成绩。大型飞机重大专项正式立项和启动使我们的民用航空进入新纪元。经过 50 多年的风雨历程,当今中国的航空工业已经步入了科学、理性的发展轨道。大型客机项目其产业链长、辐射面宽、对国家综合实力带动性强,在国民经济发展和科学技术进步中发挥着重要作用,我国的航空工业迎来了新的发展机遇。

　　大型飞机的研制承载着中国几代航空人的梦想,在 2016 年造出与波音 737 和空客 A320 改进型一样先进的"国产大飞机"已经成为每个航空人心中奋斗的目标。然而,大型飞机覆盖了机械、电子、材料、冶金、仪器仪表、化工等几乎所有工业门类,集成了数学、空气动力学、材料学、人机工程学、自动控制学等多种学科，是一个复杂的科技创新系统。为了迎接新形势下理论、技术和工程等方面的严峻挑战，迫切需要引入、借鉴国外的优秀出版物和数据资料，总结和巩固我们的经验和成果，编著一套以"大飞机"为主题的丛书，借以推动服务"大型飞机"作为推动服务整个航空科学的切入点，同时对于促进我国航空事业的发展和加快航空紧缺人才的培养，具有十分重要的现实意义和深远的历史意义。

2008年5月，中国商用飞机有限责任公司成立之初，上海交通大学出版社就开始酝酿"大飞机出版工程"，这是一项非常适合"大飞机"研制工作时宜的事业。新中国第一位飞机设计宗师——徐舜寿同志在领导我们研制中国第一架喷气式歼击教练机——歼教1时，亲自撰写了《飞机性能捷算法》，及时编译了第一部《英汉航空工程名词字典》，翻译出版了《飞机构造学》和《飞机强度学》，从理论上保证了我们的飞机研制工作。我本人作为航空事业发展50年的见证人，欣然接受了上海交通大学出版社的邀请担任该丛书的主编，希望为我国的"大型飞机"研制发展出一份力。出版社同时也邀请了王礼恒院士、金德琨研究员、吴光辉总设计师、陈迎春总设计师等航空领域专家撰写专著、精选书目，承担翻译、审校等工作，以确保这套"大飞机"丛书具有高品质和重大的社会价值，为我国的大飞机研制以及学科发展提供参考和智力支持。

编著这套丛书，一是总结整理50多年来航空科学技术的重要成果及宝贵经验；二是优化航空专业技术教材体系，为飞机设计技术人员培养提供一套系统、全面的教科书，满足人才培养对教材的迫切需求；三是为大飞机研制提供有力的技术保障；四是将许多专家、教授、学者广博的学识见解和丰富的实践经验总结继承下来，旨在从系统性、完整性和实用性角度出发，把丰富的实践经验进一步理论化、科学化，形成具有我国特色的"大飞机"理论与实践相结合的知识体系。

　　"大飞机"丛书主要涵盖了总体气动、航空发动机、结构强度、航电、制造等专业方向，知识领域覆盖我国国产大飞机的关键技术。图书类别分为译著、专著、教材、工具书等几个模块；其内容既包括领域内专家最先进的理论方法和技术成果，也包括来自飞机设计第一线的理论和实践成果。如：2009 年出版的荷兰原福克飞机公司总师撰写的 *Aerodynamic Design of Transport Aircraft*（《运输类飞机的空气动力设计》）；由美国堪萨斯大学 2008 年出版的 *Aircraft Propulsion*（《飞机推进》）等国外最新科技的结晶；国内《民用飞机总体设计》等总体阐述之作和《涡量动力学》《民用飞机气动设计》等专业细分的著作；也有《民机设计 1000 问》《英汉航空双向词典》等工具类图书。

　　该套图书得到国家出版基金资助，体现了国家对"大型飞机项目"以及"大飞机出版工程"这套丛书的高度重视。这套丛书承担着记载与弘扬科技成就、积累和传播科技知识的使命，凝结了国内外航空领域专业人士的智慧和成果，具有较强的系统性、完整性、实用性和技术前瞻性，既可作为实际工作指导用书，亦可作为相关专业人员的学习参考用书。期望这套丛书能够有益于航空领域里人才的培养，有益于航空工业的发展，有益于大飞机的成功研制。同时，希望能为大飞机工程吸引更多的读者来关心航空、支持航空和热爱航空，并投身于中国航空事业做出一点贡献。

2009 年 12 月 15 日

系列序

　　20世纪后半叶特别是21世纪初,信息技术的高速发展带动了其他学科的发展,航空信息化、智能化加速了航空的发展。航空电子已成为现代飞机控制和运行的基础,越来越多的重要功能有赖于先进的航空电子系统来实现。先进的航空电子系统已成为飞机先进性的重要标志之一。

　　如果将发动机比作飞机的"心脏",航空电子系统则称得上是飞机的"大脑"和"中枢神经系统",其性能直接影响飞机的自动化和智能化水平,对飞机的安全性、经济性、舒适性、可用性等有重要的作用。由于航空电子系统地位特殊,因此当今主流飞机制造商都将航空电子系统集成与验证的相关技术列为关键技术,这也是我国亟待突破的大飞机研制关键技术。目前,国家正筹备航电专项以提升航空电子系统的自主研发和系统集成能力。

　　随着国家对航空产业的重视,在"十二五""十三五"民机科研项目的支持下,在国产大飞机研制的实践中,我国航空电子系统在综合化、模块化方面取得了很大的进步。本系列图书旨在将我国广大工程技术人员在航空电子技术方面多年研究成果和实践加以梳理、总结,为我国自主研制大型民用飞机助一臂之力。

　　本系列图书以"民机先进航电系统及应用"为主题,内容主要涵盖航空电子系统综合技术、飞行管理系统、显示与控制系统、机载总线与网络、飞机环境综合监视、通信导航监视、航空电子系统软件/硬件开发及适航审定、客舱与机载信息系统、民机健康管理系统、飞行记录系统、驾驶舱集成设计与适航验证、系统安全性设计与分析和航空电子适航性管理等关键性技术,既有理论又有设计方法;既有正在运营的各种大型飞机航空电子系统的介绍,也有航空电子发展趋势的展望,具有明显的工程实用性,对大飞机在研型号的优化和新机研制具有参考和借鉴价值。本系列图书适用于民用飞机航空电子研究、开发、生产及管理人员和高等学校相关专业师生，也可供从事军用航空电子工作的相关人员参考。

本系列图书的作者主要来自航空工业无线电电子研究所、航空工业西安航空计算技术研究所、航空工业雷华电子技术研究所、航空工业综合技术研究所、中国电子科技集团航空电子公司、航空工业陕西千山航空电子有限责任公司、上海交通大学以及大飞机研制的主体单位——中国商用飞机有限责任公司等专业的研究所、高校以及公司。他们都是从事大飞机航空电子系统研制的专家和学者，在航空电子领域有着突出的贡献、渊博的知识和丰富的实践经验。

大型民用飞机的研制承载着中国几代航空人的梦想，制造出先进的国产大飞机已经成为每个航空人奋斗的目标。本系列图书得到 2019 年国家出版基金的资助，充分体现了国家对"大飞机工程"的高度重视，希望该套图书的出版能够为国产大飞机的研制服务。衷心感谢每一位参与编著本系列图书的人员，以及所有直接或间接参与本丛书审校工作的专家学者和上海交通大学出版社的"大飞机出版工程"项目组，在大家的共同努力下，这套丛书终于面世。衷心希望本系列图书能切实有利于我国航空电子系统研发能力的提升，为国产大飞机的研制尽一份绵薄之力。

由于本系列图书是国内第一套航空电子系列图书，规模大、专业面广，作者的水平和实践经验有限，不妥之处在所难免，敬请读者批评指正！

民机先进航电系统及应用系列编委会

前言

综合化系统是新一代航空电子系统发展的重要方向,它描述了系统应用、能力和设备一体化的组织和运行。综合化技术是航空电子系统综合化的核心技术,是描述系统目标、过程和性能优化的途径和方法。随着航空电子系统规模越来越大,系统构成要素越来越多,系统环境条件越来越复杂,任何单一的专业、能力和技术无法覆盖系统的应用领域、运行环境和能力类型的组织需求,无法支撑系统的目标形式、活动领域和性能范围的作用空间,无法提供系统运行效能、过程效率和结果有效性的优化过程。因此,新一代航空电子系统发展对系统综合化提出了迫切的需求。

航空电子系统综合化是面向系统应用、功能和设备的组织和综合,其主要目的是:通过复杂飞行过程的多种应用组织和综合,提升系统应用任务运行能力和效能;通过复杂系统环境的多种功能组织和综合,提高系统功能处理过程的品质与效率;以及通过复杂设备类型的多种资源组织和综合,增强系统设备资源共享和有效性;最终实现系统整体效能、效率和性能的提升。

航空电子系统综合技术是面向系统应用目标、系统能力和设备操作需求,根据应用任务、系统功能和设备资源组织,通过系统的活动合成、过程集成、信息融合和资源共享的综合技术,实现飞行过程优化——增强应用目标、扩展作用领域和提升运行效能;实现系统功能处理优化——增强系统能力、扩展处理范围和提升处理效率;实现设备资源使用优化——增强资源共享、复用操作过程和提升结果置信度,最终实现航空电子系统综合化的目标。

本书提出了自上向下的航空电子系统架构组织,论述了系统任务架构、系统功能架构和系统物理架构的能力构成和组织模式;并论述了飞行任务架构、飞行情景识别、任务能力组织、任务运行管理以及应用任务综合过程;针对系统功能综合技术,论述了系统功能架构、功能专业组成、功能逻辑组织以及功能处理综合模式;针对系统物理资源综合技术,论述了通用计算资源组织、专用计算资源组织、专用物理资源组织以及设备物理资源综合方法。

针对系统应用任务、系统功能和物理资源的综合方法,本书从航空电子系统设计过程和运行过程组织的角度,介绍了飞行应用任务、系统功能能力和设备物理资源组织过程,描述了系统任务生成过程和运行过程组织模式、系统功能生成过程和运行过程组织模式、设备资源生成过程和运行过程组织模式,论述了航空电子系统基于设计生成过程综合方法和基于运行组织过程综合方法。

针对当前航空电子系统综合化典型的应用架构,本书系统地分析了典型系统架构组织和平衡的因素,介绍了联合式系统架构和其资源组织、功能处理和应用运行综合方法,讨论了IMA系统架构和IMA平台资源、功能和应用综合方法,论述了DIMA系统架构DIMA虚拟空间应用与功能综合方法和物理空间资源能力与过程综合方法。

最后,针对航空电子系统综合化测试与验证,本书介绍了系统开发过程组织架构和系统开发过程的测试与验证组织,描述了系统飞行应用过程构成和系统应用综合测试与验证组织,讨论了系统功能处理过程构成和系统功能综合测试与验证组织,论述了系统资源操作过程构成和系统物理综合测试与验证组织。

本书的编写得到了中航工业中国航空无线电电子研究所谷青范、吴建民、王淼、董海勇、荣灏和相关科研人员的大力支持。本书还获得了国家重点基础研究发展计划(973计划)项目"面向大型飞机综合化航空电子系统安全性基础问题研究"和国家出版基金资助。

航空电子系统综合化是面向系统设计技术,具有概念新、领域广和范围宽的特征,本书编写中难免存在不全面、不系统、不完善之处,希望大家批评指正。

感谢中国航空工业科技委金德琨研究员、上海交通大学出版社"大飞机出版工程"钱方针博士、责编赵维善研究员对本书支持和帮助!

目录

6　航空电子系统物理资源综合技术 / 327

7 航空电子系统组织综合化 / 395

8　典型航空电子系统综合架构 / 459

9　综合化航空电子系统测试与验证 / 523

1

绪论

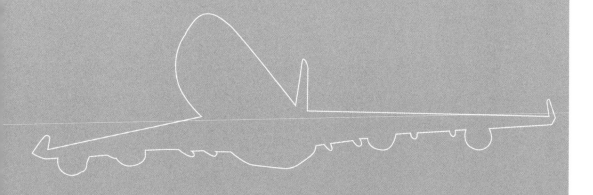

1.1　概述

航空电子系统是由多重应用、多种功能和多样设备构成,具有典型多目标、多能力和多过程组织的复杂系统特征。已知复杂系统由众多形态不同、内容不同、能力不同和行为不同的物质构成,而这些不同的物质存在着某种直接的、间接的和潜在的联系,任何事物的能力、活动和环境都会对其他事物产生不同程度的影响。对于复杂系统来说,如何认识这些事物产生的不同程度的作用和影响,识别它们之间活动的关联和效应,解决系统存在的问题和缺陷,提高预期目标的实现概率和效果,已成目前复杂系统研究的核心领域。

对于复杂系统多目标、多能力和多过程特征,目前的研究主要分为两种不同的研究思路:一是大数据技术,另一是综合化技术。

大数据技术是面向系统运行过程数据采集、统计、挖掘、推理和认知的技术,是依据系统运行环境、过程和状态产生的大量数据,建立活动模式与数据关联,识别基于这些数据直接的、间接的和潜在的联系,通过逻辑、条件和状态推理,挖掘事物内在的关系、权重和影响,进行系统能力、知识和认知的积累。也就是说,大数据不是采用事物逻辑正向分析和解决思路,而是面向事物运用数据分析和推理的方法。因此,大数据技术主要存在的问题是:数据覆盖的全面性问题,数据成分和范围有效性问题,数据关联模型覆盖面、有效性和精度,基于推理的知识库有效性问题,以及知识挖掘认知有效性问题。

综合化技术是面向系统组织和设计的技术,是系统自顶向下的正向设计技术。即针对事物的复杂能力、活动和环境,组建系统综合的应用、任务和目标,建立系统综合能力、功能和过程,构建系统综合资源、操作和运行,实现系统预期目标需求。对于复杂系统来说,虽然目前正向过程组织和设计存在知识不足、认识不到或考虑不周的问题,但随着人们的认识和知识的不断提升,信息环境组织和信息处理能力的不断增强,系统的组织会越来越全面,系统的处理会越来越深入,系统的结果会越来越精确。特别是随着人工智能技术的高速发展和推广应用,复杂系统的组织、处理和推理将更加准确,将大大降低复杂系统综合化因素的不确定性,有力地提升系统综合结果的有效性。

航空电子系统是由面向飞行环境系统的任务组织、功能组织和复杂设备能力构成。不同的飞行环境具有不同的飞行任务和飞行目标,不同的系统功能具有不同的处理逻辑和处理品质、不同的设备能力具有不同的运行模式和操作性能。对于航空电子系统来说,如何组织飞行任务实现飞行目标和效能,如何组织系统功能提升系统能力和效率,如何组织设备能力提高资源利用率和有效性,对系统综合化技术提出了迫切的需求。

航空电子系统可以从三个层次理解:

(1) 航空电子系统是飞机飞行组织和管理系统,是按照飞行计划,根据空域管理,针对气象环境,依赖基础设施,通过空地协同,实现安全、有效和高效的飞行系统。

(2) 航空电子系统是飞机系统的能力组织中心,提供飞行航路导引、交通态势感知、飞行任务识别、飞行组织决策、飞行安全监控、飞行能力保障以及飞行信息管理等能力。

(3) 航空电子系统是飞机设备组织管理平台,满足驻留应用需求,以及运行组织模式、逻辑处理能力、操作过程效率、环境工作条件、能力状态管理、结果状态有效性等要求。

航空电子系统综合化是系统应用、功能和设备的组织和综合,其主要目的是,提升系统在复杂飞行过程中的应用任务运行能力和效能;提高系统在复杂系统环境功能处理过程的品质与效率;增强系统设备资源共享和有效性,最终实现系统整体效能、效率和性能的提升。

航空电子系统综合技术是面向系统应用目标、系统能力和设备操作需求,根据应用任务、系统功能和设备资源组织,通过系统的活动合成、过程集成、信息融合和资源共享的综合技术,实现飞行过程优化——增强应用目标、扩展作用领域和提升运行效能;实现系统功能处理优化——增强系统能力、扩展处理范围和提升处理效率;实现设备资源使用优化——增强资源共享、复用操作过程和提升结果置信度,最终实现航空电子系统综合化的目标。

1.1.1　航空电子系统概念

航空电子最早是指将电子技术运用到航空领域(主要指飞机)的一门学科。随着电子技术的发展,特别是数字电子技术、信息技术和计算机技术的发展,航空电子作用和能力不再局限于原有飞机单独仪表能力的实现与提升,而是面向飞机整体能力与能力组织,形成了飞机能力组织与实现、飞行过程引导与控制、飞机状态监控与管理。航空电子系统完成了从提供飞机能力支撑到飞行任务组织管理的转变。因此,目前航空电子一般称为航空电子系统。

随着技术的进步与发展,电子技术与计算机技术已深入飞机机体和发动机能力与实现过程中。如飞机机体的变形控制和发动机喷油的监控等,都已经超越了飞行任务系统的范畴。目前,有些论著将凡是与飞机电子系统相关的领域和活动能力都称为航空电子系统,但大多数论著还是将航空电子系统定位于飞机的任务系统。本书主要的目标是面向飞机的任务组织与管理领域,航空电子系统采用面向飞行任务系统的定义。

当前航空电子系统已成为飞机重要组成部分之一。飞机由机体、发动机和机载系统三大部分构成。机体提供运载平台;发动机提供飞行动力;航空电子系统提供飞行任务组织、运行与管理能力。

航空电子系统是指基于电子技术、信息技术和计算机技术能力支持飞机飞行和任务管理的设备与系统。飞机飞行过程组织是依据事先确定的飞行任务——飞行计划,根据飞行导航模式——飞行导引,依据飞行的交通环境——飞行监视,根据当前飞行状态——飞行管理,通过飞行过程的决策——空地协同,实现计划、安全、有效的飞行过程。早期的航空电子系统主要是基于飞行员能力的组织和扩展。建立飞行管理系统,增强飞行决策能力;建立语音通信,扩展飞行空地通信能力;建立显示系统,增强飞行员飞行观测能力;建立导航系统,提高飞行员航向判别能力。随着航空电子系统技术的不断进步与发展,飞机飞行应用和任务执行逐渐地从人的能力、设备的能力、飞机的能力向航空电子系统自主能力转变。航空电子系统建立了飞行组织,通过与飞行员交互,系统组织飞行计划、飞行导引、飞行监视和飞行管理过程,有效地增强了飞行功能和能力,有效地提升了飞行性能和品质,从而能有效地实现飞行的任务。

飞机的飞行过程核心能力包括飞行组织、飞行操作、飞行控制和飞行管理能力。在飞机飞行过程中,飞行员根据不同的任务,确定不同的飞行过程组织;根据不同的飞机能力,确定不同的飞行操作;根据不同飞行环境,确定不同的飞行控制;根据不同的飞行状态,确定不同的飞行管理。航空电子系统针对飞机的飞行过程需求,根据当前技术的不断进步,有效地提升了飞行应用组织能力、飞行系统功能组织能力和机载设备资源运行能力,实现了飞机飞行过程能力提升、性能提高和效能改进。

初期的航空电子系统主要是围绕飞行员驾驶飞机的需求,提供飞行过程的基本功能需求,协助飞行员完成飞行过程组织、运行和管理,主要包括以下几个方面。

1) 飞行导航需求

飞行导航需求是给飞机飞行提供导航能力。飞机导航能力是飞机飞行过程首先关注的核心能力。飞机最初没有导航设备,仅依靠飞行员目视能力进行飞行导航。随着技术进步,有了甚高频全向信标机(VOR)、长波罗兰 C(LORAN-C)和仪表着陆系统(ILS),有效地提升了飞机的导航能力。随着航空电子系统的不断进步,导航能力已由单一指示仪表发展为多种导航原理和机制的导航模式。对导航的基本要求是按飞机航行需要提供实时而精确的三维位置和三维姿态的共 6 个自由度的导航能力。

导航功能根据飞机起飞、爬升、巡航、下降、进近和着陆整个飞行过程的要求,提供飞机在极坐标系、平面直角坐标系和地理坐标系下的位置、航向与方位、高度以及满足飞行系统要求的数据更新率。导航性能应用确定飞行导航能力精度、可用性和可靠性、覆盖范围、信息更新率以及系统的完好性。

2）空地通信需求

空地通信需求是给飞机提供飞行指令发送、飞行状态交互和飞行决策管理能力。飞机通信能力是飞机飞行过程中飞行员与地面空中交通控制和指挥中心、维护中心或其他相关者语音进行交流和信息交换的重要途径。早期航空电子系统是建立了无线电电台支持飞行员与机场话音通信，使飞行员和指挥中心（或机场）能相互了解对方的情况，便于指挥中心掌握空中和地面动态情况的变化，协调双方的意图，实现飞行过程的协同管理。随着技术的进步，航空电子系统发展了数据通信技术，构建了数据链，使飞机和指挥中心形成了信息组织和信息共享，有效地提升了飞机飞行过程管理的能力。特别是随着卫星通信技术的发展，飞机形成了在整个飞行过程的监控与管理的能力。

通信能力主要是基于无线电技术，针对不同的通信需求（飞机间、空地、天地、卫星），根据不同的通信模式与特征（通话、数据、信息、网络），确定不同的通信频段和机制（L, Ls, S, C, X），支持不同的通信需求与能力（窄带、宽带、卫星通信、Wi-Fi），提供不同的通信服务（环境、态势、功能、任务）。

3）飞行驾驶显示需求

飞行驾驶显示需求是给飞行员提供飞行环境的显示能力。飞机显示能力是飞机各种飞行信息汇集的组织，是飞行员和飞机与外界交互的平台，也是飞行员发出各项指令管理的中心。显示系统在飞行任务系统的管理下，通过信息获取、组织和融合，形成飞行过程状态和环境态势感知，支持飞行员任务组织与决策，实现飞机飞行过程的监控与管理。显示系统与飞机各个系统具有宽广的交联方式，建立有效飞行信息的汇聚；建立多种飞行员交互方式（如触敏、语音指令、光标控制器、多功能键等），实现了飞行员与飞机的交互模式；接收飞行各项任务的数据、参数和状态信息等，实现视频及图像、听觉与语音、触觉与手动控制等信息的综合处理，形成面向飞机飞行过程的图形、图像及视频显示，为飞行员提供态势感知、飞行控制、飞行指引、任务组织和系统管理的能力。

显示能力采用主飞行显示器作为飞行过程控制和指引的平台,使飞机获得飞机内部与外界环境的信息,为飞行员提供飞行姿态和参数,同时支持飞行员与飞机的交互;采用多功能显示器作为飞机自身状态的显示与管理,如发动机和机电设备,为飞行员提供飞机当前状态信息,支持飞机状态管理和飞行决策;采用平视显示器作为飞行员实时视景态势的综合显示,提升飞行员对外界场景的感知能力;采用光标控制器、多功能按键板和其他控制板,支持飞行员交互式选择、控制和协同的能力。

4) 飞行安全监视能力

飞行安全监视能力是给飞行员和空管员提供飞行过程安全状态和安全保障的能力。飞机监视能力是飞机飞行过程对环境情景和威胁情况的监视与告警能力。飞机监视能力首先是对飞行途中气象的监测与评估。由于飞机飞行过程环境复杂,不同的气象条件会对飞机飞行安全产生不同的影响。特别是湍流气象条件和低空风切变对飞行安全产生重大的影响。在飞机飞行途中,不同空域密度和交通环境可能引起的飞机空中相撞也是影响飞机安全的重要因素。特别是在运输繁忙的机场,由于终端空域密度增加和安全隔离间距缩短,增大了飞机相撞的概率。在飞机着陆过程中,飞机撞地是飞机发生事故的重灾区。特别是在低能见度和低高度进近以及并行跑道降落过程中,对飞行安全性的影响更大。因此,构建系统监控能力,增强飞行员对复杂情况的感知,提前告知冲突探测、危害预告和危害程度也是飞机监视能力的重要内容。

飞行途中气象监控是采用机载气象雷达(WXR),针对复杂气象条件,特别是对湍流和低空风切变气象情况,采用基于机理的对抗策略,将气象杂波抑制到雷达接收机线性动态范围内,探测到湍流、低空风切变危险区和程度。飞机监视系统还针对飞行过程,采用空中防撞系统(TCAS),特别是通过采用ADS-B In 和 ADS-B Out 技术,实时报告飞机位置,支持飞行航路预测,提供空中防撞告警;采用地形感知告警系统,通过自身的全球机场位置数据库和地形轮廓数据库,实现进场着陆过程中地形感知告警。

5）飞行管理能力

飞行管理能力是给飞行员提供飞行过程组织和管理的能力。飞机飞行管理能力通过自动飞行手段来提升飞行品质、增强飞行安全、减轻飞行员负担和提高飞行运行效率。早期的飞行自动驾驶仪是通过辅助飞行员驾驶能力，支持飞机平飞的过程。随着电子技术的发展，特别是计算机技术的发展，飞行控制计算机实现了飞机的自动操纵，包括平飞、转弯和升降；推力控制计算机实现了飞机转弯和升降的动力自动调节；导航计算机实现了自动定位和航迹计算，这些技术使飞机具有了全天候飞行管理的能力。从规划的角度，飞行管理能力支持飞机飞行运行模式，通过基于座舱显示系统的能力，实现飞机飞行计划，并组织协调和综合飞机其他系统的功能和作用，在整个飞行过程中实现飞行任务自动控制与管理。从管理的角度，飞行管理能力集成导航、导引、控制、显示能力，通过基于能力的优化与综合，增强飞行安全，提升飞行品质，节省燃油，提高运行效率。从实现的角度，飞行管理能力作为航空电子系统组织与管理者，构建组合导航模式可具有更高的导航精度，设置了高可靠性容错能力支持两人制飞行员管理模式，使系统具有高可靠性，同时减轻了飞行员的负担。

飞行管理功能提供飞行计划管理，支持飞行前建立燃油需求，在飞行中监视、修改和协同可选择的飞行计划，包含航路、航段、标准仪表起飞（SID）、标准终端降落（STAR）以及复飞程序和备用机场等，形成整个飞行过程的规划组织；飞行管理功能采用甚高频全向信标、测距器、塔康、无线电信标等，支持传统导航模式；新一代飞行管理功能采用全球导航卫星系统（GNSS），广域增强系统（WAAS）、基于卫星增强系统（SBAS）、局域增强系统（LAAS）组合导航能力，基于地面区域增强系统（GBAS），支持区域导航（RNAV）和所需导航性能（RNP），减小了飞机当前位置和应飞航迹之间的偏航距和偏航误差。飞行管理功能提供飞行过程性能管理，支持飞行过程随重心、侧风、温度、燃油参数变化的水平导航与导引、垂直导航与导引、爬升速度、爬升推力、巡航过程以及下降过程的调整，并与飞机发动机及自动驾驶仪交联，实现整个飞行过程管理。

1.1.2 航空电子系统任务

航空电子系统是飞机的应用任务平台。飞机应用任务是指基于飞机的使命、面向飞行的需求、依据环境的条件,有目标、有计划、有组织的一次飞行过程和活动组织。飞行任务系统是指针对应用任务需求、环境和范围,依据应用任务能力的组织、管理和控制,实现应用任务系统目标、能力、过程和状态的一体化组织与管理。

航空电子系统应用任务是面向飞机的应用要求,根据应用的环境,建立应用目标,明确应用组织,确定应用结果。因此,航空电子系统任务由应用使命与背景、应用环境与情景、应用目标与能力、应用组织与结果组成。任何任务组织的建立都是基于系统应用的使命和背景需求。即系统应用的使命与背景是基于环境与情景的,不同环境与情景具有不同的目标要求和能力需求,不同目标和能力具有不同组织模式和结果。因此,航空电子系统作为飞机的应用任务平台,必须建立和明确飞机的应用使命,确定相关的应用环境与情景,构建支持的应用目标和任务,并形成相应的组织与结果。

1) 应用使命与背景

应用使命与背景是飞机飞行应用任务组织的基础。不同的飞机具有不同使命、不同应用期望和不同的飞行需求,从而形成不同的使命目标,明确使命的过程组织,形成使命的能力需求,这就是我们所说的应用使命和背景。如宽体远程运输机、窄体支线运输机、通用飞机、全天候运输直升机以及特种飞机等,由于不同种类的飞机具有不同的飞行使命和背景,形成了各自独立的运行模式和能力。

例如宽体客机是长航程旅客运输机,其主要运行模式和目标是:长航程,大于 14 000 km,越洋飞行,跨越不同空域管理区;高收益,关注运行成本和收益,单人/单座/飞行小时收益最高;高遣派率,全天候气象飞行,支持低能见度起飞和降落,低后勤保障和维护需求;高空域资源利用率,高密度空域飞行,大型高密度机场,支持并行跑道起降;高飞行效率,基于航迹飞行,支持连续爬升、连续降落和连续巡航飞行模式;高安全,飞行空域交通态势,飞行航路冲突管理,飞行最小隔离,飞行间隔管理;高舒适,机上办公,宽带通信,旅客自适应娱乐等。

宽体客机基于其使命和背景,在整个飞行过程,针对飞机不同飞行阶段分类(如滑行、起飞、爬升等),根据各个阶段环境需求(如空中交通管理、机场离港和进港管理),确定不同飞行任务,支持国际民航组织(ICAO)规定的规则和要求,优化飞行过程,满足飞机更加安全、更少延误、更加节省燃油、更加省时、更加准时、更加环保、更加减少排放的使命要求。通过飞机使命的定义,确定飞机各个阶段的应用组织,明确各个阶段的应用任务,形成应用任务的需求,并通过各个阶段所有应用任务集成形成飞机的使命目标。当飞机使命目标确定后,依据飞机整个飞行阶段的划分,将飞机的使命目标分解到各个阶段的目标。飞机在各个阶段内飞行模式可根据与空管或机场交互模式,依据飞机自身具有的能力,构建本阶段内的目标组织,以及构建各阶段任务组织。

应用使命是基于不同的应用目标、根据不同的应用环境,依据不同的应用对象,组织和建立满足飞机应用使命和背景的要求。飞行能力、飞行效率、飞行成本、飞行安全性以及飞行舒适性主要取决于飞机三个利益相关方组织,即飞机制造商、空管局和航空公司。飞机制造商是飞机开发和制造者,它依据飞行的使命和背景要求,建造飞行平台和系统,提供满足飞行目标、飞行环境和飞行收益的能力,满足飞行过程、飞行效率和安全性能力需求。空管局是飞行组织和飞行空域管理部门,它们依据飞行的使命和背景要求,依据国际民航组织和各自政府批准的飞行程序要求,根据当前空域和机场设施能力(机场跑道、卫星导航、通信链路等),针对飞行空域气象条件,提供飞行过程组织和飞行流量管理,满足空域利用率、飞行效率、飞行安全性需求。航空公司是飞行规划和飞行目标组织者,也是飞行受益者或者损失的承受者,它们依据飞行的使命和背景要求,依据航空公司采购飞机的类型与能力,根据确定的飞行航线,向空管局申请飞行计划,给飞行员提供经济飞行程序和飞行过程要求,以及满足飞行过程协同组织和能力需求。

2）应用环境与情景

应用环境与情景是飞行任务系统的需求与组织。针对飞机的使命需求,根据飞机整个飞行过程的组成,依据不同飞行阶段特征和要求,确定飞行过程的任务组织需求。但是,由于整个飞行任务过程环境很复杂,响应实时性要求很高,涉及的能力需求很多。所以,面对复杂的飞行环境和飞机能力组织,如何建立满足飞行应用环境的相关任务组织一直是飞行应用任务组织研究的难题。随着系统环境和情景仿真与模拟技术的发展,基于飞行应用情景的飞行任务组织已成为目前飞行任务组织与设计的重要研究方向。因此,分析与构建飞机的应用环境与情景是飞行任务系统设计的关键技术之一。

飞机所有任务都可以通过面向飞行应用环境与情景设计来实现,即根据飞机不同的飞行阶段的划分,依据飞机各个阶段分解的目标来确定飞机飞行的环境。飞机飞行阶段环境主要有:阶段的目标,如滑行、起飞、巡航、降落、进近等;能力条件,如低能见度、气象条件、进近着陆、最小飞行间隔等;管理要求,如飞行规则、协同组织、精密导航、飞行导引等;性能组织,如安全性、一致性、可用性和维护性等;飞机能力,如探测能力、通信能力、监视能力和导引能力等。飞机应用的情景是面向复杂系统的飞行任务系统设计方法。针对复杂系统构成,由于存在复杂动态环境,多目标独立能力的参与载体,非逻辑组织模式,非线性处理过程,系统的任务活动和任务组织难以建立相关的解析数学公式表达。因此,飞行任务应根据不同飞行阶段的特征,针对阶段分解的目标,依据阶段处理环境,建立面向专业组织任务情景,如飞机起飞阶段的机场场面管理情景,包含飞机、机场、空管协同计划管理,飞机滑跑航迹管理,飞机定位与最小间隔,综合场面视景管理等;飞机爬升阶段情景:4D航迹监控与管理,空域流量空间与态势管理,航路导引管理,最小间隔监控管理等。飞机应用情景定义了飞机在飞行过程基于当前环境,根据阶段目标,形成整个任务活动的场景组织。飞机应用情景系统地描述了飞行当前任务组织,确定了任务背景环境,明确了任务活动模式,保障了任务活动组织的结果与飞机阶段结果的统一,为飞行任务系统奠定了基础。

3) 应用目标与能力

应用目标与能力是飞行任务系统的能力与保障。针对飞机阶段飞行过程的情景需求,飞行任务系统根据当前飞行环境,建立相应的飞行任务,形成各个场景任务的目标;根据飞机使命和飞行阶段,通过各个阶段场景任务综合,形成阶段任务目标;最终根据飞行任务运行模式,明确相关任务能力,确定飞行任务过程组织。飞行任务系统的过程是复杂的组织过程,飞行阶段情景是多目标、多能力和多过程组织。因此,如何确定飞行应用任务组织,构建系统专业能力,支持飞行阶段情景的实现,满足飞行运行目标要求,是复杂系统目标协同、能力平衡和综合处理的过程。随着复杂系统过程模型技术的发展,建立飞行过程的目标、能力和条件的量化行为和过程,支持多目标、多能力和多过程飞行过程量化组织,实现飞行应用目标与能力有机的组织,为飞行任务系统实现奠定了基础。

飞机应用目标与能力实现方法是面向飞行任务需求与系统功能支撑的组织。飞机应用目标与能力根据飞机的不同任务阶段划分构成各种任务情景,形成任务情景过程组织,构建基于任务情景活动,通过各个任务情景活动的运行,评估和分析其结果与飞行阶段目标结果的符合性。任务情景的结果评估与分析主要有任务组织目标结果符合性、任务处理过程逻辑符合性、任务性能组织符合性和任务能力模式符合性。如飞机降落阶段进近情景,针对建立的飞机进近情景,如全球导航、RNAV 和 RNP 以及机场 LPV 导航过程,飞机相关监视 ADS-B In 过程,气象风力与风向过程,低能见度与低高度进近过程,以及飞机尾流最小间隔监视过程等。首先确定过程处理组织模式符合性,确定各个处理过程逻辑符合性,确定处理精度、置信度、安全性和可用性符合性,最后确定支持处理导航能力、探测能力、监控能力、导引能力的符合性。如军机空中拦截,针对建立的空中拦截情景(想定)模型,如飞机导航性能模型、雷达多主探测模型、红外目标探测模型、威胁告警回避模型、他机协同任务模型,以及态势组织管理模型等。同样,确定模型处理组织模式符合性,确定各个处理过程逻辑符合性,确定处理精度、置信度、安全性和可用性符合性,最后确定支持处理导航能力、探测能力、监控能力、导引能力的符合性。因此,应用目标与能力一方面是与飞机飞行阶段任务情景匹配,另一方面与飞机功能组织衔接,为飞机航空电子系统功能设计奠定基础。

4) 应用组织与结果

应用组织与结果是飞行任务系统的组织模式与结果。针对飞机的使命需求,根据飞机阶段任务的情景设计,依据飞机形成任务结果和能力需求,飞行任务系统必须根据整个基于使命的任务组织,依据应用环境和变化,根据飞机各个阶段任务情景,实现所有任务过程组织,并监控任务结果和效能。由于飞机飞行阶段是相对独立的,对应的环境的感知能力是局部的,阶段任务情景是抽象的,飞行任务能力组织是有限的,人们的认识是局限的,必然对飞机应用任务的结果与预期产生偏离。因此,应用组织与结果首先完成飞机整个使命的任务组织与集成,实施任务状态的监控与组织管理,控制与监控各个阶段结果过渡与衔接;同时实施监控飞行任务环境的变化,激励相关的任务模型,修改系统的组织与管理状态,支持系统动态组织和管理;最后实时监视任务系统的结果,监视系统威胁和告警,报告任务执行结果和状态,支持结果有效性评估。

根据飞行应用组织和运行过程需求,飞机应用任务组织与结果构建了飞行过程目标,明确了飞行环境情景,定义了飞行任务能力,确定了飞行过程结果。飞机应用组织与结果主要由飞行计划组织、飞行环境感知、飞行任务决策和飞行过程组织构成,即根据飞行航路计划组织(初始计划、飞行动态计划),确定飞行航路和空域交通情景,构建飞行应用任务规划和能力组织;根据飞行空域环境(空域交通管理、机载交通态势显示),确定空域交通飞行条件,构建飞行任务目标和条件组织;根据飞行航路导引需求,确定区域导航和所需导航性能(RNAV、RNP)模式,构建飞行任务导航与导引性能组织;根据 4D 航迹管理组织,确定飞行航迹和飞行模式(TBO、所需到达时间、控制到达时间),构建飞行任务协同决策和运行管理要求；最后，根据飞行环境和任务运行过程，确定飞机过程安全性监视（气象、飞行最小间隔、飞机系统故障），构建飞行任务偏离和危害告警。

1.1.3　航空电子系统能力

航空电子系统能力是支撑航空电子系统所有活动的基础与保障。系统的应用任务是基于系统能力支持与保障。航空电子系统应用任务是建立在飞行任务系统能力基础上的。航空电子系统能力是基于飞机飞行阶段的划分，构建任务系统应用活动，建立任务系统管理模式，确定任务系统目标性能需求，形成飞机航空电子系统的能力组织。因此，飞机航空电子系统能力组织由飞行应用任务活动过程的能力、飞机管理任务组织能力和飞行运行任务处理能力构成。根据飞机使命的需求，依据飞行过程的划分，通过飞行任务应用活动模式能力组织，确定任务系统的应用过程处理要求，实现飞行任务系统应用的目标期望；通过飞行任务专业逻辑能力组织，确定任务系统的专业逻辑操作要求，实现飞机业务能力的目标期望；通过飞行任务处理能力组织，确定任务系统的处理性能指标要求，实现飞机系统性能的目标期望。因此，航空电子系统能力是飞行任务系统实现的基础。

1）飞行任务应用系统活动过程能力

飞行应用任务活动过程能力是实现飞机应用需求和飞行过程组织的基础能力。系统应用任务活动能力根据飞机飞行阶段划分，依据各个阶段定义的应用任务，建立实施应用任务过程组织能力模式。系统应用任务活动模式是基于飞机的使命，覆盖飞机整个飞行过程，依据不同飞行阶段不同任务目标，形成相应的应用任务活动组织。

由于民用客机是面向旅客运输需求的，是基于空域交通管理实现整个飞行阶段和飞行环境的飞行应用任务组织和管理的。飞行的应用模式根据各个飞行阶段划分并具有特征，针对每个阶段依据不同的环境，依据在该阶段每个场景定义的任务,针对每项任务具有的能力和运行的要求,形成各阶段各个场景的任务目标和管理模式。在此基础上,根据飞行管理需求,构建各个飞行阶段飞机满足各个场景和目标的飞行过程模式,如图 1.1 所示。

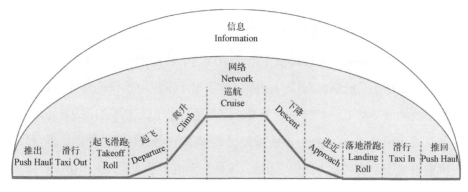

图 1.1　飞行使命和飞行阶段划分与构成

其中各飞行阶段主要内容包括以下几个方面。

(1) 计划:飞行员根据航空公司指定的飞行计划与空管和机场管理员,依据当前空域管理信息,协同制订当前飞行计划。

(2) 推出:飞行员依据空管给出的飞行计划和飞行许可,根据机场场面管理模式,实现启动推出。

(3) 滑行:飞行员依据空管系统给定的起飞跑道,根据飞机自身的位置排序要求,通过滑行导引,滑行到规定的跑道。

(4) 起飞滑跑:飞行员根据空管系统起飞许可命令,根据导航系统数据和航向引导,实施跑道上滑行和起飞过程。

(5) 爬升:飞行员基于飞行计划要求,依据空管系统分配的航路和飞行管理系统确定的爬升模式,通过导航数据和飞行数据指引,实现爬升过程。

(6) 巡航:飞行员基于计划的航路,根据导航引导模式,依据航路气象信息,针对当前飞行状态,实现巡航飞行过程。

(7) 下降:飞行员针对空管调度计划和时间,根据下降飞行模式,由导航模式引导,实现下降过程。

（8）进近：飞行员按照空管给出的跑道和时间,根据进近模式和导航规则,依据仪表着陆或目视着陆程序,实现进近过程。

（9）滑行：飞行员根据空管指定的滑行跑道和终端,针对飞机当前的位置,根据座舱和机场滑行指引,实现滑行过程。

（10）推回：飞行员根据空管场面管理和目标终点,依据滑行状态,实现位置推回。同时依据航空公司飞行报告要求,实现飞行报告组织和发送。

2）飞行管理任务组织能力

飞行管理任务组织能力是飞行应用任务结果有效的保障。飞行管理任务组织能力根据飞行各个阶段定义应用任务需求,通过任务的执行要求和管理需求的分类与划分,确定飞行管理任务组织能力需求,建立飞行管理任务组织模式。飞行管理任务组织模式与能力面向飞机的使命目标,针对飞机整个飞行过程应用任务组织,依据不同飞行阶段任务目标分类与组合,构建相应的管理模式。对于不同的飞行类型,由于飞机使命和背景的不同,飞行过程阶段飞行环境和任务要求不同,飞行应用任务活动和目标不同,形成各自的飞行管理任务模式能力需求。

飞行应用任务面向飞行过程组织管理。飞行过程任务分类主要根据飞行阶段划分和专业特征,确定每个阶段组织管理需求,构建任务系统各阶段管理模式;针对各个飞行阶段任务组织,每项任务情景组织和运行的要求,形成各阶段各个场景的任务目标和管理模式。在此基础上,根据飞行管理需求,构建各个飞行阶段满足各个场景和目标的飞行过程模式。因此,飞行管理任务模式能力需求是通过飞行员、空管员和航空公司的协同,根据飞行计划需求,依据空域交通管理,增强飞行安全监视,面向飞行过程效率,建立系统协同飞行任务管理。主要任务由以下几个方面构成。

（1）综合飞行计划：空管员、飞行员和机场操作员共享单一信息源和气象信息,协同规划和确认飞行计划,实时交互飞行计划关联信息。

（2）机场地面离港交通管理：自动优化滑行交互过程，提供给 ATM 和飞行员飞机实时在机场的位置，提供给机场、ATM 和飞行员实时和可视机场地面交通管理，提供机场地面离港和进港排序移动管理。提供机场地面飞机相关监视功能，缩短滑行时间和提供安全能力。

（3）起飞离港管理：通过 RNAV 和 RNP 精确导航，支持单一跑道多离港航路，实施飞机最小间隔监控，提升机场离港能力。

（4）空中巡航管理：通过 RNAV，RNP 和 RVSM 精确导航，缩小飞行间隔需求，提升空域容量；通过基于计划、航向、目的地、气象条件和空域交通管理协同的航迹模式，支持基于航迹飞行；通过数据链通信，提升空地协同能力，减少信道频率拥挤和人为错误；通过 ADS‐B 技术，建立飞行过程监视，提升飞行安全能力和空域使用效率。

（5）降落进港管理：协同进港排序。通过 RNAV 和 RNP 提供高精度多航路着陆能力。飞机具有水平和纵向定位精度，在所有气象条件下，提供从下降到近场高精度导航能力，缩短降落时间，节省燃油和减少排放。

（6）机场地面进港交通管理：ATM 在近场前，通过空地数据通信，上传跑道滑行进入点、终端门和滑行路径，降低飞行员和空管员工作载荷，提升飞行员进场态势感知能力和安全能力。

3）飞行运行任务处理能力

飞行运行任务处理能力是体现飞行目标性能和实现飞行任务目标的保证。任务系统目标性能能力是根据飞行各个阶段任务目标，以及飞行任务的专业组织与逻辑组合的分类与划分，确定飞行任务系统目标性能需求。飞行任务系统目标性能组织面向飞机的使命目标要求，针对飞机整个飞行过程应用任务特征，依据不同飞行任务的专业分类，确定飞行任务的性能指标，构建相应的目标性能要求。对于不同的飞行类型，由于飞机使命与背景不同和飞行阶段与环境不同，不同的飞行阶段具有不同飞行任务管理模式，不同飞行环境具有不同飞行任务运行性能和不同飞行任务组织，从而形成基于飞行阶段和面向飞行环境的应用任务能力和性能。

飞行运行任务处理能力根据当前和预期的国际民航组织(ICAO)定义飞行要求,依据飞行过程任务和飞行程序分类和构成,针对不同的飞行阶段、空域管理要求与模式,以及不同机场能力和基础设施要求,确定飞行任务运行过程的目标与性能需求,构建飞行任务组织。因此,根据飞行过程分类,如滑行、起飞、爬升等,依据当前基础设施能力,如导航、通信、机场跑道能力等,通过专业和逻辑组织,确定飞机飞行过程的飞行管理能力、通信传输能力、全球导航能力、相关监视能力、综合信息管理和安全性保障能力,并形成飞行任务运行处理能力的性能目标。

(1) 飞行管理能力:构建飞机飞行过程运行管理,支持综合计划管理,提供飞行导航导引、飞行模式组织和管理、飞行任务自动控制与管理。支持集成导航、导引、控制、显示,支持飞行优化与综合,增强飞行安全、提升飞行品质、节省燃油、提高运行效率。

(2) 通信传输能力:覆盖当前通信频段和机制(L,Ls,S,C,X),支持不同的通信需求与能力(窄带、宽带、卫通、Wi-Fi),支持与空管和机场高速通行数据链,提供不同的通信服务(环境、态势、功能、任务)。

(3) 全球导航能力:支持全球导航服务系统(GNSS),面向 WAAS 和 LAAS 需求,提供 RNAV 和 RNP 精确导航,支持基于 GBAS 进近和 LPV 进近着陆,满足低能见度和低高度进近需求。

(4) 相关监视能力:提供飞行航路监视能力,支持主动应答、混合模式和被动感知监视模式,提供飞行航路冲突预测、安全隔离、飞行间隔监视能力,具有复杂气象条件探测告警、空中防撞告警、飞机降落地形感知告警和高密度空域相关监视与告警能力等。

(5) 综合视景能力:具有综合视景显示(SVS)和增强视景显示(EFVS),满足 CAT Ⅰ、CAT Ⅱ 和 CAT Ⅲ 进近能力需求;支持图像、视景融合和信息融合能力,提供座舱交通信息和态势显示(CDTI),支持飞行危害、威胁识别和告警,提供飞行或滑行引导显示与交互。

（6）综合信息管理：提供飞行空域和整个飞行阶段与飞行过程信息组织和管理，支持整个飞行过程飞行状态信息（飞机自身）、基础设施信息（如导航、机场、跑道）、飞行环境信息（气象、空域、交通）和飞行管理信息（如计划、空域、间隔）等的信息组织，支持机场场面信息管理与互操作共享、信息组织（数据库）和信息管理，飞行计划协同与航迹共享管理和飞行过程信息组织与传输管理。

（7）安全性保障能力：提供整个飞行过程安全监视，建立气象危害、进近危害、跑道入侵危害、最小间隔危害等的识别，以及飞行故障监控，构建系统危害识别、预警与管理，支持飞行过程危害告警与管理，减轻飞行员负担，满足飞行环境安全保障和飞行安全等级要求。

1.2　航空电子系统组成

航空电子系统经过半个多世纪的发展历程，先后经历了分立式、联合式、综合化和先进综合化的阶段。随着计算机技术、通信技术、网络平台和材料科学等相关技术的迅速发展，构建了数字化、信息化和一体化的系统专业、能力、逻辑处理模式，有效地提升了航空电子系统的能力和效率。目前，高新技术特别是 IT 技术的飞速发展，对系统的能力、处理和成本提供了强有力的支持，如高性能的多核处理芯片和并行处理系统，高精度全球导航系统（GNSS）、基于性能导航（PBN）和天空地导航增强协同，高带宽卫星移动通信和空地数据通信系统，主动相关监视广播系统（ADS－B），以及全空域和全航程飞行广域信息管理系统，不仅大幅度增强了飞机系统功能处理的能力，同时大大提升了飞行应用能力和收益，有效地推动了航空电子系统的发展。

随着飞机飞行应用任务、系统功能和运行性能需求大幅度提升，航空电子系统已成为一个由多个系统、多种环境、多项任务、多种资源构成的相互关联、相互支持、相互集成和相互制约的复杂系统,具有多目标、多信息、多专业、多任务、多功能、多资源和多过程组成的复杂系统构成与管理特征。这种复杂系统的特征、能力和运行组织对航空电子系统组织和管理提出了严峻的挑战。

面对复杂的航空电子系统特征,针对复杂系统各种应用对各种能力的需求,根据复杂系统应用交错和能力重叠的现象,航空电子系统必须将应用需求与能力组织分开,确定航空电子系统应用要求,从而确定航空电子系统能力需求,实现应用能力支持需求和系统能力资源共享组织模式。

1.2.1 飞行任务与能力组织需求

飞行任务与能力组织描述了实现飞行使命和飞行目标所需的要求和能力。飞机应用任务是基于飞机使命,针对飞行阶段划分,根据飞行应用情景建立飞行应用的感知、组织、优化和管理。

飞行任务是实现飞行需求目标的活动。航空电子系统首要任务是建立飞机应用任务组织。飞行应用任务组织根据飞行阶段应用任务的需求,构建任务态势感知、态势识别和态势推测;根据飞行阶段的任务目标需求,构建任务类型、任务模式和任务目标组织;根据应用任务管理的需求,构建任务能力、任务过程和任务活动组织。系统任务组织是面向飞行应用目标响应、任务感知、任务组织和任务管理,实现各个飞行阶段的应用任务组织。

任务能力是实现飞行任务的保障。应用任务是面向飞行过程阶段任务情景能力、组织、决策、管理的组织。任务能力是针对飞行阶段任务情景需求,支持任务情景活动的组织;依据任务情景的信息组成,构建应用态势感知,形成任务的感知能力;通过任务情景活动组织,构建应用活动模式,形成任务的过程能力;通过任务情景的关系组织,构建应用结果形式,形成任务的目标能力。任务态势感知是基于任务使命的需求,获取与任务使命相关的环境信息,识别与任务使命相关的信息交联关系,形成与任务使命相关的任务情景态势感知能力。

因此,飞行任务与能力组织构成如下。

1）面向任务情景组织的态势能力

任务情景组织的态势能力是描述建立和支撑任务和能力背景的基础。建立面向任务情景组织的态势能力是航空电子系统飞行任务组织的依据，也是飞行决策的环境。我们知道飞行任务组织是基于当前飞行环境构成的，任务情景组织的态势能力就是支持飞行决策的当前飞行环境。因此，飞行任务与能力组织是根据飞行需求与应用模式的设想，构建飞行过程中或任务执行过程中航空电子系统工作的情景和环境。任务情景定义了任务组织、能力和结果的活动与操作模式，描述了任务目标、操作和要求，界定了任务的范围、作用和效果。

针对飞行阶段任务情景的构成，构建任务情景的环境态势感知，形成飞行过程阶段的任务情景的态势组织。即通过面向飞行员的综合显示（按照重要度优先级合成视景），建立飞机当前预警态势，即飞行威胁态势、环境威胁态势和任务告警态势合成；形成飞机当前任务组织态势，建立飞机当前任务目标、任务环境和任务状态的态势能力，形成任务组织的基础。

飞行情景描述当前飞行状况。飞行情景基于当前飞行计划执行状况，确定当前飞行环境变化情况，构建当前飞行任务执行状态。飞行情景通过对于飞行环境的感知、认识和确认，建立飞行情景的识别与组织，即通过感知飞行情景信息，构建飞行场景信息关系，最终识别飞行情景的发展趋势。

任务情景基于飞行情景的构成，通过飞行环境、任务和条件组织，提供飞行情景识别运行状态。任务情景的构成是通过当前飞行场景组织和细化，建立飞行环境场景、飞行任务场景、飞行条件场景，形成当前飞行场景的飞行环境、能力和条件，提供当前飞行情景的任务模式和状态。

情景态势建立在确定飞行场景的基础上，通过任务运行、组织和结果态势，提供飞行情景识别的环境。飞行场景的组成是通过运行任务态势管理、任务关系态势识别、任务结果态势推测，建立任务目标、环境、领域、能力和危害构成，形成当前飞行态势范围、飞行态势的信息构成、飞行态势的趋势引导。

因此，面向任务情景组织的态势能力是基于确定飞行场景的作用，通过环境态势的能力和作用构成，提供飞行情景识别的能力。飞行场景的作用是通过环境识别和确认，建立当前环境态势的目标、环境、领域、能力和危害的综合，形成当前飞行场景的应用需求、应用能力和应用约束。

2）面向任务情景业务的处理能力

任务情景业务的处理能力是描述基于飞行情景和任务态势的任务处理模式和能力。建立面向任务情景组织的处理能力是航空电子系统飞行应用任务运行的基础，也是飞行应用任务业务处理模式。我们知道飞行任务处理是基于当前飞行环境的条件，任务情景业务处理模式就是依据当前飞行情景条件的关联业务的任务处理。因此，建立飞行任务情景业务能力是根据任务情景的过程，建立在飞机飞行过程中或任务执行过程中航空电子系统任务情景业务的组织。任务情景业务定义了任务的专业需求，确定了基于专业系统的功能组织能力、处理和目标，描述了系统功能的类型、过程和结果，界定了系统功能的性能、品质和有效性。

针对飞行阶段任务处理模式能力的需求，构建基于任务情景组织的不同业务类型任务处理模式，支持业务任务目标的处理能力。即基于单项任务的目标能力、专业和结果；针对飞行任务组织需求，通过飞机单项任务的效果，支持任务情景处理的任务组织，确定相关任务目标能力，形成任务目标组织的能力；针对飞机使命目标需求，依据当前任务模式能力，建立飞机各种任务效果的组织，构建面向任务情景的计划，形成任务情景处理的目标。

任务情景业务识别与组织是根据飞行情景建立的意识、关联和约束建立的飞行过程趋势。任务情景业务识别与组织针对当前飞行情景的目标、场景和规则的组织，根据飞行交通环境、飞行航路和飞行状态，以及飞行任务类型、能力和性能组织，构建基于当前场景、环境和任务的业务活动和组织能力，形成飞行任务情景业务的识别和基于飞行情景的任务业务活动和能力需求。

任务情景业务目标驱动是根据飞行任务识别与组织，根据飞行场景，建立基于飞行情景后续任务组织目标需求和态势。任务情景业务目标驱动针对当前飞行航路交通态势、当前飞行航路约束态势、当前飞行航路监视态势和当前飞行安全告警态势,构建基于当前航路交通、航路约束、航路监视和安全告警的飞行任务形式要求,确立任务情景业务目标组织,形成飞行任务组织需求,满足基于任务情景态势、任务情景识别与组织业务和任务情景业务目标驱动下一步飞行情景任务要求。

任务情景业务组织综合是根据飞行任务识别与组织,根据飞行情景综合建立当前的飞行情景态势、飞行情景业务、飞行情景目标和飞行情景环境的综合。即飞行任务情景业务组织针对当前飞行情景状态、情景环境和情景态势的综合,根据飞行任务业务、环境因素和活动范围的综合,依据飞行计划目标、环境要求和任务能力的综合需求,构建基于当前飞行情景、任务业务和飞行目标需求的综合,形成飞行任务的业务、能力、环境和品质的组织和综合,满足飞行情景、飞行任务业务、飞行态势驱动目标的飞行任务需求。

因此,面向任务情景业务的处理能力是基于确定飞行情景的构成,依据飞行情景识别,针对飞行任务情景业务需求,通过飞行情景目标驱动态势,建立飞行任务能力、类型、领域和性能需求,形成满足当前飞行情景的飞行应用需求、飞行应用任务能力和飞行应用任务条件的任务组织需求。

3) 面向任务情景目标的管理能力

任务情景目标的管理模式是航空电子系统飞行任务运行组织的要求,也是飞行任务处理监视与组织管理的过程。我们知道飞行任务管理是基于当前飞行环境监视,任务情景目标的管理模式就是依据当前飞行情景态势变化的任务运行管理。因此,飞行任务情景目标的管理能力是根据任务情景组织态势的模式,针对飞行任务情景业务处理的模式,在飞行过程中或任务执行过程中航空电子系统任务情景目标实施的监控与管理。任务情景目标的管理定义了任务情景的态势的需求,确定了基于态势的业务的功能处理模式,描述了系统情景目标的监控与管理,形成系统的任务情景目标与处理结果的一致性控制。

面向任务情景目标是针对飞行阶段应用任务情景态势,通过应用任务情景的业务分类和任务组织,构建应用任务情景的任务管理模式,即针对应用任务情景态势和业务分类,通过应用任务情景关系分解和处理,构建应用任务情景业务与处理的管理模式,支持应用任务情景构成的任务处理和优化;针对飞行阶段任务目标,组织任务情景的当前任务环境和状态,形成飞机应用任务组织管理能力和系统管理模式,支持应用任务能力管理、任务功能管理和任务结果管理。

面向任务情景目标是基于飞行阶段的飞行情景目标与环境组织。从飞行阶段角度来看,航空电子系统应用任务组织构成飞行阶段定义的应用任务情景模式,应用任务能力构成飞行阶段定义的任务情景结果和状态。实现各个飞行阶段的目标、环境和任务需求。各个飞行阶段应用任务组织是基于系统信息能力、成分和重要性应用目标组织。所以,飞行应用任务是面向飞行阶段目标,基于当前飞行应用环境,建立基于飞行应用任务目标的应用活动,形成应用任务组织关系的任务能力需求。已知飞行应用任务能力组织是系统业务、专业和处理方式的应用过程组织。所以,飞行应用任务能力是根据任务业务处理要素组织能力,基于专业处理方式能力,建立过程处理组织状态能力,形成飞行应用任务组织能力需求。飞行应用任务能力组织是系统目标、要素、逻辑和性能处理方式的应用能力组织,满足飞行应用目标、环境和能力需求。

因此,面向任务情景目标的管理能力通过飞行过程应用任务组织,构建了各个飞行阶段的任务情景的构成,支持飞机在各个飞行阶段任务组织架构;通过飞行过程的任务能力组织,构建了各个飞行阶段的任务情景的实现模式,支持飞机在各个飞行阶段任务实施架构。由此可见,任务情景目标是飞行任务与能力的最终要求,是飞行任务系统设计与组织的顶层需求,为飞机应用组织和飞行目标实施奠定了基础。

1.2.2 航空电子系统组织模式

上一节介绍了航空电子系统飞行任务与能力组织需求。接下来的任务是基于飞行任务与能力组织需求建立航空电子系统组织架构。在本节主要介绍传统航空电子系统组织架构，为后续航空电子系统组织论述奠定基础。

传统航空电子系统面向飞行组织三要素：飞行过程需求，飞行操作程序和飞机设备能力。即传统航空电子系统依据基本飞行过程能力需求，如飞行导航、空地通信、飞行显示等，根据飞行员飞行操作需求，如确定飞行航向、空地交互飞行指令和飞行状态，显示飞行环境和状态，依据当前设备状态和能力，如导航设备 VOR/DME、语音通信电台 ACAS、显示仪表等，形成飞行过程组织和管理系统。

对于传统航空电子系统，飞行组织三要素的前两个要素，即飞行过程需求和飞行操作程序，都依赖于第三个要素：飞机设备能力。也就是说，传统航空电子系统是基于飞机设备能力构成的飞行组织和管理系统。即什么样的设备、什么样的专业，什么样的技术、什么样的能力就决定了什么样的航空电子系统。因此，传统航空电子系统根据飞机的飞行和任务要求，确定支持其飞行和任务的功能需求，选择具有相关功能的设备，满足飞机飞行和任务的需求。

随着飞机的任务需求的不断提升，功能需求的不断增加，系统性能需求的不断增长，系统有效性能力的不断提升，对传统的航空电子系统提出了强烈的挑战，形成了航空电子系统组织模式变迁。

1）第一代分立式航空电子系统

第一代航空电子系统是分立式结构。分立式架构是面向飞行员飞行操作能力需求和设备组织，是基于设备能力的飞行员的飞行操作能力的扩展和提升。例如某一分立式航空电子系统构成包括气象雷达、ACARS 通信电台和AHS 姿态航向系统。其中气象雷达为飞行员飞行探测能力的扩展，ACARS通信为飞行员空地语音通信能力扩展，AHS 姿态航向系统为飞行员航路导引能力的扩展。这种基于设备能力支持飞行员完成飞行程序，实现面向飞行情景的飞行过程操作的需求。分立式航空电子系统基本架构如图 1.2 所示。

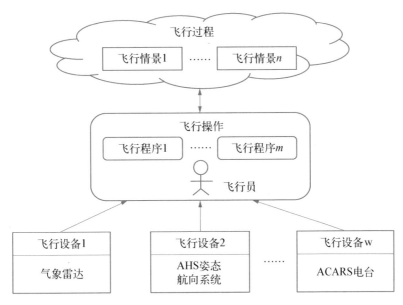

图 1.2　分立式航空电子系统基本架构

　　因此,第一代航空电子系统设备面向飞行员的飞行能力需求,是相互独立的。各个设备均有专用且相互独立的天线、射频前端、处理器和显示器等,采用点对点连接。每个设备子系统需要其自身的接口,如传感器、作动器、显示器和控制器。这种独立的设备构成和设备独立处理功能要求飞行员关注和完成所有的活动和能力组织,不仅造成飞行员操作环境复杂化,还造成硬件设备重复。另外,独立的设备和绑定的功能减低设备和功能的利用率,大大增加了成本、体积和重量。因此,分立式航空电子系统架构尽管不同系统之间不互相影响,控制难度较低,但其功能构成和性能品质是基于设备资源能力实现的,对设备提出了很高的要求。同时分立式结构还缺乏灵活性,造成系统设备和功能利用率低,存在许多重复操作。另外,不同飞机功能之间缺乏互用性,降低了其效率。分立式航空电子系统组织虽然增强了飞行员的能力,但这是一种效率比较低,成本比较高的组织方式。

　　2）第二代联合式航空电子系统

　　第二代航空电子系统为联合式结构。联合式架构是基于设备能力组织管理的系统能力组织,是基于系统功能组织与面向飞行员操作交互的飞行过程组织模式。随着数字化技术的发展,所有机载设备都具有了数字(计算机)处理能力,数据总线技术实现设备之间的数据传输,提供了系统设备组织和交联的能力。美国空军莱特实验室于20世纪70年代提出了"数字式航空电子信息系统"(DAIS)计划,该计划采用机载多路数据传输总线(1553B)技术,有效地推动了联合式架构的发展和应用。联合式架构的主要思路是通过建立设备的数字处理能力,采用数据通信总线实现系统设备互联,构建系统功能组织,实现飞行员操作指令的系统功能运行处理,提升飞行应用能力和品质,完成飞行过程的组织和管理需求。联合式航空电子系统基本架构如图1.3所示。

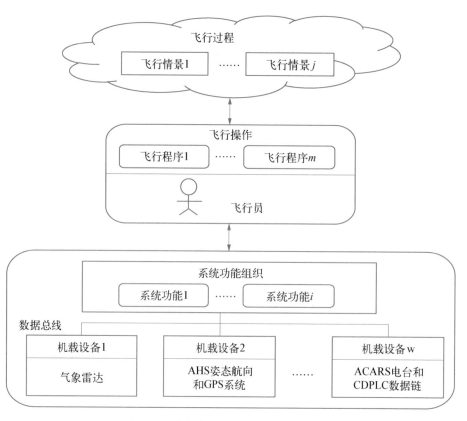

图 1.3 联合式航空电子系统基本架构

因此,联合式结构是面向飞行能力需求,基于设备能力构成,建立系统功能组织,支持飞行程序操作的航空电子系统。其主要特征是通过数据总线,建立系统设备的互联,实现基于设备功能的系统功能组织。对联合式结构,系统功能驻留在设备中,它基于设备能力实现功能处理,与设备资源操作存在紧耦合的关系。即系统功能与设备资源是绑定的,系统每项功能都配置其专用的资源。由于系统功能运行是基于飞行应用的需求,不同的飞行环境又有不同的飞行应用需求,系统功能不可能在任何时刻都需要运行和处理。由于联合式架构的功能与设备资源是绑定的,因此系统功能和其绑定的资源在多数情况下处于等待状态,造成系统资源和功能能力的浪费。由于飞行任务越来越复杂,飞机功能越来越多,形成对资源的需求越来越大,大大增加了系统的成本。

但是,另一方面,也正是联合式架构基于设备资源绑定功能机制,形成基于设备独立性的功能故障隔离,有效地保障了系统功能故障隔离的能力。即系统某一设备出现的功能故障不会对系统其他设备的功能产生影响,所以,系统功能故障仅限于设备内部,不会传播和导致其他设备和系统的功能故障。

3）第三代综合化航空电子系统

第三代是综合化航空电子系统架构。综合化架构是基于系统功能和设备的需求、能力和操作的一体化组织,是提高系统功能处理效率和设备资源利用率的优化技术。最早提出的综合化航空电子系统架构是美国"宝石柱"计划。"宝石柱"计划主要是针对联合式架构设备资源与驻留功能紧耦合模式形成的资源利用率差和处理效率低的现状,提出建立系统通用综合模块化系统核心处理平台(IMA),支持通用资源综合处理,实现应用与资源分离,支持资源共享、功能综合,有效地提升了资源利用率,降低资源配置需求;支持功能处理综合,有效地提高处理复用,提升功能使用效率;支持系统运行状态综合,有效提升系统置信度,降低故障影响。基于 IMA 平台系统综合架构首先用于 F-22 战机。在民机方面,空客 A380 和波音 B787 采用了 IMA 航空电子系统架构。IMA 航空电子系统基本架构如图 1.4 所示。

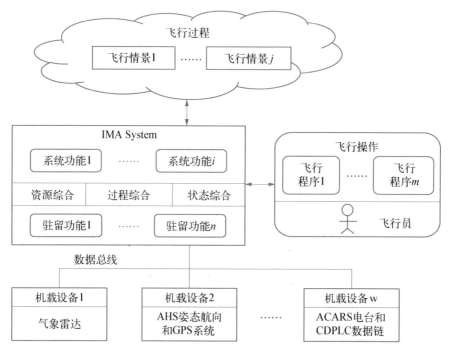

图 1.4 IMA 航空电子系统基本架构

因此,IMA 架构主要思想是将能支持航空电子系统综合化的通用处理从系统紧密耦合组织中剥离出来,构建一个统一、独立和干净的通用处理环境和平台,提供系统处理驻留功能,并保留基本的系统专用处理能力作为系统松耦合的支持部分,实现了系统资源组织与共享综合、驻留功能组织与处理过程综合、系统运行状态和有效性综合。IMA 平台提供了面向整个航空电子系统运行的综合驻留功能,如飞行管理系统、座舱显示告警、导航数据库、通信组织与信息管理、机载维护系统以及机载机电管理系统等应用的处理,通过分时并行处理,实现子系统共享;通过操作复用,减少系统重复处理;通过状态管理,降低系统缺陷/错误/故障的影响。

但是,另一方面,IMA 综合化结构也存在它的问题。在基于 IMA 综合过程中,资源共享虽然提升了资源效率,同时也带来了共享资源的故障蔓延;功能复用,虽然提升功能处理效率,同时也带来了错误的传递;状态综合管理,虽然提升了系统置信度,同时也带来了故障状态混淆。所以,IMA 系统建立独立资源模块,实现资源处理能力隔离,降低资源类型和能力缺陷影响,建立分区保护实时操作系统,实现 IMA 驻留功能运行的隔离,降低功能处理错误影响;建立多个独立 IMA 机柜,置放于飞机不同的物理位置,降低系统环境条件的影响;最终满足了系统安全性的需求。

4) 第四代高度综合化航空电子系统

第四代是高度综合化航空电子系统架构。高度综合化架构是基于系统应用、功能和设备的需求、能力和操作的综合化组织,是面向系统应用目标需求、功能组织需求和设备资源利用能力需求的目标、能力和效率的优化技术。高度综合化航空电子系统结构基于美国"宝石台"研究项目——联合攻击战斗机(JSF),以应用需求为牵引,以技术进步为动力,以系统能力为基础,面向应用效能,支持应用目标合成;面向系统处理,支持信息融合;面向资源效率,支持物理综合。例如根据"宝石台",新一代战机将许多雷达、通信、电子战功能从硬件的配置中消失,这些功能的获取完全通过软件来实现,实现应用、能力和资源组织的高度综合化。对于民机而言,高度综合化航空电子系统构建了飞机、机场、空管三方系统综合模式:通过交互式应用综合,建立飞行过程飞行计划、4DT 航迹和空地协同决策管理;通过信息综合,支持全飞行过程态势组织、交通环境和系统信息管理以及空域信息管理需求;通过组合导航,建立整个飞行过程起飞、巡航、降落、进近高密度、高精度、高准时飞行导引过程;通过综合监视,建立了飞行过程危害监控、飞机最小间隔控制、低能见度/低高度进近等。高度综合化航空电子系统基本架构如图 1.5 所示。

但是,另一方面,高度综合化架构也存在它的问题。高度综合化架构是基于系统应用、功能、资源的目标、能力、操作优化的综合,由于飞机应用越来越复杂,系统信息构成越来越宽泛,系统资源操作品质要求越来越高,从而极大地增加了系统集成和综合的复杂性,同时反过来影响系统的效率、品质和有效性。

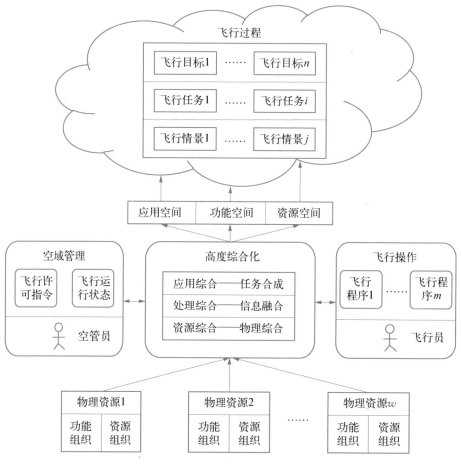

图 1.5 高度综合化航空电子系统基本架构

1.2.3 现代航空电子系统组织模式

现代航空电子系统是面向飞行应用提升的需求,根据当前技术的进步和发展,基于系统应用、功能和资源一体化的综合系统。随着飞机的应用需求越来越宽和能力规模越来越大,航空电子系统功能越来越多,系统性能要求越来越高,系统的构成越来越复杂,基于设备能力组织的传统的航空电子系统组成不仅越来越庞大,系统有效能力也越来越差,系统有效性越来越低,系统成本越来越高,难以满足复杂系统的组织和要求。

现代航空电子系统针对当前航空电子系统发展趋势和复杂性现状,采用面向复杂系统分类、组织和综合设计方法,建立航空电子系统应用、功能和物理架构组织,构建系统架构的分析、组织、管理的研究,支持系统应用、功能和资源一体化组织和综合,提升飞行运行效能、系统处理效率和资源操作有效性,满足航空电子系统复杂性不断增加的发展现状需求。

由于人们对客观世界的认识和知识不断进步与提高,人们关注系统的视角越来越广阔,系统组织的规模变得越来越大。同时随着人们研究客观世界技术不断深化与进展,人们关注系统的能力和因素越来越细化,系统的构成就变得越来越深化。这种系统组织规模不断增加和系统构成因素不断深化必然导致现代系统构成的复杂性。面对现代复杂系统的组织,系统工程推出系统架构技术,用于解决大规模、复杂性系统的组织技术。目前,根据不同系统开发需求,工业界和政府有关组织推出了各种架构组织和模型,例如 Zachman、TOGAF、DoDAF 等,支持各种不同复杂系统的组织与开发。

航空电子系统与其他系统一样,随着技术的进步和发展日趋复杂。航空电子系统是飞机的任务平台,提供给飞机不同的任务能力。作为飞机的任务系统,航空电子系统具有不同的应用需求、应用环境、能力模式、功能类型、资源配置,同时还必须与太空相关,如卫星;与空中相关,如其他飞机;与地面相关,如地面指挥系统。因此,航空电子系统对系统架构技术提出了迫切的需求。

系统架构组织是系统复杂性分解、组织和处理最重要的方法,是系统工程实践重要的组成部分,也是系统设计最为核心的技术领域。系统架构主要用于描述和定义系统应用需求、环境模式、目标期望、能力要求、元素构成、相互关系、条件权重以及系统管理的系统组织模式,形成复杂系统层次组织、活动组织、条件组织和结果组织模式,为实现复杂系统组织和管理奠定基础。

1) 面向系统应用需求的航空电子系统任务架构

对于现代航空电子系统来说,飞行应用能力和效能是其第一需求。如何针对当前的飞行能力和状态,依据当前技术能力和进步,确定飞行情景和飞行过程需要改进的领域,建立飞行应用的目标和需求,是现代航空电子系统考虑的首要任务。

应用需求是系统组织模式有效性的保障。任何系统的构成首先要确定系统的应用需求,建立系统的应用目标,确定系统应用环境,明确系统的应用角色,确定系统的应用过程,建立系统应用关系,最后形成系统的应用架构,为系统的组织奠定应用的基础。

飞行任务系统应用模式是针对飞机的使命需求,依据飞行阶段任务情景目标,实现飞机飞行极端任务目标的组织模式。作为飞行任务系统,航空电子系统首要目标就是实现飞机应用任务组织。现代航空电子系统综合化首先是针对飞机应用模式,实现飞机应用任务组织的综合化。

飞行应用任务组织模式及构成的主要任务和要求是:首先,根据国际民航组织(ICAO)升级规划,参考 FAA NextGen 和欧洲 SESAR 发展规划,依据飞行类型和应用需求,如宽体飞机、窄体飞机、直升机等,建立飞行应用的目标和需求,满足飞机飞行过程能力和效能目标,即基于飞机使命目标的飞行任务组织;第二,根据飞机飞行过程应用过程组织需求,依据飞机的能力和使命,针对不同的飞行阶段,如场面滑行、起飞、爬升、巡航、下降、进近和着陆等,建立相应的飞行任务和要求,满足飞行过程目标需求,即基于飞行过程阶段的飞行任务组织;第三,根据飞行过程任务组织需求,依据飞行任务能力和运行模式,针对不同的飞行环境,如航路组织、空域管理、交通环境、气象条件、机场空域等,建立相应的飞行任务的过程组织和性能要求,满足飞机飞行过程应用环境组织需求,即基于飞机飞行过程能力和性能组织。总之,飞机应用任务是基于飞机使命目标,根据飞行计划,针对飞行环境,依据空域管理,来组织运行状态管理。

2) 面向系统组织需求的航空电子系统功能架构

对于任务系统而言,特别是复杂系统,系统组织模式和架构是系统能力和有效性的重要保证。如何针对当前的飞行目标和飞行过程,依据当前专业技术能力和进步,确定飞行过程改进和飞行任务要求,建立系统能力和功能处理需求,是现代航空电子系统组织的重要任务。

系统能力需求是航空电子系统组织模式有效性的基础。对于任何系统实现,首先要根据不同应用模式确定系统的能力需求,建立系统能力的范围,确定系统能力的类型,明确系统能力性能,确定系统逻辑组织,建立系统能力处理模式,最后形成系统的能力架构,为系统的组织奠定支撑的能力。

飞行应用任务组织是面向复杂飞行环境的多模式任务组织,飞行应用任务的组织过程是基于系统能力需求的多种专业功能组织,多种专业功能又是通过功能逻辑的执行过程,而功能的执行过程又是基于系统操作多种类型资源的组织过程。这种多模式任务、多种专业功能和多种类型资源必须建立在有效的组织管理下,才能最终满足飞机飞行过程任务的需求。

航空电子系统架构和能力组织首先针对不同的飞行过程需求和环境,根据不同的飞行任务能力和运行需求,以及不同的运行环境和条件,建立系统功能处理领域和能力组织,覆盖系统任务运行能力需求。第二,针对不同任务的组织,根据系统功能的构成和作用领域,以及应用任务目标和要求,建立系统功能处理逻辑和性能需求,满足系统应用活动和运行性能要求。第三,针对不同系统功能处理,根据不同的飞行任务结果形式要求,以及系统功能运行环境和处理条件,确定系统功能处理算法,建立系统功能处理过程,满足系统功能运行品质和效率需求。总之,航空电子系统架构和能力组织应基于飞行任务能力需求,根据飞行任务的目标和结果要求,针对系统专业能力构成,以及系统功能处理领域和范围,建立系统功能类型和能力组织,确定功能处理逻辑和过程,明确系统功能的处理条件,覆盖飞行过程任务能力组织和目标结果,以满足系统应用运行需求。

3) 面向系统技术需求的航空电子系统技术组织架构

对于系统组织和实现来说,特别是现代信息数字化系统,系统技术组织和能力是系统组织和实现的核心要素。如何针对当前的飞行任务组织和运行过程,依据当前系统功能组织和处理过程,确定应用任务和系统功能能力和性能要求,建立系统技术能力和实现方法,是现代航空电子系统组织的核心内容。

航空电子系统技术需求是系统组织模式有效性的核心。对于任何系统组织与实现过程有效性都建立在技术支撑的实现的基础上。也就是说,针对不同系统应用需求,根据不同任务组织和不同系统功能,选择不同技术模式,构建不同的技术过程,形成不同系统应用任务运行和系统功能处理的能力、效果和有效性。技术需求首先要根据不同系统应用模式确定系统任务组织、运行过程与结果能力,建立面向系统应用需求的技术实施能力和途径。其次,根据不同系统功能类型,确定系统功能组织模式、处理逻辑和运行品质,建立面向系统功能专业处理逻辑的实施模式和技术途径。另外,根据应用任务和系统处理运行需求,以及系统设备资源类型和能力,确定系统资源处理组织与操作过程,建立面向系统物理资源能力领域和操作模式的技术实施途径。对于整个系统而言,采用实现系统应用、能力、资源一体化的综合技术,提升系统整体效能、能力和有效性。

因此,对于航空电子系统技术能力,首先要建立系统应用技术组织和实施途径。由于飞机环境复杂,存在多重应用模式,因此必须明确应用任务的执行能力与复杂环境的适应性,通过任务架构实现任务的组织,构建系统应用任务组织和运行过程的技术构成和实现途径,满足多重任务过程组织的需求。其次要建立系统功能技术组织和实施途径。由于多重任务组织存在多重专业(功能)模式,因此必须确定功能专业能力与任务执行过程的适应性,通过功能架构进行功能、信息的组织,构建系统功能逻辑组织和处理过程的技术构成和实现途径,满足多重功能执行过程组织的需求。最后要建立系统资源技术组织和实施途径。由于多重功能组织存在多重操作模式,因此必须确定功能专业能力与资源操作模式的适应性,通过物理架构进行资源组织,构建系统资源能力组织和操作过程的技术构成和实现途径,满足功能的能力模式需求。

1.3　航空电子系统综合化发展方向

随着飞行应用能力、品质和效能需求不断提升,航空电子系统功能扩展、信息组织和环境构成日趋复杂。航空电子系统是面对复杂的飞行应用组织、是面向复杂的系统功能组织,是基于复杂的设备资源组织,是一个典型的集应用、处理和能力于一体的复杂系统。在飞行应用方面,航空电子系统负责应用的组织,具有不同目标、不同环境、不同空间、不同作用域的组织特征。在系统能力方面,航空电子系统负责系统功能组织,具有不同领域、不同专业、不同功能、不同品质的组成特征。在设备组织方面,航空电子系统负责系统资源组织,具有不同资源、不同能力、不同操作、不同作用的组织特征;在运行管理方面,航空电子系统负责系统运行组织,具有不同任务、不同过程、不同处理、不同状态的过程特征;在技术构成方面,航空电子系统负责系统技术能力组织,具有不同知识、不同方法、不同工具、不同结果的操作特征。因此,对于这种复杂系统,现代航空电子系统必须采用以应用为目标,以功能为能力,以设备为基础,以过程为对象,以运行为实践的体系、架构、能力和管理综合化的系统。传统航空电子系统操作的需求、条件、处理和结果直接耦合的方法无法实现复杂系统的目标、环境、能力、效率、效果和有效性综合优化的需求。

由于航空电子系统具有复杂环境、多重任务、多种目标的背景,存在着众多的元素、复杂的关系、不同的权重的组织,采用多项不同专业、不同技术、不同方法的处理,具有不同类型、不同能力和不同性能的资源组织。单一的系统组织、处理与管理方式无法满足和实现系统组织效能、效率和有效性能力。因此,系统综合化技术是目前航空电子系统技术最重要的发展方向。

系统综合过程与组织是针对系统优化的需求,在基于系统需求架构和系统组织架构的基础上,依据系统应用目标和需求,以及系统组织和能力,通过系统综合模式和技术,实现系统能力、效能和有效性最优化。航空电子系统通过构建系统架构组织,建立了系统分层结构组织系统,即飞行应用层:面向飞行应用的任务组织；系统功能层：面向系统能力的功能组织；设备物理层：面向设备操作的资源组织。航空电子系统针对不同的层次结构与分类，构建相关综合方法，如对于飞行应用层，构建面向应用模式的飞行应用任务综合；对于系统功能层，构建面向系统能力模式功能综合；对于设备物理层，构建面向设备资源操作的物理综合。航空电子系统通过飞行任务的综合、系统功能的综合和设备资源的综合实现系统能力、效率和效能的组织优化。

目前航空电子系统综合化技术研究主要停留在传统航空电子系统组织与构成基础上。主要特征如下：面向独立的航空电子系统的组织模式，如各个独立的航电分系统的组织架构；面向独立的航空电子系统功能模式，如各个航电分系统提供的独立功能能力；面向独立的航空电子系统资源构成，如各个独立的航电分系统资源平台或 IMA 通用处理平台，实现航空电子系统独立的应用、能力和设备的综合。这种独立系统应用组织、功能处理和资源操作综合仅考虑局部的条件和因素，系统综合能力受到了很大的限制，直接影响了系统综合化的收益。同时也限制了系统综合化问题和收益的分析与评估。

因此，新一代航空电子系统发展的方向是：面向飞行应用组织的综合，提升飞行过程能力、效率和效能；面向系统功能组织的综合，提升系统功能处理范围、效率和品质；面向系统设备资源组织的综合，提升设备资源利用率、操作效率和结果有效性。

1.3.1 面向飞行应用组织的优化综合

飞行运行过程是飞机应用的形式，飞行过程优化是飞行运行效率、效能和有效性目标。已知航空电子系统的核心任务是飞行过程组织和管理。如何增强飞行过程能力，提高飞行过程性能，提升飞行过程效率是航空电子系统的核心目标。因此，针对飞行应用过程目标，航空电子综合化的首要任务是确立系统飞行过程需求，明确飞行过程能力，建立飞行过程组织，实现飞行过程优化组织。面向飞行应用的综合优化就是面向复杂的飞行环境，根据飞行阶段的划分,针对飞行环境和场景需求,根据系统飞行过程能力,实现飞行过程组织、集成和优化。

飞行应用组织综合优化建立在航空电子系统任务组织、运行和管理的基础上。系统任务组织、运行和管理是根据飞行目标需求,依据当前环境,针对系统过程能力,通过任务需求感知,构建任务计划组织,实现任务运行管理。系统的任务架构基于系统应用组织需求,依据系统应用需求和目标,建立系统任务组织和应用收益。

航空电子系统应用组织优化的核心技术是任务综合。任务综合技术是航空电子系统任务应用效能组织和管理过程的综合化技术,是面向系统任务目标、过程、能力、角色和事件优化的技术。

任务综合技术主要突出以下几个方面:首先,通过飞行阶段和飞行场景,构建面向交通信息的环境态势合成,确立面向任务信息的能力态势合成,实现面向飞行信息的引导态势合成,提升飞机感知能力;第二,通过任务过程组织,构建面向态势感知的任务能力综合,确定飞行任务过程规划综合,组织飞行任务环境条件的综合,实现飞行作用和结果空间的合成,提升任务能力和有效性;第三,通过任务运行管理,构建任务目标、领域和作用域合成、确定任务能力、过程和结果合成,形成任务环境、目标、能力运行决策的合成,提升任务运行能力。因此,任务综合具备以下主要特征:态势综合,提升系统应用感知;活动综合,提升系统任务优化;决策综合,提升系统任务管理能力。任务综合技术的主要收益:通过态势感知,综合系统对各项专项应用结果和状态效应;通过任务优化综合,提升系统任务应用组织效果和能力;通过任务决策综合,提升系统任务响应能力。

1.3.2　面向系统功能组织的优化综合

系统功能是飞行过程和飞行能力组织和实施过程。系统功能组织优化系统处理能力、性能和效率目标。航空电子系统核心能力是系统功能组织和处理。如何提升系统功能能力,增强系统功能处理效率,提高系统功能结果性能是航空电子系统的核心能力。因此,针对系统任务组织需求,航空电子系统必须依据系统应用过程的需求,根据专业功能逻辑能力,实现飞行过程功能组织和处理优化。面向系统功能处理综合优化就是根据系统多重应用任务组织,以及系统的专业能力和处理逻辑,针对专业处理过程和领域。实现系统处理的能力范围、处理过程和结果性能优化。

航空电子系统功能组织优化的核心技术是功能综合技术。功能综合技术是航空电子系统功能组织能力和处理效率综合化技术,是面向系统功能目标、能力、性能、范围和条件处理过程优化技术。系统功能综合是基于系统信息能力、成分和重要性融合的综合技术。

功能运行模式是面向航空电子系统任务能力组织。首先根据系统任务运行状态,通过系统的专业分类与能力,确定支持当前任务的能力响应。功能运行组织针对任务当前运行能力需求,构建系统当前的功能组织,确定功能处理模式与元素构成,建立支持功能处理的输入信息与性能。

系统功能综合主要由以下几方面构成:首先,根据系统任务组织能力需求,针对系统任务过程的能力类型,并依据功能分类和运行模式,构建基于系统功能专业分类的系统功能目标、品质和作用域的合成;第二,根据系统功能处理元素组织的能力需求,针对系统任务过程目标和领域,构建基于系统功能处理能力的逻辑元素目标、品质和范围的融合;第三,根据系统传感器配置的输入能力,针对系统任务领域的输入需求,构建基于系统传感器目标、性能和有效性的综合;第四,系统信息融合是基于系统信息能力、成分和重要性融合的综合技术,有效提升系统处理过程的信息能力、品质和有效性,实现航空电子系统信息的能力组织、品质改进和结果有效性。

1.3.3 面向设备资源组织的优化综合

系统设备资源是飞行过程应用任务和系统功能运行和处理的平台。系统设备资源组织优化系统资源能力组织、操作过程效率和运行结果有效性目标。航空电子系统设备资源的目标和有效性是面向驻留应用系统设备资源能力组织、面向驻留应用处理的过程效率和面向驻留功能组织以及处理目标的运行结果有效性。如何提升系统设备资源能力利用率,增强系统设备资源操作过程效率,提高系统设备资源运行结果性能是航空电子系统核心技术。因此,针对系统任务组织目标和功能构成,系统设备资源组织必须依据系统应用过程领域,以及专业功能处理逻辑,实现系统设备资源组织和操作过程优化。面向系统设备资源综合优化就是根据系统多重系统驻留的应用任务需求,依据系统驻留的功能处理逻辑,针对资源类型和操作领域,实现系统设备资源的能力范围、操作过程和结果有效性优化,提升系统设备资源共享能力、操作效率和有效性。

设备资源运行组织面向航空电子系统应用任务能力和运行需求,面向系统功能组织和逻辑处理需求,针对系统设备资源类型和操作模式,构建设备资源能力组织和运行管理。设备资源运行组织和运行模式如下:首先确定设备资源能力需求。设备资源能力根据系统应用任务运行领域,通过系统驻留专业功能逻辑处理模式,确定支持当前设备能力类型和处理空间。其次建立设备资源的操作模式。设备资源操作过程组织针对驻留任务运行需求,调度系统当前的功能处理过程,依据设备资源操作模式,确定设备资源运行和处理。最后确定设备资源的结果形式。设备资源处理结果是根据应用模式和功能逻辑,依据资源处理性能,确定设备资源运行结果有效性。

面向系统设备资源优化综合是依据系统驻留应用领域与需求,根据驻留功能运行逻辑与处理组织,构建设备资源类型与能力组织,形成设备资源处理能力,确定设备资源操作模式,提供系统的操作能力和结果有效性。系统设备资源综合技术是面向系统资源能力、处理过程和系统状态的综合技术。

系统设备资源综合主要由以下几方面构成:第一,建立设备资源共享模式。根据系统应用任务和功能逻辑和品质需求,针对系统任务和功能处理类型,依据设备资源的操作模式,形成系统资源使用模式和能力需求,构建基于系统资源组织、操作、共享综合。第二,建立资源操作过程复用能力。根据系统处理效率和能力需求,针对系统任务和功能处理模式,构建基于系统处理模式的功能构件、复用和共享的功能综合。第三,建立资源运行状态管理。根据系统可靠性和能力需求,针对系统应用任务和功能处理结果,构建基于系统管理模式的任务/故障、功能/错误、资源/缺陷管理的综合。系统设备资源综合是面向系统自身能力的组织和管理,有效提升了系统的能力、效能和有效性,是系统能力组织、处理效率、结构有效性的保障。

1.4 小结

综合化系统是基于系统应用、能力和设备整体能力的组织和面向系统应用、功能和设备一体化运行的综合。航空电子系统综合化是根据系统整体运行效能、效率和性能提升需求,通过飞行过程的目标、环境和任务综合,提升飞行过程能力和效能;通过系统功能组织的能力、条件和性能综合,提高系统功能处理品质与效率;通过设备资源的类型、操作和状态综合,增强系统设备资源共享和有效性。航空电子系统综合技术是针对应用任务、系统功能和设备资源组成,根据系统应用目标、系统能力和设备操作的优化要求,采用系统的活动合成、过程集成、信息融合和资源共享的综合技术,实现航空电子系统综合化的目标。

根据航空电子系统综合化和综合技术的论述,本章描述了一些航空电子系统概念,论述了航空电子系统的组成,介绍了航空电子系统的发展方面。重点有以下几个方面。

1) 提出和组建航空电子系统构成

针对航空电子系统的概念和构成,本章定义了航空电子系统有三个层次组成:一是航空电子系统是飞机飞行组织和管理系统,确定了航空电子系统的飞行应用组织和管理角色；二是航空电子系统是飞机系统的能力组织中心，确定了航空电子系统的功能组织和处理职责；三是航空电子系统是飞机设备组织管理平台，确定了航空电子系统的设备组织和运行要求，为航空电子系统组织和综合奠定基础。

2）明确飞行应用任务与能力组织需求

针对航空电子系统的概念和构成，本章介绍了航空电子系统飞行任务与能力组织需求，描述了飞机应用任务与能力组织是基于飞机使命，针对飞行阶段划分，根据飞行应用情景，确定飞行应用的感知、组织、优化和管理；讨论了飞行过程环境的任务情景需求、环境态势能力和飞行场景组织，描述了飞行任务能力的任务情景业务、任务处理模式和任务运行条件，论述了飞行任务运行的任务组织架构、任务过程能力和任务运行管理，明确了航空电子系统飞行任务与能力构成。

3）简介航空电子系统架构特征和发展历程

针对航空电子系统组织架构和发展历程，本章介绍了第一代分立式航空电子系统架构，描述了其设备独立运行特征、能力和局限性；介绍了第二代联合式航空电子系统架构，描述了其设备资源与功能绑定、设备自主管理和系统联邦组织特征和能力以及局限性；介绍了第三代综合化 IMA 航空电子系统架构，描述了 IMA 平台与 IMA 系统的构成、组织和综合模式以及其限定条件和作用范围；介绍了第四代高度综合航空电子系统架构，描述了高度综合化是面向系统飞行应用目标、系统功能处理和设备资源组织的系统整体目标、能力和效率的优化技术。

4）介绍航空电子系统综合化发展方向

针对航空电子系统综合化发展方向，本章分析了飞行应用能力、品质和效能不断提升的趋势，以及航空电子系统功能处理、信息组织和环境条件日趋复杂的特征，介绍了新一代航空电子系统发展的方向：面向飞行应用组织的综合，提升飞行过程能力、效率和效能；面向系统功能组织的综合，提升系统功能处理范围、效率和品质；面向系统设备资源组织的综合，提升设备资源利用率、操作效率和结果有效性，为本书航空电子系统综合化研究奠定了基础。

参考文献

[1] 王国庆,谷青范,王淼,等.新一代综合化航空电子系统架构技术研究[J].航空学报,2014, 35(6)：1473 - 1486.

[2] RTCA (Firme). Integrated Modular Avionics (IMA) Development Guidance and Certification Considerations[M]. RTCA，2005.

[3] Watkins C B. Integrated modular avionics：Managing the allocation of shared intersystem resources[J]. 2006：1 - 12.

[4] Spitzer, Cary. Reusable Software in Integrated Avionics[J]. Aviation Today, 2005(4).

[5] Natale M D. Moving From Federated to Integrated Architectures in Automotive：The Role of Standards，Methods and Tools[J]. Proceedings of the IEEE, 2010, 98(4)：603 - 620.

[6] Huo M，Deng Z W. Development Trend of Foreign Military Avionics[J]. Avionics Technology, 2004,35(4).

[7] 吴建民.军用航空电子技术发展趋势与面临的挑战[C]//中国航空学会青年科技论坛,2005.

[8] Alena R L，Ossenfort J P, Laws K I，et al. Communications for Integrated Modular Avionics[C]//IEEE Aerospace Conference. IEEE, 2007：1 - 18.

[9] 罗巧云,高勇强.美军第四代战斗机 F - 35"联合攻击战斗机"最卓越的航空电子系统[J].中国电子科学研究院学报,2005(4)：5 - 8.

[10] Wolfig R，Jakovljevic M. Distributed IMA and DO - 297：Architectural, communication and certification attributes［C］//Digital Avionics Systems

Conference，2008. DASC 2008. IEEE/AIAA 27th. IEEE，2008：1. E. 4 - 1 - 1. E. 4 - 10.

[11]　张丹辉. 作战飞机航空电子系统的发展及其关键技术研究[J]. 飞机工程，2003 (2)：5 - 10.

[12]　陈德煌，陈万美. F - 22 战斗机的综合航空电子系统[J]. 电光与控制，2003，10 (1)：50 - 53.

[13]　Hersh D S. The Joint Advanced Strike Technology（JAST）Program[J]. Program Manager，1994.

[14]　Bieber P，Noulard E，Pagetti C，et al. Preliminary design of future reconfigurable ima platforms[J]. ACM SIGBED Review，2009，6(3)：7.

[15]　Li Z，Li Q，Xiong H. Avionics clouds：A generic scheme for future avionics systems[C]//Digital Avionics Systems Conference（DASC），2012 IEEE/AIAA 31st. IEEE，2012：6E4 - 1 - 6E4 - 10.

2

航空电子系统组织与架构

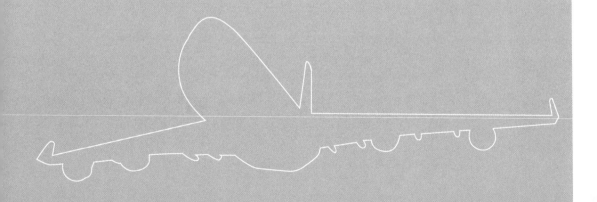

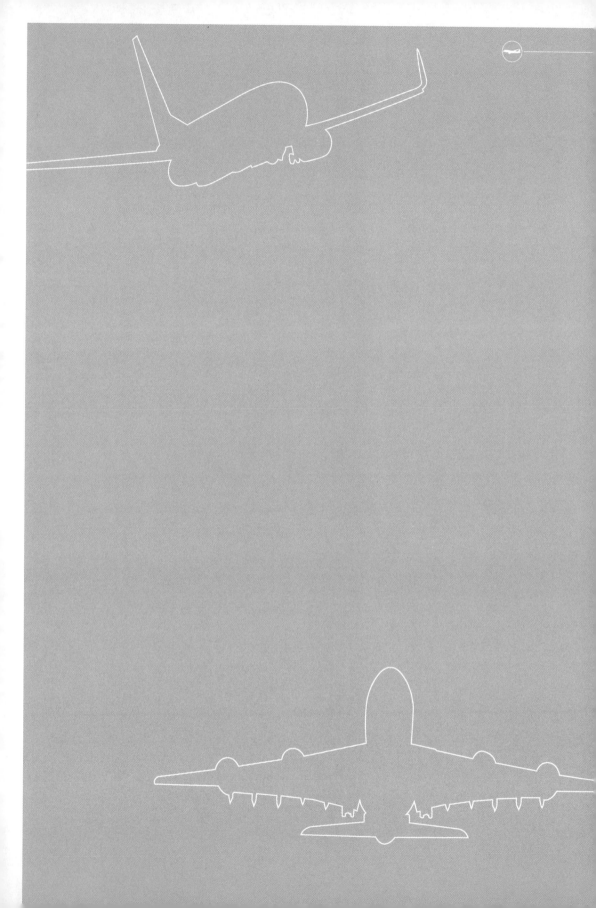

　　航空电子系统,特别是现代航空电子系统,面向多种应用、多重目标和多种任务模式,基于多种作用领域、多类作用过程和多重作用能力组织模式,涵盖多种专业、多类资源和多种技术过程,是典型的应用需求环境构成复杂、系统功能处理因素众多、资源能力组织操作交错的复杂系统。对于复杂系统,如何构建系统组织架构,实现系统应用目标需求,支持系统功能处理能力,发挥系统资源能力和操作效率,提升系统运行效率和有效性,是复杂系统组织的核心任务。因此,对于具有复杂系统特征的航空电子系统,系统组织与架构是航空电子系统核心技术之一。

　　任何系统,特别是复杂系统的构建,均基于系统组织三个核心要素:为什么——构建系统应用;做什么——构建系统功能和如何做——构建系统设备,即系统的应用组织、系统的功能组织和系统的资源组织。航空电子系统是典型的复杂系统,必须构建复杂系统的应用模式,建立复杂系统的处理能力,确定复杂系统的资源组织,完成复杂系统的运行和管理。因此,航空电子系统首先要建立全面的应用任务组织,组建系统实现的应用目标,构建系统的应用需求;其次是建立体系的系统功能组织,组建系统的功能处理过程,构建系统的能力要求;最后是建立有效的设备资源,组建系统处理与运行平台环境,构建系统的运行和操作能力。

　　所谓系统应用组织是面向系统的使命要求,定义应用的需求、应用的目标和应用的环境,确定自身的角色、自身的能力和自身的活动,明确任务的要求、任务的能力和任务的结果。所谓系统功能组织是面向系统的构成要求,定义系统的需求、系统的活动和系统的能力,确定能力的专业、过程的组织和处理的结果,明确功能要求、功能的能力和功能的品质。所谓系统资源组织是面向系统运行要求,定义驻留应用运行需求、运行结果和运行性能,确定操作模式、操作过程和操作能力,明确资源要求、资源组织和资源性能。

　　航空电子系统组织是描述航空电子系统任务、系统功能和系统资源的组织,是面向系统应用、能力和操作的组织技术。其中,航空电子系统组织模式描述系统构成的内容、元素、关系与逻辑的组织,是面向系统内部单项能力组织技术;航空电子系统架构是描述系统的目标、过程、能力、范围的组织,是面向系统整体能力组织技术。航空电子系统组织模式与架构是基于航空电子系统组织,通过系统架构技术,构建系统的组织视角,形成面向系统层级和类型的组织模式;通过系统功能模式,构建系统的逻辑视角,形成面向系统能力的处理模式;通过系统资源模式,构建系统的操作视角,形成面向系统资源的操作模式。

因此,针对航空电子系统组织模式与架构,航空电子系统分为应用组织、系统组织和资源组织三个层级。航空电子系统架构根据系统应用组织、系统组织和资源组织,形成应用任务、系统功能和物理组织模式。对于复杂系统,针对系统组织、活动和结果的需求,根据系统架构三要素:架构组织(需求、视角、层级)、架构能力(环境、范围、活动)和架构结果(业务、专业、作用),定义航空电子系统应用任务组织、系统的功能处理组织和系统的资源操作组织,建立航空电子系统架构组织和运行模式。

航空电子系统组织模式根据系统能力、专业和技术的需求,针对系统组织三要素:能力组织(元素、角色、关系)、专业组织(目标、领域、逻辑)和技术组织(方法、条件、过程)研究,定义航空电子系统应用任务的能力实现、系统功能专业的逻辑实现和系统资源操作的技术实现,建立航空电子系统组织过程和技术模式。

目前,在许多复杂系统研究中,将系统架构和系统组织模式统一称为系统架构组织。因此,航空电子系统架构组织定义和描述了系统架构应用组织(业务、目标、领域、元素、类型、事件)、系统架构过程组织(专业、目标、过程、角色、关系、条件)和系统架构技术组织(类型、目标、方法、因素、操作、状态)。通过航空电子系统架构组织,达到建立航空电子系统架构的目的,即通过面向飞行应用任务需求的组织,支持系统应用能力和运行过程组织和综合;通过面向系统处理的组织,支持系统功能专业和功能处理组织和综合;通过面向系统能力的组织,支持系统资源能力和操作过程组织和综合。

2.1　当前航空电子系统组织架构

当前航空电子系统组织架构是描述航空电子系统组织发展历程。传统的航空电子系统是面向系统内部能力的组织模式。随着技术的进步，人们发现电子技术可代替飞机一些机械设备的能力和扩展飞行员一些人类本身自然的能力，如电子仪表、距离探测等。通过电子技术的不断发展，这种基于飞行员自然能力扩展方式从初始的单项和独立能力的仪表构成逐渐发展到系统的能力和组织，提供给飞行员飞行支持和帮助，称为航空电子系统。因此，传统的航空电子系统不是面向系统飞行应用需求确定航空电子系统的构成，而是随着技术的进步与发展，发现和识别哪种技术可增强或替代原有飞机的能力，特别是替代飞行员人力的功能。如雷达技术小型化，装在飞机上，替代和延伸飞行员的眼睛能力；又如通信电台，建立空地语音通信，替代和延伸飞行员的耳朵和嘴巴能力。因此，传统的航空电子系统主要考虑的是三大要素：功能、性能、设备。即是什么样的设备，具有什么样的功能，达到什么样的性能，形成什么样的能力，如图 2.1 所示。

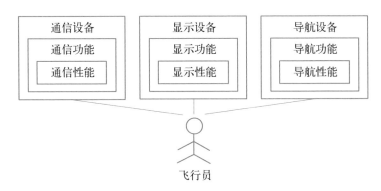

图 2.1　传统独立式航空电子系统构成

航空电子系统是飞机的应用任务平台。飞行任务组织、执行与管理都是建立在航空电子系统能力和性能的基础上。不同飞机具有不同的使命，不同环境具有不同的任务，不同任务具有不同的目标，不同组织就有不同的结果。对于航空电子系统而言,如何根据飞机的使命构建航空电子系统能力,如何根据不同环境组建不同的任务,如何针对不同任务确定不同的目标,如何依据不同组织实现不同的结果,是航空电子系统架构的首要目标。

针对上述的需求,航空电子系统按照不同时期具有的不同能力和技术,建立系统架构组织,定义不同架构的特征、能力和范围,形成了飞机不同的使命、任务、目标和结果,如图 2.2 所示。

针对航空电子系统发展历程,系统架构组织经历了三个发展阶段:分立式系统架构、联合式航空电子系统架构和综合式航空电子系统架构。每个阶段根据当时的技术进步和能力,确定系统组织的能力、范围功能的扩展,明确系统处理和效率、性能和有效性的提升,构成相应的航空电子系统应用、能力和设备组织的平台。

在分立式结构中,根据飞机飞行和基本任务的需求,航空电子系统主要由几个独立的设备构成,每个独立的设备具有自身专业功能,配置了自身的资源,提供独立的工作模式,在飞行员操作管理下,形成飞机基本飞行能力。如雷达、通信、导航等设备各自均有自身专业功能,配置专用且相互独立的天线、射频前端、处理器和显示器等,采用点对点连接,提供支持飞机飞行探测、导航、通信等基本能力。

在联合式架构中,根据飞机功能需求不断增加以及飞机功能之间精密耦合的情况,航空电子系统建立系统总线平台,支持系统功能组织的需求。由于飞行设备和专业增多、设备功能增加和处理性能提升,设备之间交联和耦合急剧增加,依靠飞行员实现多设备、多功能、多过程实时交互和组织已经不太可能。因此必须采用数字通信技术,建立设备之间的数据通道,支持设备功能处理的实时交联,满足系统应用任务组织管理的需求。这种结构主要来源于美国空军莱特实验室于 20 世纪 70 年代提出的"数字式航空电子信息系统"(DAIS)计划,该计划采用机载多路数据传输总线(1 553 B)技术,采用数据处理器完成低带宽的数据传输交换功能,如通信数据链、S 模式应答机、机载气象雷达等,各

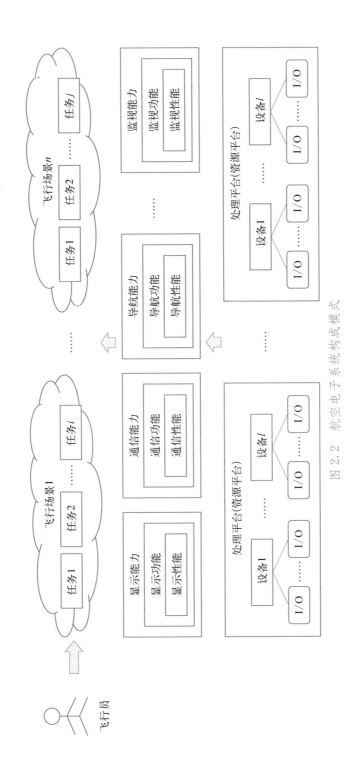

图 2.2　航空电子系统构成模式

单元之间通过数字总线交联,资源共享只发生在信息链后端的控制和显示环节。该数字总线技术简化了设备间的连接关系,减小了系统的体积和重量,解决了任务处理显示控制的综合问题,对航空电子系统综合化起了很大的促进作用,使飞机的功能和性能前进了一大步,并在波音 B777 和空客 A320 等飞机中得到应用。

综合化架构面向系统功能和资源独立组织,实现功能对资源的共享和操作复用模式。随着信息技术的高速发展,航空电子系统的设备几乎都转向采用数字化信息处理系统实现。这种技术的进步促使传统航空独立设备转变成具有独立自主的数据采集、处理和管理的系统(子系统或分系统),同时支持系统功能大幅度增加和性能大幅度提升。但是,这种能力和性能大幅度增加和提升的同时也促使航空电子系统的体积、重量、功耗、成本大幅度增加,并对系统可靠性、可用性带来了重大的影响。因此,这种情况对航空电子系统提出基于能力组织综合化的需求,即通过功能处理和资源能力独立综合,构建功能运行分时共享资源,确保功能运行能力和品质,减少资源能力等待和空闲,实现系统功能/资源比最大化。

航空电子系统综合分为两个阶段,第一个阶段是面向通用计算处理平台的综合模块化航空电子系统(IMA),第二个阶段是面向系统综合处理组织的分布式综合模块化航空电子系统(DIMA)。

面向通用计算处理平台的 IMA 架构主要是根据航空电子系统组织模式,以及各个分系统专业信息处理组织与模式,提取系统通用处理部分,定义系统通用处理过程,确定系统通用处理模块,建立面向系统通用处理能力共享的 IMA 处理平台,形成基于 IMA 架构综合。面向通用计算处理平台的 IMA 平台分为三种类型:第一种类型为互操作的子系统 IMA,主要支持系统紧耦合的功能综合平台;第二种类型为专有的 IMA,主要支持特定要求的功能综合平台;第三种类型为开放式 IMA,主要面向通用标准功能综合平台。第三种类型IMA 用更少的、更加集中的处理单元取代了数量众多的独立处理器和 LRU,

有效支持新一代民用客机处理效率高、资源配置少、重量轻和维修费用低等的需求。

面向系统综合处理组织的 DIMA 架构是根据航空电子系统组织与处理模式，以及分布式系统处理能力与特征，针对系统综合化需求与技术，建立面向系统不同专业的物理处理架构，提取通用处理模式，形成覆盖航空全系统专业模式的分布式物理处理组织，建立功能分布式的处理能力；同时建立系统综合虚拟共享组织，支持系统综合处理模式和收益。面向系统综合处理组织的 DIMA 也分为三种类型：第一种类型为面向任务组织的 DIMA，主要支持基于任务处理的分布式系统和综合；第二种类型为面向功能组织的 DIMA，主要支持基于功能处理的分布式系统和综合；第三种类型为面向信息组织的 DIMA，主要支持基于信息处理的分布式系统与综合。

目前欧洲空客 A380、美国波音 B787 和国内某大型客机均采用第三种类型 IMA 系统架构。一些小型飞机和通用飞机采用第一、二种类型的 IMA 系统架构。随着 DIMA 技术的不断完善和成熟，在未来的机型中预计将采用分布式的 IMA 架构（DIMA），其各项功能块分布于机身各处，通过网络实现功能综合。因此，综合化航空电子系统是新一代飞机的典型特征。

2.1.1　分立式航空电子系统架构

分立式航空电子系统架构是航空电子系统最早的组织方式。从严格意义上说，分立式航空电子系统架构不算是航空电子系统的系统组织模式。当时，航空电子系统称为航空电子（Avionics），描述多个机载航空电子的设备和能力，没有称为航空电子系统（Avionics System），即没有形成共同的目标、整体的组织和相互的配合。随着航空电子技术的发展，机载航空电子设备和能力之间的影响越来越大，联系越来越紧密，形成了整体目标和能力需求。人们不再用单一的航空电子设备能力来描述航空电子系统的能力，而采用航空电子能力的组织来描述航空电子系统的运行能力。这种系统的能力组织就称为航空电子系统。后来由于用单独航空电子设备的描述越来越少，为了简便起见，现在大多数文献和书籍都采用 Avionics 代表航空电子系统。

分立式航空电子系统就是早期独立分散的航空电子设备与飞行员能力组织模式。即分立式航空电子系统由多个独立的设备和能力构成。每个设备提供自身独立的能力，设备之间没有直接物理联系，而是通过飞行员的操作和组织实现相互协同。分立式航空电子系统，是面向人（飞行员）的能力组织，如图 2.3 所示。它由许多"独立的"子系统组成，每个子系统都由各自的探测器、控制器、显示器以及专用的模拟计算机通过点对点的连线连接，且依赖于飞行员的操作来完成特定的任务。例如雷达、通信、导航等设备各自均有专用且相互独立的天线、射频前端、控制器和显示器等，采用点对点连接。这种结构专用性强，缺少灵活性，难以实现大量的信息交换，任何改进或任务的变更均需要通过更改硬件来实现，20 世纪 50 年代和 60 年代初的飞机航空电子系统基本上都采用分立式架构。

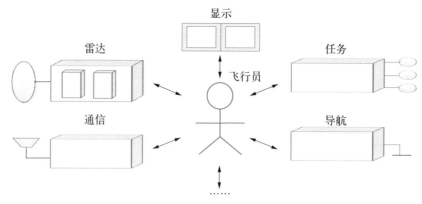

图 2.3　分立式航空电子系统组成

分立式航空电子系统特征如下：

（1）各个设备是独立的，面向自身功能组织与实现操作构成，不存在与其他设备的交联和相互协同。

（2）每个设备功能都是飞行员能力的延伸，直接与飞行员能力和操作交联。如没有设备内部的交联通信。

(3) 每个设备有各自的传感器、控制器和处理模式,与自身功能处理相关,与飞机其他设备无关。

(4) 每个设备各项功能支持与飞行员进行信息和活动交互,飞行员负责组织和管理,不支持外界信息交互和管理。

(5) 设备的功能与设备是绑定的,设备功能的能力和性能只与驻留设备自身和环境条件相关,基本上与飞机其他设备无关。

(6) 多数为模拟设备,仅有少量的数字化设备。

1) 分立式航空电子系统应用模式

分立式航空电子系统属于最早期的航空电子系统架构组织模式。分立式航空电子系统是由电子技术的进步所形成的相应设备,并根据飞行员飞行操作能力的需求发展起来的。分立式航空电子系统与飞行的关联性很小,与飞行员操作能力的关联性很大。因此,分立式航空电子系统是面向飞行员的,也就是说是围绕飞行员能力扩展的。在分立式航空电子系统中,系统应用使命的实现是基于飞行员的认识和感受,存在飞行员的大脑中。应用的需求、目标和环境通过飞行员来认识和定义,飞行任务、组织和管理由飞行员确定。航空电子系统应用模式是实现飞行员感知能力和操作需求,形成飞行员组织的飞行操作过程。如图 2.4 所示。

2) 分立式航空电子系统组织模式

分立式航空电子系统组织模式是基于专业技术设备能力的应用模式。由于不同的飞机依据不同的飞行目标和需求,具有不同的成本和能力限制,基于航空公司特定的市场要求和飞机制造商特定的技术能力,形成不同的飞机具有不同的分立式航空设备与能力的配置。因此,不同飞机分立式航空电子系统能力差别可能很大。由于分立式航空电子系统面向飞行员,通过当时具有的专业技术能力,实现飞行员能力的扩展,从而形成飞行过程各个延伸能力与飞机其他能力之间的独立性。即每个延伸能力仅依赖于飞行员已有的能力,依赖于关

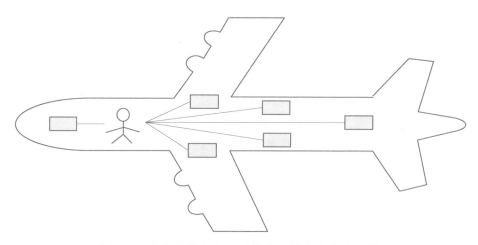

图 2.4　分立式航空电子系统应用模式与能力延伸

联专业技术,而不依赖于其他能力和关联技术的构成和作用。在分立式航空电子系统中,各个延伸能力都直接与飞行员能力相关,取决于飞行员的能力、认识和操作,通过关联专业功能运行,建立飞行过程操作模式。所以,分立式航空电子系统是基于当前专业状态和技术能力,依据飞行能力提升的需求,构建设备支持需求,确定功能处理能力,实现支持飞行员实施的飞行操作过程。如图 2.5 所示。

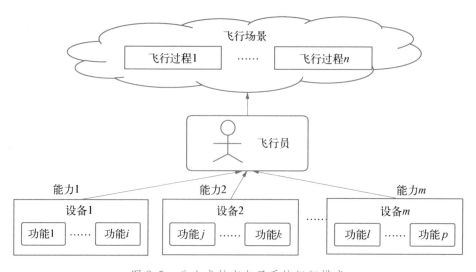

图 2.5　分立式航空电子系统组织模式

3）分立式航空电子系统运行模式

分立式航空电子系统运行模式是基于设备独立自主运行的组合。由于在分立式航空电子系统中，飞机的使命在飞行员的大脑中，飞行的计划和任务组织、飞行环境感知和认识、飞行过程组织和管理都由飞行员去组织和完成。因此，在飞机飞行过程中，飞行员针对任务使命，依据飞行计划，调用相关设备的功能实现能力的延伸，识别当前的飞行环境，确定相关的飞行任务。然后根据机载设备提供的通信功能，实现飞行状态报告和飞行任务协同，确定飞行任务组织，实施飞行任务运行和管理。分立式航空电子系统各个设备建立自身运行模式，同时根据飞行员的指令，独立运行相关功能，并向飞行员提交运行结果，支持飞行员根据不同设备的运行功能状态和结果，实现飞行过程组织决策和控制管理。如图 2.6 所示。

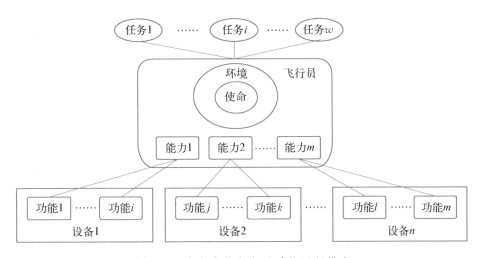

图 2.6　分立式航空电子系统运行模式

2.1.2　联合式航空电子系统架构

联合式架构是航空电子系统第一种系统组织模式。上节介绍了分立式航空电子系统架构的设备各自提供自身的能力，设备之间没有直接的物理交联。联合式架构主要的变化就是建立了航空电子系统设备之间接口和功能的交联。

同时,随着数字化技术的发展,大多数设备已从模拟处理模式转换成数字处理模式,为系统信息处理和组织奠定了基础。

但是,随着航空电子系统功能不断增多,大多数功能具有自身的特点和专业的处理要求,采用统一的设备支持或运行实现所有系统需要的功能是非常困难的。因此,航空电子系统通过采用由不同的专业设备组成,覆盖系统处理功能的需求,提供和支持专业功能的组织和运行要求,实现系统功能处理的目标。联合式架构就是针对这种情况,组织系统功能运行所需的专业设备或子系统,支持系统不同设备之间功能的组织和协同。因此,联合式架构首先构建面向功能目标和实现的设备与子系统,同时建立系统设备物理接口之间数据交联链路——数据总线,实现整个航空电子系统设备功能的组织、协同和管理。目前,大多数联合式航空电子系统采用联合式架构,建立统一标准的总线和通信协议——MUX 1553B 和 ARINC 429 总线,支持联合式架构各设备或分系统之间的信息通信与传输。同时,为了统一系统的能力和活动的描述,针对联合式架构不同设备功能组织需求,建立了通用编程语言,如 JOVIAL 语言,形成联合式架构功能组织与管理模式。

联合式航空电子系统架构主要特征是"联合"。所谓联合式是基于自主组织与管理的"联邦"组织,即基于组织内部目标、规则、组织和管理下的协同模式。组织的目标自己定义,资源自己配置,能力自己组织,功能自己运行,任务自己管理,最终结果与大家协同和共享。因此,对于联合式航空电子系统架构,系统构成的任务是:定义应用的领域和能力要求,确定各个子系统和设备构成,明确子系统设备所包含的功能,定义系统交联总线和通信要求,支持各子系统和设备的状态和结果的协调。系统设备构成的任务是:定义自身的目标和能力,确定专业领域和功能组织,明确处理要求和性能,构建资源组织与操作模式,支持功能运行与管理。

联合式航空电子系统主要的特征是采用时分多路传输数据总线、标准机载计算机、标准开发语言以及标准接口单元。各子系统之间通过标准数据总线连接,简化了连接方式,减少了设备简单连接的电缆数量,降低了系统的重量,提升系统的性能。典型的联合式航空电子系统如图 2.7 所示,其主要特点是系统功能面向设备专业处理,基于统一标准语言开发;系统软件面向设备专业功能需求,基于设备硬件支撑能力开发;设备硬件面向设备资源能力组织,基于资源操作模式和性能需求开发。因此,联合式航空电子系统是独立的嵌入式专用子系统,系统功能是基于设备功能组织,设备功能是基于资源特征和能力,具有系统扩展能力差和系统升级昂贵的特征。

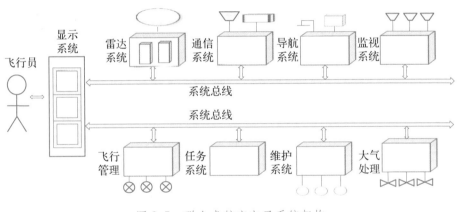

图 2.7　联合式航空电子系统架构

联合式航空电子系统特征如下:

(1)各个设备是根据独立专业分类构成的,承担着本专业系统的功能。所有的功能专业的分类归属到各个设备中。

(2)航空电子系统建立系统数据总线,支持系统设备的功能组织和交联,支持系统任务组织与管理。显示系统负责任务的组织与调度,各设备或子系统负责功能调度与管理。

(3)系统通过显示系统(设备)实现与飞行员交互,显示系统(设备)提供系统各设备的功能处理结果,响应飞行员的指令,实现飞行员对航空电子系统功能的组织和管理。

(4)系统每个设备有各自的传感器、控制器和处理模式,即具有自身的输入、资源和功能,在系统任务的调度下,自行独立完成功能的组织、处理与管理。

（5）系统各个设备的功能与设备资源是绑定的,即确定的功能只能在确定的设备、确定的资源上运行,不支持功能组织的迁移。

（6）系统所有设备都具有自身的处理系统,各个设备负责自身设备或子系统的管理。故障限定在各自设备或子系统中,不对系统其他设备产生影响。

1) 联合式航空电子系统应用模式

联合式航空电子系统是目前航空电子系统采用最普遍的架构组织。所谓联合式管理是指各个设备或分系统根据自身的业务领域,确定自身专业组织,定义自身的系统输入,建立自身的功能组织,配置自身的资源能力,实现组织处理和管理。同时为了组织应用任务管理和减轻飞行员负担,联合式架构建立系统中各设备与子系统之间的交联数据总线,提供系统各个设备之间数据传输,支持系统设备功能组织和协同,实现航空电子系统任务组织与管理。因此,联合式航空电子系统应用模式最主要的特征是:飞行员是面向飞行任务组织和飞行过程操作员,通过联合式架构组织和协同设备与系统的功能,实现飞行员的飞行过程处理。在联合式航空电子系统中,飞行员根据应用的需求、目标和环境,通过显示系统(设备)与航空电子系统交联,实现环境感知、任务计划、任务组织和任务管理;航空电子系统根据任务需求,构建设备功能组织和协同管理;各设备根据自身驻留的功能,实现功能组织和运行管理;系统总线提供设备或分系统之间的数据交联,支持基于系统任务组织的功能协同。如图2.8所示。

2) 联合式航空电子系统组织模式

联合式航空电子系统的组织模式是基于系统应用架构的定义,依据联合式架构的自主定义、自主配置、自主处理和自主管理的特征,构建航空电子系统功能组织需求,确定系统设备组织和功能构成,明确设备功能处理和性能要求,实现系统任务组织和功能处理模式。联合式架构各个设备和子系统是独立的,它们根据自身专业特征和分类,如通信专业、导航专业、监视专业等,建立系统独

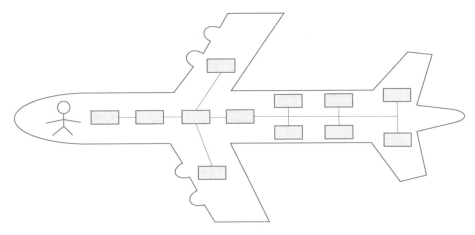

图 2.8　联合式航空电子系统架构

立专业领域设备功能运行能力。因此,联合式系统组织模式首先是根据专业的技术能力,确定设备或子系统自身能力和目标,如通信分析的通信带宽和速率,系统导航模式和导航精度,再定义实现系统能力的输入来源与传感器,明确设备实现的技术方法和模式,确定设备目标和结果指标,选择支持设备实现功能的资源配置,建立系统通信数据总线,组成联合式系统架构。如图 2.9 所示。

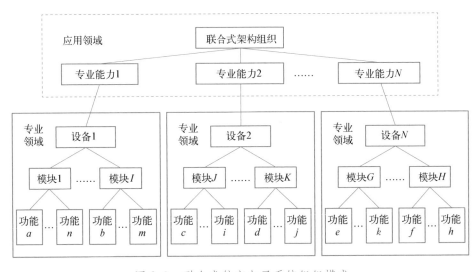

图 2.9　联合式航空电子系统组织模式

3）联合式航空电子系统运行模式

联合式航空电子系统组织运行基于设备的系统组织,面向设备的专业技术能力系统功能构成。由于系统构成设备不同,设备具有的功能不同,与分立式航空电子系统能力具有很大差别。主要体现在三个方面:一是建立系统数据通信综合,实现系统设备/子系统功能的交联;二是建立系统标准处理单元(处理器),实现统一处理模式;三是建立系统标准功能开发语言,实现系统标准功能处理过程描述。联合式航空电子系统所有功能都是在设备或子系统内部完成的,每项功能处理都具有自身独立资源,由设备或子系统独立进行管理,系统负责完成和管理设备或子系统功能运行和结果的协同。航空电子系统根据飞行员的任务指令,依据系统设备功能协同组织,实现系统应用任务需求。联合式架构各子系统或设备根据功能调用指令,依据专业功能处理的需求,采集和获取输入传感器数据,完成专业功能处理模式,返回和传递功能处理结果,支持系统功能组织和协同。因此,在联合式航空电子系统中,飞行员负责任务组织和功能需求,航空电子系统负责功能调度和协同,设备或子系统负责资源组织支持功能驻留和运行,最后通过功能分布处理、过程系统协同和任务系统管理,实现系统联合式任务。如图2.10所示。

2.1.3　综合模块化航空电子系统架构

综合模块化航空电子系统(IMA)是第一个提出综合化需求的航空电子系统架构,是航空电子系统发展的一个里程碑。从原理上说,综合化航空电子系统是真正从系统角度审视、思考、组织和管理航空电子系统的组织与构成。在介绍综合化航空电子系统架构之前,我们先讨论上一节描述的联合式航空电子系统架构的不足与局限性。根据上节的分析,联合式航空电子系统存在如下不足和劣势。

(1) 功能增加使硬件设备增长:联合式航空电子系统的一个主要特点是每一个子系统都需要自己的资源和接口,建立自身独立的操作和输入/输出处

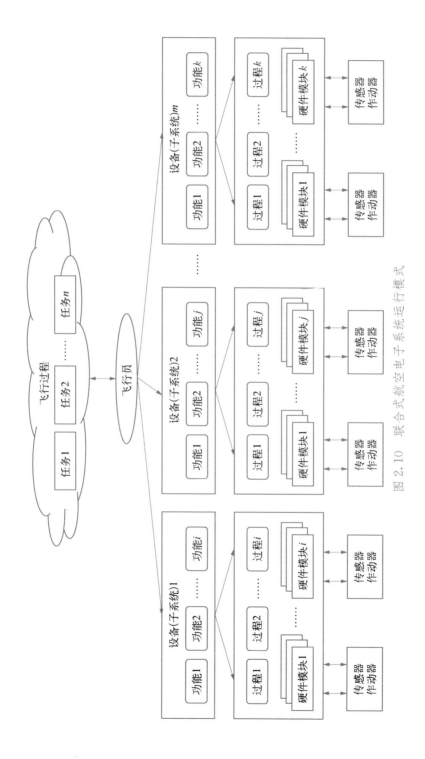

图 2.10　联合式航空电子系统运行模式

理。如传感器、作动器、显示器和控制等,从而使操作变得更加复杂,也会导致系统中存在大量不必要的重复设备。随着整个航空电子系统功能的不断增多,航空电子设备的组织需求持续增加,整个系统中的航空电子设备的体积、重量和花费呈直线增长,对飞机机载系统的组织和能力产生巨大压力。

(2) 功能增加使可靠性下降:由于系统功能和硬件资源急剧增多,而系统功能和资源是绑定的,直接影响系统可靠性。虽然系统设备和功能之间相互独立,具有自然地相互隔离避免故障扩散的优点,但是功能模块的独立使得一旦某个设备和功能模块发生故障,系统就无法采用其他独立设备替代故障设备和功能。虽然系统可以采用冗余容错的方法解决单点设备故障的问题,但是冗余的设备大幅度增加系统的成本,同时也造成系统处理组织的冗余。

(3) 功能增加使系统成本增大:在联合式航空电子系统中,每个子系统都是独立且专用的,一个功能模块中很小的修改或升级,都可能造成整个模块的重新开发以及重新验证。尽管在联合式系统中,重新验证工作由于限制在单独的模块中而相对简单,但相对于整个航空电子系统全寿命周期中频繁的系统升级需求,这种重新开发与重新验证所带来的代价也是需要避免的。

另一方面,对于航空电子系统发展,由于信息处理技术、计算机技术和电子设备技术的高速发展,推动了飞机飞行任务不断提升、系统功能不断增加、系统运行和处理品质不断提高的需求。新的子系统不断地添加到航空电子系统中。也正是这些需求的增长,大大增加了航空电子系统的复杂性,导致飞行员的工作负担越来越重。同时,随着信息化技术高速发展,飞行任务中包含有越来越多的信息,飞行环境中包含有越来越多的条件,飞行过程的飞行员决策中包含越来越多的因素。因此,传统联合式架构的航空电子系统组织和处理方法无法适应新一代飞行应用任务的信息、条件和因素急剧增长的状态。针对当前的技术发展和飞行应用信息、条件和因素急剧增长的状态,航空电子系统对系统综合化技术提出了迫切的需求。

随着系统应用、功能和性能不断提升,现代航空电子系统越来越呈现复杂系统的特征。对复杂系统来说,由于系统应用越来越宽,系统构成的规模越来越大,系统包含元素越来越多,元素之间的关系和影响越来越复杂,必须建立相应的措施解决复杂系统的问题。系统综合技术是面向系统应用、环境和能力一体化的系统处理技术,是解决系统组织、处理和管理的效能、效率和有效性的重要途径。对于综合化航空电子系统,首先要解决系统资源能力利用率的问题。即通过建立综合化资源共享模式,提升资源利用率,降低资源配置需求。航空电子系统资源综合改变了资源静态需求的配置模式,建立了系统动态资源需求供给模式,通过采用资源与应用解耦方法,针对系统当前运行应用需求,提供共享资源能力。其次要解决系统资源操作效率问题。即通过建立综合化资源处理模式,提升资源复用率,提高系统资源处理效率。航空电子系统应用处理过程改变了自身独立全覆盖处理模式,建立通用处理模式,通过同类处理过程定义构成,根据不同的应用处理,实现通用处理过程的调用,实现处理过程复用和处理结果共享与继承。最后,解决系统资源组织的可用性问题。即通过建立系统统一规范状态组织管理,降低资源能力缺陷、资源操作错误和资源结果故障对系统资源能力的影响,提高系统资源能力利用率,提高系统处理的置信度。通过将资源与应用分离,通过资源能力测试、资源操作诊断、资源结果监控,来识别资源存在的缺陷、错误和故障,通过系统回避、综合抑制,来降低系统故障对系统资源保证能力的影响。如图 2.11 所示。

1) IMA 综合化航空电子系统应用模式

综合化航空电子系统的应用模式首先是提取系统通用的处理过程,建立系统通用处理模式,构建系统通用处理资源平台,支持系统通用处理组织,实现系统资源共享,降低资源配置即 IMA 资源共享架构。目前,IMA(第一种类型 IMA 平台)首先通过将系统应用的通用操作部分与专用处理和输入/输出分类,建立系统通用处理模块,构建支持系统通用模块的资源处理平台。专用处理和输入/输出由专用设备完成,然后通过提取通用处理模块的通用处理过程,建立通用过程处理平台,支持处理过程的复用,实现通用处理结果的继承,提高

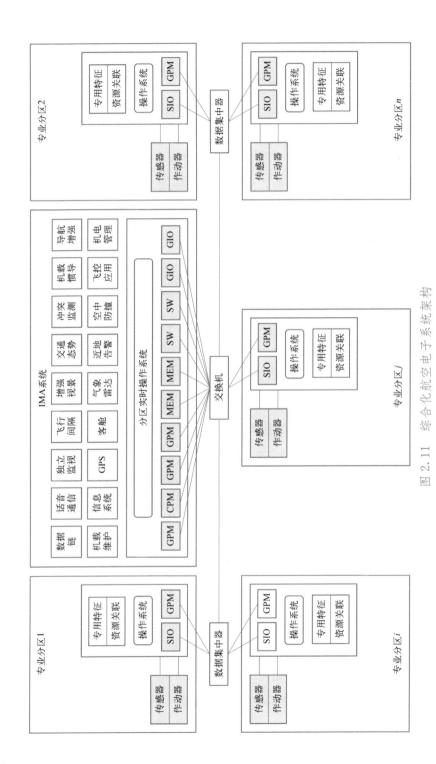

图 2.11 综合化航空电子系统架构

系统处理效率。接下来通过资源平台能力、类型、状态分类，建立基于系统资源能力缺陷、处理错误、结果故障的监控与管理，支持系统有效能力组合和重构，提升系统处理结果的有效性。IMA 架构是一个灵活、可重构和互操作的硬件和软件的共享组织，建立系统驻留应用与处理资源相互独立机制，通过整合软件和硬件构建了一个能为多个应用提供共享资源和环境的平台，并依据应用分区的保护机制和高性能的容错网络实现关键安全保护和功能分布模式，实现IMA 平台资源利用率提升和驻留功能运行保护。典型的综合模块化航空电子系统如图 2.12 所示。

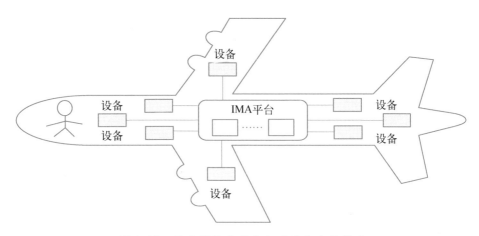

图 2.12　综合模块化航空电子系统应用模式

2）IMA 综合化航空电子系统组织模式

综合化航空电子系统组织模式是通过系统应用模式抽象，建立系统应用通用处理模块组织；通过系统资源抽象，建立系统通用平台抽象组织；通过系统能力和状态抽象，建立系统故障管理平台组织。如图 2.13 所示。IMA 最主要的特征就是 IMA 驻留功能运行与操作资源无关。IMA 驻留功能与操作资源不再是紧耦合模式，IMA 平台资源不再是静态配置确定的功能，而是在系统功能调度模式下，根据功能运行资源需求与当前资源的可用状态，实现动态的功能与资源配置模式。即在 IMA 平台中，不再将功能与固定硬件资源绑定,而是根据系统当前的资源分配状况,将功能交给当前可用设备资源来运行。基于 IMA 平台应用通用模块化方法,允许将一个功能分配到诸多计算资源中实现。并且一个 IMA 系统不再只是包含某些固定设备,而是可以由诸多不同的设备模块组合而成,这使得功能与硬件设备之间具备极大的灵活性。

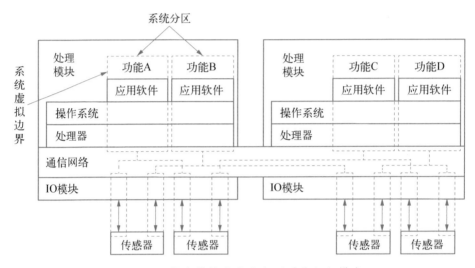

图 2.13 综合模块化航空电子系统组织模式

IMA 系统针对系统通用资源处理组织,通过功能分区,建立了通用操作模式,形成支持通用处理的系统的能力,提供 IMA 通用互操作处理,支持通用功能处理使用通用资源模块的能力。IMA 系统通过共享系统的计算资源,建立了不同功能之间的数据共享,支持系统接口的输入/输出共享,实现功能之间的数据交互,提升了平台资源和接口的利用率,减少了系统中的电子设备的资源配置,从而降低了整个系统的体积和重量。另外,IMA 系统针对系统通用能力和运行状态管理,通过系统运行缺陷、错误和故障分类,建立系统资源能力缺陷、操作错误和结果故障监控与管理模式,支持系统资源能力动态组织与重构,减少系统有效资源能力的空闲和浪费,提高模块的可重用性,增强系统运行结果的有效性,提升了系统能力和状态的置信度。

3) IMA 综合化航空电子系统运行模式

IMA 系统的综合运行模式是基于 IMA 平台驻留应用和功能运行的组织与管理。基于 IMA 系统的航空电子系统综合模式首先是建立系统的通用应用与专用处理分离,将分离出的通用处理集中到 IMA 平台中,构建 IMA 系统,实现 IMA 驻留应用功能、资源操作和运行状态的综合。也就是说,基于 IMA 系统的航空电子系统主要目标是实现基于 IMA 平台的系统综合。航空电子系统的目标是实现飞行应用需求,在 IMA 系统运行模式中,飞行员依据飞机的使命和当前飞行环境,确定飞行应用任务需求,调用基于 IMA 系统的任务管理,通过 IMA 驻留功能处理和资源操作过程综合,实现整个系统任务的功能组织与运行。

在 IMA 系统中,系统驻留应用功能组织与运行管理首先通过建立系统功能分区,构建系统各种功能组织和运行环境,形成系统不同功能运行空间和系统服务空间,通过系统服务,实现授权的功能数据交互,支持系统独立的功能运行。基于 IMA 系统运行组成为:飞行应用任务就是通过飞行员指令——IMA 系统的任务管理实现组织和运行,系统处理功能通过系统功能环境——IMA 系统的功能分区实现通用处理,系统专用处理通过系统专用设备——专业子系统或专用设备去组织和实现专用处理的响应。如图 2.14 所示。

IMA 航空电子系统在实现任务组织和功能运行的情况下,依据 IMA 平台模块化特征,实现基于 IMA 平台的综合。具体的综合方法在下面 IMA 综合技术中介绍。

2.1.4　分布式综合模块化航空电子系统架构

分布式综合模块化航空电子系统(DIMA)由航空电子系统设备处理功能和资源构成,根据系统应用和功能处理的要求,构建基于系统设备的功能、能力资源的分布式组织和管理,形成面向系统应用和功能的分布式通用处理组织。DIMA 组成为:系统物理组织离散性,系统功能处理逻辑性,系统运行过程分

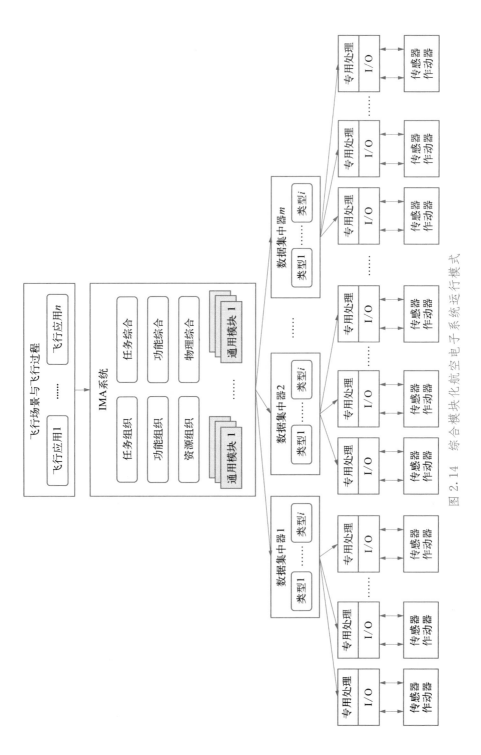

图 2.14 综合模块化航空电子系统运行模式

布性,形成各系统独立物理资源与能力、一致功能目标与逻辑、协同并行处理与分布组织和运行模式,具有典型复杂系统多种目标、多类能力和多重过程特征。

对于分布式复杂系统,由于系统应用需求越来越多,系统应用环境越来越宽,系统构成的规模越来越大,如何建立局部处理和运行环境,建立系统设备独立组织模式,构建系统功能协同处理模式、支持系统运行分布并行模式,实现系统应用任务需求,是分布式航空电子系统的重要目标。分布式系统综合技术是解决系统独立设备组织、功能协同处理和系统分布并行运行的效能、效率和有效性的重要途径。

因此,对于 DIMA 系统架构,首先要建立分布式应用综合化处理模式。DIMA 系统建立分布式应用组织,支持并行处理,提升任务组织效率,降低飞行员的负担。通过应用场景组织,确定分布式处理领域,构建面向应用场景、应用任务和应用状态系统领域的任务组织,通过分布式应用协同和综合,构建系统应用环境态势、目标和任务响应模式。其次要建立分布式设备综合化模式。DIMA 系统从设备或子系统的功能组织转换成系统能力供应角色,通过系统设备能力、专业和功能综合,构建设备功能组织和资源能力配置模式,支持设备功能处理和资源操作综合,实现系统设备单元处理模式。最后要建立分布式并行运行综合化模式。DIMA 系统根据系统应用分布式组织模式,依据系统设备内部综合处理模式,建立基于系统能力分布式并行处理,构建系统设备运行的协同,支持系统功能组织和并行处理,实现功能处理过程综合。如图 2.15 所示。

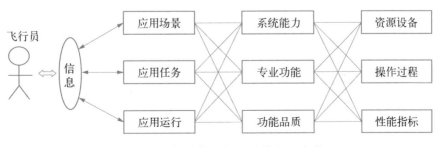

图 2.15　新型航空电子系统组织架构

1）DIMA 综合化航空电子系统应用模式

DIMA 系统应用组织的主要任务：首先，DIMA 面对系统应用需求，针对系统的应用模式，确定系统任务组织。即系统的应用组织是针对飞机的使命任务，依据飞行任务场景定义与规划，确定任务与实施模式，形成任务分布式组织模式。第二，DIMA 面向系统组织需求，针对系统分布式任务组织，依据资源分布的需求和能力，确定支持分布式能力的专业功能，形成系统功能组织模式。第三，DIMA 面对系统处理需求，针对分布式功能处理模式，依据功能专业特征，确定资源类型和操作模式，形成分布式资源能力组织模式。

DIMA 架构在应用任务组织的基础上，针对分布式系统应用组织、系统功能组织和系统资源组织，通过建立系统综合平台，构建系统应用模块、功能模块和资源模块的组织模式，支持系统分布应用综合、分布功能的综合和分布资源的综合，形成分布式综合模块化航空电子系统的架构。因此，DIMA 根据系统架构应用模式、处理方法和操作区域确定其物理组织架构。在此基础上，DIMA 根据系统任务模式、功能模式和资源模式形成虚拟的组织架构。分布式综合化物理组织架构如图 2.16 所示。

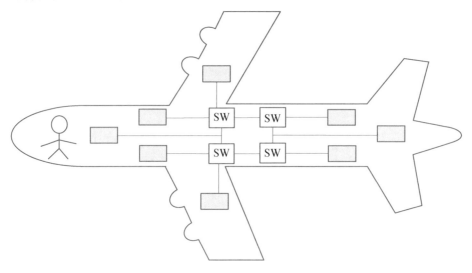

图 2.16　分布式综合模块化航空电子系统

2) DIMA 综合化航空电子系统组织模式

DIMA 综合化航空电子系统架构为了支持系统综合,结合了联合式和综合模块化航空电子的优点,建立了分布式 IMA 平台,即 DIMA。所谓分布式是指在物理上 IMA 通用处理模块分布到面向分布的任务组织和功能组织的区域中,没有物理独立的 IMA 平台组织形式。但在系统处理组织架构中,利用剩余能力组织技术,构建了在能力上与 IMA 相同的处理平台,称为 DIMA 平台,也称虚拟综合平台。为了支持系统综合,DIMA 系统通用处理模块组织模式基本上与 IMA 标准通用模块相同,含有通用处理单元、模块支持单元和路由单元。DIMA 系统仅使用有限的几种通用功能模块来实现系统分布式处理的标准功能。美国标准航空电子系统结构委员会(ASAAC)中定义了通用功能模块的几种常见的模块功能及其主要的对外接口,通用功能模块的组成和软件接口如图 2.17 所示。常见的几种通用功能模块有数据处理模块(DPM)、信号处理模块(SPM)、图像处理模块(GPM)、网络支持模块(NSM)、大容量存储器模块(MMM)、功率转换模块(PCM)等。其中处理单元由应用层、操作系统层和模块支持层构成。DIMA 操作系统与 IMA 不同,支持分布式资源能力的调度与管理。如图 2.17 所示。

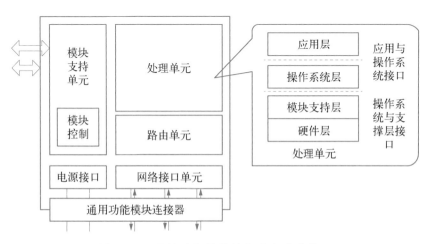

图 2.17　通用功能模块的组成和软件接口

3) DIMA 综合化航空电子系统运行模式

DIMA 系统的综合运行模式是基于分布式系统虚拟空间驻留应用和功能运行组织与管理。DIMA 分布式操作系统基于物理模块具有的能力,根据分布式资源能力的配置,依据资源能力不同的应用,构建分布式功能分区,建立分布式功能独立运行环境,共享处理器、内存和传感器接口等资源,并通过实时和容错的通信网络将所有模块相连,根据不同的能力组织,建立不同的功能窗口,支持系统分布式功能组织与处理。DIMA 架构的虚拟空间是为了确保系统分布式功能运行,提供系统分布式功能运行保护,支持基于虚拟空间分布式功能处理过程综合。DIMA 架构的虚拟空间为了确保系统分布式设备资源组织,建立了系统分布式资源独立操作模式,构建分布式物理操作平台,支持分布式关联功能逻辑处理,提供系统分布式一体化管理、实现基于系统物理空间分布式资源组织和综合。如图 2.18 所示。

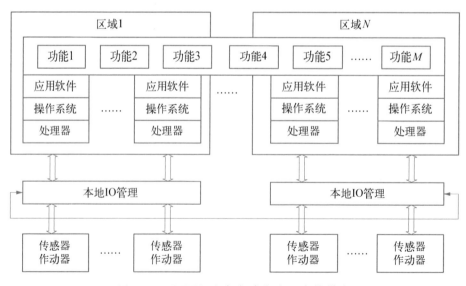

图 2.18　DIMA 分布式功能处理支持模式

DIMA 架构功能组织是建立区域专用过程的功能组织,通过基于虚拟IMA 平台实现通用功能组织,组建面向分布式并行应用功能虚拟空间和面向分布式资源组织的物理空间,构建基于分布式处理 IMA 架构,实现 DIMA 系统分布式运行和综合。

　　DIMA 系统是基于 IMA 方式的分布式系统综合架构。除了继承了 IMA 系统的优势外,还具有如下优点:首先,具有分布式天然故障传播屏障。正如前文提到的,联合式航空电子系统中通过飞机功能设备的物理分布,机载系统功能之间没有联系,形成一个自然的故障传播屏障。由于 DIMA 系统分布式功能处理模式,系统资源组织具有分布式特征,通过系统设备物理分散结构隔离了故障传播。但是,DIMA 提供分布式并行功能处理关联资源操作组织过程,分布功能处理又组合了不同设备资源故障的影响。所以 DIMA 系统在分布式资源组织的基础上,还需将故障传播屏障设置在各功能模块间的接口中,实现分布式功能协同之间的故障隔离。另外,基于分布式配置有效实现了区域组织与区域管理。DIMA 系统取代了 IMA 将所有资源(机架)放置在飞机单一区域的做法,而是根据系统驻留分布功能安全性需求,依据系统设备分布组织模式,分散放在满足安全能力和分布式连接的飞机不同区域。这样,DIMA 许多分布式设备可以靠近自身信号源区域,从而与信号源的预处理功能综合,并通过远程数据集中器(RDC)来实现输入输出数据与其在通信系统中相邻的处理单元进行数据交换,从而提高了整个航空电子系统的资源综合与信息共享度。

2.2　层级化航空电子系统架构

　　前面介绍了传统的分立式航空电子系统架构、联合式航空电子系统架构、IMA 综合化航空电子系统架构以及 DIMA 综合化航空电子系统架构。这些航空电子系统架构主要关注资源能力构成的系统组织架构。例如,联合式系统架构主要描述基于系统交联总线的不同专业设备组织基础上设备的综合;IMA

系统架构主要描述基于 IMA 平台资源共享的驻留功能综合;DIMA 主要描述基于系统分布式设备组织和管理基础上的系统综合。也就是说,目前这些具有代表性的航空电子系统架构主要关注系统资源组织。即通过系统资源组织和综合形成航空电子系统的综合。这也是我们常说的"有什么能力,干什么事情"的物理组织思维。因此,目前这些航空电子系统架构主要关注和论述系统设备能力、驻留功能、运行模式,对于系统应用运行效能问题和系统功能处理效率问题关注很少。

从系统组织思维来说,任何系统组织和设计首先应该考虑系统的应用需求。即首先定义系统应用组织的目标、环境、任务、结果和收益;然后再确定系统功能组织的专业、能力、处理、过程和性能;最后再构建设备组织的类型、能力、操作、结果和有效性。因此,对航空电子系统架构来说,首先要定义面向飞行过程需求的应用任务的组织架构,再考虑建立面向系统能力需求的系统功能的组织架构,最后确定面向系统设备运行的物理设备的组织架构。

已知航空电子系统是一个复杂系统,而复杂系统具有三个重要特征:第一,组织模式,即系统是由多个使命或多个组织的系统、多个系统组织或系统中的系统组成;第二,认知能力,即人们对系统的知识和认知不能覆盖实际完整的系统,或系统实际物理范围超过了设计功能范围;第三,环境关联,即系统的能力与活动具有动态特征,或系统的元素、关系、权重具有环境依赖特征。

层级化架构组织是复杂系统重要的处理方法。面对具有复杂特征的航空电子系统,如何针对复杂系统的多使命、多组织、多系统以及系统中的系统组织模式,实现系统任务、功能和资源的组织模式的有效综合;如何针对复杂系统设计的有限能力与系统实际物理范围差异,实现系统任务、功能和资源的处理能力的有效综合;如何针对复杂系统环境依赖动态特征,实现系统任务、功能和资源操作过程有效性综合,实现系统效能、效用和有效性最优化,已成为当前航空电子系统最为关注的发展方向。

我们知道对于任何系统,特别是复杂系统,系统组织的三大要素是:应用需求、能力组织和实践过程。所谓应用需求是描述我们提供的系统能干什么，适应什么样的环境，提供什么样的结果；所谓能力组织是描述我们提供的系统具有什么样的能力，完成什么样的处理，达到什么样性能；所谓实践过程是描述我们提供的系统具有什么样的技术能力，提供什么样的技术方法，支持什么样的处理模式。因此，对于航空电子系统，系统研究模式为：首先，针对系统使命和需求，确定系统的应用目标和收益，即通过系统的应用视图，定义和描述系统的应用需求和活动组织，建立系统的应用运行模式；第二，针对系统的应用模式需求，确定系统的功能能力组织，即通过系统的系统视图，定义和描述系统能力组织和处理过程构成，建立系统功能处理模式；第三，针对系统的应用运行过程和系统功能处理过程，确定技术实现的方法，即系统的技术视图和系统的技术模式。

因此，我们依据复杂系统具有的三个重要特征：组织模式、认知能力和环境关联，根据系统组织的三大要素：应用需求、能力组织和实践过程，构建层级化的航空电子系统架构。即通过分析前面论述的航空电子系统结构的局限性，根据新型层级化航空电子组织模式与架构研究，建立系统应用、系统组织、系统能力和系统管理的组织技术，确定系统任务、系统功能、系统资源综合方法，组建系统综合领域、综合范围和综合能力，分析系统综合收益、综合问题和综合限制，形成层级化航空电子系统架构，系统地论述航空电子系统综合化原理和技术。

层级化航空电子系统架构如图 2.19 所示。

2.2.1 系统应用需求与任务组织

航空电子系统应用需求和任务组织应面向飞行过程组织和应用的需求。对于任何系统来说，系统应用组织是系统构成、处理和实施的前提。对于航空电子系统，应用组织主要是研究系统具有什么样的任务，其中包括任务目标、能力、过程、环境和结果等，即任务的组织。

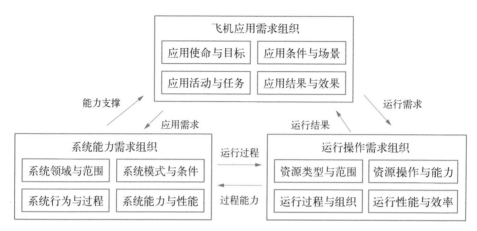

图 2.19　层级化航空电子系统架构

航空电子系统应用需求与组织应针对飞行的应用使命与需求,构建飞机的应用能力与环境,形成飞机的任务模式与操作组织。即飞行应用规划、飞行应用环境和飞行应用任务的组织。

1) 飞行应用规划

飞行应用规划组织依据飞行的应用使命与需求,针对飞行应用条件与场景,确定飞行的应用环境与任务,明确飞行的应用目标与效果,从而构建飞行应用规划。即飞行应用规划应针对飞行计划引导,根据任务的作用空间和任务活动模式,构建基于任务活动和空间综合任务来实现目标。

所有飞行过程都是由计划安排的,也就是说所有飞行都需要事先建立飞行计划。飞行计划是飞行组织的首要任务,是由飞行管理系统在飞行前建立的,是飞行过程组织、引导和管理的依据。在飞行前,飞行计划是通过构建飞行目标,明确飞行环境,确定飞行要求,从而指导飞行组织。在飞行过程中,飞行计划是实施飞行任务组织、飞行过程监视、飞行状态管理的依据,即飞行员、空管员和航空公司针对飞行计划,根据当前飞行状态、飞行阶段、飞行环境和运行任务,实时进行飞行计划监视、调整和管理。

飞行计划是航空公司、飞行员和空管协同的结果。飞行计划是由航空公司和飞行员协同确定的飞行组织需求。飞行计划是航空公司根据飞行规划和飞行航线提出飞行请求,飞行员根据飞行航线和飞机准备状态提出飞行航路,空管系统根据空域状况和机场环境确定的飞行要求,最终通过协同建立起本次的飞行计划。

飞行计划确定了飞行过程组织的模式。飞行计划主要包括从起点到终点(和/或备份终点)的航路点、航路、飞行高度、起飞程序和到达程序的序列。飞行计划也可以由飞行员从飞机驾驶舱输入或由航空公司操作员上行链路通过空地数据链自动生成。飞行计划确定了飞行任务组织的要求。飞行计划针对起飞机场到目标机场的飞行航线需求,通过空域和气象条件,根据基于飞行数据库的分析,确定航路和飞行包线,明确飞行导航能力和导航数据库,建立水平飞行导引模式,确定垂直飞行导引模式,形成飞行过程任务的组织与管理。

2) 飞行应用环境

飞行应用环境组织依据飞行的应用领域与范围,针对飞行应用环境与能力,确定飞行的应用活动与条件,明确飞行应用模式与状态,构建飞行应用环境组织。即飞行应用环境根据飞行态势描述当前飞行过程和环境情况,依据飞行计划描述当前飞行状态和符合性的情况,通过当前飞行过程确定任务运行状态,从而建立飞行目标、飞行过程和飞行任务的组织需求。

飞行应用环境是当前飞行面临的要求和环境,是描述飞机飞行过程中当前飞行状态的总称。即当前飞行完成计划的状态、当前面临的飞行环境状态和当前飞行任务运行的状态。飞行应用环境是当前飞行状态客观现状的反映,也是下一步飞行任务组织、分析和决策的基础。飞行应用环境由飞行要求、飞行组织、飞行过程和飞行条件构成。应用环境针对飞行要求,反映当前飞机飞行计划执行状态;针对飞行任务,反映当前飞机飞行任务组织和目标状态;针对飞行组织,反映飞行过程组织和运行状态;针对飞行条件,反映飞行环境条件和约束状态。

飞行应用环境根据构建的飞行计划目标和需求以及确定的飞行场景构建

飞行任务能力和类型,建立明确的飞行环境和条件组织。飞行应用环境主要内容有:飞行态势能力组织,飞行环境约束组织,飞行任务状态组织,飞行过程条件组织,支持下一阶段任务组织、运行管理,为系统任务组织和综合奠定基础。

3) 飞行应用任务

飞行应用任务组织依据飞行的应用使命和目标需求,针对飞行应用状态与环境条件,根据飞行应用场景与结果要求以及飞行过程和运行性能,构建飞行应用任务的组织。

飞行使命和目标是飞行任务组织的核心和需求。飞行使命和目标主要由以下几方面构成:首先,航空公司根据飞机运输的需求,依据飞行航线的要求,针对飞机的功能和能力,确定飞行航线、时间和收益。其次,ATM 根据飞行规划,依据航空公司的申请,针对空域的流量,协调和批准飞机飞行计划,提供导航服务和航路交通管理。最后,飞行员根据飞行规划,依据飞机的状况,针对机场和航路交通管理,进行飞行前准备。这种飞行计划、环境状况、空域流量和飞机状态,通过航空公司、空管员和飞行员协同达成一致,形成了本次飞机飞行的使命(需求)和目标(收益)。

飞行任务识别是根据飞行情景识别和组织的环境与结果,构建飞行任务的需求与构成。已知飞行情景识别和组织组建了当前的飞行环境,建立了基于飞行环境的飞行态势,在此基础上飞行应用任务组织构建飞行场景,实现飞行情景的组织与综合,形成基于当前飞行情景的飞行需求。飞行任务识别就是针对飞行情景构成的飞行环境、形成的飞行态势、建立的飞行场景,确定飞行情景目标、领域、能力和性能需求。

飞行任务组织主要由以下几个方面构成:首先,建立当前飞行状态。飞行任务组织针对当前飞行完成计划的状态、面临的飞行环境状态和飞行任务运行的状态,构建基于当前计划状态、环境状态、任务状态的飞行活动和组织需求,形成飞行任务的感知,从而确定什么样的任务需求能满足飞行情景的下一步要求。第二,建立飞行过程趋势。飞行任务组织根据飞行态势建立的意识、关联和约束的飞行过程趋势,针对当前飞行目标、场景和规则的组织,依据飞行环境交通、航路和预测组织,构建飞行任务类型、能力和性能组织,建立基于当前场景、环境和任务的飞行活动和组织能力,满足飞行情景的下一步能力要求。第三,建立后续任务目标驱动。飞行任务组织根据飞行场景,针对当前飞行航路交通态势、约束态势、监视态势和当前飞行安全告警态势,构建基于当前航路交通、航路约束、航路监视和安全告警的飞行任务形式要求,形成飞行任务的组织,建立飞行场景飞行任务目标和需求的态势和后续任务组织的目标驱动。从而确定什么样的任务组织能满足飞行情景的下一步任务要求。

航空电子系统应用需求和任务组织如图 2.20 所示。

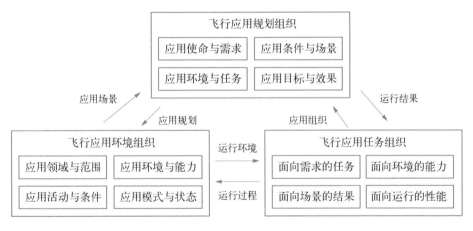

图 2.20　航空电子系统飞行应用需求和任务组织

2.2.2　系统能力需求的功能组织

系统能力的功能是针对应用环境的任务组织,建立相应的功能,提供任务的支持能力。我们知道,任务是描述应用的活动,而功能则是支持任务活动的能力。功能是技术能力的组织,而技术能力是基于技术领域范围的专业技术处理能力。也就是说,系统功能是基于专业领域的技术组织和处理的能力。因此,基于系统能力的功能组织是指面向任务的系统专业技术领域能力组织。

作为飞行应用任务组织,为了实现飞行应用任务需要和目标,航空电子系统必须建立基于飞行应用任务相应的功能目标、能力和性能,支持系统任务的实现。航空电子系统功能能力需求是基于系统应用任务专业处理能力需求,以及系统资源能力操作的专业处理过程,所以,系统能力需求和功能组织要满足如下条件:第一,满足系统任务组织需求,即基于任务过程的活动行为的综合能力组织;第二,满足系统功能组织需求,即基于功能过程的逻辑处理的综合能力组织;第三,满足系统物理组织需求,即基于资源过程的操作模式的综合能力组织。

因此,航空电子系统功能组织需求是针对飞机应用任务的目标,针对任务能力,依据当前专业技术的能力,构建功能专业组织,确定功能处理模式,明确功能结果性能,实现飞机应用任务运行模式组织。

1) 系统功能目标要求

系统功能目标要求是基于系统功能分类与范围,针对系统功能逻辑与结果,依据系统功能条件与约束,根据系统功能输入与性能,构建系统功能目标组织。即功能目标要求是应用任务需求,根据应用作用领域,依据专业技术模式,通过处理逻辑、条件和约束组织,构建覆盖应用任务空间的系统功能组织。

系统功能目标是基于任务目标引导模式,即面向任务目标需求的系统功能目标组织模式。任务目标引导模式是针对任务活动的目标需求,确定系统功能专业领域、处理条件和结果形式,即系统功能目标。其主要任务是:首先,建立系统功能专业领域和功能类型。即根据目标任务应用模式,实现功能专业要求引导,建立功能作用空间,确定支持其应用的功能分类和作用域构成。第二,建立系统功能作用空间和功能范围。即通过目标任务应用和条件的约束模式,实现功能领域要求引导,建立功能类型需求,确定支持其应用和条件作用空间范围。第三,建立系统功能处理逻辑和功能结果。即通过目标任务结果形式,实现功能作用要求的引导,建立功能处理操作和逻辑模式,确定支持任务结果的功能结果形式。最终,形成基于目标任务的系统功能目标组织。

功能目标组织要求是面向目标任务的实现特征,依据任务应用需求、期望结果、程序组织、运行状态、环境条件,确定系统专业功能目标和功能组织,建立功能专业领域、作用范围、能力类型、处理性能、结果形式。由于每项目标任务往往由一组功能来实现,而每项功能都具有自身的专业领域、作用范围、能力类型、处理性能、结果形式,以及这些独立的功能领域和能力相互组织和协同,以满足应用任务的期望目标和运行需求。因此,针对应用任务需求和多类型功能组织,必须建立基于应用任务的实施过程组织需求,组建多种关联功能的专业与能力,支持这些关联功能的能力组织和处理协同,形成基于满足应用任务需求条件下独立功能需求和功能组织模式。

2) 系统功能能力要求

系统功能能力要求是基于系统功能组织专业与领域,针对系统功能处理逻辑与元素,依据系统功能处理过程与条件,根据功能输入和性能,构建系统功能目标组织。即系统功能能力组织是针对系统功能目标需求,基于功能专业领域,依据功能处理逻辑,根据功能处理条件,构建覆盖任务活动空间的功能专业能力组织。

功能专业能力是描述功能专业处理与组织的能力,也是面向系统内部专业特征的能力组织。对于任何应用任务需求,必须由系统组织一组功能来实现目标任务的需求。我们知道,任务要靠功能组织实现,而功能是要通过系统(设备)运行来实现。功能的能力和系统能力必然受到专业的限定。例如滑跑起飞任务,飞行许可和应答要靠通信系统上传效率和下传应答功能实现,飞行导引要靠导航系统区域导航功能实现,飞行安全隔离要靠监视系统最小安全监视功能实现。其中,每项功能底层往往是由一组底层的功能专业能力来实现。这些功能专业构成了系统功能目标和实现的基础。

功能专业能力是目标任务运行的保障。但是,对于众多面向系统应用需求和设备专业特征的功能,如何限定功能的能力类型、作用领域、活动逻辑、结果形式是系统功能能力定义和组织的核心。目前功能专业能力方法有:一是面向任务的目标需求的功能专业能力组织——任务目标引导模式，即依据系统应用任务目标和作用领域确定系统功能专业构成和功能处理目标。二是面向目标任务的处理模式的功能专业能力组织——任务性质引导模式，即依据系统应用任务能力和运行模式确定系统功能专业能力和功能处理逻辑。三是面向任务作用领域构成的功能专业能力组织——任务领域引导模式，即依据系统应用任务过程和作用空间确定系统功能专业范围和功能处理性能。

3）系统功能性能要求

系统功能性能要求是基于系统功能结果形式与性能，依据系统功能处理过程与性能，针对系统处理元素和性能，根据系统功能输入信息与性能，构建系统功能性能组织。即系统功能性能组织是针对系统功能目标需求，基于功能专业组织，依据功能处理过程和功能逻辑组织元素，构建覆盖任务运行过程的功能处理性能组织。

系统功能性能组织是面向任务运行需求，基于功能能力组织，针对功能专业的功能处理逻辑处理模式。我们知道所有功能的意义在于完成特定的、确定的、有效的功能处理。虽然任务是面向应用需求的，但支持应用任务实现的是一组特定面向专业能力和专业处理的功能实现。也就是说，功能是面向专业领域，针对定义的目标，根据特定的环境，依据确定的逻辑，来完成预期的处理。这个过程就是功能逻辑处理组织。对于任何一种功能，我们首先要依据该项功能具有的专业能力，通过确定功能作用目标，明确实现功能目标的环境条件，确定依据功能目标和运行条件设计的功能处理逻辑，再依据功能处理逻辑构建相关算法，实现功能的处理性能要求，满足系统任务品质的目标。由于功能结果形式由功能专业、作用域、范围、处理、效率和品质构成，因此功能处理性能由专业类型、作用领域、有效范围、处理模式、操作效率和结果品质构成，从而形成功能处理性能组织。

功能处理性能的目标是实现系统功能组织、处理和运行品质能力。所谓系统功能性能目标就是面向任务运行需求，首先，针对系统功能能力构成，建立不同功能作用空间和能力类型组织,形成基于任务能力需求的系统功能处理结果的性能要求;其次,针对系统功能处理逻辑,建立不同功能处理信息组织和处理品质组织,建立基于任务过程的系统功能处理过程性能要求;另外,针对系统功能运行管理,建立不同功能作用领域和运行状态,建立基于任务运行的系统功能管理状态的性能要求。因此,对航空电子系统而言,系统功能性能根据目标任务运行需求,通过系统功能能力组织、系统功能处理逻辑、系统功能运行管理,实现和完成系统任务组织和运行的需求,确定系统功能处理能力性能要求,明确系统功能处理过程品质要求,建立系统运行状态性能要求,形成系统任务运行结果的性能需求。

航空电子系统能力需求与功能组织是针对系统应用任务需求,构建系统的功能目标,建立系统功能过程,确定系统的功能性能组织,最终实现系统应用任务的目标。航空电子系统能力需求与功能组织如图 2.21 所示。

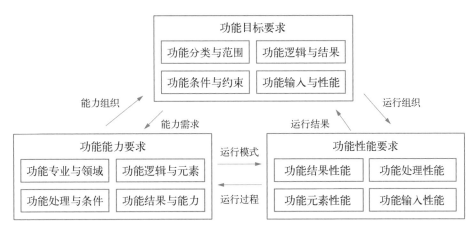

图 2.21　航空电子系统能力需求与功能组织

2.2.3　系统资源需求和操作组织

系统资源需求和操作组织是针对系统能力的功能组织,建立相应的物理资源平台,提供功能的运行能力。我们知道,任务活动要靠功能能力支持,而功能能力要靠资源平台来实现。不同的功能具有专业技术特征和处理需求,需要配置相应资源支持和运行系统功能,实现系统功能专业能力和功能处理的目标。同时,系统物理资源平台具有自身的资源类型和操作模式,需要建立与自身能力相适应的操作过程,满足支持应用目标的资源性能需求。因此,基于使用效能的资源组织是指面向系统应用目标需求,针对系统功能专业领域,建立支持功能能力、过程和结果的系统物理资源能力、操作和性能组织。

作为飞行应用任务运行和系统功能处理操作平台,系统物理资源组织模式是针对系统应用环境需求,依据系统应用任务场景操作,根据功能的专业组织模式,构建实现系统应用功能处理的资源能力和环境,明确系统资源能力和类型需求,确定系统资源操作过程组织,建立系统资源有效性组织。所以,系统资源需求和操作组织要满足如下条件:第一,满足系统功能目标的专业类型组织需求,即基于系统功能专业的物理资源类型和能力组织;第二,满足系统功能能力性能组织需求,即基于系统功能过程的物理资源操作过程和性能要求组织;第三,满足系统功能结果的有效性需求,即基于系统功能处理的物理资源运行状态和有效性组织。如图 2.22 所示。

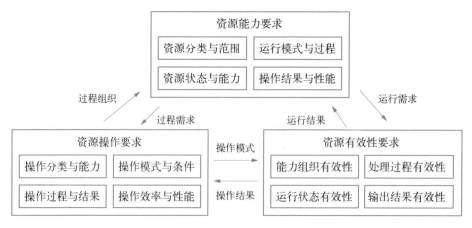

图 2.22 航空电子系统资源能力与操作模式

因此,航空电子系统物理资源组织需求是针对系统应用任务类型和功能专业领域需求,建立系统物理资源能力要求;根据系统应用任务活动和功能处理过程需求,建立系统物理资源操作过程和模式;依据系统应用任务目标和功能处理结果需求,构建系统物理资源操作过程组织和结果性能要求;最终实现飞机应用任务运行过程和系统功能处理能力的结果目标需求。

1) 系统物理资源能力要求

系统物理资源能力要求是基于系统资源分类与范围,针对系统资源操作模式与过程,依据系统资源状态与能力,以及操作结果与性能,构建系统物理资源能力组织。即系统物理资源能力要求是针对系统应用任务活动空间,根据系统物理专业领域,依据系统任务和功能运行条件,通过资源类型、能力和性能组织,构建覆盖系统应用任务和功能能力需求的系统物理资源能力。

针对航空电子系统运行需求,系统物理资源能力构成是基于系统应用和功能运行需求,依据资源自身的能力和操作模式,实现系统应用和功能的目标及性能要求。即系统物理资源是通过资源自身的能力和操作模式支持以及运行系统的应用任务和功能。也就是说,系统物理资源能力是针对系统应用和功能能力及目标需求;系统资源操作模式是面对系统应用和功能处理过程;系统资源操作效率是面向系统应用和功能组织过程。

对于物理资源能力而言,由于不同的系统应用和功能具有不同的运行需求、处理模式和专业领域,对系统物理资源能力提出不同的要求。因此,系统物理资源能力组织需求为:首先,要依据系统应用任务的需求,针对其运行环境,建立其处理模式,构建系统物理资源能力与系统应用任务的运行关联性和能力符合性。第二,系统物理资源能力需求要根据系统功能的处理模式、专业领域以及处理逻辑,建立系统功能处理的操作过程,构建系统物理资源能力与系统功能处理的操作关联性和能力符合性。第三,系统物理资源能力需求要根据系统资源自身的操作模式,依据系统资源操作的性能能力,针对系统资源运行的操作过程,建立系统资源操作的结果领域,构建系统物理资源能力与系统资源操作的结果关联性和能力符合性。最后,系统物理资源能力需求要根据资源的特征,通过建立系统资源分类组织和作用形式,根据系统计算资源能力与工作环境,依据系统专用资源能力和特定工作要求,建立系统专用物理操作资源能力和工作模式,构建系统物理资源能力与其自身特征能力关联性和工作模式的符合性。

因此,航空电子系统资源能力是根据系统应用和功能处理目标需求,建立基于资源自身特征的能力类型,构建系统资源能力组织,确定对资源能力操作模式,形成基于系统应用和功能的资源能力配置。对于航空电子系统,已知不同的系统应用和功能具有不同的资源配置,不同的资源配置蕴含着不同的资源能力。系统物理资源能力是针对系统应用任务和功能处理能力需求,通过基于系统能力的资源配置,实现资源能力组织,支撑系统应用和功能运行目标和需求。

2) 系统物理资源操作要求

系统物理资源操作要求是基于系统资源操作分类与能力,针对系统资源操作模式和条件,依据系统资源操作与结果以及效率与性能,构建系统物理资源操作过程组织。即系统物理资源操作要求是针对系统应用任务活动模式,根据系统物理处理逻辑,依据系统资源类型和能力,通过资源运行目标、过程和条件组织,构建覆盖系统应用任务运行和功能处理需求的系统物理资源操作过程。

系统物理资源操作过程组织是实现航空电子系统应用和功能运行的保障。我们知道资源是面向自身能力操作组织,而每项资源具有自身的特征和操作模式。系统物理资源操作组织是基于系统功能的运行目标与资源操作结果的关联,构建系统功能运行模式与资源操作能力的关联,确定系统应用和功能运行过程与资源处理操作的关联,建立系统应用和功能运行品质与资源处理性能的关联,最后根据这些关联资源的特征和操作模式,构建满足系统应用和功能目标、运行、处理和品质的资源结果、能力、操作和结果组织。

已知系统物理资源操作过程是依据自身能力独立操作的,针对系统需求协同运行的,根据功能逻辑的行为处理的。也就是说,系统物理资源组织是针对与系统应用和功能关联的资源,组织相关资源独立操作模式,建立统一结果的操作过程,构建品质一致的操作性能,形成满足需求符合的操作结果。因此,如何建立系统物理资源操作组织,构建资源独立能力的操作、处理协同的过程,提供系统资源统一的操作品质、关联的趋同操作结果,满足系统应用任务的需求、系统功能处理的需求,是系统物理资源组织的核心任务。

因此,系统物理资源操作组织需求如下:首先,构建面向系统应用的资源操作组织,明确系统应用模式与操作对资源能力类型需求,确定系统应用运行与处理对资源的操作模式需求,建立系统应用运行与操作的资源的基本操作能力。第二,构建面向功能的资源操作组织,明确系统功能模式与操作对资源能力模式需求,确定系统功能运行与处理对资源操作品质需求,建立系统功能运行与处理通用算法的资源基本处理能力。第三,构建面向设备的资源操作组织,明确系统设备模式与操作对资源操作效能需求,确定系统设备运行与处理对资源操作性能需求,建立系统设备运行专用驱动的资源基本驱动和资源专用操作能力。

3) 系统物理资源性能要求

系统物理资源性能要求是基于系统能力的有效性,针对系统物理资源操作的有效性,依据系统物理资源运行状态的有效性,根据系统物理资源操作结果和性能,构建系统物理资源操作和结果性能组织。即系统物理资源性能要求是针对系统应用任务运行目标,根据系统物理处理逻辑,依据系统资源操作过程,通过资源类型能力、操作过程和结果状态的性能组织,构建覆盖系统功能处理性能需求和系统物理资源操作与结果性能要求。

系统物理资源性能要求是针对系统应用能力、活动和程序的需求,明确系统应用任务和功能处理的资源操作过程,确定系统基于资源操作的系统应用和功能处理结果形式,建立系统应用的资源组织能力,构建支持、覆盖和满足系统应用的资源性能要求,最终满足系统应用任务和功能处理的目标、环境、过程和结果的性能要求。系统物理资源性能要求主要思路是:首先,根据系统应用模式与操作确定资源能力类型需求。即通过面向应用能力需求分析,构建支持该需求的资源类型;通过面向应用活动需求分析,构建覆盖该需求的资源能力;通过面向应用程序需求分析,构建实现该需求的资源操作。第二,根据资源的应用运行与处理确定资源能力操作模式。即通过面向系统应用操作模式分析,构建支持该模式的资源操作类型;通过面向系统应用能力构型分析,构建覆盖该构型的资源操作模式;通过系统应用运行状态分析,构建实现该运行的资源操作条件。第三,根据系统应用运行基本能力确定资源能力基础处理需求。即通过面向应用专业特征分析,构建支持该需求的资源专业处理驱动软件;通过面向应用标准过程分析,构建覆盖该需求的资源标准过程处理软件;通过面向应用信息组织分析,构建实现该需求的资源信息组织处理软件。

因此,对于系统物理资源性能需求,我们主要通过对系统设备类型、能力和操作的分析,建立面向系统设备的资源组织,构建配置、确定和运行系统功能的资源操作、状态和结果组织,形成物理资源的性能要求。其主要思路是:首先,建立面向系统设备驻留应用需求的资源类型和操作结果要求。即根据系统设备驻留应用结果需求,确定系统物理资源操作目标要求;根据系统设备驻留应用处理需求,确定系统物理资源操作性能要求;根据系统设备驻留应用处理效能需求,确定系统物理资源有效性要求。第二,建立面向系统设备操作能力需求的资源运行和操作模式要求。即根据系统设备特征和作用领域,确定系统物理资源类型组织要求;根据系统设备能力和运行模式,确定系统资源操作过程要求;根据系统设备条件和运行环境分析,确定系统资源状态管理要求。第三,建立面向系统设备特定专业需求的资源专用驱动模式要求。即根据系统设备专用能力配置需求,构建系统设备特定专用处理的设备能力配置程序;根据系统设备专用数据传输需求,构建系统设备特定专用数据传输和专用相关处理的设备传输驱动程序;根据系统设备专用参数管理需求,构建系统设备特定专用参数组织、处理和管理的设备参数管理程序。

航空电子系统资源需求和操作组织是针对系统设备驻留应用任务和功能需求,构建覆盖系统设备驻留应用任务的功能组织需求的系统物理资源专业和能力,组织支持系统设备驻留应用任务的功能运行和处理需求的系统物理资源操作模式和过程,建立支持系统设备驻留应用任务的功能目标和结果需求的系统物理资源性能和有效性要求。航空电子系统资源能力与操作模式如图 2.22 所示。

2.3　层级化航空电子系统组织模式

层级化航空电子系统组织模式实际上是面向复杂系统,站在更高的视角,更全的角度,通过系统架构、系统能力和系统操作研究,构建分层组织、分级管理和分类处理,实现对综合化航空电子系统架构组织的提升和深化。我们在上一节分析到,由于联合式架构具有静态功能与资源绑定的特征,造成系统运行过程资源的闲置状态。综合化航空电子系统架构打破系统静态物理组织架构,支持系统动态活动和能力综合模式。虽然系统动态活动和能力组织综合模式能有效地提升系统组织与处理能力和效率,但与此同时也大大增加了系统复杂性。由于航空电子系统的任务种类众多,功能处理不同,设备能力各异,导致系统由大量各种任务和其活动、功能与其行为、元素与其关系、过程与其能力、资源与其操作等组成,如果采用系统动态综合模式会造成系统复杂性急速增长。因此,目前航空电子系统综合化还局限于设备内部资源领域组织和共享模式,如通用能力处理综合平台(IMA),通用通信综合处理平台(软件定义无线电 SDR)和通用综合监视平台(综合监视 ISS)。

针对日趋复杂的航空电子系统,必须采用系统的视角组织与处理方法、系统架构组织技术方法和系统综合技术方法,进行新一代航空电子系统技术研究。这就是本节提出的新型航空电子系统组织模式。

目前航空电子系统技术主要是关注航空电子系统内部能力的组织与方式,关注传统的系统组织要素:设备、功能和性能。由于当前飞机的任务越来越多,功能越来越强,性能也越来越高,航空电子系统构成越来越复杂。航空电子系统必须面对复杂环境、多重任务、多种目标的需求,建立众多的元素、复杂的关系、不同的权重的组织与关系,采用多项不同专业、不同技术、不同方法和处理,支持不同类型、不同能力和不同性能的资源组织,构建系统整体组织与优化组织架构,满足和实现系统组织效能、效率和有效性的能力需求。

2.3.1　应用任务组织

作为飞行任务系统,航空电子系统的首要目标就是实现飞行应用任务组织。因此,从应用角度来看,航空电子系统任务架构的实现需要满足如下条件:第一,满足飞机使命的应用目标组织需求,即基于飞行过程目标的任务组织;第二,满足飞行任务的应用过程组织需求,即基于飞行阶段的过程组织;第三,满足飞机飞行的应用环境组织需求,即基于飞行过程关系的条件组织。

航空电子系统应用模式需求是针对飞机使命规划的目标,针对当前飞行的过程,根据当前的任务和当前的飞行条件,构建自身飞行的优势,支持飞行协同的模式,实现飞行任务系统应用模式组织。

2.3.1.1　航空电子系统应用需求组织

航空电子系统应用需求组织是根据飞机飞行的应用使命需求,依据规划的飞行应用环境,针对相应的飞行应用任务,来确定期望的飞行应用目标。

航空电子系统应用需求组织是根据飞机的使命需求,确定(设计)飞行的应用场景。也就是说飞机的使命是通过一组应用场景组成。通过各种飞行应用场景的定义,确定每个飞行应用场景的目标和效果,建立实现飞行场景目标和效果的活动。

1) 应用使命与需求

飞机应用使命和需求是描述飞行需求、能力、环境和收益。飞机应用使命和需求主要由以下几方面构成:运输能力(客载和商载),运行航线(地区和距离),飞机成本(开发成本和制造成本),运行收益(运行环境、运行成本、遣派率）。应用使命和需求决定飞机运行的航线和生命周期。

2）应用条件与场景

飞行应用条件与场景是描述飞行过程的环境、特征、条件和约束。飞行应用条件与场景主要由以下几方面构成：飞行计划（航路点和时间），飞行区域（机场和航路），空域管理（容量和安全），气象条件（条件和约束）和飞机能力（航程和高度）。应用条件与场景决定飞机飞行的环境和条件。

3）应用环境与任务

飞行应用环境与任务是描述飞行过程的环境、事件、操作和程序。飞行应用环境与任务主要由以下几方面构成：飞行计划（航路点和时间），飞行阶段（滑行、起飞、巡航、降落等），飞行场景（情况和条件），飞行事件（气象、应急、指令、许可），飞行程序（应答、响应、操纵）。应用环境与任务决定飞机飞行的行为和活动。

4）应用目标与效果

飞行应用目标与效果是描述飞行过程的计划、环境、任务和管理的响应和结果。飞行应用目标与效果主要由以下几方面构成：飞行环境（计划和条件），飞行状态（航迹、位置、速度等），飞行管理（航迹、指令、过程、协同），飞行过程（任务、功能、程序、条件），飞行结果（环境、航迹、许可、操纵）。应用目标与效果决定飞机飞行的状态和效能。

2.3.1.2　航空电子系统应用环境组织

航空电子系统应用环境组织是根据飞行的应用领域和范围，依据飞行应用环境和能力，明确飞行应用活动和条件，确定飞行应用模式与状态。

航空电子系统应用环境组织是根据航空电子系统的应用需求组织，确定（设计）航空电子系统飞行应用任务的应用环境。任何系统的需求与应用都是建立在对应的应用环境基础上的，航空电子系统飞行应用环境是针对航空电子系统不同的需求条件，确定基于各种条件下的飞行活动约束和飞行应用支撑的条件，构建提供飞行需求的保障条件，建立航空电子系统飞行应用环境组织。

1）应用领域与范围

飞行应用领域范围是描述飞行场景的组成、状态和条件。飞行应用领域与范围主要由以下几方面构成：计划需求（计划航线、航路点和时间），飞行阶段（飞行阶段特征、任务和程序），航路情景（空域能力、条件和管理），气象条件（气象条件和飞行规则）。应用领域与范围覆盖飞机飞行过程中要满足和适应的环境和条件。

2）应用环境与能力

飞行应用环境与能力是描述飞行环境的状态、能力、组织和管理。飞行应用环境与能力主要由以下几方面构成：飞行计划（航路点和时间），空域管理（机场和航路），飞行导引（容量和安全），飞行管理（航程和高度），飞行程序（条件和约束）。应用环境与能力形成了基于环境的飞行能力组织与环境管理。

3）应用活动与条件

飞行应用活动与条件是描述飞机飞行任务的条件、事件、操作和程序。飞行应用活动与条件主要由以下几方面构成：飞行计划需求（基于计划航路、任务和条件任务），飞行场景需求（基于飞行阶段、位置和气象任务），飞行事件需求（基于环境、状态和规则任务），飞行管理需求（基于区域、空域和指令任务），飞行程序需求（基于状态、规则和程序任务）。应用活动与条件形成飞行的任务组织和过程管理。

4）应用模式与状态

飞行应用模式与状态是描述飞机飞行过程的计划、环境、任务和管理的响应和结果。飞行应用模式与状态主要由以下几方面构成：环境管理（阶段、场景、空域、区域），飞行管理（计划、引导、时间、速度等），任务管理（航迹、指令、许可、响应），结果管理（程序、过程、能力、操纵）。应用模式与状态形成了决定飞机飞行的活动组织和实施管理。

2.3.1.3　航空电子系统应用任务组织

航空电子系统飞行应用任务是根据飞机飞行的应用使命，构建面向飞行应用任务需求的目标;根据飞行应用环境,建立面向飞行应用任务条件的能力;根据飞行应用场景,明确面向飞行应用任务目标的结果;根据飞行运行模式,确定面向飞行应用任务活动的性能。

航空电子系统飞行应用任务组织是根据航空电子系统的应用需求组织,依据对应的应用环境配置,确定(设计)航空电子系统飞行应用任务模式。任何任务的组织与应用都是建立在对应的应用需求和应用环境基础上的。航空电子系统飞行应用任务组织是针对航空电子系统不同的需求条件,依据航空电子系统面对的飞行环境,确定在基于需求与环境下能实现的飞行目标,明确任务实现的结果形式,构建航空电子系统应用任务组织。

1) 面向需求的任务

面向飞行需求的应用任务是描述基于飞行计划、飞行场景、飞行环境和空域管理的飞行组织。面向需求的应用任务是针对飞行计划和目标,根据飞行阶段的特征和要求,根据飞行场景和事件,依据空域的能力和管理,通过空地协同决策的飞行过程组织。即飞行过程任务是根据飞行过程中不同飞行情景(条件),确定相关的飞行要求(目标),选择相应的飞行过程(业务),构建相应的飞行任务(活动),形成期望的飞行模式(结果)。

2) 面向环境的能力

面向飞行环境的能力由飞行环境信息采集、飞行过程任务组织、飞行安全环境监视、飞行状态组织协同和飞行决策组织管理组成。面向飞行环境的能力是通过建立飞行过程交通信息态势,支持调度飞行过程和任务,具有监视飞行过程和环境能力,协同飞行过程组织和运行,提供实施飞行过程调整与控制,实现飞行过程目标和要求。

3) 面向场景的结果

面向飞行场景的结果由飞行情景的飞行处理与组织过程组成。面向场景的结果针对飞行任务和飞行目标要求,根据飞行场景状态和飞行环境能力,调用相关飞行程序和飞行过程管理能力。面向飞行场景的结果核心任务是:面向飞行环境的空域、交通、机载态势信息组织,面向飞行组织的目标、计划、航迹协同,面向飞行任务的位置、速度、状态的监控,面向飞行性能的精度、误差、安全性、完整性监视,面向飞行有效性过程、任务和功能管理。

4)面向运行的性能

面向飞行运行的性能由飞行过程的结果、状态和性能管理组成。面向飞行运行的性能是基于飞行计划和目标,根据飞行阶段的特征和要求,针对飞行场景和事件,依据飞行空域的能力和管理,通过空地飞行协同管理,满足飞行过程组织,提升系统过程性能要求,实现最佳飞行品质。即面向运行的性能是根据飞行过程中不同飞行情景条件,确定相关的飞行要求目标,明确相应的飞行过程性能指标,建立相应的飞行任务活动管理,实现相应的飞行过程结果性能要求。

2.3.2　系统功能组织

作为系统功能组织,航空电子系统首要目标就是实现飞机应用任务需求。因此,从系统能力角度来看,航空电子系统功能架构的实现要满足如下条件:第一,满足飞行应用目标组织需求,即基于飞行任务运行组织,建立系统专业能力领域;第二,满足系统功能处理逻辑组织需求,即基于系统专业能力的功能处理组织,建立系统功能处理模式;第三,满足系统专业功能协同的需求,即基于系统处理领域和性能的分类,建立面向任务运行的功能处理组织和处理性能。

航空电子系统功能组织需求是针对飞行应用的需求,针对系统专业的组织,依据当前的功能处理能力,建立功能处理过程,依据当前运行环境,组织功能处理协同,实现飞行任务系统功能能力组织。

2.3.2.1　航空电子系统功能目标组织

航空电子系统功能类型组织是根据系统应用的能力需求,确定系统功能分类与作用范围;针对系统功能处理模式,确定系统功能的逻辑和结果;依据系统功能的能力范围,确定系统功能运行条件和约束;最后根据系统功能应用需求,确定系统功能的输入数据和结果性能要求。

航空电子系统功能目标组织是根据系统的任务组织架构,确定系统能力的专业组织。即通过当前系统专业技术能力支持飞行应用任务系统的实现。通过系统专业分类的技术组织定义,确定系统功能技术能力的逻辑活动,构建系统功能技术过程的逻辑组织,确定各项系统功能逻辑过程的条件,明确在此条件下的系统功能处理结果和效果,建立系统功能目标架构组织。

1）功能分类与范围

系统功能分类与范围用于描述系统功能性质的定义。即系统功能类型是面向应用能力的需求和功能的构成。系统功能分类与范围是通过应用能力需求,定义系统功能组织的目标;针对系统功能的专业特征,确定功能作用领域;根据系统功能专业处理逻辑,确定功能处理过程;依据系统功能类型的处理过程条件,确定功能的运行管理。

2）功能逻辑与结果

系统功能逻辑与结果用于描述功能处理模式定义。即系统功能逻辑与结果是描述面向功能专业领域的逻辑模式和所产生的处理结果。系统功能逻辑与结果是通过应用目标需求,定义系统功能应用空间、操作途径、组织模式和能力需求;针对系统功能的专业特征,确定功能领域、组织模式、性能范围、能力目标;根据系统功能专业处理逻辑,确定功能应用处理、专业处理、过程处理、结果处理模式;最后依据系统功能的处理过程条件,确定功能目标组织、能力组织、逻辑组织和过程组织管理。

3）功能条件与约束

系统功能条件与约束用于描述功能组织与管理的定义。即系统功能组织与管理是描述面向功能运行所需要的条件和约束。系统功能条件与约束是通过功能目标需求,定义系统功能应用的专业、领域、范围、结果的需求和相关约束;针对系统功能的专业能力,确定功能处理的逻辑、算法、元素、输入的相关条件;根据系统功能处理模式,确定功能处理过程的目标、能力、效率、有效性相关目标;最后依据系统功能输出需求结果有效性确定功能结果精度、可用性、可靠性和完整性相关要求。

4）功能结果与能力

系统功能结果与能力用于描述功能组织与管理定义。即系统功能组织与管理是面向功能运行应用需求、处理模式和结果状态组织与管理。系统功能结果与能力是通过功能应用需求，定义系统功能过程空间、过程状态、过程性能、过程结果；针对系统功能的专业能力，确定功能能力类型、能力范围、能力组织和能力管理；根据系统功能处理逻辑条件，确定功能应用条件、过程条件、能力条件和结果条件；最后依据系统功能处理模式，确定功能结果内容、结果形式、结果性能和结果有效性。

2.3.2.2　航空电子系统功能能力组织

航空电子系统功能能力组织是根据系统的能力需求，确定功能专业特征和作用领域；针对专业处理模式，确定功能处理的逻辑和构成的元素；依据功能的运行需求，确定功能操作过程和相关条件；最后根据功能专业组织模式，确定功能运行结果和能力要求。

航空电子系统功能专业组织是根据航空电子系统的功能目标组织架构，确定(设计)航空电子系统功能支撑环境，它包括信息获取能力、功能支撑能力、任务组织能力和行动响应能力。航空电子系统功能能力组织是针对航空电子系统不同的功能支撑环境，确定相关的应用、操作、过程、目标、性能和逻辑的支撑条件，构建提供需求的保障条件，建立航空电子系统功能能力组织。

1）功能专业与领域

系统功能专业与领域用于描述系统功能能力构成的空间，即描述系统功能能力构成的领域和活动的空间。功能专业与领域是通过应用能力需求，定义系统功能的结果作用域，包括系统结果的应用领域、数值范围、性能构成；针对功能的逻辑处理过程，确定功能处理作用域，包括功能处理参数构成、参数领域和参数范围；最后依据功能处理条件和环境组织，确定功能的输入数据能力，包括数据精度、范围和有效性。

2）功能逻辑与元素

系统功能逻辑与元素用于描述系统功能能力处理组织的模式。即描述系统功能处理逻辑的组织和元素的构成。系统功能逻辑与元素是通过系统应用目标需求，定义系统功能能力的应用空间、作用目标、处理途径和结果需求，针对系统功能的专业特征，确定功能能力的专业领域、元素构成、逻辑组织和结果形式；根据系统功能的处理过程条件，确定功能能力的目标要求、能力要求、过程要求、结果要求；最后依据系统功能专业处理逻辑确定功能能力的过程能力、元素要求、处理算法和结果性能。

3）功能条件与约束

系统功能条件与约束用于描述系统功能能力目标和运行组织的模式。即系统功能目标实现的条件与功能运行组织的约束。系统功能条件与约束是通过功能能力目标需求，定义系统功能应用条件、逻辑条件、过程条件和处理条件；针对功能的专业能力，确定功能应用范围、逻辑范围、过程范围和处理范围；根据功能组织运行要求，确定功能的运行环境、能力环境、操作环境和参数环境；最后依据功能能力的逻辑条件确定功能应用约束、能力约束、过程约束和结果约束。

4）功能结果与能力

用于描述功能类型与结果组织定义，即功能类型组织与预期结果管理模式。功能结果与能力是通过功能目标能力需求，定义系统功能应用需求、处理需求、过程需求和结果需求；针对功能的专业能力，确定功能应用范围、处理范围、过程范围和结果范围；根据功能处理逻辑条件，确定功能应用组织、逻辑组织、过程组织和结果组织；最后依据功能处理能力，确定功能目标形式、处理方法、操作方式、结果状态。

2.3.2.3　航空电子系统功能性能组织

航空电子系统功能性能要求根据系统的应用目标和功能能力的构成，确定功能处理结果形式和目标性能要求；针对系统应用领域和功能运行条件，确定功能操作逻辑组织性能要求；依据系统的应用模式和功能领域的构成，确定功能操作元素和处理性能要求；最后根据系统的运行性能和功能专业处理模式，确定功能运行结果的性能要求。

航空电子系统功能性能组织根据航空电子系统的功能目标组织，依据对应的功能能力配置，确定航空电子系统功能性能组织。航空电子系统功能性能，包括功能目标性能、功能能力性能、功能品质性能和功能时间性能。航空电子系统功能性能是针对航空电子系统需求、目标、环境、功能和管理等条件，依据对应的航空电子系统功能结果，确定在基于需求与环境下能实现的结果要求，明确功能的性能要求，构建航空电子系统功能性能组织。

1）功能结果性能

系统功能结果性能用于描述功能结果性能要求。系统功能结果性能由功能结果性能需求、功能结果性能组织和功能结果性能保障构成。系统功能结果性能需求确定了功能性能达到的目标，即基于功能应用要求，针对功能作用领域，根据功能逻辑能力，依据功能结果形式，形成功能结果性能需求。系统功能结果性能状态确定功能结果性能实现的状态，即基于功能专业领域，根据功能处理算法，功能处理变量构成而完成的功能处理结果性能。系统功能结果性能保障确定功能结果性能的保障，即基于功能目标性能领域和范围，根据功能处理算法性能和效率，功能处理变量精度和可用性，功能处理环境要求和性能构成，所形成的功能处理结果保障。

2）功能处理性能

系统功能处理性能用于描述功能处理性能要求。系统功能处理性能由需求、组织和条件构成。系统功能处理性能需求确定系统功能处理过程的性能需求，即系统功能运行组织性能、逻辑处理性能，以及算法计算处理性能。系统功能性能处理组织确定功能处理性能组织状态，即系统功能处理目标的性能、功能处理元素的性能以及功能处理输入的性能。系统功能处理性能条件确定功能处理过程的处理性能有效性条件,即系统功能应用环境的性能条件、功能处理环境性能条件、过程协同处理性能条件以及处理结果能力性能条件。

3) 功能元素性能

系统功能元素性能用于描述功能处理元素的性能要求。系统功能处理元素性能由功能处理目标关联元素、逻辑关联元素和环境关联元素构成。系统功能处理目标关联元素确定功能处理元素中影响目标的处理元素性能要求,包括系统功能目标作用范围关联、功能目标有效时间关联以及功能目标参数精度关联。系统功能处理逻辑关联元素确定功能处理元素中逻辑组织处理元素的性能要求,包括系统功能目标交联逻辑元素、功能作用权重交联元素以及功能过程状态交联元素。系统功能处理环境关联元素确定功能处理元素中环境因子处理元素性能要求,包括系统功能处理运行环境因子元素、功能处理信息环境因子元素以及功能处理外部环境因子元素。

4) 功能输入性能

系统功能输入性能用于描述功能处理输入信息性能要求。系统功能处理输入信息性能由功能输入信息数值性能、安全性(可靠性)性能和一致性性能要求构成。系统功能输入信息数值性能确定功能处理输入信息平台数值性能,包括系统功能输入信息数值精度、输入信息权重和输入信息范围。系统功能输入信息安全性确定功能处理输入信息置信度,包括系统功能输入信息的可靠性、可用性和完整性。系统功能输入信息一致性确定功能处理输入信息的符合性,包括系统功能输入信息的正确定、关联性和一致性。

2.3.3　物理设备组织

系统物理设备是支持系统应用任务和功能驻留、运行、处理的资源能力环境。航空电子系统的应用和功能都驻留在系统设备中,因此系统运行模式就是建立在系统设备组织、运行和管理的基础上。对于系统设备组织,从物理设备支持能力的角度看航空电子系统物理架构的实现要满足如下条件:第一,满足系统驻留应用任务、功能运行和处理的需求,即基于驻留应用任务和功能运行和处理的资源组织;第二,满足系统设备操作处理组织和管理需求,即基于驻留应用任务和功能需求的资源操作过程组织;第三,满足系统应用任务和功能性能和可靠性需求,即基于驻留应用任务和功能的资源性能和可靠性组织。

航空电子系统物理设备需求是针对系统应用任务和功能处理的需求,针对应用任务运行环境,依据系统功能处理条件,建立系统设备资源组织,构建设备资源操作过程,提供设备资源状态管理,满足系统设备运行环境,实现飞行任务系统设备能力组织。

2.3.3.1 航空电子系统资源能力组织

航空电子系统资源能力组织是根据系统的应用需求和功能专业构成,确定资源分类与使用范围;针对系统的应用模式和功能处理需求,确定资源的运行模式与操作过程;依据系统的应用任务和功能的处理状态,确定资源的操作状态和能力;最后根据系统的应用任务目标和功能处理结果,确定资源的结果形式和性能要求。

航空电子系统资源能力组织是根据系统的功能组织架构,确定系统功能处理模式,明确系统功能的处理条件。在此基础上,选择与其相匹配的系统资源类型,确定其特征和作用域,提供系统功能处理模式的能力支撑,确定资源处理的结果形式。因此,航空电子系统资源能力组织是根据系统功能专业领域,确定资源处理的类型;根据系统功能处理需求,确定资源操作的模式;根据系统功能性能要求,确定资源能力保障。最终形成系统物理资源能力的组织架构。

1) 资源分类与范围

系统资源分类与范围用于描述系统设备资源能力的使用领域和范围。系统资源分类与范围是面向系统运行模式,根据系统功能构成,来确定系统设备资源运行领域和能力范围。系统资源能力主要由两部分构成:一是提供"干什么"的资源——资源分类;二是"什么能力"的资源——资源范围。资源分类基于功能处理的需求,根据功能的专业领域、逻辑组织、操作过程、结果要求而构成支持功能目标设备资源能力的类型。设备资源范围基于功能处理要求，根据功能的专业特征、逻辑能力、操作模式、结果形式而构成支持功能运行设备资源能力的范围。

2）运行模式与过程

系统资源运行模式与过程用于描述系统设备资源操作过程和运行环境。它是针对系统驻留应用任务和功能专业特征，根据其操作需求，确定系统设备资源的运行模式和操作过程。系统设备资源运行模式针对功能专业逻辑组织（如导航位置计算功能），根据功能逻辑的分类（信号输入、转换、处理、位置计算）、处理（各部分处理）而建立资源运行模式（给出飞机位置）。系统资源运行环境是针对功能逻辑每个阶段的资源能力，确定其组织阶段的处理要求（处理方法），定义组织阶段的输入/输出，从而确定结果数值和性能要求。

3）资源状态与能力

系统资源状态与能力用于描述系统设备资源操作状态和支持功能有效性的能力。它是针对设备资源能力和运行状态，反映系统设备驻留应用任务运行和功能处理支持的状况。系统设备的资源状态是根据系统功能的运行需求，依据资源运行模式和过程，确定资源运行状态和当前能力，提供系统设备驻留应用任务运行和功能处理的资源状态和能力管理。而系统设备的资源运行能力针对系统驻留应用任务和功能的运行模式，根据功能逻辑和性能对资源能力和资源的操作要求，依据资源能力状态和操作过程模式，确定功能能力和性能需求与资源能力和性能相符合的配置管理。

4）操作结果与性能

系统资源操作结果与性能用于描述系统设备资源操作过程的结果和性能。它是针对设备资源运行配置功能过程，根据系统驻留应用任务运行和功能处理结果和性能，反映系统设备资源能力和操作结果状况。系统资源操作结果是根据系统设备驻留应用任务和功能的组织逻辑，针对系统设备驻留应用任务和功能的组织能力、依据系统设备驻留应用任务运行和功能处理结果状态，确定系统设备资源的操作结果的能力和形式。系统资源操作性能是根据系统设备驻留应用任务运行和功能处理需求,针对系统设备驻留应用任务运行和功能处理过程、依据系统设备驻留应用任务运行和功能处理结果性能,确定系统设备资源的操作结果的性能和有效性。

2.3.3.2　航空电子系统资源操作组织

航空电子系统资源操作组织是根据系统驻留应用领域和功能专业范围需求,确定系统资源的操作分类与能力;针对系统驻留应用任务环境和功能专业处理模式,确定系统资源运行操作模式和条件;依据系统驻留应用任务活动和功能处理逻辑需求,确定系统资源操作过程和结果;最后根据系统驻留应用任务模式和功能处理过程组织,确定系统资源操作效率和性能。

航空电子系统资源操作组织是根据航空电子系统的功能处理模式,依据系统资源能力类型,针对资源操作结果要求,确定(设计)航空电子系统资源操作过程组织。它包括信息获取能力、功能支撑能力、任务组织能力和行动响应能力。因此,它是基于系统功能能力架构,确定资源类型,明确资源的特征和环境需求,建立资源操作模式,确定资源的操作结果,而建立航空电子系统资源操作过程组织。

1) 操作分类与能力

系统资源操作分类与能力用于描述设备资源操作过程能力与分类要求。系统资源操作过程面向系统驻留应用任务活动和功能处理过程。系统资源操作分类是针对系统驻留应用任务活动和功能处理领域、参数空间和结果状态形式,根据资源操作和状态组织,形成满足系统驻留应用任务运行和功能处理过程的资源操作过程构成。系统资源操作能力是针对系统驻留应用任务活动和功能逻辑组织、参数领域组织和结果能力组织,根据资源分类和能力组织,形成满足系统驻留应用任务运行和功能处理能力的系统资源操作能力。

2) 操作模式与条件

系统资源操作模式与条件用于描述设备资源操作过程环境与条件要求。

系统资源操作环境和条件是面向系统驻留应用任务活动环境和功能处理条件。系统资源操作过程是针对系统驻留应用任务活动和功能处理能力、过程和环境,根据系统资源操作过程和环境组织,形成满足系统驻留应用任务运行和功能处理过程的系统资源操作过程条件。系统资源操作模式和条件是针对系统驻留应用任务活动环境和功能处理条件组织,根据资源类型和操作要求,形成满足系统驻留应用任务运行和功能处理能力的系统资源操作环境。

3）操作效率与品质

系统资源操作效率与品质用于描述设备资源操作过程效果与操作品质要求。系统资源操作过程面向系统驻留应用任务活动和功能处理过程,系统资源操作效率必须满足系统驻留应用任务和功能操作效率要求;系统资源操作过程品质必须满足系统驻留应用任务活动和功能处理过程能力和品质要求。系统资源操作效率是针对系统驻留应用任务和功能处理的模式、流程和过程要求,依据系统驻留应用任务和功能运行时间周期,建立资源操作效率要求。资源操作品质针对配置功能运行环境,依据面向系统驻留应用任务运行和功能处理品质,建立系统资源操作效率和品质要求。

4）操作结果与性能

系统资源操作结果与性能用于描述系统设备资源操作过程结果与结果性能要求。系统资源操作模式面向系统驻留应用任务活动和功能处理要求,系统资源操作结果必须满足面向系统驻留应用任务行为环境和功能操作目标需求;系统资源操作结果性能必须满足系统驻留应用任务运行和功能处理目标及性能要求。系统资源操作效率是针对系统驻留应用任务操作和功能算法、运行逻辑和处理结果要求,依据系统驻留应用任务活动和功能过程,建立系统资源操作结果要求。系统资源操作结果性能是针对系统驻留应用任务运行和功能处理范围,依据驻留应用任务运行和功能处理目标,建立系统资源操作结果和性能要求。

2.3.3.3　航空电子系统资源有效性组织

航空电子系统资源有效性组织是根据系统驻留应用任务和功能能力的构成,确定系统资源能力组织的有效性要求;针对系统驻留应用任务环境和功能运行条件,确定系统资源过程处理有效性要求;依据系统驻留任务应用场景和功能领域的构成,确定系统资源运行状态要求;最后根据系统驻留任务应用运行性能和功能专业处理模式,确定系统资源输出结果的要求。

航空电子系统资源有效性组织是根据航空电子系统应用模式和运行目标要求,依据系统驻留应用任务运行和功能处理模式,针对系统资源能力和资源操作过程,确定系统资源的能力有效性、操作有效性和结果有效性。因此,航空电子系统资源有效性通过系统应用模式和运行目标的要求,根据系统资源专业领域,依据资源操作模式,形成系统资源的能力类型、操作过程、处理结果的有效性能力,构建航空电子系统资源有效性组织。

1) 能力组织有效性

系统资源能力组织有效性用于描述系统设备资源组织能力和有效性要求。系统设备资源能力组织有效性是指设备资源的能力组织和有效性管理,支持和满足设备资源配置功能处理能力和运行有效性要求。系统设备资源组织能力是针对设备资源功能运行能力的需求,根据设备资源组织的类型,构建满足设备驻留功能运行能力需求的资源能力组织与管理。设备资源组织有效性是针对设备资源功能运行能力品质和效率的要求,根据设备资源组织的性能与状态,构建满足设备驻留功能运行性能需求的资源性能组织与管理。

2) 过程组织有效性

系统资源操作过程组织有效性用于描述设备资源操作过程组织有效性要求。系统设备资源操作组织有效性是指设备资源的针对设备驻留应用任务和功能需求,依据自身资源能力特征,自身资源操作过程和自身资源操作过程管理,形成设备资源操作过程组织有效性。设备资源操作组织过程有效性首先是根据设备资源配置功能能力、运行和管理的需求,建立设备资源自身的操作模式、操作过程和操作管理组织；其次，设备资源操作组织过程根据自身独立配置、独立运行、独立管理有效性的需求，建立系统设备资源操作状态、操作性能和操作结果有效性组织。

3）运行状态有效性

系统资源运行状态有效性用于描述设备资源组织操作过程运行与系统设备驻留应用任务和功能运行的一致性问题。系统设备资源运行状态有效性是指设备资源根据自身资源操作模式的运行状态管理，建立系统设备资源自身操作过程组织，支持系统设备驻留应用任务和功能资源操作的要求。设备资源配置功能处理运行状态管理，建立设备驻留应用任务运行和功能处理过程管理，满足设备驻留应用任务运行和功能处理过程的资源操作状态要求。

4）输出结果有效性

系统资源输出结果有效性用于描述设备资源组织操作过程运行输出结果与驻留应用任务运行功能处理输出结果的符合性问题。系统设备资源能力运行输出结果是面向设备驻留任务操作和功能处理结果有效性要求，建立驻留应用任务运行和功能处理结果模式，支持资源操作结果有效性管理。同时，系统设备资源能力运行输出结果针对设备资源自身操作过程，满足设备驻留应用任务操作和功能处理结果有效性要求。

2.4　小结

航空电子系统组织架构是面向系统的应用、功能和资源需求，构建系统的能力、过程和性能组织，实现系统的应用目标、功能处理和资源操作的系统组织架构。航空电子系统架构是基于多种应用、多重目标和多类任务的飞行应用模式，覆盖多种专业、多类领域和多重能力的系统功能能力，支持多种资源、多类环境和多重性能资源操作的系统组织，提供系统飞行应用任务的组织模式与架构、系统功能处理的组织模式与架构和系统物理资源的组织模式与架构。

根据航空电子系统架构概念和组织的论述,本章介绍了当前一些典型的航空电子系统架构和组织模式,讨论了航空电子系统层级化的组织架构,论述了航空电子系统层级组织的内容和要求。主要有以下几个方面:

1)建立航空电子系统三层架构组织模式和内容

针对系统架构组织理论,本章根据系统架构三要素:架构组织:需求、视角和层级;架构能力:环境、范围和活动;架构结果:业务、专业和作用,定义航空电子系统应用任务组织、系统的功能处理组织和系统的资源操作组织,构建了航空电子系统架构。

2)讨论航空电子系统典型架构组织和特征

针对航空电子系统发展历程,本章从系统架构内容和作用组织层面,系统地描述了分立式系统架构、联合式系统架构、IMA 系统架构和 DIMA 系统架构的组织模式和能力特征,讨论了这些架构的组织特征、应用差别、作用领域和能力范围,论述它们的作用形式、应用模式、能力模式和运行模式。

3)建立航空电子系统层级化组织

本章针对系统组织的三大要素:应用需求、能力组织和实践过程,深入讨论系统层级组织架构。针对应用需求,定义和描述了系统应用需求和活动组织:飞行应用的规划、环境和任务,建立系统的应用运行模式;针对能力组织,定义和描述了系统能力组织和处理要求构成:系统功能的目标、能力和性能,建立系统功能处理模式;针对实践过程,定义和描述了设备资源组织和操作模式构成:物理资源的能力、操作和性能,建立设备资源的运行模式。

4)建立航空电子系统层级组织内容

本章针对层级化航空电子系统组织,通过系统的架构、能力和操作研究,确定分层组织、分级管理和分类处理,建立综合化航空电子系统架构组织模式。

(1)航空电子系统应用任务组织。

应用需求组织:

应用使命与需求；

应用条件与场景；

应用环境与任务；

应用目标与效果。

应用环境组织：

应用领域与范围；

应用环境与能力；

应用活动与条件；

应用模式与状态。

应用任务组织：

面向需求的任务；

面向环境的能力；

面向场景的结果；

面向运行的性能。

（2）航空电子系统功能组织。

系统功能目标组织：

功能分类与范围；

功能逻辑与结果；

功能条件与约束；

功能结果与能力。

系统功能能力组织：

功能专业与领域；

功能逻辑与元素；

功能条件与约束；

功能结果与能力。

系统功能性能组织：

功能结果性能；

功能处理性能；

功能元素性能；

功能输入性能。

(3) 航空电子系统物理设备组织。

设备资源能力组织：

资源分类与范围；

运行模式与过程；

资源状态与能力；

操作结果与性能。

设备资源操作组织：

操作分类与能力；

操作模式与条件；

操作效率与品质；

操作结果与性能。

设备资源有效性组织：

能力组织有效性；

过程组织有效性；

运行状态有效性；

输出结果有效性。

参考文献

［1］ Wang G. Integration technology for avionics system［C］//Digital Avionics Systems Conference. IEEE，2012：7C6 - 1 - 7C6 - 9.

［2］　朱晓飞,黄永葵.综合模块化航空电子系统标准分析及发展展望［J］.航空电子技术,2010,41(4):17-22.

［3］　Ditore F, Cutler R, Jennis S. The coming of age of the software communications architecture［J］. Microwave Journal, 2010.

［4］　吴捷,王东,盛焕烨,等. Toward an SCA-OSGi based middleware for radio frequency identification applications［J］. Journal of Shanghai Jiaotong University, 2010, 15(2):199-206.

［5］　King T. An overview of ARINC 653 part 4［C］//Digital Avionics Systems Conference (DASC), 2012 IEEE/AIAA 31st. IEEE, 2012:6B1-1-6B1-4.

［6］　Dan M. IMA resource allocation process［C］//Digital Avionics Systems Conference, 2008. DASC 2008. IEEE/AIAA. IEEE, 2008:30-34.

［7］　Watkins C B. Integrated modular avionics: Managing the allocation of shared intersystem resources［J］. 2006:1-12.

［8］　Li Z, Li Q, Xiong H. Avionics clouds: A generic scheme for future avionics systems［C］//Digital Avionics Systems Conference. IEEE, 2012:6E4-1-6E4-10.

［9］　Itier J B. A380 integrated modular avionics［C］//Proceedings of the ARTIST2 meeting on integrated modular avionics. 2007, 1(2):72-75.

［10］　Bartley G, Lingberg B. Certification concerns of integrated modular avionics (IMA) systems［C］//Digital Avionics Systems Conference, 2008. DASC 2008. IEEE/AIAA. IEEE, 2008:1.E.1-1-1.E.1-12.

［11］　Li X, Xiong H. Modeling and analysis of integrated avionics processing systems［C］//Digital Avionics Systems Conference. IEEE, 2010:6.E.4-1-6.E.4-8.

3

航空电子系统需求组织

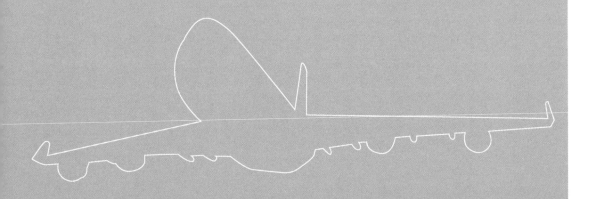

对于任何系统来说,系统需求都是系统组织与构成的依据。所有系统的目标、能力和过程都是建立在系统需求组织和要求的基础上的。也就是说,什么样的系统需求决定了什么样的系统。航空电子系统的能力与组成必须建立在系统需求组织的基础上,即面向应用任务组织,组建系统实现的应用目标,构建系统的应用需求;面向系统功能组织,组建系统的功能处理过程,构建系统的能力需求;面向系统设备资源组织,组建系统驻留应用和功能,构建系统处理的运行和操作能力需求。

随着技术不断地进步和发展,航空电子系统的应用大幅度扩展、功能大幅度增加、性能大幅度提升,系统组织与构成变得越来越复杂。在飞行应用组织方面,不同的飞行航线、不同的飞行空域和不同的飞行条件,形成了多目标、多环境、多领域和多空间的飞行应用组织需求;在系统功能组织方面,不同的系统能力、不同的系统环境、不同的系统处理,形成了多专业、多信息、多因素和多关系的系统功能组织需求;在系统物理设备组织方面,不同的设备类型、不同的运行环境、不同的操作模式,形成了多能力、多条件、多操作和多状态的系统设备资源组织需求。

因此,对于航空电子系统,如何针对系统应用需求,构建系统应用任务的能力、环境和运行组织,实现系统应用任务的目标、性能和效能要求;如何针对系统功能需求,构建系统能力的功能专业、元素和处理组织,实现系统功能处理的逻辑、过程和品质要求;如何针对系统设备资源需求,构建系统设备资源的类型、能力和操作组织,实现系统设备资源运行、结果和性能要求;最终,如何针对系统组织需求,建立系统应用任务、系统功能和设备资源的能力、过程和结果的组织综合,实现系统效能、效用和有效性提升,已成为当前航空电子系统最为关注的发展方向。

航空电子系统是面向复杂飞行环境的多模式飞行任务组织,而多模式飞行任务的组织过程又是多种专业功能组织的系统能力组织和执行过程,多专业功能的执行过程又是基于多种类型资源操作过程的系统资源组织和运行过程。

这种多模式任务、多种专业功能和多种类型资源必须在有效的组织管理下,通过系统综合,有效地提高系统应用任务效能,提高系统运行能力,增强系统资源运行有效性,最终提升飞行的能力、效能和有效性。航空电子系统首先针对不同的飞行需求和环境,根据不同的相关任务模式和过程,通过任务组织、管理与运行的综合,提升飞行效能;其次,针对不同任务的组织和任务目的,根据不同的能力类型和运行能力,通过功能组织、协同和处理综合,提供系统能力;最后,针对不同任务和功能运行需求,针对系统资源不同类型和操作过程,通过资源共享和过程复用综合,提升系统资源有效性。

航空电子系统综合化技术就是面向复杂的航空电子系统,针对系统的应用组织、系统的功能组织和系统的资源组织,组织复杂系统的应用模式,建立复杂系统处理能力,确定复杂系统资源组织,采用系统综合化方法,构建航空电子系统的应用模式、能力品质和资源共享综合模式,实现航空电子系统综合优化。即航空电子系统综合化技术,针对系统应用组织的模式,通过应用任务的组织与综合,提升系统任务应用效能;针对系统能力组织模式,通过系统功能的组织与综合,提升系统功能处理效用;针对系统资源支撑组织模式,通过系统资源共享与综合,提升系统资源可使用性。

因此,面向复杂飞行环境、复杂专业能力、复杂资源操作,必须通过航空电子系统综合化,有效地优化和提升系统整体能力、效能和有效性。

3.1 系统应用任务特征与构成

系统应用任务组织与构成是航空电子系统顶层组织和需求,是系统架构应用任务模式组织。对于飞行应用组织而言,飞行的使命、目标、环境、过程和飞行活动(事件)都对飞行过程能力、效率和有效性产生各种各样的影响。目前,大多数新开发的航空电子系统应用组织设计都是建立在飞行场景设计的基础上。但是，由于飞行场景是面向飞行规划、飞行环境和飞行过程的任务、活动和行为，提供飞行应用直接引导、间接关联和条件依赖模式，具有飞行能力、状态和结果不确定特征。这种飞行应用的引导、关联、依赖和不确定性是典型复杂系统特征，难以采用数学解析和数值逻辑描述。因此，目前飞行场景设计主要是建立在自然语言的描述上。如何基于自然言语描述的飞行场景定义系统的组织，构建系统架构是新一代航空电子系统重要的研究领域。

航空电子系统一般采用自然语言描述飞行场景。即通过采用系统抽象技术，通过不同的视角，观察系统构成，提取系统的活动，确定系统的环境，明确系统关系，分析系统的结果。即通过系统抽象，确定不同的系统视角，建立系统相关组织。系统应用组织就是建立航空电子系统的应用视角，根据应用业务、目标、领域、元素、类型和事件，建立系统应用组织架构，形成系统应用目标实现的任务能力需求。

系统任务架构是根据系统应用需求构建系统的任务组织模式。系统的任务架构基于系统应用组织需求，依据系统应用需求和目标，确定系统任务组织和应用收益。即针对航空电子系统复杂性，针对系统应用环境需求，根据系统应用层定义，建立系统任务架构组织。系统任务架构是根据系统任务组织，针对系统能力目录，依据当前环境，通过任务感知能力，构建任务计划组织，形成任务运行管理。

首先，系统任务架构目标是根据系统的使命确定任务的目标，根据系统场景确定系统的活动，即针对系统能力目录和应用环境，通过任务感知能力，构建任务计划组织，形成任务运行管理，最终通过系统应用组织需求和目标来确定系统任务组织和应用收益，形成应用的组织模式。第二，系统任务架构能力通过任务系统能力（即需求）、组成要素和运行环境，支持任务生成过程与任务的组织过程，即针对飞机应用需求和飞行过程，通过应用任务场景设计，建立应用任务目标，确定应用任务过程，明确自身（飞机）角色，构建能力需求，最终根据飞行过程的任务运行组织，形成满足应用情景的任务能力组织（能力目录）。第三，系统的任务架构组织通过建立任务系统应用需求、功能处理和物理资源运行需求，实施系统应用、功能和资源过程组织、集成与归并，实现任务过程的能力需求组织，即构建任务组织的目标，确定系统的能力和性能，为任务系统的任务组织、功能组织和物理组织奠定了基础。

系统任务架构组织针对应用的需求，定义任务构成的模式，即任务组织剖面。任务组织剖面定义任务构成要素，确定任务的组织要求，描述任务的组织过程。对于一个任务的构成，任务组织剖面包含以下要素：

应用的要求——任务使命；

应用的特征——任务类型；

应用的作用——任务能力；

应用的条件——任务响应；

应用的活动——任务组织；

应用的实现——任务管理。

通过系统抽象和模式定义，任务组织剖面 $F_1(x)$ 为：

$$F_1(任务组织剖面)=f(任务使命,任务类型,任务能力,任务响应,$$
$$任务组织,任务管理)$$

对于任务实施过程，任务活动是基于任务的行为模式。即任务行为剖面。任务行为剖面定义任务活动要素，确定任务的实施要求，描述任务的操作过程。对于一个任务的构成，任务行为剖面包含以下要素：

任务的要求——任务目标；

任务的特征——任务过程；

任务的作用——任务角色；

任务的环境——任务关系；

任务的活动——任务条件。

通过系统抽象和模式定义，任务行为剖面 $G_1(x)$ 为：

$$G_1(任务行为剖面)=g(任务目标,任务过程,任务角色,$$
$$任务关系,任务条件)$$

根据系统架构研究理论,我们采用 Zachman 复杂系统组织设计方法,从任务使命(用户视图)、任务类型(设计视图)、任务能力(架构视图)、任务响应(规划视图)、任务组织(实现视图)、任务管理(运行视图)6 个角度来对任务架构进行分析,这 6 个视图分别对应于 Zachman 框架中的 6 个角色(使用者、设计者、拥有者、业务规划者、系统构建者和运营者)。需要进一步从每个角度来分析其关注的 5 个焦点,即任务目标(what)、任务执行过程(how)、任务执行者(who)、任务间依赖关系(why)、任务执行前提条件(when)。

结合任务组织剖面和任务行为剖面,根据 Zachman 模型的定义,航空电子系统应用任务组织架构为:

$$F_1\binom{任务}{架构}=\begin{cases} f_1\binom{任务}{使命}=g_1\binom{应用模\quad 应用模\quad 应用模\quad 应用模\quad 应用模}{式期望,\ 式情景,\ 式能力,\ 式环境,\ 式事件} \\ f_2\binom{任务}{类型}=g_2\binom{任务目\quad 任务过\quad 任务能\quad 任务角\quad 任务事}{标组织,\ 程组织,\ 力组织,\ 色组织,\ 件组织} \\ f_3\binom{任务}{能力}=g_3\binom{任务目标\quad 任务过程\quad 任务角色\quad 任务关系\quad 任务条件}{专业能力,\ 逻辑能力,\ 结果能力,\ 支撑能力,\ 约束能力} \\ f_4\binom{任务}{响应}=g_4\binom{态势模\quad 态势组\quad 态势能\quad 态势组\quad 态势结}{式类型,\ 织范围,\ 力感知,\ 织识别,\ 果推测} \\ f_5\binom{任务}{组织}=g_5\binom{任务计\quad 任务能\quad 任务过\quad 任务结\quad 任务组}{划组织,\ 力评估,\ 程组织,\ 果评估,\ 织决策} \\ f_6\binom{任务}{管理}=g_6\binom{任务目\quad 任务过\quad 系统状\quad 任务组\quad 下一任}{标监测,\ 程监测,\ 态监测,\ 织管理,\ 务管理} \end{cases}$$

根据任务组织架构,形成以下任务组织模式。第一,建立任务需求组织。即应用目标、应用过程、应用能力、应用环境、应用上下文和应用事件。第二,建立任务运行组织。即任务目标、任务过程、任务角色、任务关系和任务条件。第三,建立任务能力组织。即功能专业、功能逻辑、处理结果、交联关系和运行条件。第四,建立任务响应组织。即任务态势、任务范围、任务感知、任务识别和任务推测。第五,建立任务过程组织。即任务计划、任务过程、任务结果、任务评估和任务决策。第六,建立任务管理组织。即目标监控、过程监控、状态监控、任务管理和下一任务组织。

任务组织架构体现了任务目标、能力、活动的特征，通过对这些特征的定义和分析，建立任务与系统功能、资源关联关系，从而实现应用空间与能力空间之间的映射。任务组织架构支持任务的生成和任务组织过程，能够实现飞行任务能力组织模式的运行任务管理综合化能力。

3.1.1　飞行应用组织和要求

飞行应用组织和要求是基于系统任务组织架构，建立系统应用目标、环境、场景、过程、能力和管理组织需求。飞行应用任务是面向飞行过程的应用组织与构成。即飞行应用组织面向飞行使命与目标需求，根据不同飞行阶段状态，针对飞行过程场景，通过飞行应用任务组织，依据飞行应用任务能力，以及飞行应用任务管理，有效地组织和完成飞行过程。

飞行任务组织要求如下：

1）飞行使命与目标

飞行使命和目标是飞行任务组织依据和需求。飞行使命和目标主要由以下几方面构成：首先，航空公司根据飞机使命的需求，依据飞行航线的要求，针对飞机的功能和能力，规划飞行航线、时间和收益，提出飞行申请。其次，空域管理系统（ATM）根据飞行规划，依据航空公司的申请，通过长期和短期的航线规划，针对空域的流量，协调和批准飞机飞行计划，提供导航服务和航路交通管理。飞行前，飞行员根据飞行规划，依据飞机的状况，针对机场和航路交通管理，进行飞行前准备。最后，航空公司空管员和飞行员根据飞行计划、环境状况、空域流量和飞机状态，协同达成一致，形成了本次飞机飞行的使命（需求）和目标（收益）。

2）飞行阶段划分

飞行阶段是飞行过程环境的飞行模式划分、飞行目标定义和飞行过程要求的飞行阶段分解和组织。飞行阶段是根据不同的飞行环境飞行模式和要求差异,依据不同的飞行区域、飞行计划和活动要求,针对不同的飞行空域的飞行环境和条件,确定不同的飞行阶段的飞行过程组织和相关目标。飞行阶段是根据不同的飞行模式下组织和建立飞行需求、飞行环境和飞行过程,形成相应的飞行目标、飞行任务和飞行管理。一般飞行阶段划分为:计划阶段,起飞阶段、爬升阶段、巡航阶段、降落阶段、进近阶段和着陆滑行阶段。由于每个飞行阶段具有明确的飞行模式和飞行要求,因此针对不同的飞行阶段,通过构建飞行情景,确定飞行目标、建立飞行任务,组织飞行过程,形成各个飞行阶段的飞行模式和要求。

3) 飞行场景组织

飞行场景是基于飞行使命和目标需求,根据各个飞行阶段的特征和要求,定义各个飞行阶段特征飞行过程,建立飞行环境和飞行过程构成飞行情景。如在场面滑行阶段中,滑行过程监视由机场场面移动态势监视、驾驶舱基于地图和滑行态势监视和告警以及基于视景增强显示和指引场景等构成。每个飞行阶段根据自身的任务和实践建立多个不同的场景,每个场景具有自身期望的目标和环境,每个目标与环境具有独立活动的元素和关联信息,每个元素具有自身能力和活动模式,场景元素之间存在交联关系和权重。这种飞行过程组织的目标、环境、元素、关系、权重构成各个飞行阶段的场景,飞行场景提供了各个飞行阶段的飞行环境,支持飞行任务决策和飞行过程组织。

4) 飞行应用任务

飞行过程是描述确定事件的飞行程序。飞行任务是描述飞行过程组织和管理,实现飞行的目标和要求。飞行任务与过程是基于飞行计划和目标,根据飞行阶段的特征和要求,针对飞行场景和事件,依据空域的能力和管理,通过飞行员、空管员(ATC)和航空公司协调飞行要求和航路或航迹,由飞行员选择的相关的飞行程序。即飞行应用任务是根据飞行过程中不同飞行情景(条件),确定相关的飞行要求(目标),选择相应的飞行程序(业务),构建相应的飞行任务(活动),形成期望的飞行模式(结果)。如飞行间隔管理(Flight Interval

Management，FIM)是一项所有飞行阶段完成的与前端飞机间隔保持、维护和管理任务。它由空域交通态势（ATSA），增强视景信息采集（EVAcq），飞行最小间隔监视（MPSA）等子任务构成，每项子任务又由相关专业过程如飞行状态信息组织（SV）和驾驶舱交通信息显示（CDTI）等组成。

5）飞行过程功能

飞行过程是描述飞行情景的飞行处理与组织过程，是面向飞行任务和飞行目标要求的。飞行过程功能是实现相关飞行过程和飞行任务目标的专业处理过程和能力。如飞行过程间隔监视与管理（FIM），飞行过程是描述与前端飞机间隔保持、维护和管理过程，飞行任务是描述飞行间隔要求、飞行维护能力和飞行管理状态，飞行过程功能是描述支持飞行过程的专业处理功能。如飞行的位置、速度、航迹技术，系统导航、通信和显示处理，以及相关性能计算和误差分析等。飞行过程是根据不同的飞行场景和相关的飞行任务，组织独立的飞行功能，实现飞行过程组织与实施。飞行过程功能是面向专业处理过程的独立专业逻辑处理技术，不随飞行过程以及飞行员的需求而变化。

6）飞行组织管理

飞行组织管理是基于飞行过程的飞行任务组织和管理。如飞行过程采集、组织、监视、协同和管理，来实现飞行任务管理。飞行组织管理是通过建立飞行过程交通信息态势，建立和决策飞行任务，调度和组织飞行过程，监视飞行过程功能和环境，协同飞行过程组织和运行，实施飞行过程调整与控制，实现飞行过程目标和要求。飞行组织管理核心任务是：面向飞行环境的空域、交通和环境态势信息组织，根据飞行组织的目标、计划、航迹协同，依据飞行任务的位置、速度、状态的监控，通过飞行性能的精度、误差，安全性、完整性监视，实现飞行有效性过程、任务，功能运行管理。

3.1.2　飞行阶段划分和内容

飞行阶段是飞行环境下一次飞行过程的分解和组织。飞行阶段一般划分为：飞行计划阶段，主要描述航空公司、空管员和飞行员飞行规划协同和形成的过程；滑行阶段，主要描述从飞行许可到跑道起飞排队的滑行过程；起飞阶段，主要描述从跑道起飞，到机场外空域汇入点起飞过程；起飞爬升阶段，主要描述从空域汇入点到规划巡航高度爬升过程；内陆飞行阶段，描述内陆（具有地面站和雷达监控区域）飞行过程；洋区飞行阶段，主要描述海洋上空（无地面站和雷达监控洋区和卫星通信）飞行过程；下降过程阶段，主要描述飞行下降许可到机场进近点飞行过程；进近阶段，主要描述跑道进近和着陆飞行过程。每个飞行阶段都具有各自的要求和特征。要确定每个飞行阶段的目标、任务、过程、环境、约束和要求。不同的飞行阶段具有不同的飞行环境，形成不同的飞行目标和飞行任务。如图 3.1 所示。

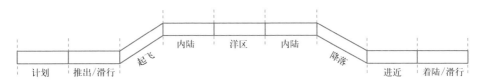

图 3.1　飞机的飞行阶段划分

1）飞行计划阶段

飞行计划阶段是航空公司规划飞行航线需求和飞行请求，空域管理系统（ATM）规划空域流量和航路组织，飞行员规划飞行准备和飞行时间需求。通过航空公司、空管员和飞行员协同决策，形成本次飞行的飞行计划。即航空公司根据准许飞行的航线，依据飞机的状态和能力，针对飞机的调度和使用，构建初始飞行计划，提交飞行申请；空管员根据空域流量规划和安全，依据目标机场的整个态势情况，机场和航路气象条件，协调飞行航路和时间计划；飞行员根据飞行准备和飞机状态，依据航空公司提出的飞行计划，针对相应的视景显示机场态势信息，协同飞行准备和时间。

飞行计划阶段的主要任务是：通过飞行规划，确定飞行计划；通过协同决策，确定飞行许可；通过协同监测，确定飞行管理。飞行计划阶段的主要目标是：规划飞行航线交通和流量组织，协同共享机场场面运行数据和信息，提供全飞行计划约束评估，平衡飞行空域交通流量，构建安全性、效能和态势感知，改进场面交通管理降低飞机滑跑延时。

2）起飞滑行阶段

在起飞（也称离港）滑行阶段，空管员、飞行员和航空公司通过协同管理，确定起飞许可和时间，实现从机场航站登机口（或停机坪）到指定跑道排序。即空管员发出滑行许可，观测目标机场的整个态势情况，监视滑行航路（或区域）各个飞行单位、地勤单位、永久或临时障碍物等信息，监视飞机跑道排序状态，监视飞机滑行过程。飞行员接收飞机滑行许可，确定滑行路径，基于机场地图的滑行航路引导，支持低能见度增强视景，建立滑行场景态势，构建机场跑道排序管理。航空公司接收滑行许可，提供机场气象预报，记录滑行轨迹和路径，支持滑行过程管理。

起飞滑行阶段的主要任务是：建立飞行许可，构建机场态势；建立基于机场地图的滑行引导，构建滑行航路管理；建立安全监控，构建飞机环境监视和间隔管理；建立滑行路径和所需时间管理，构建基于时间度量起飞和到达排队管理。起飞滑行阶段的主要目标是：增强飞机滑行航路优化和机场信息的态势显示，建立飞机跑道态势感知能力，提升机场跑道利用率，构建跑道入侵和机场场面防撞监控，提供计划和机场场面信息的滑行协同。

3）起飞爬升阶段

在起飞爬升阶段，空管员、飞行员和航空公司通过协同管理，实现从机场起飞到进入飞行巡航阶段。空管员发出起飞许可，监视目标飞机的起飞爬升，显示跑道整体态势，提供爬升模式和许可，协调空域流量管理，建立空管跑道和航线实时监控态势与飞行员交互，构建飞行员与空管员的飞行航线空域和飞行航路信息交互，提供起飞爬升模式管理。飞行员接收飞机起飞许可，建立基于PBN飞行航路引导，构建飞行爬升模式，组织飞行航迹监视态势，监视飞行最小间隔，提供飞行状态报告。航空公司接收起飞许可，提供航路气象预报，记录飞行轨迹和飞行状态报告,支持飞行过程管理。

起飞爬升阶段的主要任务是:建立起飞爬升许可,确定航路优化起飞包线;建立区域导航(RNAV)或所需导航性能(RNP)导航模式,实施飞行空域流量管理和飞行航路飞行许可管理;构建飞行分类和间隔规则,增加空域使用效率和能力;监视飞行交通态势,减少飞行障碍时间,降低飞机燃油消耗和排放。起飞爬升阶段的主要目标是:加强飞行导航能力,增强飞机优化航路和态势显示,支持有效爬升模式,提供飞行最小间隔监视,支持空中防撞监控。

4)内陆飞行阶段

在内陆飞行阶段,空管员、飞行员和航空公司通过协同管理,实现从基于地面飞行导引巡航过程。空管员提供交通流量和空域管理,支持目标飞机飞行航路管理,建立空域飞行间隔管理,支持飞行航迹、状态和环境监视,支持飞机自主飞行(UPT),提供飞行安全间隔管理。飞行员依据地面站甚高频全向信标(VOR)和测距器(DME)飞行引导,根据机载基于性能精密导航(PBN),建立飞行环境交通态势,构建基于飞行运行模式,提供飞行纵向导引和侧向导引能力,实施飞行功能管理组织管理。航空公司记录飞行轨迹和飞行状态报告,提供飞行咨询和维护保障,支持飞行过程管理。

内陆飞行阶段的主要任务是:针对飞行航路,建立航路优化巡航包线;依据导航需求,建立地面站 VOR 和 DME 导航,构建机载导航 PBN 卫星多模导航模式;针对空域管理,提供飞行航路流量管理,支持基于飞行间隔管理能力;根据飞行环境,支持授权自主飞行模式。内陆飞行阶段的主要目标是:加强地面与空中协同能力,增强空中交通流量和空域能力的间隔管理,提供基于航迹的多模导航管理,支持飞行间隔空间管理,提供实施空中防撞监控,支持实时空地通信和服务。

5)洋区飞行阶段

在洋区飞行阶段,空管员、飞行员和航空公司通过协同管理,实现基于卫星导航、卫星通信的洋区飞行管理过程。空管员提供航路规划和空域管理,支持目标飞机飞行航迹管理,建立空域飞行间隔管理,支持飞行航迹和环境监视,提供飞行安全隔离管理,支持飞行航路更改授权管理。飞行员建立飞行环境交通态势,实施飞行航迹计算和导引,构建基于全球卫星导航系统(GNSS)和基于性能精密导航(PBN),提供飞行功能组织管理和飞行状态报告。航空公司记录飞行轨迹和飞行状态报告,提供飞行咨询和维护保障服务,支持飞行过程管理。

洋区飞行阶段的主要任务是:根据洋区飞行空域管理,确定洋区航路优化巡航包线,建立 PBN 卫星导航模式,提供飞行间隔管理能力,构建飞行交通环境安全隔离,支持授权自主飞行模式。洋区飞行阶段的主要目标是:加强基于卫星链路空地协同模式,建立洋区空域交通态势,增强空中交通流量,减少空域飞行间隔,支持飞行间隔空间管理,提供空中防撞监控和冲突管理,支持飞行高度更改授权管理。

6) 下降过程阶段

在下降过程阶段,空管员、飞行员和航空公司通过协同管理,实现从下降起始点(Top of Descent,TOD)到机场跑道汇入点(Final Fix Point)的下降过程。空管员提供下降许可、TOD 和控制到达时间(CTA),支持地面导航增强,支持连续下降过程(CDO),支持仪表飞行规则(IFR)和仪表气象条件(IMC)下降过程,支持目视飞行规则(VFR)和目视飞行条件(VMC),支持标准终端到达(STARs)和标准仪表离港(SIDs)过程,提供飞行航迹和环境监视,建立飞行间隔监视管理。飞行员提出下降请求,接收下降许可,计算下降航迹,建立连续下降(CDO)模式,支持地面增强导航(GBAS),支持飞行间隔监视,提供飞行状态报告。航空公司记录飞行轨迹和飞行状态报告,提供飞行咨询和维护保障,支持飞行过程管理。

下降过程阶段的主要任务是:根据下降许可,建立下降阶段航迹包线和CTA 要求;根据空地导航协同,建立 PBN 卫星导航模式和地面导航增强模式;根据跑道流量管理,提供下降过程排序管理;根据安全监视,提供飞行间隔管理能力;根据视景增强服务,支持授权自主飞行模式。下降过程阶段的主要目标是：加强空地通信和协同，增强基于航迹连续下降效率，减小下降轨迹飞行间隔，支持下降飞行间隔空间管理，提供下降过程增强视景显示，支持下降过程机场空域冲突管理。

7）进近过程阶段

在进近过程阶段，空管员、飞行员和航空公司通过协同管理，实现从机场跑道汇入点到机场跑道终点进近着陆过程。空管员提供地面导航增强，支持视景增强，支持仪表飞行规则(IFR)与目视飞行规则(VFR)转换和授权模式，支持飞行航迹和安全隔离环境监视，支持气象侧风与并行跑道运行模式，提供飞机尾流模型，提供进近过程最终决断和复飞。飞行员建立进近航迹计算，建立增强视景态势和导引，支持低能见度和低高度导引，支持地面增强导航(GBAS)，支持目视间隔管理和授权，支持跑道障碍和入侵监测。航空公司记录进近飞行轨迹和时间。

进近过程阶段的主要任务是：加强飞行环境视景增强，建立下降阶段航迹和最终决断能力，建立辅助导航(GBAS)导引能力，建立 LPV/APV 导航能力，提供飞机尾流和侧风计算，支持跑道入侵监测。进近过程阶段的主要目标是：建立高精度垂直导航，增强态势感知和视景，提供飞机尾流和侧风计算，支持实时空地通信和服务。

8）着陆滑行(进港)交通管理

着陆滑行交通管理阶段，空管员监控整个机场的地面交通态势，提供机场布局图和交通态势，建立滑行引导和控制，构建滑行指引和冲突管理，支持防撞和危害告警，确定飞机跑道排序状态，监视飞行滑行过程冲突和入侵。飞行员监视飞机滑行引导，建立基于地图的滑行路径指引，支持低能见度增强视景，构建基于机场布局图滑行场景态势，支持滑行机动和告警。航空公司接收飞机发送最终飞行报告，系统运行报告和维护保证报告。

着陆滑行交通管理阶段的主要任务是：加强滑行监视能力(ADS‐B)，建立视景增强显示，构建机场布局图和交通态势，实现滑行引导和控制，支持防撞和危害告警。着陆滑行交通管理的主要目标是：加强自主相关监视，增强基于地图滑行引导，提升态势感知和提高滑行效率，提供滑行和场面监控和告警。

3.1.3 飞行任务需求和组成

飞行任务是飞行阶段飞行功能过程的组织和管理。飞行任务需求依据飞行阶段的划分，根据每个飞行阶段的目标和特征，依据每个飞行阶段环境和需求，针对飞行过程的定义和能力，确定飞行任务要求和构成。

3.1.1 节描述了飞行过程开发和要求，定义了飞行过程使命、飞行阶段需求、飞行阶段场景、飞行过程任务、飞行过程功能和飞行过程管理的要求。3.1.2 节描述了各个飞行阶段划分，飞行过程内容和飞行阶段的目标与结果要求。本节将根据飞行过程开发和要求，依据飞行阶段划分和内容，针对飞行阶段的特征和环境，确定飞行任务的组织和构成。如图 3.2 所示。

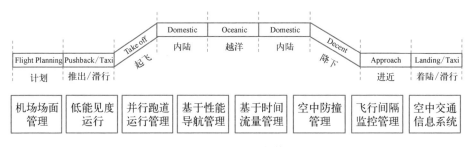

图 3.2 飞行任务构成

1) 机场场面管理

机场场面管理面向机场滑行、起飞阶段、降落阶段和进近阶段的管理的能力。机场场面管理的主要任务有：

（1）初始机场场面交通构型管理。初始机场场面管理是构建机场地面和机场空域的管理模式，其任务是自动播放飞机位置。飞机传感器/接收器接收机场环境信息，形成机场场景态势显示。飞机通过空中导航服务商（ANSP）、装备飞机和空管中心识别和跟踪一个完整的全面的机场场面环境。机场场面状况信息将补充机场地面的视觉观察。决策支持系统算法将使用增强的目标数据,支持飞机跑道入侵的风险识别和报警。

(2)场面滑行安全态势感知。场面滑行安全态势描述整个机场滑行的飞机和安全间隔,即建立机场滑行安全态势感知任务,提供空管员机场场面管理显示。建立飞机滑行区域跑道入侵情况监视,提供报警给空管员和飞行员。通过滑行机场地面安全态势感知,建立滑行飞行位置、航向和地图,支持机场场面监控。通过滑行机场跑道安全态势感知,预测机场跑道可能的冲突,提供机场滑行和跑道的详细移动覆盖率。

(3)面向飞行员跑道安全态势。面向飞行员跑道安全态势感知是建立滑行过程飞行员感知能力,它首先要建立移动机场地图,确定飞机位置,建立机场场面其他移动和静态飞机和车辆的识别,建立跑道的使用环境,提供跑道入侵报警功能,座舱显示机场场面和流量,建立机场场面指示与告警。面向飞行员跑道安全态势感知由驾驶舱交通信息显示(CDTI)、交通信息广播(TIS‐B)、自动相关监视广播(ADS‐B)和滑行增强视景显示(EVSs)组成。

(4)机场场面协同和许可管理。它是依据机场滑行流量和运行状态建立的飞机滑行组织与管理,建立机场场面信息,提供飞机起飞需求和许可、滑行跑道等指令,提供飞机离港起飞许可管理,构建数据通信功能,支持离港许可(DCL)管理,支持由于天气或其他空域问题协调,支持机场场面自动化管理系统,支持新一代空中导航系统(FANS)需求。

(5)机场场面交通和排队管理。它是基于机场跑道运行状态的起飞与降落组织管理,依据飞行起飞的许可,根据目标飞机的起飞时间,针对跑道的运行状态,建立起飞排队和分段管理,提升吞吐量。空中导航服务商(ANSP)自动化集成机场场面飞机移动与起飞排序操作,确保飞机满足出发时间表的时间要求,优化动态区域物理队列。

2)低能见度运行

低能见度运行覆盖机场滑行阶段、起飞阶段、降落阶段和进近阶段的管理能力。低能见度运行的主要任务有：

（1）最小视景范围低能见度运行构型。它是建立飞行最小安全隔离的依据，根据气象信息，综合平视显示（HUD），增强飞行视景系统（EFVS），合成视景系统（SVS）和现代座舱显示系统，提升飞机低能见度起飞的能力。建立从2 400 到 1 800 英尺低高度视景范围，提供最大运行评估，支持低能见度运行。

（2）低能见度和低高度进近标准过程。它是建立低能见度进近标准程序，通过增强的全球卫星导航系统（GNSS）、仪表着陆系统（ILS）和其他导航设备、座舱合成和增强显示能力（SVS，EVS）以及机场地面设施，提升的能见度/低云层进近能力，建立飞机低能见度和低高度降落过程，满足系统效率和安全性需求。

（3）基于区域导航（RNAV）和所需导航性能（RNP）要求。基于 RNAV 和RNP 要求是建立整个飞行阶段的卫星导航能力和精度，通过它构建标准离港（SIDs）程序和标准终端到达（STARs）程序，建立增强视景（EVS）和合成视景（SVS）座舱显示能力，机场地面设施辅助能力以及飞行员引导指令，提升的能见度/低云层进近过程。建立垂直进近导引（LPV）过程，支持基于 GPS 的广域增强系统（WAAS），满足不同飞行阶段导航性能和安全性要求。

（4）下降监视和安全要求。它可增强飞行员视景监视能力，可综合平视显示（HUD），增强飞行视景系统（EFVS），合成视景系统（SVS）和现代座舱显示系统，根据低能见度分析，确定最小安全隔离，提供进近安全违规告警，建立优化下降过程，提升飞机低能见度起飞的能力。支持飞机实现下降过程。

（5）飞机增强系统（ABAS）和陆基增强系统（GBAS）要求。它是辅助导航增强系统，支持飞行降落和进近过程精度 CAT Ⅰ 和最终 CAT Ⅱ/Ⅲ 的最小值。ABAS 建立机载 RNAV 和 RNP 辅助导航增强能力，GBAS 支持机场场面运动在没有限制条件下支持进近最小值，并提供潜在的曲面精度的进近。ABAS 和 GBAS 支持高完好性动态场面管理的需求。支持 CAT Ⅰ 和最终CAT Ⅱ/Ⅲ 进近能力，提升导航精度和能力。

（6）低能见度和低高度着陆过程。它是建立恶劣气象环境的降落能力、通过增强的全球卫星导航系统（GNSS）、仪表着陆系统（ILS）和其他导航设备、座舱支撑能力（SVS,EVS）、机场地面设施以及飞行员能力，提升低能见度/低云层着陆能力。通过增强型 GNSS 或 ILS,通过飞机座舱的 EFVS、SVS,实现低能见度和低高度着陆过程。

（7）低能见度和低高度起飞过程。它是建立恶劣气象环境的起飞能力,通过飞机座舱增强飞行视景系统（EFVS）和合成视景系统（SVS）,建立先进座舱视景能力,支持飞机在最低视景范围,实现低能见度和低高度起飞。综合平视显示（HUD）,增强飞行视景系统（EFVS）,合成视景系统（SVS）和现代座舱显示系统,提升飞机低能见度起飞的能力。

3）并行跑道运行管理

并行跑道运行管理是面向并行跑道进近过程阶段的运行管理任务,是基于并行跑道之间的间隔距离（跑道中心线之间距离）和最小飞机隔离需求的并行进近过程和起飞过程。并行跑道运行管理的主要任务有：

（1）建立 RNAV 和 RNP 航迹导航精度。它能保障并行降落和起飞的间隔精度,通过建立 RNAV 和 RNP 导航模式,增强飞机航迹能力,提升飞机进近过程的精度,支持 RNP 0.3 精度,支持飞行过程航迹的调整和选择,支持最小安全间隔管理,提升空域管理能力和多邻近并行跑道使用效率。

（2）飞机尾流减缓和侧风尾流管理。它是高密度机场进近过程飞机尾流的监视,通过飞机尾流减缓和侧风尾流管理,建立基于模型的尾流测量可视化与安全性分析,提升安全能力。即在机场运行高峰期,在顺风条件下,建立尾流管理,允许飞机起飞,维持机场的吞吐量。通过基于飞机尾流模型的测量和安全性分析,建立飞机最小安全间隔；通过机场飞机侧风的监视,确定飞机满足顺风的条件,支持飞机安全起飞要求。

（3）并行跑道独立进近能力。它能提升并行跑道独立运行的能力和效率,通过建立独立进近航路提升并行跑道运行能力,减小飞机间隔标准,建立飞机和空管空域交通管理责任划分,增加在低能见度下运行模式,支持相邻并行跑道进港和离港过程。通过减小飞行间隔,提升并行起飞和降落能力,增加独立飞行过程和非独立飞行过程应用,支持低能见度的间隔条件和变化,实现空管员和飞行员协同能力。

(4)环境监视和气象侧风。它是减小并行跑道侧风影响的措施,通过环境监视和气象侧风处理提升进近等级。根据飞行降落航迹,采用地面和机载环境监视,根据机场气象条件和约束,依据机载气象雷达探测,通过侧风探测,确定安全隔离,满足精度方法 CAT Ⅰ和最终 CAT Ⅱ/Ⅲ的最小值。建立 GBAS 能力,支持 CAT Ⅰ和最终 CAT Ⅱ/Ⅲ进近能力,提升导航精度和能力。

4)基于性能导航

基于性能导航(PBN)由 RNAV 和 RNP 构成,并具有星基增强系统(SBAS+WAAS)机场地基增强系统(GBAS)支持,任务覆盖整个飞行过程,不同的阶段具有不同的精度和性能要求,由系统导航规范所定义。基于性能导航的主要任务有:

(1)基于 RNAV 的标准仪表起飞过程(SIDs)和标准终端降落过程(STARs)的进近过程。它是通过国家空管系统(NAS)构建的全球卫星导航系统,实现 RNAV。通过授权的所需导航性能(RNP AR),构建基于性能导航能力,满足空域用户的需要和机场的效率、安全性和访问。基于 RNAV、SIDs、STARs 能力和可用性,提升基于卫星 NAS 能力,支持飞机着陆进近过程。

(2)RNAV 和 RNP 导航模式。它能提供所有飞行阶段卫星导航能力,支持飞机航迹能力和精度,提升飞机航迹飞行能力和飞行效率。RNAV 和 RNP 有效地支持基于飞行航迹运行(TBO)管理。针对不同的飞行阶段,结合空域变化,通过 RNAV 和 RNP 精度和辅助增强导航系统支持(SABS,GBAS),增加空域的效率和能力。

(3)辅助导航支持能力(SABS,GBAS)。它提供卫星导航辅助增强能力,针对不同飞行阶段需求,建立相对关系指示器,引导和帮助空管员实现终端区域合并点和交通流量管理。飞行途中,辅助导航支持能力提供飞机航线运营资格性能限制检查,确定飞机航线使用所需的性能和相关联的属性。

5) 基于时间流量管理

基于时间流量管理是通过构建时间分配、时间测量和时间管理,实现空域飞行组织和飞行过程管理。基于时间流量管理支持飞行计划和调度时间规划,支持资源使用排队组织,支持飞行间隔和安全隔离管理,支持飞行航迹计算,支持降落时间控制。基于时间流量管理覆盖所有飞行阶段。基于时间流量管理的主要任务有:

(1) 飞行途中飞行流量管理。它是飞行航线流量平衡的重要措施,是飞行空域组织管理过程,提供空中交通最小安全间距和飞行排序管理,支持飞行空域流量控制和飞行位置保持管理模式,提供应急航路冲突管理,提升空域的效率和能力。建立空中交通适当空间和排序模式,最大限度提高飞机进港和离港的空域能力和机场运行效率。

(2) 航路分配和基于时间测量。它是飞行组织和监视的措施,通过区域导航(RNAV)和所需导航性能(RNP),实现基于时间测量(TBM)模式,建立不同飞机的航路分配和基于时间测量。RNAV、RNP 和基于时间的测量提供空域飞机飞行间隔时间,建立空域飞机流量测量,提升空域的密度和能力,有效利用高密度机场跑道和空域的环境。提供高密度机场流量的机场跑道和空域使用效率。

(3) 空域飞机飞行航迹流量组织。它是提升空域密度和安全性保障措施,针对空域飞行航迹流量管理,由地面空中导航服务商(ANSP)提供飞机的基于航迹飞行过程,提供飞机在空域的测量,平滑空域流量,提升空域使用效率。空中导航服务通过使用调度工具和轨迹的操作方式相结合,支持空域点和间距管理,确保交通顺畅,提高空域的使用效率。

(4) 飞行间隔时间管理。它是维护空域密度和安全性的管理措施,是基于时间度量的空域中飞行点(Point-in-Space)管理,实现飞行间隔监控管理和飞行隔离监视。空中导航服务通过使用调度工具和轨迹的操作方式相结合，建立基于时间的飞行器之间的间距管理，实现规划飞行过程，支持空地决策，提升空域流量，提高空域的使用效率。基于时间空中交通的间距和排序管理，覆盖所有的飞行阶段，支持飞行评估和决策能力。

(5) 飞行到达时间控制。预计到达时间(ETA)、所需到达时间(RTA)和控制到达时间(CTA)是控制飞行过程管理的核心要素。飞行到达时间控制提升起飞、降落和场面滑行流量管理。ETA 是飞行计划描述要求到达飞行各个航路点的时间要求。RTA 是空地协同决策的下一航路点到达时间要求。CTA 是飞行下降和进近过程要求到达的指定点(位置)的时间要求。通过建立飞行到达时间要求，实现空地飞行位置和时间协同管理，增强飞机进港和离港流量，提升机场场面移动能力，提高空域密度效率。集成先进的到达/起飞流量管理与先进的机场场面管理功能，提升整体机场容量和效率。

6) 协同式空中交通管理

协同式空中交通管理是依据飞行请求，针对飞行规划、决策和授权，通过飞机(飞行员)、空管(空管员)和航空公司(操作员)协同，实现飞行过程管理。协同式空中交通管理的过程是针对当前场景，依据飞行请求，交互协同决策，确认任务责任。协同式空中交通管理覆盖所有飞行阶段。其主要任务有：

(1) 飞行计划协同管理。它是飞行过程组织的基础，是根据空中导航服务商(ANSP)提供的空域交通引导服务，建立空地飞行管理决策能力，确定飞行连续空域需求与约束，通过空域拥挤预计分析，支持空域航路再规划能力。飞行员与空中导航服务商(ANSP)协同，构建飞行航向导引组织，确定飞行路线的约束信息，提供完整的飞行计划约束评估，反馈给飞行员与空管员。

(2) 洋区飞行协同与授权管理。它是由空中导航服务商(ANSP)、飞行员和空管员协同飞行规划、组织和授权管理。ANSP 给出了洋区飞行路线的约束信息，飞行员提供洋区的飞行交通环境和气象环境，空管员提供洋区飞行航路和安全隔离。通过飞行协同过程，确定特殊飞行轨迹交通管理措施，决策指定空域授权模式,构建飞行过程组织和安全监视模式,支持飞行员依据授权模式实施飞行航路变更。

(3)进近过程监视、协同与授权管理。它是建立进近阶段飞行管理过程,支持高密度机场和复杂气象条件。提供标准终端降落过程的进近过程,建立增强视景,具有飞行间隔保持能力,支持飞机尾流处理能力,支持仪表着陆转目视着陆授权模式。

(4)特定飞行授权间隔。它是根据空管授权和许可管理,支持飞机相互飞行的授权间隔能力。特定飞行授权间隔通过 ADS-B 建立座舱交通信息显示、TIS 提供机场交通信息和 FIS 提供飞行交通信息和要求,建立飞行态势显示能力,确定指定飞机的目标,自主建立最小安全隔离和监视能力。

(5)复杂飞行环境授权间隔。它是建立复杂环境态势感知,授权制订飞机飞行间隔的自主管理模式。可根据当前空域交通和气象条件场景,构建复杂飞行情景,确定支持复杂场景飞行能力,构建飞行环境感知态势、飞行过程导引态势和飞行任务组织态势,支持空地决策。复杂飞行环境授权间隔依据空域流量信息,通过 ADS-B Out 和 CDTI,支持飞机并行飞行自间隔能力,支持特种飞行通道和流量管理。

7)飞行间隔监控管理

飞行间隔管理是根据不同飞行阶段的飞行特征,依据最小安全间隔要求,针对空域流量管理需求,通过空管与飞机(目标飞机和参考飞机)协同,实现空域飞行间隔维护和管理飞行间隔的过程。飞行间隔管理覆盖洋区飞行阶段、巡航飞行阶段,起飞和降落阶段。其主要任务如下所示。

(1)越洋爬升和下降安全间隔。它是针对复杂交通环境爬升和下降过程建立最小安全隔离的能力,是通过空中导航服务商(ANSP)覆盖在海洋领域,构建洋区空域交通和气象环境。通过通信、导航和监视,建立当前飞行状态和最小安全隔离需求。通过空地协同,支持飞行员授权管理,飞行员根据空管给出的最小安全隔离,实现飞机爬升和下降过程管理。空管系统监视爬升和下降过程,同时完成其他空域的监视和管理。

(2) 自动支持飞行间隔管理。它是空管自动建立飞行间隔的模式,通过组合导航支持,根据飞机尾流管理要求,为空管员提供飞行间隔管理的能力。通过 ANSP 自动提供基于混合导航和飞机尾流环境的飞行管理。自动建立飞机与飞机 3 海里区域间隔告警,建立飞机尾流间隔指示器,提供辅助飞行轨迹监控计划,支持非监视区域自动监视。

(3) 起飞、降落和进近队列飞机尾流间隔管理。它是建立基于时间的飞行尾流影响起飞、降落和进近过程,面向飞机起飞、降落和进近过程,根据队列组织,根据最小安全隔离,针对 ATM 提供飞机类型和尾流模型,通过对尾流产生的效应分析,根据当前气象状况,ANSP 提供基于尾流效应的飞行间隔的分类更改,通过数据链提供飞行员飞行间隔要求。

(4) 飞行间距测量、合并和间隔管理。它面向整个空域能力和流量的管理,通过飞行间隔测量,建立空域飞机的位置和速度;通过合并,建立空域的航路和航向,建立空域的飞行流量组织和管理;通过间隔,建立空域的飞行安全和能力。对于不同航空电子系统,ADS-B In 提供飞机精确的位置和航迹数据。ADS-B In 和先进航空电子系统支持飞行速度变化和支持特定飞行控制的间隔值。

8) 空中交通信息系统

空中交通信息系统是通过汇集空域和地面、环境与条件、飞行和管理的相关信息,支持信息分发和共享,提供飞行过程分析、处理和决策,提供空域流量管理,支持维护保障能力。空中交通信息系统覆盖所有飞行阶段,其主要任务有:

(1) 面向气象服务的信息系统。它提供气象数据参加飞行航迹计算、飞行安全监视和飞行状态管理。面向气象服务的信息系统通过 ANSPs 建立特殊用途的空域管理,支持特殊用途空域状态的监视与更改,飞行航迹计划管理,通过数据和语音共享特殊用途的状态更改信息传输。ANSP 与空管员具有更改状态的空域特殊使用状态能力。状态更改通过语音或数据通信传递到飞机座舱。飞行轨迹规划是根据实时动态管理空域的使用管理。

（2）面向需求的空域交通管理信息系统。该系统是建立当前空域交通情景的信息系统,支持面向经批准的用户(飞行员、空管员和航空公司)需求,支持NAS和航空信息系统,包括各种不同的应用和飞机的位置信息,提供关键信息安保防护机制,支持并提升用户需求的航空信息的可用性,满足经批准的用户和飞机共享信息和保障信息一致性,即未经批准的机构或个人不享用专用信息和安全敏感信息。

（3）飞行流量和飞行通道信息。该信息构建飞行组织决策和飞行安全管理措施。飞行流量和飞行通道信息建立空域交通态势,识别飞行过程危害模式,确定飞行要素,支持航空安全信息分析和分享(ASIAS),支持整个空域和系统的风险识别、综合风险分析,实施紧急风险管理。

（4）飞行航迹和状态信息。它是飞行状态和过程记录的要求,支持飞机的航迹运行,通过基于飞行计划建立的或飞行过程的 4D 飞行航路,即横向、纵向、高度和时间形成的航路点组织。通过基于航迹飞行(TBO)航迹计划管理协同定义和实现飞行航路和飞行过程的管理,构建飞行过程模式,最后支持飞行状态和过程记录。

3.2　系统功能能力特征与构成

系统的能力组织是航空电子系统专业能力模式组织。前面已针对飞行应用组织,定义了系统应用需求,明确了应用场景,确定了应用任务。通过系统抽象,建立系统的应用视角,定义应用的层级,明确应用的活动。这种应用任务的组织和抽象建立航空电子系统应用架构,为航空电子系统整体架构确定了顶层(应用)组织模式。

对于航空电子系统来说，针对已建成的系统应用任务架构，接下来要确定相应的能力（功能）需求，建立系统能力组织架构，支持应用任务的实现。航空电子系统功能架构是根据系统的飞行阶段任务情景，针对当前任务组织需求，依据系统任务的能力需求，确定功能能力组织，构建系统功能处理模式，确定功能处理输入信息组织。系统功能架构是基于系统专业和能力组织，依据系统功能逻辑和处理方式，确定系统功能处理过程和结果品质。

航空电子系统功能组织是航空电子系统架构的功能组成部分，是在系统应用任务组织的基础上，建立系统功能组织，构建系统功能架构，支持系统应用任务的需求，同时也是给系统资源（设备）组织提出需求。航空电子系统功能是面向系统任务的需求，根据任务的能力，依据专业的分类，针对处理的模式以及运行的环境，构成航空电子系统功能组织。在此基础上，航空电子系统功能根据处理过程的需求，建立功能的目标，构建功能的过程，确定功能的作用，明确功能的条件，落实功能的激励，形成航空电子系统能力的组织模式。

航空电子系统功能架构组织针对上述的系统功能组织模式和系统能力组织模式，建立系统的能力视角，形成航空电子系统功能架构的组织模型。系统能力视角是针对系统应用组织过程：业务、目标、领域、元素、类型和事件，根据应用实施需求，建立支持系统应用实施的系统能力。因此，系统能力组织是根据系统应用需求，建立航空电子系统能力视角，根据能力专业、目标、过程、角色、关系、条件，建立系统能力组织架构，形成系统能力的目标和能力实现的资源平台类型与能力需求。

系统的能力组织是针对系统任务能力需求，根据系统功能组织定义，建立系统功能架构组织。系统功能架构是根据系统的飞行阶段任务情景，针对系统能力需求和当前任务组织需求，通过功能能力组织，构建系统功能处理模式，确定功能处理输入信息组织。系统功能架构是基于系统能力组织，依据系统功能组织和处理方式，确定系统功能专业能力和结果品质。

针对应用任务架构的能力需求，定义功能组织模式，即系统功能组织剖面。

系统功能组织剖面定义功能构成要素,确定功能的组织要求,描述功能的组织过程。对于系统功能的构成,系统功能组织剖面包含以下要素:

能力的需求——应用模式;

能力的构成——功能类型;

能力的组织——功能过程;

能力的领域——功能专业;

能力的操作——功能处理;

能力的感知——功能输入。

通过系统抽象和模式定义,功能组织剖面 $F_2(x)$ 为:

$$F_2(功能组织剖面)=f(应用模式,功能类型,功能过程,功能专业,$$
$$功能处理,功能输入)$$

对于功能处理过程,功能能力是基于功能处理的逻辑模式。即功能能力剖面。功能能力剖面定义功能处理的要素,确定功能的作用要求,描述功能的处理过程。对于系统功能的构成,功能能力剖面包含以下要素:

功能的要求——功能目标;

功能的特征——功能过程;

功能的作用——功能角色;

功能的环境——功能关系;

功能的激励——功能条件。

通过系统抽象和模式定义,功能能力剖面 $G_2(x)$ 为:

$$G_2(功能能力剖面)=g(任务目标,任务过程,任务角色,任务关系,任务条件)$$

功能架构是面向任务系统的能力组织模式。针对系统架构的定义,本书采用 Zachman 复杂系统组织设计方法,从功能的需求(用户视图)、组织模式(设计视图)、能力模式(架构视图)、专业模式(规划视图)、要素(实现视图)、输入模式(执行视图)6 个角度来对任务架构进行分析,这 6 个视图分别对应于

Zachman 框架中的 6 个角色（使用者、设计者、拥有者、业务规划者、系统构建者和运营者）。需要进一步从每个角度来分析其关注的 5 个焦点，即功能的目标（what）、执行过程（how）、执行者（who）、相互间依赖关系（why）、执行前提条件（when）。

结合功能组织剖面和功能能力剖面，根据 Zachman 模型的定义，航空电子系统功能组织架构为：

$$
F_2\begin{pmatrix}功能\\架构\end{pmatrix}=\begin{cases}f_1\begin{pmatrix}应用\\模式\end{pmatrix}=g_1\begin{pmatrix}任务目\\标组织,&任务过\\程组织,&任务能\\力组织,&任务角\\色组织,&任务事\\件组织\end{pmatrix}\\f_2\begin{pmatrix}组织\\模式\end{pmatrix}=g_2\begin{pmatrix}功能目\\标结果,&功能逻\\辑处理,&功能专\\业配置,&功能管\\理模式,&功能约\\束条件\end{pmatrix}\\f_3\begin{pmatrix}过程\\模式\end{pmatrix}=g_3\begin{pmatrix}功能应\\用能力,&功能组\\织能力,&功能结\\果能力,&功能处\\理能力,&功能输\\入能力\end{pmatrix}\\f_4\begin{pmatrix}专业\\模式\end{pmatrix}=g_4\begin{pmatrix}功能专\\业目标,&功能专\\业过程,&功能专\\业品质,&功能专\\业范围,&功能专\\业条件\end{pmatrix}\\f_5\begin{pmatrix}处理\\模式\end{pmatrix}=g_5\begin{pmatrix}元素目\\标组织,&元素过\\程组织,&元素品\\质组织,&元素范\\围组织,&元素条\\件组织\end{pmatrix}\\f_6\begin{pmatrix}输入\\模式\end{pmatrix}=g_6\begin{pmatrix}传感器输\\入目标,&传感器输\\入组织,&传感器输\\入性能,&传感器输\\入范围,&传感器输\\入条件\end{pmatrix}\end{cases}
$$

任务组织架构体现了任务目标、能力、活动的特征，通过对这些特征的定义和分析，建立任务与系统功能、资源的关联关系，从而实现应用空间与能力空间之间的映射。任务组织架构支持任务的生成和组织过程，能够实现飞行任务能力组织模式的运行任务管理综合化能力。

根据系统功能组织架构，形成以下系统功能组织模式。第一，建立系统应用任务需求。即任务的目标、过程、能力、环境和事件，构建系统功能目标和作用空间。第二，建立系统功能组织。即建立功能的目标、领域、关系、权重和范围，构建系统能力和领域组织。第三，建立功能处理过程。即业务运行过程、专业处理过程、逻辑处理过程、行为操作过程和状态管理过程，构建系统运行和处理组织。第四，建立系统功能专业组织。即专业的目标、领域、范围、条件和质量，构建系统专业和能力组织。第五，建立系统功能操作组织。即操作元素的构成、类型、关系、条件和作用范围,构建系统功能处理逻辑组织。第六,建立系统功能输入组织。即输入信息的构成、品质、性能、数值范围和数值精度,构建系统功能输入信息组织。

系统功能组织架构是系统能力组织、逻辑处理、结果性能组织实现的平台。通过功能架构,建立面向应用任务需求,组织功能专业能力,确定功能处理逻辑,建立功能处理过程,支持系统功能能力、品质和有效性组织模式,支持系统功能的能力集成、活动合成和信息融合的系统功能综合。

3.2.1　系统功能组织需求

系统功能需求建立在飞行应用任务组织的飞行过程需求上。根据飞行应用任务需求,通过建立航空电子系统功能架构组织,分解应用任务运行过程,确定应用任务需要的能力,定义应用任务活动内容,形成应用任务的功能组织架构。航空电子系统功能架构根据飞行任务能力需求,建立不同的处理领域,明确对应的处理模式,确定相应的处理逻辑,形成满足应用任务需求系统专业的分类和要求。

由于现代航空电子系统涉及的专业领域很宽,功能分类很多,处理过程复杂,本书我们将主要讨论滑行、起飞、巡航、降落(含进近)4 个主要飞行阶段功能组织,系统功能专业领域主要集中在飞行管理、导航导引、空地通信、安全监视和系统显示这几个方面。一方面介绍航空电子系统主要功能特征,另一方面为航空电子系统各功能综合奠定基础。对于其他方面的功能,如机载维护系统(OMS)、机上信息系统(IS)和机上娱乐系统等,不在本书论述。

根据上述约定,航空电子系统首先根据系统任务组织架构,确定飞行任务的需求构成(场景、目标、事件);其次根据应用任务作用的领域,确定任务的类型、目标和活动;还有根据任务活动的要求和条件,确定功能专业、能力、性能和范围。即系统应用能力目标与需求,针对系统构建的任务架构组织,根据各项任务目标和组织,依据功能架构的能力,根据系统过程组织和要求,构建系统能力目标和需求。如图 3.3 所示。

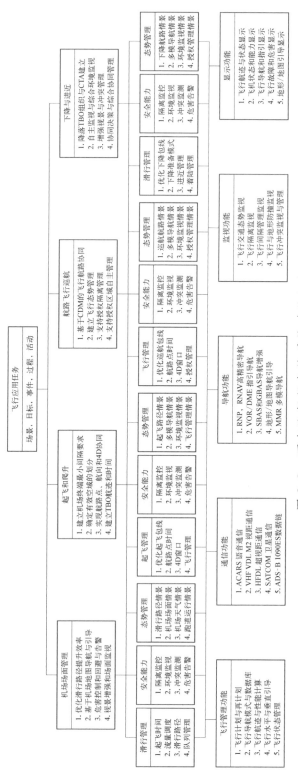

图 3.3　面向飞行任务的系统功能组织

144

对于飞行过程组织,航空电子系统的首要任务是定义飞行应用的需求,确定飞行阶段的划分,建立各个飞行阶段的任务。由于各个飞行阶段具有各自的特征、不同的飞行环境、不同的飞行模式和不同的飞行管理模式,飞行任务组织主要考虑以下几个方面:首先,飞行应用任务定义建立面向各个飞行阶段的运行环境,组建与各个飞行阶段相适应且满足飞行目标的需求——飞行的场景、目标和过程;其次,飞行任务还要根据飞行的场景、目标和过程要求,确定飞行任务的能力、性能和安全性要求——任务范围;最后,飞行任务针对飞行的场景、目标、过程与范围、性能和安全性要求,构建支持飞行任务实施的感知、操作和响应环境——任务态势。因此,构成飞行任务的三要素为:飞行任务组织——飞行场景、目标和过程;飞行任务能力——任务的范围、性能和安全性;飞行任务要求——任务感知、操作和响应态势。

航空电子系统功能架构是面向飞行任务运行的需求,根据飞行任务目标作用领域,依据飞行任务能力活动类型,针对飞行任务过程操作模式,构建满足飞行任务范围、性能和安全性要求的专业功能组织,提供支持飞行任务实施的任务感知、操作和响应态势需求。

系统专业功能分为三级。第一级是应用功能,即面向应用任务需求支持能力,建立系统专业能力,支持应用任务目标、能力和性能需求。第二级是专业功能,即面向通用专业特征的能力,建立系统逻辑能力,支持独立专业处理能力、性能和要求。第三级是基础功能,即实现面向系统硬件驱动和管理能力,建立面向基础通用处理能力,如输入/输出、输入滤波、代码转换、消息拼装以及一些预处理功能等,建立独立专业功能处理的环境。

我们以航空电子系统监视任务的气象雷达探测功能为例。气象雷达应用功能级为:目标扫描、目标探测、目标跟踪、空空模式、空地模式等。专业功能级为:信息探测、目标扫描、目标分析、信息通信、场面管理等。基础功能级为:信号处理、FFT、回波处理、杂波处理、时间管理等。然而,系统的气象雷达探测任务又包括设置雷达工作模式、跟踪滤波、目标识别等步骤,同时每一步骤又涉及不同的数据、信号处理部件等。根据气象雷达应用功能、专业功能和基础功能处理过程组织，针对当前资源能力构型，以功能处理对资源的需求，合理调度功能组织和执行，可以最大限度地实现功能过程重用、资源分时共享，减小系统功能组织对于特定航空电子设备的需求，同时实现系统功能处理品质，实现飞行任务运行需求。如通过精准的天气预报和基于天气危害避免轨迹的飞行操作可以有效提升任务执行的安全性，其前提是能够将准确感知的天气信息与ATM、地面控制、飞行操作中心的信息以及座舱显示进行有效的综合，以支持飞行员进行战术或至关重要的操作决策。从而对系统提出应当具备决策支持能力、天气感知能力、天气预报和处理能力等能力需求。

根据飞行任务需求定义和系统功能组织思路，系统功能在飞行任务组织的基础上，依据系统的应用功能、专业功能和基础功能的分级，确定系统的功能分解和定义。为了有效地理解系统功能细化和构成思路，我们根据3.2.1节定义的简化的航空电子系统飞行阶段的划分和飞行任务的构成，如图3.3所示，描述如何通过飞行应用任务分解和细化，确定任务目标、能力和活动的逻辑过程，形成系统功能组织。

3.2.2 场面管理功能组织

场面管理是飞行应用任务非常重要的组成部分，也是整个飞行阶段划分中飞行能力和效率的瓶颈。由于机场（含跑道）扩容的速度远远赶不上航空旅客增长的速率，因此机场运行效率是目前飞行过程重要的改进领域。

已知机场场面管理主要任务有：基本机场场面管理、增强机场场面态势能力、初始机场场面交通管理和基于航迹的场面交通管理。对于机场运行提升的需求，ICAO规划的场面管理任务改进需求为：

（1）建立自动相关监视广播（ADS-B）能力，提升场面运行的安全性。基于导航服务提供商的机场地面监视能力；提升场面活动引导，增强对机场上的航空器和车辆活动进行监视和告警，提高跑道/机场的安全性。

（2）增强型目视系统（EVS），提升场面运行的安全和效率。改进驾驶舱场面交通信息活动地图，建立跑道安全告警逻辑，增强型目视系统（EVS），增强驾驶舱和地面单位的情景意识，提升低能见度滑行能力，提高跑道和滑行道的安全及场面活动效率。

（3）建立合成视景（SVS）和排序能力，优化场面路径和安全效益。利用合成视景（SVS）座舱虚拟显示系统，提供地面／座舱监视及滑行间距和环境信息，支持航迹的滑行航线选择和导引，提高效率并减少场面运行对环境的影响，建立基于跑道资源的排序，优化跑道的使用，降低滑行时间。

根据场面管理任务需求和任务实施途径，场面管理功能依据任务的分类，确定功能构成的领域；根据任务的目标，构成功能能力的类型；根据任务的活动，构成处理的逻辑；根据任务处理的结果，构成功能操作的性能。场面管理功能组织架构如图 3.4 所示。

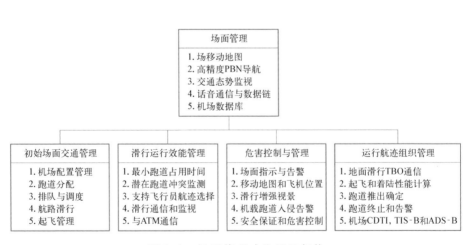

图 3.4　场面管理功能组织架构

根据场面管理功能组织架构，根据功能专业领域、逻辑能力、处理性能和作用范围确定相应的功能组织。场面管理功能架构组织如下所述。

1）场面管理运行功能需求

场面管理运行功能主要是面向飞机滑行过程的组织，它通过构建基于地面滑行的路径(或航迹、TBO),建立场面滑行交通管理,建立飞机与地面的监视能力,提升飞机机载显示能力,提升飞机与空管指令与状态传输的数据链通信能力,实现机场场面飞机移动实时监视、许可、引导、告警和重新规划实时协同管理。其主要功能有:

(1) 初始机场场面管理。支持初始飞行规划,通过 ADS-B 监控飞机在机场位置,支持 CMD,实现机场地面运行和交通流量管理。

(2) 建立标准仪表进场程序。通过建立进近导航规范(如 RNAV 1.0 和 RNP 0.3),建立标准仪表离场(SIDs)和标准进场航线(STARs),提供测量、合并和空间操作能力。

(3) 滑行过程航路选择与协同。通过建立话音和数据链通信链路,支持机场场面滑行过程中飞行员、航管员和航空公司航迹选择协同决策(CMD)模式,支持滑行路径动态改变。

(4) 基于所需导航性能(RNP)减小横向航道间距。建立自动相关监视(ABAS In)感知能力和相关功能,提升具有所需导航性能(RNP)功能和完好性,降低航迹间隔的巡航和终端程序操作。

(5) 终端空域航迹选择与协同。通过话音和数据链通信,构建空地信息交互模式,支持机场空域交通管理,支持飞行员航迹选择和协同。

(6) 机场场面二维高精度所需导航性能(2D RNP 0.3)能力。建立基于区域导航(RNAV)和所需导航性能(RNP)的过程,支持 FMS 和独立导航的数据链,提供航路冲突检测,消除起飞与降落飞机与滑行飞机的冲突,优化飞机滑行过程的监视能力。

(7) 所需到达时间的航路许可。通过话音和数据链通信,构建空地信息交互模式,支持机场空域航路所需到达时间(RTA)管理,支持离港请求时间的航路许可。

(8) 飞机横向/纵向/时间许可。构建飞行协同模式。飞机发送起飞时间请求,空管通过数据链传输飞机纬度、经度和高度横向航迹许可和整个滑行路径许可。

（9）气象环境监控。构建飞行环境气象管理。通过机载气象探测（红外摄像机）和机场气象信息，支持飞行员与空管滑行航路协同决策（CMD）。

（10）低能见度机场场面管理。建立综合监视态势，通过 GNSS、CDTI、EFVS 和 SVS 综合，提升机场低能见度和低高度进港、离港的地面滑行和管理能力，提升安全性。

2）场面管理安全性功能需求

场面管理安全性功能主要是面向机场移动交通监视和飞机滑行告警。场面管理安全性功能是通过对场面 TBO 参数的监视，建立对影响安全和相关危害监视和告警。空管通过飞机移动与机场平面图叠加态势感知，飞行员通过显示系统的移动地图叠加态势感知信息，提供飞机机载场面运动告警，跑道可用性和距离告警，机载跑道障碍物告警，穿越跑道指示与告警，进近终点跑道可用性告警。其主要功能有：

（1）区域导航（RNAV）和所需导航性能（RNP）高精度位置测量。建立高精度导航能力，通过区域导航（RNAV）和所需导航性能（RNP）程序，提供精确位置，以降低航迹间隔和降低冲突。

（2）二维所需导航性能（2D RNP）引导场景显示管理。建立二维高精度所需导航性能（2D RNP 0.3）过程，提升滑行精度，消除滑行过程冲突，优化飞机滑行路径过程。

（3）气象环境监控。建立气象环境监视能力，通过机载气象探测（红外摄像机）和机场气象信息，支持滑行防撞和冲突预防。

（4）地面防撞。建立地面雷达监视和 ADS－B 监视能力，通过基于飞机自身和交通流量信息的机场地面地图，建立地面防撞监视，降低跑道入侵的风险。

（5）机载防撞。建立增强的机载交通防撞能力（增强型 TCAS），提升机载防撞能力，降低复杂机动条件下的虚警率，降低飞机碰撞的风险。

（6）障碍物回避。建立机场资源图形显示，实时更新临时或永久人为障碍物的位置，降低 CFIT 事故的发生。

（7）地面飞机尾流规避与减缓。建立机场飞机飞行尾流的监视与管理，通过地面的探测和预测系统，上传配对飞行尾流模型，提升飞行员对飞行最小隔离的监视能力。

3）场面管理态势感知功能需求

场面管理态势感知功能主要面向机场飞机移动、飞行状态、跑道状态、下降和起飞排序功能需求。场面管理通过场面管理态势感知功能，构建场面管理态势感知需求，提供交通环境感知，交通指示和告警，交通状态监控，消除潜在的冲突，形成飞行员与空管员一致的感知环境，实现飞机起飞、降落和滑行的信息和状态（时间、目标、位置，速度等）环境和机场状态（密度、跑道、队列和状态等），支持滑行、起飞和降落排序管理，提升效率、预计性和安全性。其主要功能有：

（1）基于区域导航（RNAV）和所需导航性能（RNP）的机场场面态势。建立高精度导航模式，构建机场实时平面图和三维（3D）地图。支持机场飞机、车辆和滑行路径的滑行引导态势。

（2）面向协同情景和决策情景的态势。建立基于机场运行情景，确立协同决策模式，构建空管、飞行员和航空公司协同与决策的信息态势。

（3）面向跑道的队列组织态势。确定支持跑道运行的模式，通过飞行计划需求，构建跑道运行情景，建立动态滑行与排队态势。

（4）气象环境监控态势。建立基于运行气象条件需求，通过机载气象探测（红外摄像机）和机场气象信息，建立基于滑行路径气象态势。

（5）环境监视态势。针对机场信息，建立场面交通监视态势，依据 AMT 许可指令，监视滑行路径危害信息和告警。

（6）基于三维（3D）地图和低能见度的滑行引导显示态势。建立低能见度滑行监视态势，通过机载气象探测（红外摄像机）和 3D 地图，支持低能见度滑行，支持防撞和冲突。

（7）组合视景（CVS）显示。建立基于增强视景（FEVS）与合成视景（SVS）组织显示交通态势，支持特定目标与参考目标相关监视。

3.2.3　起飞与爬升功能组织

飞机起飞和爬升是飞行阶段中最耗油的部分。飞机耗油量直接与飞行加速度和爬升率相关。常规的基于航路点引导飞行模式含有许多加速度变化和很高的爬升率，同时在每一飞行高度层盘旋等待爬升许可指令。因此起飞与爬升模式是目前飞行过程重要的改进领域。

起飞与爬升主要任务有：建立飞行运行模式，支持交通同步能力和初始飞行模式；建立空中交通态势感知，提供机载隔离管理，提升空域容量和效率；建立多模组合导航态势，环境综合监视态势和授权管理，提高交通流量、空域容量和运行效率。对于飞机的起飞和爬升需求，ICAO 规划的场面管理任务改进需求为：

（1）建立基于航迹（TBO）运行模式，提升起飞爬升效率。改进连续爬升起飞包线，建立连续爬升的加速度，实现飞行过程实时动态管理，获取最好的收益，支持连续巡航模式，形成相关情景态势管理。

（2）建立基于航迹（TBO）运行协同，优化航迹计算和选择。建立通过航空公司、飞行员和管控员协同决策，优化巡航包线，确定航路所需到达时间，监视TBO 飞行窗口，支持授权管理等。

（3）建立起飞爬升态势情景，支持航迹监视与决策。为飞行管理提供巡航态势情景，通过安全管理实现安全保障，通过态势组织，形成管理决策、环境监视、冲突监测和危害告警等。

（4）建立起飞爬升安全管理，支持飞行环境安全监视。安全管理起飞爬升的安全保障能力，提供飞行过程的保证。如连续巡航过程飞机最小间隔和GNSS 完好性等。

根据起飞爬升任务需求和任务实施途径，起飞爬升功能依据任务的分类，确定功能构成的领域；根据任务的目标，构成功能能力的类型；根据任务的活动，构成处理的逻辑；根据任务处理的结果，构成功能操作的性能。起飞爬升功能组织架构如图 3.5 所示。

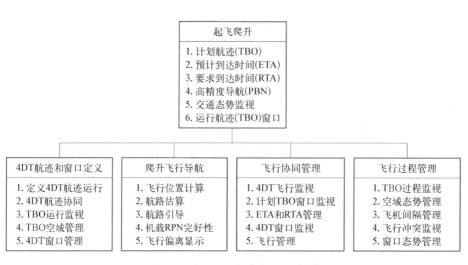

图 3.5　起飞爬升功能组织架构

根据起飞爬升功能组织架构，依据功能专业领域、逻辑能力、处理性能和作用范围确定相应的功能组织。起飞爬升功能组织架构如下所述。

1）起飞爬升运行功能需求

起飞爬升运行功能主要是面向飞机飞离跑道和爬升进入航路阶段过程组织。起飞爬升运行功能通过确定有效空域的划分，构建基于飞行区域导航（RNAV），实现与空管的航路点、航向和时间（4DT）协同，建立基于航迹运行（TBO）和所需到达时间（RTA），确定爬升目标的航路点、航向和三维坐标，根据空管的许可，实现起飞爬升过程。其主要功能有：

（1）综合化进场与离场空域管理。对于高密度空域管理机场，依据空管定义空域密度，基于机场辅助导航能力，建立区域导航 RNAV 程序，降低冲突的进离。

（2）终端空域航迹选择与协同。对于机场终端空域，基于空管管理，通过话音和数据链通信,建立协同决策模式,支持飞行员航迹选择和协同。

（3）三维所需导航性能(3D RNP)进场和离场飞行。建立基于所需导航性能垂直导航(RNP、VNAV)能力,支持垂直引导过程,支持消除进港和离港流程垂直冲突,优化飞机起飞爬升过程。

（4）低能见度和低高度起飞过程。建立地面导航引导能力,构建空中交通态势,增强航迹导引和管理,提升冲突探测和回避的能力。

（5）基于所需导航性能(RNP)减小横向航迹间距。建立机载导航增强(ABAS In)能力,提升具有 RNP 功能和完好性,减小航迹间隔和终端程序操作。

（6）航迹选择与协同。通过话音和数据链通信链路,支持整个飞行途中航迹协同决策,支持根据当前流量的飞行员航迹选择与协同请求。

（7）所需到达时间(RTA)的航路许可。通过数据链通信,支持到达航路协同,协同所需到达时间(RTA),支持基于地面对飞行航迹冲突检测,支持离港请求时间的航路许可。

（8）所需到达时间(RTA)的航迹许可。通过数据链通信,依据飞机离港时间请求,ATM 通过数据链传输飞机纬度、经度和高度,协同所需到达时间(RTA)横向航迹许可。

2) 飞行爬升安全性功能需求

飞行爬升安全性功能主要是面向飞机起飞爬升过程,通过飞行状态和交通环境监视,支持危害监视,提供飞行航路监测告警,三维(3D)窗口监测告警,所需到达时间(RTA)监测告警,飞行冲突预测告警和飞行环境监测告警,提升起飞爬升管理的安全性。在此基础上,通过对场面 TBO 参数的监视,飞行员通过显示系统的飞行航路态势感知,空管员通过空域流量态势感知,建立对影响安全和相关危害监视和告警。其主要功能有:

（1）基于区域导航(RNAV)和所需导航性能(RNP)高精度位置测量。通过 RNAV 和 RNP 程序,建立高精度导航能力,提供精确位置,以降低航迹间隔和降低冲突。

（2）三维所需导航性能(3D RNP)引导场景显示管理。建立基于 3D RNP 1.0 过程,支持基于场景引导显示,消除航路过程冲突,优化飞机滑行路径过程。

（3）气象环境监控。建立气象环境监视,通过机载气象探测和机场气象信息,提供起飞爬升航路气象条件,支持滑行防撞和防冲突。

（4）机载防撞。提升空中环境监视,增强空中防撞系统能力（增强型 TCAS）,降低复杂机动条件下的虚警率,降低飞机碰撞的风险。

（5）空域防撞。建立飞行状态广播通信数据能力,支持空地信息交换,提供飞行员临时飞行限制（TFRs）上的更新信息,改善飞行员的情景态势感知能力。

（6）飞机尾流规避与减缓。建立地面的探测和预测系统,支持空地信息交联和上传,提供飞行配对尾流模型,提升飞行员的飞机尾流最小间隔监视能力。

（7）飞行间距测量、合并和间隔过程。建立自动相关监视广播（ADS - B）能力,提供交通环境飞机飞行状态信息,支持机载座舱交通信息显示提供测量、合并和间隔能力,支持飞机实现特定控制飞行控制的间隔值。

（8）低能见度和低高度起飞过程。通过建立 GNSS、CDTI、EFVS 和 SVS 综合模式和能力,提升低能见度和低高度起飞爬升交通态势感知和目标监视能力。

3）起飞爬升态势感知功能需求

起飞爬升态势感知功能主要是面向飞机起飞爬升过程和环境的态势组织。通过起飞爬升态势感知功能,构建起飞爬升的运行情景、飞行航路情景、组合导航情景、环境监视情景、气象条件综合和飞机能力综合的态势,为飞行员和空管员提供起飞爬升过程决策能力。其主要功能有:

（1）基于区域导航（RNAV）和所需导航性能（RNP）的导航和飞行引导态势。建立高精度区域导航（RNAV 3）和所需导航性能（RNP1）导航模式,形成基于交通环境的飞行航路引导态势。

（2）面向协同情景和决策情景的态势。建立基于机场情景和空域交通情景信息组织，确定空地决策信息环境，构建空管、飞行员和航空公司协同与决策信息态势。

（3）面向起飞的队列组织态势。建立基于飞行规划要求，构建跑道运行状态情景，针对当前机场降落起飞过程，建立动态滑行与排队态势。

（4）气象环境监控态势。建立机场和起飞航路气象监视，采用机载气象探测（红外摄像机）和机场气象信息，建立滑行、起飞和爬升航路气象态势。

（5）环境监视态势。针对机场交通信息，针对当前飞行和降落运行态势，依据空管许可指令，监视滑行路径危害信息和告警。

（6）基于低能见度的飞行导引显示态势。针对起飞爬升航路，基于高精度导航，采用机载气象探测（红外摄像机），建立低能见度飞行导引态势，支持低能见度滑行，支持防撞和冲突预防。

（7）组合视景（CVS）显示。针对起飞和爬升航路信息，建立航路飞行增强视景（FEVS）机场信息合成视景（SVS），提供飞行环境合成显示。

3.2.4　巡航飞行功能组织

航路巡航飞行是指内陆飞行阶段和洋区飞行阶段。内陆巡航飞行有地面站（含地面雷达）提供飞行导引和通信，洋区飞行通过卫星实现导航和通信。航路巡航飞行是飞行过程中时间最长的飞行阶段。在巡航飞行过程中，任何巡航飞行优势或缺陷都会对飞行效率产生很大影响。因此，航路巡航飞行阶段也是目前飞行过程重要的改进领域。

航路飞行主要任务有：建立基于航迹运行模式，增强航路飞行航迹运行能力；建立自由航路运行模式，支持复杂交通环境和恶劣气象条件航路再规划和优化能力；建立空中交通态势感知，提供机载隔离监视和飞行间隔管理的能力，提升空域容量和效率；建立多模组合导航态势，环境综合监视态势和授权管理，提高交通流量、空域容量和运行效率。航路飞行任务需求和实施途径为：

（1）建立基于4DT航迹（4DT TBO）运行，提升飞行航迹效率。优化巡航飞行包线，减少巡航时间，提升所需到达时间（RTA）精度，提升航路巡航效率，建立基于4DT航迹协同管理模式。

（2）建立自由航路运行模式，支持自由航路飞行。建立空地航迹协同模式，支持复杂交通环境和恶劣气象条件用户请求飞行航迹（UPT），支持自由航路飞行，优化空域利用率，确定最小隔离要求，支持飞行间隔管理等。

（3）建立气象环境态势，支持飞行航路再计划协同决策。建立飞行航路机载气象感知态势，提供气象条件和危害探测，支持飞行规划协同和修改，形成管理决策，环境监视，冲突监测和危害告警等管理。

（4）建立复杂交通环境协同决策，支持授权管理。建立飞行交通环境感知，支持部分授权和自主飞行，支持飞行高度更改，提供空中飞机最小隔离的监视能力，建立授权前、后责任定义和协同管理，提高空域能力和飞行效率。

根据航路飞行任务需求和任务实施途径，航路飞行功能依据任务的分类，确定功能构成的领域；根据任务的目标，构成功能能力的类型；根据任务的活动，构成处理的逻辑；根据任务处理的结果，构成功能操作的性能。航路飞行功能架构组织如图3.6所示。

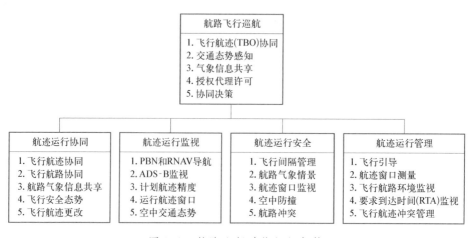

图3.6　航路飞行功能组织架构

根据航路飞行功能组织架构,依据功能专业领域、逻辑能力、处理性能和作用范围确定相应的功能组织。航路飞行功能架构组织如下所述。

1) 航路飞行功能需求

航路飞行功能主要是面向飞机进入巡航阶段过程组织,包括内陆飞行和洋区飞行。航路飞行功能通过建立航路飞行航迹包线,建立最佳巡航速度,获取最好的收益。支持飞行员和管控员协同决策,优化巡航包线,确定航路所需到达时间,监视基于航迹运行(TBO)窗口,支持授权管理等。其主要功能有:

(1) 越洋飞行间距控制态势。支持越洋飞行平面监测,支持基于气压的高度测量,支持授权管理的导航能力,支持越洋飞行空域高度改变需求的飞机之间间隔满足所需导航性能(RNP-4)要求。

(2) 越洋飞行航迹选择与协同态势。在海洋空域,根据飞机当前空域环境,基于话音和数据链通信链路,支持飞行途中飞行员航迹选择与协同请求,实现授权管理。

(3) 飞行间距测量、合并和间隔过程态势。提供自动相关监视广播(ADS-B)和机载座舱交通信息显示提供测量、合并和间隔能力,支持飞机实现特定飞行控制的间隔值。

(4) 复杂飞行授权间隔态势。建立复杂环境态势感知,提供授权请求和许可管理机制,支持授权飞行间隔,支持飞机自间隔能力,建立在复杂场景飞行能力。

(5) 飞行流量通道授权间隔态势。依据空域流量信息,支持自动相关监视(ADS-B Out)传输飞行状态和驾驶舱交通信息显示(CDTI)构建交通态势,增强可用性,支持飞机并行飞行自间隔能力,支持特种飞行通道和流量管理。

(6) 气象环境监控态势。通过机载气象探测,综合航路交通信息,建立航路气象综合态势,支持恶劣天气规避、空域防撞、越洋飞行间距控制,基于ADS-B非雷达区飞行间隔控制等。

2）航路飞行安全性功能需求

航路飞行安全性功能主要是面向航路内陆飞行和越洋飞行过程，通过飞行状态和交通环境监视，提供飞行航路监测告警，窗口监测告警，所需到达时间（RTA）监测告警。支持危害监视，提供恶劣天气规避、空域防撞、越洋飞行间距控制，非雷达区飞行间隔控制，空域飞机尾流规避与减缓能力。其主要功能有：

（1）恶劣天气规避。通过文本和图形化天气预报信息建立飞行航路恶劣气象监视，支持恶劣天气规避，降低恶劣天气的影响，减少气象危害影响。

（2）空域防撞。建立广播数据链，支持咨询通告（RA）和交通通告（TA）通信，飞行员实时提供临时飞行限制（TFRs）上的更新信息，改善飞行员的情景态势感知能力。

（3）越洋飞行间距控制。支持越洋飞行平面监测，支持气压高度测量，支持授权管理的导航能力，支持越洋飞行空域高度改变需求的飞机之间间隔满足所需导航性能（RNP-4）要求。

（4）基于自动相关监视（ADS-B）非雷达区飞行间隔控制。根据空管授权定义区域，通过自动相关监视（ADS-B Out）飞行状态，实现飞机离岸与其他非雷达监控区域 5 km 的间隔。

（5）空域飞机尾流规避与减缓。提升机载尾流传感器能力，提高探测和预测能力，提高高机动操作条件下的尾流危害规避能力。

（6）特定飞行授权间隔。建立空管授权和许可管理，支持飞机相互飞行的授权间隔能力，通过自动相关监视广播（ADS-B）提升机载座舱交通信息显示能力。

（7）复杂飞行授权间隔。建立复杂环境态势感知，支持授权飞行间隔支持飞机自间隔能力，确定授权责任和协同模式，支持在复杂场景飞行能力。

（8）飞行流量通道授权间隔。依据空域流量信息，支持自动相关监视（ADS-B Out）传输飞行状态，支持驾驶舱交通信息（CDTI）显示，增强可用性，支持飞机并行飞行自间隔能力,支持特种飞行通道和流量管理。

3)航路飞行态势感知功能需求

航路飞行态势感知功能主要是面向内陆飞行和洋区飞行过程和环境的态势组织。通过航路飞行态势感知功能,构建航路飞行运行情景、飞行航路情景、组合导航情景、环境监视情景、气象条件综合和飞机能力综合的态势,为飞行员和空管员提供交通环境感知,交通状态监控,减少潜在冲突的能力。其主要功能有:

(1)越洋飞行间距控制态势。支持越洋飞行平面监测,支持气压高度测量,支持授权管理的导航能力,支持越洋飞行空域高度改变需求的飞机之间间隔满足所需导航性能(RNP-4)要求。

(2)越洋飞行航迹选择与协同态势。在海洋空域,根据飞机当前空域环境,基于话音和数据链通信链路,支持飞行途中飞行员航迹选择与协同请求,实现授权管理。

(3)飞行间距测量、合并和间隔过程态势。建立自动相关监视广播(ADS-B)和机载座舱交通信息显示,提供测量、合并和间隔能力,支持飞机实现特定飞行控制的间隔值。

(4)复杂飞行授权间隔态势。建立复杂环境态势感知,满足授权飞行间隔支持飞机自间隔能力,建立授权责任分类和协同管理,支持在复杂场景飞行能力。

(5)飞行流量通道授权间隔态势。依据空域流量信息,支持自动相关监视(ADS-B Out)传输飞行状态,提供驾驶舱交通信息(CDTI)显示,增强可用性,支持飞机并行飞行自间隔能力,支持特种飞行通道和流量管理。

(6)气象环境监控态势。建立机载气象探测能力,构建飞行航路气象态势,监视航路飞行气象危害,支持恶劣天气回避和航路修改决策。

3.2.5　下降进近功能组织

下降和进近过程是飞行安全事故多发的阶段,同时具有较大改进空间可减少燃油消耗和排放。如何能减少空中盘旋等待,减少每一飞行高度层的盘旋等待下降许可指令请求,建立"零"推力下降和进近过程,构建视景增强系统提升目视距离保持和下降进近过程,一直是飞行过程改进的关注点。

已知下降进近主要任务有:建立基于下降航迹运行模式(如连续下降运行、CDO),增强下降运行能力和效率;建立下降过程最小隔离和监视能力,提升下降效率和保障下降安全性;建立下降和进近过程飞机尾流监视和管理,支持基于动态尾流配置和风力影响;建立目视气象条件飞行能力(VMC),提升低能见度飞行安全性。下降进近任务需求和实施途径为:

(1) 建立优化下降运行模式,提升下降效率。优化下降运行包线,利用持续下降运行(CDOs)提高下降包线的灵活性和效率,支持垂直导航(VNAV)提高下降航迹(CDOs)的灵活性,建立所需到达速度和到达时间,支持垂直导航(VNAV)改进连续下降运行(CDOs)的灵活性和效率。

(2) 建立隔离管理能力,提升飞行效率和保证安全性。建立下降航路交通态势感知,确定最小隔离,监视前端参考飞机距离,支持飞行间隔管理,建立飞行视景增强显示(FEVS)提升目视飞行(VFR)授权,提升空域容量和下降效率。

(3) 建立飞机尾流隔离管理,缩减飞行间隔和保证安全性。建立基于飞机类型尾流模型数据库,支持空管传输飞机尾流模型,构建飞机下降航迹、飞机尾流、气象条件综合模式,优化尾流湍流隔离,建立基于时间的最小飞行隔离,提高空域能力和跑道吞吐率。

(4) 建立气象环境态势,支持仪表气象条件(IMC)飞行转目视气象条件(VMC)飞行。建立下降机载气象感知态势,增强气象条件和危害探测,提供视景增强系统(EVS),支持基于仪表气象条件(IMC)的仪表飞行(IFR)转目视飞行条件(VMC)的目视飞行,满足进近过程低能见度飞行的要求。

根据下降进近任务需求和任务实施途径,航路飞行功能依据任务的分类,确定功能构成的领域;根据任务的目标,构成功能能力的类型;根据任务的活动,构成处理的逻辑;根据任务处理的结果,构成功能操作的性能。下降进近功能架构组织如图 3.7 所示。

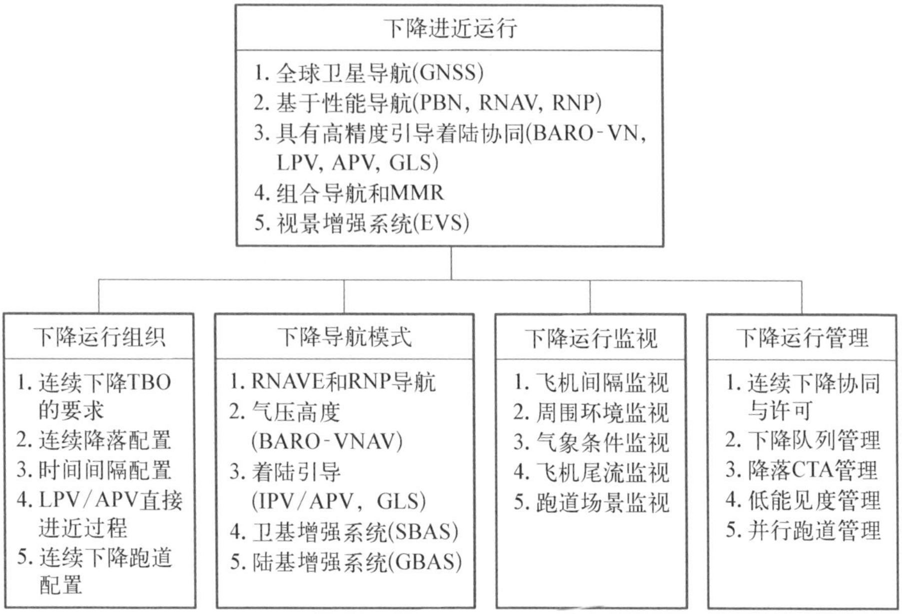

图 3.7　下降进近功能组织架构

下降进近功能组织架构中各框内容：

下降进近运行
1. 全球卫星导航(GNSS)
2. 基于性能导航(PBN, RNAV, RNP)
3. 具有高精度引导着陆协同(BARO‑VN, LPV, APV, GLS)
4. 组合导航和MMR
5. 视景增强系统(EVS)

下降运行组织
1. 连续下降TBO的要求
2. 连续降落配置
3. 时间间隔配置
4. LPV/APV直接进近过程
5. 连续下降跑道配置

下降导航模式
1. RNAVE和RNP导航
2. 气压高度(BARO‑VNAV)
3. 着陆引导(IPV/APV，GLS)
4. 卫基增强系统(SBAS)
5. 陆基增强系统(GBAS)

下降运行监视
1. 飞机间隔监视
2. 周围环境监视
3. 气象条件监视
4. 飞机尾流监视
5. 跑道场景监视

下降运行管理
1. 连续下降协同与许可
2. 下降队列管理
3. 降落CTA管理
4. 低能见度管理
5. 并行跑道管理

根据下降进近功能组织架构，依据功能专业领域、逻辑能力、处理性能和作用范围确定相应的功能组织。下降进近功能架构组织如下所述。

1) 下降进近运行功能需求

下降进近运行功能主要面向飞机下降过程和进近过程组织。下降进近运行功能通过确定有效空域的划分，构建基于飞行区域导航(RNAV)，建立下降进近过程控制到达时间(CTA)，建立下降航迹，确定进近的进入点和最终决断高度点，支持仪表着陆过程(IFR)转换目视着陆过程(VFR)，满足仪表气象条件(IMC)和目视飞行气象条件(VMC)要求，支持增强视景系统(EVS)，依据空管许可和协同，实现下降进近过程。其主要功能有：

(1) 综合化进场与离场空域管理。建立高密度空域机场进场与离场综合管理，依据空管定义空域密度，基于机场辅助导航能力，建立区域导航(RNAV)程序，降低下降进近过程冲突。

(2) 优化下降过程。确定下降模式(如CDO)，提供精密导航和垂直高度，提供飞行状态和速度,支持飞机最小间隔测量,支持信息通信共享,建立优化飞机下降过程。

(3) 三维所需导航性能(3D RNP)进场和离场飞行。建立区域导航(RNP)垂直导航(VNAV)能力,支持三维所需导航性能(3D RNP)过程,消除下降过程与进港和离港流程垂直冲突,优化飞机降落过程。

(4) 飞行间距测量、合并和间隔过程。建立自动相关监视(ADS-B)和机载座舱交通信息显示提供测量、合并和间隔能力,支持飞机实现特定飞行控制的间隔值。

(5) 基于所需导航性能(RNP)减小横向航道间距。建立所需导航性能(RNP)和机载导航增强(ABAS)能力,提升所需导航性能(RNP)完好性,降低航迹间隔的巡航和终端程序操作。

(6) 低高度飞行。建立提升进场地形感知和告警系统(TAWS)能力,增强地形数据库高完好性,提供进近过程安全性和危害告警。

(7) 低能见度和低高度进近过程。建立陆基增强辅助导航系统(GBAS),建立增强飞行视景系统(EFVS)与合成显示系统(SVS)组合,提升机场低能见度和低高度综合视景能力。

(8) 低能见度和低高度着陆过程。建立陆基增强辅助导航系统(GBAS),建立增强飞行视景系统(EFVS)与合成显示系统(SVS)组合,提升飞机低能见度和低高度机场综合视景和信息提示与告警能力。

(9) 特定飞行授权间隔。建立空管授权和许可管理,支持飞机相互飞行的授权间隔能力,提供基于自动相关监视(ADS-B)机载座舱交通信息显示,提升特定飞行能力和效率。

(10) 相邻跑道并行进近。建立自动相关监视(ADS-B)传输飞行状态,建立座舱显示交通信息(CDTI)显示环境交通信息,建立高精度导航支持机场并行相邻跑道和飞机成对并行进近,提升机场下降和进近能力和效率。

2) 下降进近安全性功能需求

下降进近安全性功能主要是面向下降和进近飞行过程,通过下降飞行状态和交通环境态势,提供下降航迹监测,控制到达时间(CTA)监测,飞行间隔告警,飞行尾流告警。通过进近过程监视,提供机场跑道交通监视,飞机机载场面运动告警,跑道可用性和距离告警,机载跑道障碍物告警。其主要功能有:

(1)地面飞机尾流规避与减缓。通过地面空管的探测和预测系统,提供空管与飞机信息交联和尾流模型上传,提升飞行员的情景态势感知能力,支持机载飞机尾流规避与减缓管理。

(2)基于地面探测所需到达时间的航路许可。通过空地数据链通信,支持空管与飞机协同下降航路,支持基于地面对飞机飞行航迹冲突检测,建立航路下降许可。

(3)地面防撞。建立机场场面雷达探测能力,支持通过空地数据链通信,通过基于飞机自身和交通流量信息的机场场面地图,降低跑道入侵的风险,支持地面防撞。

(4)机载防撞。建立机载防撞能力,通过增强型空中防撞系统(TCAS),降低复杂机动条件下的虚警率,从而降低飞机碰撞的风险。

(5)障碍物规避。建立机载增强视景(EVS),建立机载机场设施数据库,通过对临时或永久人为障碍物位置的实时更新,降低CFIT事故的发生。

(6)低高度飞行。建立提升进场地形感知和告警系统(TAWS)能力,增强地形数据库高完好性,提升进场安全性。满足低高度飞行要求。

(7)气象环境监控。建立机场气象监视,建立机载气象探测(红外摄像机)和机场气象信息,支持空地通信,减低滑行防撞和冲突。

(8)增强视景进近。建立座舱交通显示(CDTI),建立增强视景(EVS)与合成视景(SVS)合成(CVS),支持视景间隔监视和测量,支持飞机建立和维持与前面飞机的空间间隔能力。

3)下降进近态势感知功能需求

下降进近态势感知功能主要是面向下降过程和进近过程运行和环境的态势组织。通过下降过程态势感知功能,构建下降航迹运行情景、组合导航情景、环境监视情景、气象条件综合和飞机能力综合的态势,为飞行员和空管员提供下降交通环境感知和飞行过程状态监控,减少潜在的冲突。进近过程态势感知功能,构建进近运行情景、跑道导航情景、机场监视情景、气象条件综合的态势,为飞行员和空管员提供进近交通环境感知和导航运行状态监控,提高机场环境监视的能力。其主要功能有:

(1)环境监视态势。建立高精度机场飞机、车辆和滑行路径的滑行导引态势,建立实时机场平面图和三维地图,形成下降和进近环境监视态势。

(2)气象环境监控态势。建立机场气象监视,建立机载气象探测(红外摄像机)和机场气象信息,形成基于气象条件的下降进近环境态势。

(3)面向跑道的队列组织态势。建立跑道的运行情景,建立机场运行情景。针对飞行计划,建立动态滑行与排队态势,建立基于跑道的下降进近队列组织态势。

(4)基于区域导航(RNAV)和所需导航性能(RNP)的机场场面态势。建立机场运行信息,建立空地协同和许可管理,支持监视滑行航路危害信息和告警,建立基于航迹引导的下降进近过程机场场面态势。

(5)基于三维(3D)地图和低能见度的滑行引导显示态势。建立机载气象探测(红外摄像机)能力,建立视景增强系统(EVS),建立驾驶舱三维(3D)场面移动地图,支持低能见度滑行,支持防撞和冲突预防。

(6)飞行间距测量、合并和间隔过程态势。建立自动相关监视(ADS-B)传输飞行状态,建立机载座舱交通信息(CDTI)显示提供测量、合并和间隔能力,支持飞机下降进近过程最小间隔测量、监视和管理。

3.3 系统资源能力特征与构成

系统资源组织是航空电子系统架构物理能力模式组织。在3.1节,通过飞行应用组织,定义了系统应用需求,明确了应用场景确定的应用任务,形成了航空电子系统任务架构。在3.2节,通过系统功能组织,定义了系统能力需求,明确了功能分类,确定了功能构成,形成了航空电子系统功能构成。本节将根据飞行应用的组织需求——航空电子系统任务组织架构,针对飞行能力组织模式——航空电子系统功能组织架构,讨论飞行任务和功能运行平台——航空电子系统物理组织架构。

对于航空电子系统来说,已知系统应用建立在任务组织架构的基础上,系统能力建立在功能组织架构的基础上,而系统设备则是建立在物理(资源)组织架构的基础上。因此,航空电子系统物理组织架构针对当前任务组织需求,依据系统任务的能力需求,确定资源运行环境和结果的目标和领域;针对当前功能组织需求,依据系统功能处理模式,确定资源运行的能力和性能目标及领域。系统物理架构是基于系统资源类型组织,依据系统运行方式,确定系统资源组织和运行利用率、效能和结果的有效性。

航空电子系统资源组织是航空电子系统架构组成的重要部分。在系统应用任务组织和功能组织的基础上,建立什么样的系统物理架构,支持系统应用任务和功能处理的需求,是系统资源(设备)组织的目标。航空电子系统资源是面向系统任务和功能的需求,针对任务应用的模式,依据功能专业的分类,确定资源的能力和类型;针对任务应用的运行模式,依据功能专业的处理模式,确定资源的性能和操作;针对任务应用的目标结果,依据功能专业的逻辑要求,确定资源结果和有效性;最终形成了航空电子系统资源组织模式和系统物理架构。

因此,对于航空电子系统物理架构组织,针对上述的系统资源能力组织模式、系统资源操作模式和系统资源操作结果,建立系统的资源视角,形成航空电子系统资源架构的组织模型。已知通过系统抽象,建立了系统的应用视角和系统的能力视角,最后还要建立系统资源视角。系统资源视角是针对系统应用组织过程:业务、目标、领域、元素,类型和事件,对应的系统的能力组织过程:专业、目标、过程、角色、关系、条件,根据能力操作的需求,建立支持系统能力实现的资源组织。因此,系统资源组织是根据系统能力需求,建立航空电子系统资源视角,根据资源类型、目标、方法、因素、操作、状态,建立系统资源操作组织架构,形成系统复杂应用环境的任务和功能组织的资源需求。在此需求的基础上,确定资源的类型、资源能力、资源性能和资源操作模式,形成资源操作的结果目标和资源能力的性能需求。系统的资源组织针对系统功能逻辑处理需求,根据系统资源组织定义,建立系统物理架构组织。

系统物理架构根据系统的飞行阶段任务情景,针对系统能力需求,针对功能处理模式,构建专业物理资源专业类型组织,形成物理资源处理能力,确定物理资源操作模式,依据系统资源类型和操作模式,确定系统的操作能力和有效性。

针对应用任务架构和系统功能的能力需求,定义设备资源组织模式,即系统资源组织剖面。系统资源组织剖面定义功能构成要素,确定资源的组织要求,描述资源的组织过程。对于系统设备资源的构成,系统资源组织剖面包含有以下要素:

设备的需求——任务能力;

设备的结果——功能能力;

设备的构成——资源能力;

设备的范围——资源组织;

设备的能力——操作组织;

设备有效性——管理组织。

通过系统抽象和模式定义,资源组织剖面 $F_3(x)$ 为:

$$F_3(资源组织剖面) = f(任务能力,功能能力,资源能力,资源组织,$$
$$操作组织,管理组织)$$

对于资源处理过程,资源能力基于资源操作模式和性能。即资源能力剖面。资源能力剖面定义资源处理的要素,确定资源的作用要求,描述资源的操作过程。对于系统资源的构成,资源能力剖面包含有以下要素:

资源的要求——资源目标;

资源的特征——资源过程；

资源的作用——资源角色；

资源的协调——资源关系；

资源的激励——资源条件。

通过系统抽象和模式定义，资源能力剖面 $G_3(x)$ 为：

$$G_3(资源能力剖面)=g(资源目标，资源过程，资源角色，$$
$$资源关系，资源条件)$$

物理架构是面向任务系统的资源组织模式。针对物理架构的定义，采用 Zachman 复杂系统组织设计方法，从任务能力需求（用户视图）、资源能力模式（架构视图）、功能能力（执行视图）、资源组织（规划视图）、资源操作组织（实现视图）、资源管理（管理视图）6 个角度来对物理架构进行分析，这 6 个视图分别对应于 Zachman 框架中的 6 个角色（使用者、设计者、拥有者、业务规划者、系统构建者和运营者）。需要进一步从每个角度来分析其关注的 5 个焦点，即资源的组织目标（what）、操作过程（how）、操作结果（who）、操作模式（why）和操作条件（when），其中：

结合资源组织剖面和资源能力剖面，根据 Zachman 模型的定义，航空电子系统物理组织架构为：

$$F_3\begin{pmatrix}物理\\架构\end{pmatrix}=\begin{cases}f_1\begin{pmatrix}任务\\能力\end{pmatrix}=g_1\begin{pmatrix}任务目标 & 任务类型 & 任务关系 & 任务结果 & 任务接口\\与能力，& 与组织，& 与模式，& 与性能，& 与类型\end{pmatrix}\\[6pt]f_2\begin{pmatrix}功能\\能力\end{pmatrix}=g_2\begin{pmatrix}功能结果 & 功能专业 & 功能关系 & 功能处理 & 功能接口\\与能力，& 与过程，& 与组织，& 与品质，& 与类型\end{pmatrix}\\[6pt]f_3\begin{pmatrix}资源\\能力\end{pmatrix}=g_3\begin{pmatrix}任务目标 & 功能专业 & 资源类型 & 操作模式 & 系统管理\\分类架构，& 分类架构，& 分类架构，& 分类架构，& 分类架构\end{pmatrix}\\[6pt]f_4\begin{pmatrix}资源\\组织\end{pmatrix}=g_4\begin{pmatrix}资源类 & 资源操 & 资源能 & 资源关 & 资源性\\型目标，& 作过程，& 力模式，& 系配置，& 能结果\end{pmatrix}\\[6pt]f_5\begin{pmatrix}操作\\组织\end{pmatrix}=g_5\begin{pmatrix}任务类 & 功能专 & 资源模 & 系统状 & 故障模\\型处理，& 业处理，& 式处理，& 态处理，& 式处理\end{pmatrix}\\[6pt]f_6\begin{pmatrix}管理\\组织\end{pmatrix}=g_6\begin{pmatrix}任务状 & 功能状 & 资源状 & 系统状 & 故障状\\态管理，& 态管理，& 态管理，& 态管理，& 态管理\end{pmatrix}\end{cases}$$

物理组织架构体现了物理资源能力、操作、结果的特征,通过对这些特征的定义和分析,建立物理资源与其驻留应用任务和功能关联关系,从而实现应用空间和能力空间与资源空间之间的映射。物理组织架构支持资源的生成和资源组织过程,能够实现系统驻留应用任务和功能运行过程和资源能力与效能的综合化能力。

根据系统物理组织架构,形成以下系统物理资源组织模式。第一,建立支持系统驻留应用任务能力。即任务的目标能力、类型、关系、性能和接口,构建基于系统驻留任务的综合能力和作用空间。第二,建立支持系统驻留功能能力。即建立功能的结果、专业、关系、逻辑和接口,构建系统驻留综合能力和作用领域。第三,建立系统资源能力和性能。即资源的类型、能力、操作、性能和条件,构建系统资源能力与驻留应用的配置。第四,建立系统资源能力组织。即资源类型、操作模式、作用空间、结果性能和运行状态,构建系统资源能力和操作组织。第五,建立系统操作组织。即操作过程、操作接口、作用范围、操作性能和结果形式,构建系统物理资源操作过程组织。第六,建立物理资源的管理组织。即驻留任务运行故障、驻留功能处理错误、物理资源操纵缺陷、系统运行能力重构、系统运行故障报告和构建系统资源运行管理组织。

上述要素信息体现了物理架构组织的外部特征,通过对这些外部特征的定义和分析,基于 Zachman 框架定义的这些要素之间的天然联系,能够使得任务与功能、资源间建立起关联,从而实现应用空间到能力空间、物理空间的映射。进一步结合资源的生成和组织过程,能够实现基于任务、功能能力需求的物理资源的组织综合化。

3.3.1 资源能力与资源类型组织

物理资源组织是航空电子系统运行、处理和操作的平台。航空电子系统资源能力和资源类型需求是针对各种系统任务应用和类型,根据各种系统功能处理的领域和逻辑,确定资源配置的类型和支持的能力。因此,航空电子系统资源能力组织需求：驻留任务、驻留功能、资源能力、资源组织、操作组织和管理组织。另外，航空电子系统资源能力和资源类型的效能是针对各种系统任务目标和结果，根据各种系统功能处理的品质和性能，确定资源的性能要求和操作模式。因此，航空电子系统资源性能组织需求：资源的能力目标、运行过程、处理角色、交联关系和操作条件。航空电子系统资源能力和资源类型就是在系统任务和功能对资源能力以及性能需求的基础上，根据能力和性能的分解，建立面向系统应用和功能需求的资源组织——航空电子系统物理架构。

航空电子系统物理资源构成是各种独立资源能力和类型组织的集合。系统资源能力和类型是根据飞行任务来处理需求，针对系统功能组织和操作能力，依据系统资源配置能力与特征，实现不同任务、不同功能、不同组织、不同管理的分布式处理、管理与控制。从系统资源组织管理的角度看，航空电子系统资源组织是针对航空电子系统任务处理的需求，通过任务配置、功能配置、资源配置构成的系统资源组织架构。如图 3.8 所示。

航空电子系统资源组织主要特征是：根据系统应用管理和组织需求，确定系统任务组织处理领域；根据任务的分配和组织，确定基于任务的处理功能的组织和构成；根据功能的分配和组织，确定资源处理的能力和类型；根据环境的分布和组织，确定系统资源组织和配置。即航空电子系统物理架构是基于任务需求、功能组织、资源状态形成不同层级、不同要求、不同配置和不同处理的资源类型、能力、性能和管理组织。

航空电子系统物理架构组织主要特征是：根据系统的任务架构、功能组织、环境能力形成不同资源能力组织的资源组织和操作逻辑。其主要目标是面向任务组织和功能分布，建立与其处理需求相适应的系统硬件资源和软件资源以及提供相应的硬件操作与软件处理能力。航空电子系统物理架构通常通过应用任务特征明确分类，依据任务目标确定组织，针对功能构成配置资源，形成分布式架构下独立的处理机、存储器、IO 等资源组织。其主要特征如下：

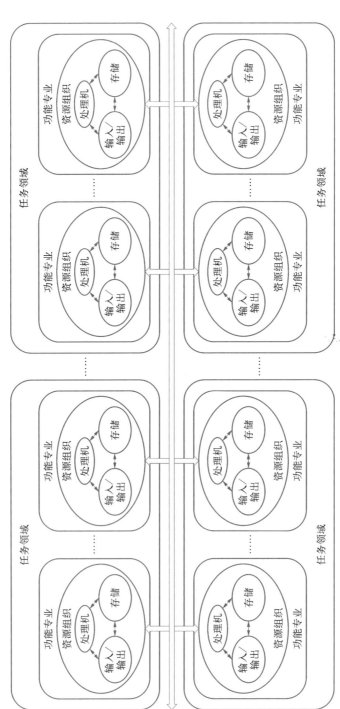

图 3.8 系统资源组织架构

1）处理机资源组织

处理机资源组织是航空电子系统物理架构的核心资源组织，系统能力和处理方式都建立在处理机资源组织和配置的基础上。对于现代航空电子系统来说，系统处理和运行模式建立在程序化组织的基础上。这种程序化组织的基本核心就是高性能的数字处理机。根据航空电子系统任务架构和功能架构，处理机资源能力的配置基于任务应用的需求，依据功能处理逻辑，针对任务运行特征和功能处理品质，确定处理机的能力和处理性能要求。通常，不同的运行任务和相关的处理功能具有不同的处理机配置、不同的处理特性、不同处理方式，根据任务需求功能逻辑不同、处理能力不同和处理特征不同，从而形成了由主处理机、从处理机和专用处理机组成的系统物理架构处理资源组织，具有突出的资源平台特征。

2）协同处理组织

协同处理组织是协同不同资源能力、操作和性能的一体化组织。已知系统应用任务具有多种活动和多样形式，系统功能处理具有多种逻辑和多种方式，所以系统物理资源必须采用多种类型、多种能力、多种过程、多种性能和多种结果，以满足多种系统驻留任务和功能的需求。由于系统驻留应用任务和驻留功能都是连续协同工作的，因此系统各种所需的物理资源必须建立能力、性能、范围和精度的协同工作机制。航空电子系统协同处理组织是指基于物理架构的资源能力和操作一体化组织。航空电子系统主要特征是建立基于应用任务运行的功能处理组织的管理，其系统能力都是建立在以各自任务需求构成和功能组织的基础上，通过相关资源操作组织与协同，实现面向系统应用任务的功能处理过程。这种资源处理之间任务与功能组织的协同必须依赖设备或子系统之间协同操作模式，即通过资源之间的协同组织，实现系统不同功能处理的要求。由于航空电子系统处理机具有突出的平台处理特征，其系统资源平台之间依据自身专用的通信数据和类型确定相应的方式和交联。因此，子系统之间的通信架构一般都采用独立配置的专用总线，如 RS422、ARINC429 等，具有通信效率低和系统交联松散的特征。

3）通信能力组织

通信能力组织是航空电子系统物理架构的资源之间信息传输与数据交换组织。复杂系统的特征就是多应用、多系统、多过程、多资源，而复杂系统能力和有效性建立在信息与数据有效通信与交联的基础上。现代航空电子系统信息处理能力越来越强，系统功能组织越来越大，系统综合组织的面越来越宽，所涉及的信息和数据成几何级数增长，对系统通信能力提出了强烈的需求。模块化高速网络交换机基于模块化航空电子系统组成部分，是模块化航空电子系统信息通信和数据的神经中枢，是整个系统组织、控制和管理的保障。已知航空电子系统是由多种资源模块构成，因此如何根据系统架构，针对系统资源模块能力，依据应用操作、系统管理、过程协同和资源组织需求，构建系统组织、协同与管理能力，实现基于模块化高速网络交换机已成为先进航空电子系统的核心能力。针对航空电子系统多应用、多系统、多过程、多资源特征，系统信息和数据通信与传输能力决定了系统能力和效能，即系统不同通信能力和水平决定了系统当前的能力和水平。

4）输入/输出管理

复杂系统的重要特征就是大量的信息和数据。系统处理精度和系统组织能力都与环境信息采集和历史数据的组织能力直接相关。大数据技术的快速发展都基于大数据组织和处理的影响。现代航空电子系统对信息和数据也提出强烈的需求。如飞行航路决策、飞行航迹、飞行安全监视的计算希望将复杂气象数据加进去。又如进近过程希望将气象数据和机场交通数据加进去。输入/输出管理是航空电子系统的系统处理范围界定和任务处理的组织。航空电子系统主要特征是建立基于任务应用和功能组织的系统资源架构，形成不同系统资源具有不同的输入/输出组织，不同系统资源具有不同的输入/输出需求。因此，航空电子系统的输入/输出管理往往是根据系统任务的不同和功能处理的不同具有不同I/O资源配置和不同I/O管理模式，具有各自独立资源组织的特征。

3.3.2　资源操作与资源过程组织

　　航空电子系统物理架构是面向系统任务和功能的资源运行能力、作用空间和支持状态组织和管理过程,通过将资源物理空间、系统状态空间和资源能力空间映射到需求(目标)空间的过程。资源能力组织就是通过对资源的合理配置实现资源效能的提升,航空电子系统不同的资源需求具有不同的资源配置,不同的资源配置蕴含着不同的资源能力,而资源能力体现在对系统状态的改变上。资源管理模式就是基于资源需求的资源配置管理,通过资源能力组织与调配,实现基于分时的资源操作,其在状态空间内引起状态的关联,会对系统安全性产生影响。如图3.9所示。

　　物理架构是系统资源操作组织的基础和平台,也就是说通过物理架构,支持资源能力、类型和结果操作、处理和管理模式,支持资源操作过程、性能和有效性组织模式,支持功能能力组织、共享和综合模式。系统资源生成过程是针对系统功能组织架构,通过以下资源能力形成系统物理组织架构。

　　1) 系统资源类型组织

　　系统资源类型组织确定资源类型、形式、结果和资源能力支持。系统资源类型是系统资源能力与资源能力组成的形式,是支持系统应用任务和驻留功能符合的能力。系统资源类型描述设备资源能力和性能与系统应用任务处理和系统驻留功能逻辑处理的符合性。系统资源类型组织依据资源自身的能力和操作过程,针对不同应用任务和不同的目标,根据不同驻留功能和不同处理逻辑,建立相关的资源操作过程,支持相应的任务和功能处理和运行。系统资源类型主要根据系统设备驻留应用处理需求,以及功能逻辑处理组织过程,建立系统资源能力过程、操作过程和性能保障,形成系统资源类型组织模式。首先,系统资源类型主要根据设备驻留任务目标分类组织,针对任务目标作用空间,确定资源操作模式,建立资源结果作用空间,满足资源处理模式和结果与需求

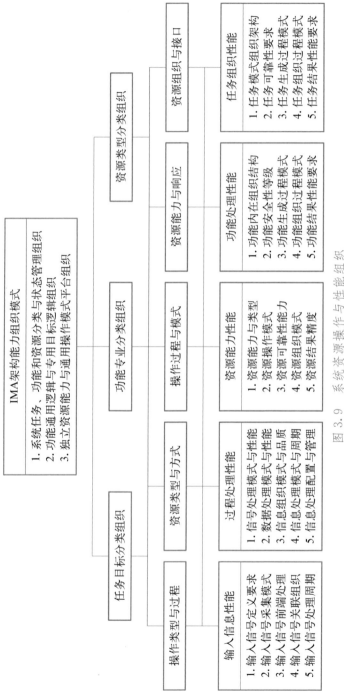

图 3.9 系统资源操作与性能组织

的符合性。同时,系统资源类型还根据设备驻留功能逻辑,针对驻留功能专业处理要求,确定资源处理模式,建立资源处理能力空间,满足资源处理结果与驻留功能处理逻辑的符合性。最后,系统资源类型还根据系统任务处理性能、驻留功能处理品质,确定资源类型能力性能和操作性能,满足任务处理结果性能要求和功能处理逻辑性能要求。

2) 系统资源操作组织

系统资源操作组织确定资源模式、操作、过程以及资源操作支撑。资源操作是基于资源类型的处理方式,是资源运行驻留应用和功能操作过程。系统资源操作描述设备资源操作过程和操作性能与系统应用任务运行以及系统驻留功能处理过程与性能的符合性。系统资源操作组织依据资源类型和操作过程,针对不同应用任务运行性能要求,根据不同驻留功能处理品质,建立相关的资源操作性能,满足相应的任务和功能处理及运行性能需求。首先,系统资源操作主要根据设备驻留任务目标运行环境,针对任务目标性能需求,确定资源操作环境,明确资源结果性能,满足资源操作过程与应用任务和驻留功能的符合性。同时,系统资源操作过程还根据设备资源的运行环境,针对驻留功能专业处理品质,确定资源相应处理过程的性能,建立资源处理能力时间需求,满足资源处理时间与驻留功能处理时间的符合性。最后,系统资源过程还根据系统任务处理效率、驻留功能处理效率,确定资源操作过程的效率,满足任务处理结果和功能处理逻辑的效率要求。

3) 系统资源能力组织

系统资源能力组织是确定资源能力、条件、性能和资源性能的保障。系统资源能力基于资源处理能力、条件和性能组织及支持过程,即支持系统应用和驻留功能的能力。系统资源能力描述设备资源自身特征、条件、能力和性能与驻留应用和驻留功能特征、条件、能力和性能的符合性。系统资源能力组织依据资源不同的能力组织,建立相关的操作过程,支持不同环境运行要求,适应不同处理需求,满足相应的任务环境和运行能力与驻留功能环境和处理过程需求。首先,系统资源能力主要根据设备驻留任务目标运行环境,针对任务目标和功能逻辑能力需求,确定资源支持能力,明确资源结果领域,满足资源能力与应用任务和驻留功能能力的符合性。同时,系统资源能力组织还根据设备资源的支持空间,针对系统应用驻留功能专业处理空间,确定资源能力结果空间,建立资源处理能力时域需求,满足驻留功能处理空间与时域的符合性。最后,系统资源能力还根据系统任务处理有效性、驻留功能处理有效性,确定资源操作过程的有效性,满足任务处理结果和功能处理逻辑的有效性要求。

3.3.3 资源有效性与资源管理组织

资源有效性和资源管理是航空电子系统运行能力和保障的基础。对于任何一个多功能和多道程序运行的系统,不同的功能和程序具有自身的能力需求和处理方式。特别是对于共享资源的应用系统。如 IMA 平台,如何在提供资源共享的同时满足不同资源能力组织和管理并保证资源的有效性是综合化系统资源管理的重要方面。

对于综合化的航空电子系统,由于资源共享和过程复用、并行应用运行和并行功能处理过程对资源有效配置提出了强烈的需求。如何针对当前多重驻留的应用运行和多道功能处理过程需求,提供有效资源能力,减少和消除冲突和关联,保证资源使用效率和有效性,是综合化系统资源管理的重要技术。资源有效性和资源管理针对综合化航空电子系统是多任务、多功能的资源共享系统,通过时间分区、消除时间共享空间分区和任务分布技术,消除共享资源使用的冲突,增强资源共享能力,提升资源使用效率,满足系统资源有效性要求。

1) 时间分区资源操作组织

时间分区是综合化系统的操作系统的概念和主要内容之一,如 ARINC653 实时操作系统标准。时间分区根据资源驻留应用的运行需求、应用的实时周期需求和任务等级与优先级,依据资源能力和规模、资源操作过程与操作频率的限制,建立基于时间分时、时间隔离和时间驱动的时间分区调度管理。通过时间分区调度管理,消除不同应用共享资源的冲突,减少不同应用运行干扰,保证不同应用实时处理需求,支持不同应用交互协同能力。

时间分区是 ARINC653 中调度、资源分配及隔离的单位,分区占有的所有系统资源由其内的所有进程共享,但分区之间完全实现隔离。通过分区,对航空电子应用系统进行功能划分,并对各应用进行空间与时间隔离,实现了系统高度的容错能力,增强了系统的健壮性。时间分区保障了分区调度在时间上具有严格的确定性,即每个分区并不是一直占有 CPU,而是在一个主时间框架下,为每个分区至少分配一个时间窗口,只有在每个时间窗口内,对应的分区才会被调度,如图 3.10 所示。分区在分配给它的时间窗口使用分配给它的资源,即使一个分区内部发生错误,系统仍然会根据主时间框架调度其他分区继续执行。在软件初始化阶段分区所分配的时间窗口和分区的调度顺序就应该已经确定,且分区之间并没有优先级,它们是按照既定时间配置方案周期运行。

图 3.10　时间分区结构

2) 空间分区资源操作组织

空间分区是综合化系统操作系统的概念和主要内容之一。空间分区根据资源驻留应用的运行需求、应用的操作模式和任务的处理逻辑,依据资源类型和能力、资源操作过程与操作空间,建立基于空间分隔、空间隔离和空间组织的空间分区调度管理。通过空间分区调度管理,满足不同应用共享资源的需求,建立不同应用运行空间隔离,消除不同应用共享资源的冲突,保证不同应用实时处理需求,支持不同应用交互协同能力。

空间分区的每个分区具有单独的地址空间,分区之间不存在任何重叠。空间分区机制主要用于不同任务间的数据保护,避免来自其他任务的非法访问。其实现技术主要依靠操作系统所提供的内存保护隔离技术,由存储管理器(Memory Manage Unit,MMU)实现。通过存储管理技术,为每个分区分配指定大小的物理空间,并通过存储管理器,将每个分区的虚拟地址空间映射到不同的物理地址空间,如图 3.11 所示。每个分区所对应的实际物理存储空间是物理隔离的,并由分区独占,避免了来自其他分区的非法访问。同时,当一个分区内部出现错误或故障时,这种错误或故障不会扩散到其他分区,从而增强了整个系统的容错能力与稳定性。

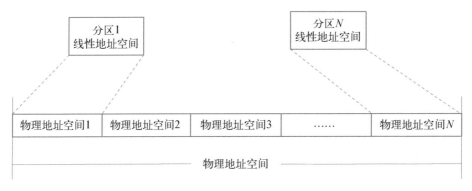

图 3.11　空间分区结构

3) 功能分布资源操作组织

功能分布资源操作组织根据任务重要性等级可将航空电子系统的任务划分为安全关键、生存关键和任务关键类型,建立基于面向任务的特征、需求和重要性的处理、组织和调度模式。不同类型、应用和关键度的任务之间不能彼此干扰,特别是安全性级别高的任务不能受安全性级别低的任务的干扰。在共享资源时,为了保证各不同关键级别的任务彼此之间不会相互干扰,首先,建立面向应用功能的分布式处理架构,为不同应用提供具有不同的调度与处理模式,满足独立功能、独立处理过程的要求,消除不同处理的逻辑关联。第二,建立基于功能分布关键任务的空间分区模式,提供分布功能独立的运行空间,满足不同关键任务独立运行需求,消除不同关键任务关联。第三,建立基于分布功能实施处理周期的时间分区模式,提供不同分布功能的时间窗口和频率,满足不同任务处理频率要求,消除基于资源共享的时间冲突。

功能分布资源操作系统能够共享计算资源、电源、通信资源和 I/O 接口等。由于综合化航空电子允许多个不同关键等级的应用共享计算资源,为保护每个应用远离潜在的干扰,实施时间和空间分区是很重要的。这种分区方法不仅将任务失败抑制在分区中,也便于升级和集成更多的功能,而不需要重新配置整个系统。每个子系统都能够从控制器、传感器和作动器接收消息。

典型的子系统模型包括任务产生模块、结果收集模块、全局调度器、本地调度器、分区任务队列、消息订阅器和发布器等,如图 3.12 所示。任务产生模块负责模拟产生子系统中的一系列的任务队列;结果收集模块负责记录完成任务的信息;子系统模型的核心是全局调度器,它负责在时间和空间分区的前提下调度多个分区;在每个分区中,有一个本地调度器负责调度其内在并发的任务。全局调度器使用基于时间的调度周期,而本地调度器使用固定优先级调度。消息发布器负责将消息传送到端系统中,而消息订阅器负责接收来自端系统的信息并激活相应的任务。

3.4　小结

系统需求是系统组织的依据。航空电子需求由系统的任务需求、功能需求和设备需求构成。即航空电子系统需求面向应用任务组织,组建系统实现的应用目标,构建系统的应用需求;通过系统功能组织,组建系统的功能处理过程,构建系统的能力需求;建立系统设备资源组织,组建系统驻留应用和功能,构建系统处理的运行和操作能力需求。

根据航空电子系统应用、功能和资源组织需求概念,本章描述了面向飞行组织的系统应用任务特征与内容构成,介绍了面向应用组织的系统功能处理

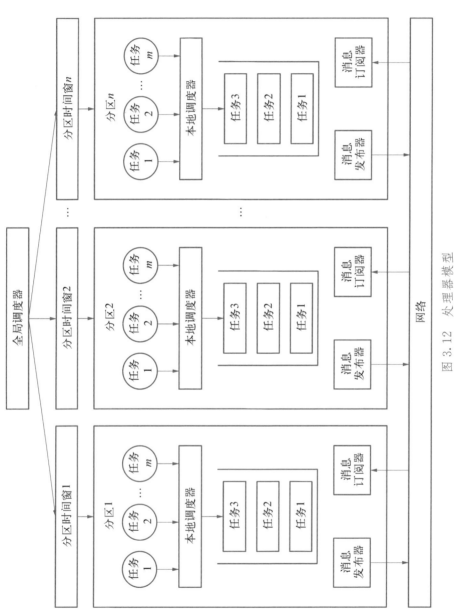

图 3.12　处理器模型

和能力构成,叙述了面向驻留应用和功能的设备资源类型和组织。主要有以下几个方面:

1) 介绍飞行应用任务需求组织

系统应用需求是构建系统的任务组织和运行模式的基础。本章针对系统应用组织需求,描述了飞行应用组织和要求,包括飞行的使命目标、阶段构成、场景组织、应用任务、过程功能和组织管理;叙述了飞行阶段划分和内容,包括飞行计划、起飞滑行、起飞爬升、内陆飞行、洋区飞行、下降过程、进近过程和着陆滑行各阶段;论述了飞行任务需求和组成,包括机场场面管理、低能见度运、并行跑道运行管理、基于性能导航、基于时间流量管理、协同式空中交通管理、飞行间隔监控管理和空中交通信息系统。

2) 建立系统功能处理需求组织

系统功能需求是构建的系统的功能组织和处理能力的基础。本章针对系统功能组织需求,描述了系统应用功能组织,包括场面管理、起飞与爬升、巡航飞行和下降与进近等功能;叙述了系统功能专业组织,包括自动相关监视广播(ADS-B)、增强型目视系统(EVS)、合成视景(SVS)、区域导航(RNAV)、所需导航性能(RNP)、空中防撞(TCAS)和气象环境监控;论述了系统功能能力组织,包括标准仪表离港程序(SIDs)、标准终端到达程序(STARs)、基于航迹(TBO)运行、基于性能导航(PBN)、所需到达时间(RTA)、飞行间距测量与控制、协同决策能力和低能见度机场滑行管理。

3) 建立设备资源能力需求组织

系统设备需求是构建的系统的资源组织和操作运行的基础。本章针对系统设备组织需求,描述了设备资源能力与资源类型组织,包括处理机资源组织、协同处理组织、通信能力组织和输入/输出管理;叙述了设备资源操作与资源过程组织,包括设备资源类型能力、设备资源操作模式、设备资源运行状态和设备资源操作过程;论述了设备资源有效性与资源管理组织,包括时间分区资源、空间分区资源、功能分布资源和资源缺陷和可靠性等操作。

4）建立系统任务、功能和资源抽象组织模型

系统任务、功能和资源组织模式是系统目标、能力和运行的保障。

针对应用任务组织需求，建立了系统应用任务组织模型，即应用业务、目标、领域、元素，类型和事件，构建系统应用能力组织：应用的要求——任务使命，应用的特征——任务类型，应用的作用——任务能力，应用的条件——任务响应，应用的活动——任务组织和应用的实现——任务管理；组建系统应用运行组织：任务的要求——任务目标；任务的特征——任务过程，任务的作用——任务角色，任务的环境——任务关系和任务的活动——任务条件；形成系统任务组织模型。

针对系统功能组织需求，建立系统功能组织模型，即系统专业、目标、过程、角色、关系、条件，构建系统功能能力组织：能力的需求——应用模式，能力的构成——功能类型，能力的组织——功能过程，能力的领域——功能专业，能力的操作——功能处理和能力的感知——功能输入；组建系统功能处理组织：功能的要求——功能目标，功能的特征——功能过程，功能的作用——功能角色，功能的环境——功能关系和功能的激励——功能条件；形成系统功能组织模型。

针对设备资源组织需求，建立设备资源组织模型，即设备类型、目标、方法、因素、操作、状态，构建设备资源能力组织：设备的需求——任务能力，设备的结果——功能能力，设备的构成——资源能力，设备的范围——资源组织，设备的能力——操作组织和设备有效性——管理组织；组建设备资源操作组织：资源的要求——资源目标，资源的特征——资源过程，资源的作用——资源角色，资源的协调——资源关系和资源的激励——资源条件；形成系统设备资源组织模型。

参考文献

［1］ Wang G. Integration technology for avionics system［C］//Digital Avionics

Systems Conference. IEEE, 2012: 7C6 - 1 - 7C6 - 9.

[2] Badache N, Jaffres-Runser K, Scharbarg J L, et al. End-to-end delay analysis in an Integrated Modular Avionics architecture[C]//Emerging Technologies & Factory Automation. IEEE, 2013: 1 - 4.

[3] Stone T, Alena R, Baldwin J, et al. A viable COTS based wireless architecture for spacecraft avionics[C]//Aerospace Conference. IEEE, 2012: 1 - 11.

[4] Rufino J, Craveiro J, Verissimo P. Building a Time-and Space-Partitioned Architecture for the Next Generation of Space Vehicle Avionics[M]//Software Technologies for Embedded and Ubiquitous Systems. Springer Berlin Heidelberg, 2010: 179 - 190.

[5] Li Z, Li Q, Xiong H. Avionics clouds: A generic scheme for future avionics systems[C]//Digital Avionics Systems Conference. IEEE, 2012: 6E4 - 1 - 6E4 - 10.

[6] Nchez-Puebla M A, Carretero J. A new approach for distributed computing in avionics systems [C]//International Symposium on Information and Communication Technologies. Trinity College Dublin, 2003: 579 - 584.

[7] Balashov V V, Kostenko V A, Smeliansky R L. A tool system for automatic scheduling of data exchange in real-time distributed avionics systems[C]// Proc. of the 2nd EUCASS European Conference for Aerospace Sciences, Brussels, Belgium. 2007: 343 - 348.

[8] Balasubramanian K, Krishna A S, Turkay E, et al. Applying model-driven development to distributed real-time and embedded avionics systems [J]. International Journal of Embedded Systems, 2006, 2(3 - 4): 142 - 155.

[9] Xu J, Li F, Xu L. Distributed fusion parameters extraction for integrated system health management to space avionics[J]. Journal of Aerospace Information Systems, 2013.

[10] Bartholomew R. Evaluating a networked virtual environment for globally

distributed avionics software development[C]//Global Software Engineering, 2008. ICGSE 2008. IEEE International Conference on. IEEE, 2008: 227 – 231.

[11] Insaurralde C C, Seminario M A, Jimenez J F, et al. IEC 61499 model for avionics distributed fuel systems with networked embedded holonic controllers [C]//Emerging Technologies and Factory Automation, 2006. ETFA'06. IEEE Conference on. IEEE, 2006: 388 – 396.

[12] Insaurralde C C, Seminario M A, Jimenez J F, et al. Model-Driven System Development for Distributed Fuel Management in Avionics[J]. J. Aerospace Inf. Sys. , 2013, 10(2): 71 – 86.

[13] Annighöfer B, Thielecke F. Multi-objective mapping optimization for distributed Integrated Modular Avionics [C]//Digital Avionics Systems Conference (DASC), 2012 IEEE/AIAA 31st. IEEE, 2012: 6B2 – 1 – 6B2 – 13.

[14] Annighöfer B, Thielecke F. Supporting the design of distributed integrated modular avionics systems with binary programming[M]. Deutsche Gesellschaft für Luft-und Raumfahrt-Lilienthal-Oberth eV, 2013.

4

航空电子系统应用任务综合技术

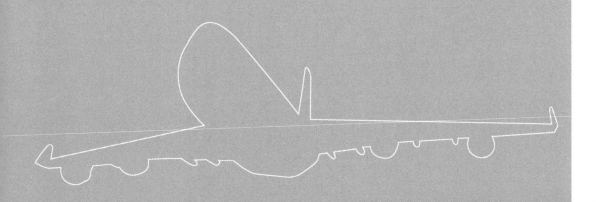

　　航空电子系统综合化的顶层形式是系统应用综合，即系统应用任务综合。它是面向飞行过程应用组织、运行、管理的综合，是航空电子系统应用服务的活动和能力组织和集成。也就是说航空电子系统应用任务综合反映飞机飞行过程感知、组织、集成和运行的活动综合的能力、效率和有效性。

　　飞行结果、效率和有效性一直是飞机设计和考虑的最终目标。由于飞机飞行过程具有不同的飞行计划和任务、不同的飞行航线和不同的交通情况、不同的飞行环境和约束条件和不同的系统配置和能力组织，必然会产生不同的飞行过程和飞行结果。如何针对这些不同的飞行计划和任务、飞行航线和空域交通、飞行环境和约束条件、飞行系统构成与能力组织，建立统一的飞行需求和规划、统一的飞行环境和要求、统一的飞行组织和管理、统一的飞行能力和功能、实现优化的飞行目标和任务、优化的飞行环境和条件、优化的飞行过程和管理、优化的飞行系统和功能是航空电子系统的主要任务，即航空电子系统应用综合。

　　飞行应用过程指的是飞行过程识别、组织和管理。飞行过程识别是指依据飞行需求感知、识别和确定飞行环境；飞行过程组织是指依据飞行需求和环境确定、组织和决策飞行任务；飞行过程管理是指依据飞行需求、环境和任务运行实施飞行需求更新、飞行环境调整和飞行系统管理。航空电子系统通过飞行计划需求与组织、飞行环境感知与识别、飞行任务组织与决策，飞行过程监视与管理，有效地完成飞行过程任务组织与管理。由于不同飞行计划有不同的飞行要求，不同飞行环境有不同的飞行条件，不同飞行任务有不同的飞行活动，不同飞行过程有不同的飞行模式，这些不同的飞行要求、条件、活动和过程造成航空电子系统任务组织存在着离散、残缺、偏离和冲突等现象。因此，如何通过航空电子系统应用组织模式，实现飞行计划、环境、任务、管理有机的组织，实现飞行目标、状态、活动、过程、条件有机的结合，实现飞行能力、品质、性能、效率、有效性有机控制；实现飞行参数、范围、空间、时间、作用域有机的管理，构建飞行过程综合化组织和管理，是航空电子系统应用综合的主要目标。

航空电子系统应用综合是面向飞行任务的综合,即系统应用任务综合。系统应用任务综合过程是根据飞行需求,优化系统的需求和范围要求;依据飞行环境,优化系统的任务和能力组织;根据飞行过程,优化系统的功能和过程管理。即航空电子系统通过构建系统应用的任务架构,建立系统应用的业务、领域、环境、事件和活动,构建系统任务的目标、能力、关系、角色和条件,实现系统需求、任务、运行的综合。

航空电子系统针对飞行应用需求,通过任务目标、处理方式和组织模式综合,提升系统任务计划能力、组织能力、有效性能力;针对综合的任务计划,通过态势感知、识别和推测综合,形成任务能力的评估;针对飞行过程要求,通过系统任务组织、安全告警和任务状态显示综合,提升任务执行能力、监控能力和管理能力;针对飞行效能要求,通过任务组织的计划或优化规则,形成基于目标效能的任务树决策。因此,在整个任务的组织与综合过程中,环境条件、环境能力和有效性构建了飞行综合环境,态势感知、态势识别和态势导引构建了飞行综合导引,飞行计划、任务组织和任务决策构建了飞行综合管理,实现飞行过程组织与优化。

4.1 飞行任务组织与架构

所谓航空电子系统应用综合是指飞机航空电子系统针对飞行计划、根据飞机环境和系统能力,完成的飞行任务的综合。其目标是通过飞行应用任务综合,最大限度实现计划目标,最佳地适应环境条件,最大限度利用系统能力。

任务综合主要任务是:任务目标综合,即针对飞行计划引导,根据任务的作用空间和任务活动模式,构建基于任务活动和空间的综合任务实现目标。任务能力综合,即针对飞行环境条件,根据任务的条件需求和任务处理能力,构建基于任务条件和处理的综合任务运行能力。任务品质综合,即针对飞行运行要求,根据任务的操作过程和任务处理性能,构建基于任务操作和性能综合的任务性能组织。

飞行任务是建立在飞行应用基础上的。也就是说,飞行任务组织和要求首先要考虑飞行应用的需求,确定飞行应用的目标,明确飞行应用的过程,建立飞行运行管理,满足飞行规划、组织和管理的需求。

我们知道所有的飞行任务都是事先规划的。飞行任务是基于飞行计划,通过飞行计划组织的飞行路径,构建整个飞行应用需求和组织。因此,飞行应用建立在飞行计划的基础上,根据当前的飞行环境,构建满足飞行计划需求的飞行场景。在此基础上,飞行应用根据飞行规划定义的飞行航线的要求,基于不同的飞行阶段,依据当前的空域交通信息和飞行航路的组织,针对当前飞行航路气象条件,构建满足飞行的场景,支持飞行任务的组织和决策。

另外,所有飞行应用都是通过飞行过程组织和实现的。飞行应用由确定的飞行过程构成,通过飞行过程组织,实现飞行任务的目标。因此,飞行过程是在飞行任务构建和组织的基础上,根据飞机系统具有的任务构成和能力,针对当前飞行态势构建的飞行场景,构建满足飞行场景目标和需求的飞行任务组织。在此基础上,飞行任务组织是根据飞行场景组织,依据当前飞行环境态势,针对飞行计划的要求,基于飞机系统的任务能力,构建飞行任务和飞行任务组织,建立飞行任务目标和过程,提供飞行员决策,最终形成飞行任务构成和组织模式,支持飞行任务运行与管理。

还有,所有飞行过程都是通过飞行运行管理完成的。飞行过程是根据不同的飞行条件和状态构成的,通过飞行过程的管理,完成飞行任务和实现飞行应用需求。因此,飞行运行管理是基于当前构建的飞行任务运行模式,根据任务运行的目标需求,依据飞行的环境态势变化,针对飞行任务运行状态,构建满足飞行任务目标和系统状态的飞行运行管理组织。在此基础上,飞行运行管理根据飞行目标运行需求以及当前飞行环境,针对飞行任务状态的要求,基于系统状态管理,建立飞行态势组织管理,构建飞行任务运行管理,实施系统状态和功能管理,最终形成飞行任务运行和管理模式,支持飞行任务运行显示和管理。

最后,所有飞行的任务、活动、过程和管理都是相互关联的,没有任何的任务、活动、过程、管理能单独完成,这就需要飞行应用组织和综合。飞行应用综合是根据上述飞行场景建立、飞行任务组织、飞行运行管理的需求,针对飞行计划,根据管理阶段,依据飞行环境,构建飞行任务目标、状态、活动、过程、条件,综合能力、品质、性能、效率、有效性,综合参数、范围、空间、时间、作用域,实现飞行应用过程的综合。

4.1.1 飞行计划需求

任何飞行都是计划安排的,所有飞行都需要有事先建立的计划。飞行计划是飞行组织的首要任务,是飞行管理系统在飞行前建立的,是飞行过程组织、引导和管理的依据。在飞行前,飞行计划通过构建飞行目标,明确飞行环境,确定飞行要求,指导飞行组织。在飞行过程中,飞行计划是实施飞行任务组织、飞行过程监视、飞行状态管理的依据。飞行员、空管员和航空公司针对飞行计划,根据当前飞行状态、飞行阶段、飞行环境和运行任务,实时进行飞行计划的监视、调整和管理。

飞行计划是飞行应用组织和管理的基础和依据。飞行计划建立一般有两种模式:一是根据飞行规则和要求,组织航路与机场的标准进场和离场程序,构建飞行数据库,确定飞行过程程序规划运行组织要求。二是飞行员针对实际环境和情况,依据标准的飞行规范和要求,通过与空域管理系统和航空公司协同,构建飞行过程组织规划,建立飞行过程程序操作运行的组织要求。

飞行计划是航空公司和飞行员协同确定的飞行组织需求。飞行计划是航空公司根据飞行规划和飞行航线提出飞行请求,飞行员根据飞行航线和飞机准备状态提出飞行航路,空管系统根据空域状况和机场环境确定的飞行要求,最终通过协同形成本次飞行计划。飞行计划分为当前飞行计划和备份飞行计划。飞行计划内容可以从数据库中获得航空公司特定的飞行计划,导航台,飞行航线,航路点和标准的离场及到达程序,进近以及进近和复飞程序等信息。飞行计划数据的选择可以通过飞行员输入,也可以通过数据链加载。

飞行计划确定了飞行过程组织的模式。飞行计划主要包括从起点到终点和/或备份终点的航路点、航路、飞行高度、起飞程序和到达程序序列。飞行计划可以由飞行员从飞机驾驶舱输入或由航空公司上行链路通过空地数据链自动生成。飞行计划主要内容有:从起飞机场到目标机场的航路和飞行包线,基于飞行计划的航路的配置、修改和启动运行组织和能力,水平飞行计划确定和建立独立航路点之间的飞行方向,以及垂直飞行计划确定和建立所有航路点相关的速度、高度和时间约束等。

飞行计划确定飞行任务组织的要求。飞行计划针对起飞机场到目标机场的飞行航线需求,通过空域和气象条件,根据基于飞行数据库分析,确定航路和飞行包线,明确飞行导航能力和导航数据库,建立水平飞行导引模式,确定垂直飞行导引模式,形成飞行过程任务组织与管理。

4.1.2　飞行过程组织

在飞行计划的基础上,所有飞行任务必须依靠飞行过程的能力、状态、组织和管理完成。任何飞行任务都是面向特定的事件和活动,也就是说所有飞行任务都是基于各自独立事件的目标和要求确定的,而这些事件的目标和要求不需通过其相对应的处理和操作来实现,这就是我们这里定义的飞行过程。由于飞行应用由飞行任务构成,而飞行任务又由飞行过程来实现,因此,如何构建飞行过程,完成飞行任务的处理,支持飞行过程管理,实现飞行计划的目标,满足飞行应用的需求,是飞行任务组织的重要部分。

飞行过程是基于飞行计划、面向飞行态势,针对飞行任务,系统组织和有效完成飞行操作和实践的过程。首先,飞行过程组织是建立在飞行计划的基础上,根据飞行计划的资源规划组织需求、操作需求和性能需求,建立飞行过程的区域和资源组织、航路和航迹需求、飞行标准和程序、能力和操作性能,满足飞行过程的运行组织要求；同时，飞行过程组织是建立在飞行态势感知、识别和管理的基础上，根据飞行态势的计划信息、环境信息、飞行状态信息、飞行态势性能的感知和识别，建立飞行过程的目标组织、管理模式、能力范围、航路和航迹处理和飞行性能保障能力；此外，飞行过程组织是建立在飞行任务需求、组织和管理的基础上，根据定义的飞行航线、空域、航路和飞行高度、航路点、飞行位置、飞行速度和所需到达的时间需求，以及当前飞行状态展现的飞行偏差，建立飞行任务目标和过程能力组织。

飞行过程组织首要任务是基于飞行应用的飞行计划实施和运行管理。飞行过程首先根据飞行计划的资源规划组织需求，如起飞机场、目标机场、飞行航线和飞行空域等，建立飞行过程的区域和资源要求；其次，飞行过程根据飞行计划的飞行组织需求，如飞行高度、航路点、飞行位置、飞行速度和所需到达时间，建立飞行过程的航路和航迹要求；此外，飞行过程根据飞行计划的操作需求，如飞行阶段、起飞、到达、爬升和巡航程序，建立飞行过程的飞行标准和程序要求；再者，根据飞行计划能力需求，如导航模式、通信链路、态势组织，交互协同和辅助增强能力等，建立飞行过程的能力组织模式。最后，飞行过程根据飞行计划的性能需求，如安全性、完整性、可用性、实时性和有效性，建立飞行过程的操作性能要求。

飞行过程组织第二项任务是基于飞行应用的态势感知、识别和管理。针对飞行态势感知，飞行过程根据感知飞行态势的计划信息，如飞行的规划、空域和航线等，识别飞行过程目标组织要求，如飞行的目标、任务和能力，建立飞行过程的目标组织与管理模式。针对飞行态势的识别，飞行过程根据飞行态势环境信息的感知，如交通环境、气象数据、航路条件等，识别飞行过程的危害影响和飞行约束要求，如飞行冲突、气象危害、飞行约束等，建立飞行过程的能力和范围管理模式。针对飞行态势管理，飞行过程根据飞行态势的飞行状态信息的感知，如飞行位置、速度、高度、所需到达时间，识别飞行过程的偏差，如飞行位置偏移、时间偏移和航向偏移，建立飞行过程的航路和航迹处理要求。最后，针对飞行态势的信息组织和性能状态,飞行过程根据飞行态势的性能感知,如交通、导航、通信和系统等信息,识别飞行过程的性能需求,如导航精度、通信性能、增强能力、安全能力和有效性,建立飞行过程的引导能力、协同能力、监视能力和安全保障能力要求。

飞行过程组织第三项任务是基于飞行应用的飞行任务需求、组织和管理。针对飞行任务需求,飞行过程根据飞行计划定义的飞行航线、空域和航路的需求,针对飞行计划提出的飞行高度、航路点、飞行位置、飞行速度和所需到达时间,建立飞行任务类型和作用目标需求。针对飞行任务组织,根据由飞行过程确定的飞行阶段、起飞、到达、爬升和巡航程序,依据飞行过程提供的导航模式、通信链路、交互协同和飞行管理,针对飞行过程要求的安全性、完整性、可用性、有效性等性能需求,建立飞行任务能力和任务性能构成要求。针对飞行任务管理,根据飞行环境确定的交通环境、气象数据、航路条件、空域容量等,依据飞行过程感知的飞行约束、飞行冲突、气象条件和危害因素等,针对飞行计划、飞行目标、空域管理、过程组织需求,建立飞行任务的条件和运行范围。最后,针对飞行任务状态,根据飞行状态呈现的飞行位置、速度、高度、所需到达时间要求和偏差,根据飞行交通、导航、通信、系统态势感知,针对飞行目标的安全、引导、计算、通信和监视性能需求,建立飞行任务的操作和控制性能要求。

4.1.3　飞行运行管理

飞行环境和飞行过程非常复杂。几乎不存在事先已知或确定的飞行环境和飞行过程。也就是说,飞行计划不能确定飞行过程的飞行任务,只能给出飞行要求,如起飞机场到目标机场、飞行包线、航路配置、飞行方向,以及与航路点相关的速度、高度和时间约束等要求。而具体的飞行任务和飞行过程组织必须依赖飞行员和空管员根据当前飞行环境条件、针对当前飞行阶段特征,依据飞行计划要求,以及当前任务运行状态,决策、组织和管理下一步的任务。即飞行运行管理。

飞行运行管理的首要任务是面向飞行计划的组织管理。飞行任务组织面向飞行计划要求。但是，由于飞行计划仅仅确定飞行过程的一些基本信息，如飞行航线、起点和终点机场、飞行扇区、飞行航路点以及飞行航迹要求，但是在飞行过程中还需要基于飞行环境对要素进行推理和计算，如当前气象环境、飞行航路、飞行航迹以及飞行安全间隔等，建立飞行任务的组织。这就是面向飞行计划的组织管理。面向飞行计划的组织管理有两种工作模式，一是基于飞行计划的组织引导模式，二是基于当前飞行计划的态势引导模式。所谓基于飞行计划的组织引导模式是通过飞行计划定义的飞行任务和航路要求，建立当前飞行计划的需求引导模式。即根据当前飞行计划的执行状态对初始飞行计划目标的支持能力，建立初始飞行计划目标引导的动态飞行计划组织，引导后续的飞行运行管理。如在机场场面滑行过程中，飞行管理系统根据起飞滑行的许可，依据飞行计划定义的起飞滑行的要求（SIDs），针对当前滑行环境和能见度（RVR），确定滑行的路径任务、引导任务和监视任务。所谓基于当前飞行计划的态势引导模式是针对飞行计划的执行状态，根据当前飞行计划的执行状态建立的飞行发展趋势的目标、能力、条件，建立飞行计划态势引导的动态飞行计划组织，支持基于计划运行状态的动态飞行运行管理。还是以场面滑行为例，在场面滑行过程中，根据飞行计划组织，针对航路、跑道、降落和起飞等规划，建立基于规划的场面交通态势，通过场面交通态势的要素推导和计算，确定滑行任务的目标、能力和条件需求，形成滑行任务和过程组织。

　　飞行运行管理的第二项任务是基于飞行计划执行状态的飞行运行管理模式。我们知道，飞行任务组织在飞行过程中是变化的，如根据飞行的空域交通情况，航路拥挤情况和跑道入侵情况等，飞行任务必须监视、协同和管理当前飞行状态，通过空地协同，对当前的飞行计划进行协调、维持或调整。这就是基于飞行计划执行状态的组织管理。基于飞行计划执行状态的组织管理有两种工作模式，一是基于飞行计划执行状态引导的飞行运行管理模式，二是基于当前飞行计划需求引导的飞行运行管理模式。所谓基于飞行计划执行状态引导的飞行运行管理模式是通过对当前飞行计划运行情况和执行状态分析,建立面向飞行计划目标需求的飞行计划发展引导模式。该飞行计划引导模式由基于当前飞行计划的需求引导模式和态势引导模式构成。我们再次以场面滑行过程为例,以便容易区分与前面论述的面向飞行计划的组织管理的差别。如在机场场面滑行过程中,飞行管理系统针对空管响应的滑行许可,根据当前机场场面和机场空域的交通情况,包括当前机场许可的降落和起飞的飞机,机场滑行路径分配和占用时间,机场跑道起飞与降落的排序等,针对当前本次飞行计划执行状态,建立下一步滑行任务组织。所谓基于当前飞行计划需求引导的飞行运行管理模式是根据飞行计划的目标需求,根据当前飞行计划的执行状态,确定当前状态对初始飞行计划目标的支持能力,建立初始飞行计划目标引导的动态飞行计划组织,引导后续的飞行运行管理。还是用场面滑行举例,在场面滑行过程中,通过依据飞行计划组织,针对航路情景、跑道情景、降落情况和起飞情况,建立针对当前场面交通态势,包括起飞滑行态势组织,分析当前状态与飞行计划目标的关系,通过计算和引导,建立基于当前状态的飞行计划目标实现的能力和条件,确定滑行任务和过程组织。

飞行运行管理的另一项任务是基于飞行环境状态的飞行运行管理模式。飞行任务组织虽然是面向飞行计划要求,但更重要的是要满足飞行环境需求,包括飞行的空域交通环境、航路气象环境和环境安全等。由于飞行环境的变化,如飞行的航路气象条件、空域交通环境、安全间隔与隔离等,需要根据飞行计划对当前任务进行协调、维持或调整,通过对当前飞行环境和运行约束条件的分析,建立面向飞行运行环境和条件的飞行环境适应管理模式。这就是基于飞行环境状态的飞行运行管理模式。该管理模式有两种工作模式,一是基于当前飞行环境发展趋势的引导模式,二是基于当前飞行交通情景的协同模式。所谓基于当前飞行环境发展趋势的引导模式是针对飞行计划的运行现状,根据当前飞行环境条件,建立基于当前飞行环境下的发展趋势组织。通过环境态势的目标、能力和条件要素趋势的推导,建立符合飞行计划态势和支持环境约束的飞行组织与管理,满足飞行计划运行发展驱动模式和目标需求。如进近过程,根据飞行降落的许可和所需到达时间(RTA)的要求,针对机场空域和跑道态势,依据机场能见度,建立到达监视、安全隔离、飞行间隔和责任分配任务组织。所谓基于当前飞行交通情景的协同模式是针对飞行计划的执行状态与当前飞行空域交通情景状态,根据当前空域交通情景和自身飞行状态,建立基于当前飞行交通环境条件的飞行管理模式,满足当前飞行交通环境约束的飞行管理要求。还是以进近过程为例,进近过程根据飞行降落的许可和所需到达时间(RTA)要求,针对空管确定的降落排序,建立降落和进近过程组织,计算降落和进近航迹,构建与前端飞机的最小安全间隔维持和管理等任务组织。

飞行运行管理还有一项任务是基于飞行任务状态的飞行运行管理模式。飞行任务组织是面向任务运行状态组织,由于飞行环境或任务运行变化,当前任务运行状态或者相对计划要求的偏移,或者相对当前飞行环境条件的差异。当前运行任务的这些偏移和差异状态需要对当前运行任务进行调整,建立基于飞行任务状态的飞行运行管理模式。飞行运行管理通过对当前飞行任务运行的类型、目标、能力和结果状态分析,建立面向飞行运行任务和条件的飞行任务组织和运行管理模式,满足飞行计划和飞行环境的要求。这就是基于飞行任务状态的飞行运行管理模式。基于飞行任务状态的飞行运行管理模式有两种工作模式,一是基于当前飞行任务态势组织模式,另一是基于当前飞行任务环境组织模式。所谓基于当前飞行任务态势组织模式针对当前飞行计划的执行状态对飞行计划任务目标发展驱动,根据当前不同飞行阶段的任务能力组织需求,建立基于飞行任务发展态势的任务方向引导的飞行任务组织,满足和保证当前飞行任务运行组织和管理要求。我们仍以进近过程为例,进近过程任务组织是依据进近过程任务运行状态,如当前的进近导航任务精度、前端飞行间隔维持状态、跑道交通态势显示等,确定后续进近任务组织,如复飞任务。所谓基于当前飞行任务环境组织模式是针对当前飞行任务的执行状态对飞行过程环境特征要求,根据当前不同的飞行过程环境特征与性能需求和面向环境特征的飞行过程,建立基于当前的过程环境约束和过程性能管理模式,满足基于当前任务状态环境的飞行任务组织和管理。例如还是进近过程为例,在仪表着陆过程转换目视着陆过程时,进近过程管理根据当前不同飞行过程和环境约束条件,确定仪表着陆过程的环境要求,建立目视着陆过程约束,转移责任和管理,建立进近着陆过程。

4.2　飞行情景识别与组织

飞行情景描述当前飞行状况。它包括当前飞行的计划执行状况、环境变化情况和任务执行状态。对于飞行环境的感知、认识和确认是基于飞行情景的识别与组织,即通过感知飞行情景信息,建立飞行场景信息关系,最终识别飞行情景的发展趋势。

飞行情景识别是基于飞行情景的构成,通过飞行环境、任务和条件组织,提供飞行情景识别的基础。飞行情景的构成是通过当前飞行场景的组织和细化,建立飞行环境场景、任务场景和条件场景,形成当前飞行场景的飞行环境、能力和条件。

飞行情景识别是建立在确定飞行场景的基础上,通过任务运行、组织和结果态势,提供飞行情景识别的环境。飞行场景的组成通过运行任务态势管理、任务关系态势识别、任务结果态势推测,建立任务目标、环境、领域、能力和危害构成,形成当前飞行态势的范围、信息构成和趋势引导。

飞行情景识别是基于确定飞行场景的作用,通过环境态势的能力和作用构成,提供飞行情景识别的能力。飞行场景的作用是通过环境识别和确认,建立当前环境态势的目标、环境、领域、能力和危害的综合,形成当前飞行场景的应用需求、应用能力和应用约束。飞行应用组织与需求如图 4.1 所示。

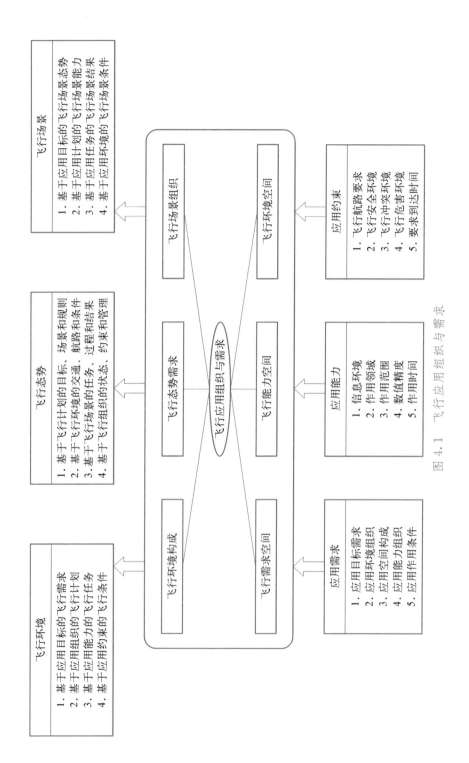

图 4.1 飞行应用组织与需求

4.2.1　飞行环境

飞行环境是当前飞行面临的要求和环境,是描述飞机飞行过程中当前飞行状态的总称,即当前飞行完成计划的状态、环境状态和任务运行的状态。飞行环境既是当前飞行状态客观现状的反映,也是下一步飞行任务组织、分析和决策的基础。飞行环境包括飞行的要求、组织、过程和条件。通过飞行要求,反映当前飞机飞行计划执行状态;通过飞行任务,反映当前飞机飞行任务组织和目标状态;通过飞行组织,反映飞行过程组织和运行状态;通过飞行条件,反映飞行环境条件和约束状态。飞行环境组织如图 4.2 所示。

1) 明确飞行计划

飞行环境组织的第一项任务是基于飞行需求构建飞行计划。飞行环境通过飞行计划描述当前飞行状态和符合性情况。飞行环境是根据飞行计划中的飞行规划要求,通过确定飞行规划组织内容:航线、航路、任务和约束等规划,建立飞行目标组织需求;通过确定飞行组织和目标需求:飞行的航路组织、导航模式、空域管理和安全监视,建立飞行过程组织需求;通过确定飞行计划执行的飞行状态:飞行的航迹、导引、监控和协同,建立飞行任务组织需求。飞行计划构建了飞行环境计划执行状态,支持下一步飞行任务规划。

2) 确定飞行环境

飞行环境组织的第二项任务是基于飞行计划确定飞行环境情况。飞行环境通过飞行态势描述当前飞行过程和环境情况的情景组织。飞行环境根据飞行态势作用分类和应用构成要求,通过确定飞行组织态势形成和内容:空域交通、环境条件、飞行过程和任务运行等态势,建立飞行组织的态势构成;通过确定当前飞行环境态势和现场情景:飞行交通、气象条件、飞行航路和飞行安全等态势,建立飞行环境的态势构成;通过确定当前飞行过程和任务运行状态:飞行状态报告、飞行监视态势、飞行导引态势和任务运行态势,建立飞行任务的态势构成。飞行态势确定了飞行过程和状态组织,支持下一步飞行任务的决策和运行。

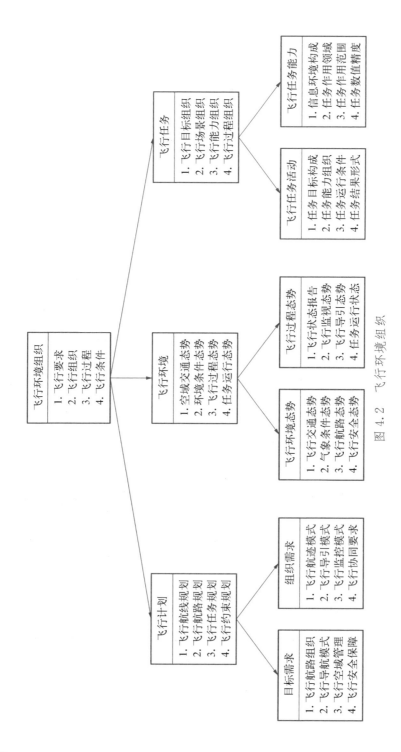

图 4.2　飞行环境组织

3）构建飞行任务

飞行环境组织第三项任务是基于飞行计划和飞行环境构建飞行任务。飞行环境通过飞行任务描述当前飞行状态和飞行运行情况,根据飞行任务类型的作用分类要求,通过确定当前飞行组织和目标要求:飞行目标、飞行场景、飞行能力和飞行过程等组织,建立当前飞行任务需求模式;通过确定当前飞行任务组织和活动要求:飞行任务的目标构成、能力组织和运行条件,构建当前飞行任务运行模式;通过确定当前飞行任务能力和作用需求:信息环境构成、任务作用领域、任务作用范围和任务操作精度,建立当前飞行任务的能力和范围。支持飞行环境组织与管理,支持下一步飞行任务活动和性能要求。

4）提供飞行服务

最后,飞行环境组织根据飞行任务提供相关的飞行服务。飞行环境根据飞行计划运行状态,确定当前飞行状态和符合性情况,建立飞行目标、飞行过程和飞行任务等组织需求。飞行环境提供飞行过程环境能力服务,为支持下一步飞行任务规划奠定基础。飞行环境根据飞行环境状态,确定当前飞行过程和环境情况的情景组织,建立飞行组织的、飞行环境的和飞行任务的态势构成。支持下一步飞行任务决策和运行。飞行环境还根据飞行任务状态,确定当前飞行状态和飞行运行情况,建立当前飞行任务需求模式、运行模式及任务能力和范围,满足下一步飞行任务活动能力和性能要求。飞行环境为后续飞行态势组织奠定了基础。

4.2.2　飞行态势

飞行态势基于飞行需求和飞行环境的飞行状态构成,描述飞机飞行过程的组织、环境和任务态势组织、识别和要求。飞行态势的主要任务是根据当前飞行的计划、环境和任务,确定飞行的意识、关联和约束,建立飞行过程的趋势、状态和能力,支持飞行导引、任务组织和飞行管理。飞行态势是建立在飞行环境的基础上,通过构建飞行计划态势,反映当前飞行需求的构成和要求,形成飞行过程的目标和构成,支持飞行过程的目标、场景和规则的组织;通过构建环境态势,反映当前飞行环境的构成和条件,形成飞行过程的约束和要求,支持飞行过程的飞行环境交通、航路和预测组织;通过构建飞行任务态势,反映当前飞行任务的构成和状态,形成飞行过程的活动和结果要求,支持飞行过程的飞行任务类型、能力和性能组织。如图4.3所示。

1)构建飞行计划态势

飞行态势要建立飞行计划要求与运行状态构成的飞行需求意识——飞行计划态势。它描述飞行计划组织、当前飞行计划执行状态及下一步的飞行计划需求。飞行计划目标态势是通过飞行环境的计划要求,如航线、航路和飞行任务等规划,建立飞行目标、领域和范围,构建飞行计划目标需求态势,形成支持当前飞行目标的发展趋势和能力。飞行计划组织态势是通过飞行环境的飞行计划场景,如飞行的空域、航路和导引,建立飞行计划组织态势,形成支持当前飞行组织的变化趋势和能力。飞行计划管理态势是通过飞行环境的计划规则,如飞行航迹、安全监控、飞行协同,建立飞行计划管理态势,形成支持当前飞行管理的状态趋势和能力。这种当前飞行计划目标发展趋势和能力、当前飞行计划组织变化趋势和能力、当前飞行计划管理状态趋势和能力构成了当前飞行计划态势,支持飞行计划再组织和管理,为飞行场景提供飞行目标和要求。

2)建立飞行环境态势

飞行态势要建立飞行环境现状与飞行运行条件构成的飞行环境意识——飞行环境态势。飞行环境态势描述飞行环境要求、当前飞行状态和环境条件及下一步的飞行环境条件和约束。飞行环境空域交通环境态势是通过飞行环境组织建立的飞行过程环境要求,如飞行阶段划分,空域交通情景、空域气象条件,建立飞行空域交通情景态势,形成当前飞行交通环境的发展趋势和能力。飞行环境航路交通环境态势是通过飞行环境组织建立的飞行航路环境要求,如航路(点)定义、所需到达时间、航路条件约束,建立飞行航路交通情景态势,形成当前飞行航路环境变化的趋势和能力。飞行环境冲突交通环境态势是通过

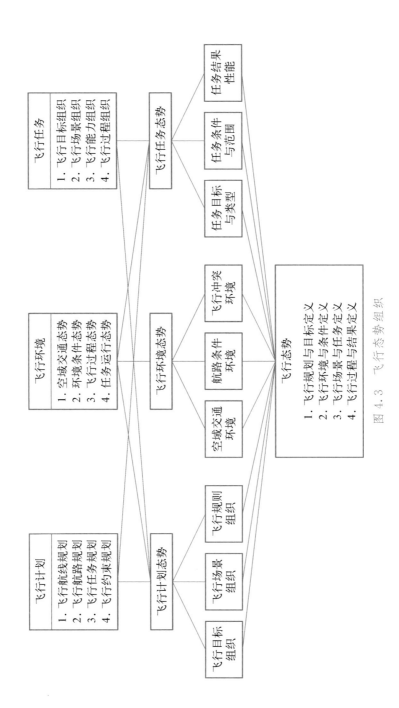

图 4.3　飞行态势组织

飞行环境组织建立的飞行航路预测要求,如飞行位置导引、空域交通发展趋势、飞行航路定义,建立飞行航路冲突情景态势,形成当前航路飞行导引冲突状态趋势和能力。这种当前飞行交通环境的发展趋势和能力、当前飞行航路环境变化趋势和能力、当前航路飞行导引冲突状态趋势和能力构成了当前飞行环境态势,支持飞行任务再组织和管理,为飞行场景提供任务组织和要求。

3) 组建飞行任务态势

飞行态势要建立飞行任务现状与飞行过程要求的飞行任务需求——飞行任务态势。它是描述飞行计划任务要求、当前飞行状态和任务运行及下一步的飞行任务目标和条件。飞行任务目标与类型态势是通过飞行环境组织建立的飞行过程任务目标要求,如飞行的场景组织、目标定义和能力需求,建立飞行过程组织任务目标态势,形成当前飞行任务运行的发展趋势和能力。飞行任务条件与范围态势是通过飞行环境组织建立的飞行过程任务能力要求,如飞行场景的任务能力、任务条件和任务范围,建立飞行过程组织任务能力态势,形成当前飞行任务组织的变化趋势和能力。飞行任务结果与性能态势是通过飞行环境组织建立的飞行过程任务结果要求,如任务的活动处理构成、信息作用领域和参数操作精度,建立飞行过程组织任务结果性能态势,形成当前飞行任务组织的性能趋势和能力。这种当前飞行任务运行的发展趋势和能力、组织的变化趋势和能力、组织的性能趋势和能力构成了当前飞行任务态势,支持飞行任务运行和管理,为飞行场景提供任务运行结果和要求。

4) 提供飞行态势服务

通过构建飞行态势,提供飞行决策服务。飞行态势根据飞行计划要求与运行状态,构成飞行需求、环境和任务等意识,建立飞行计划、飞行环境和飞行任务等态势,提供下一步飞行任务组织决策能力。其中,飞行计划态势组建了飞行计划要求,构建了飞行计划目标需求,建立了飞行环境的飞行计划场景,确定了飞行环境的飞行计划规则,支持下一步飞行任务目标、场景和规则组织决策。飞行环境态势组建了飞行空域交通情景态势,确定了飞行过程环境需求,构建了飞行航路环境组织,建立了飞行航路预测要求,支持下一步飞行环境条件和约束组织决策。飞行任务态势建立飞行过程任务目标需求,构建了飞行过程任务能力组织,建立了飞行过程任务结果要求,确定了飞行任务组织模式,支持下一步飞行任务类能力、作用和范围组织决策。飞行态势建立为后续飞行场景设计和任务组织奠定了基础。

4.2.3　飞行场景

飞行场景是基于飞行环境和飞行态势的飞行情景组织,它描述飞机飞行的需求、环境、任务和管理整个过程。即飞行过程由多个飞行场景组成。飞行场景的主要任务是根据当前环境,包括飞行计划、环境和任务,确定飞行计划组织需求;根据当前飞行态势,包括需求计划、环境组织、任务运行等态势,确定飞行任务组织需求。在此基础上,飞行场景通过定义飞行需求、计划和任务,确定飞行空域、航路和位置,明确飞行环境、约束和条件,建立飞行能力、范围和结果,支持飞行任务组织、决策和调度,满足飞行运行组织的要求。如图4.4所示。

1) 组建飞行情景态势

飞行场景的首要任务是组建飞行情景态势组织,它为飞行场景构建飞行任务目标和需求的态势,提供下一步任务组织的目标驱动。对于飞行任务目标和需求来说,首先,飞行情景态势组织建立航路交通态势。飞行交通态势给下一步飞行任务组织提供航路的空域交通情况,确定航路空域环境其他飞机飞行轨迹,支持航路冲突分析,提供防撞告警。第二,在航路交通态势的基础上,飞行情景态势组织建立航路约束态势。航路约束态势向飞行任务提供基于当前飞行环境的航迹计算条件,支持建立基于航路环境条件的飞行导引指令,提供飞行过程组织和管理。第三,在航路态势和航路约束态势的基础上,飞行情景态势组织建立航路监视态势,支持飞行环境交通监视、航路交通监视和飞行威胁监视,支持航路危害监视能力。第四,基于上述态势组织,飞行情景态势组织建立飞行安全告警态势,支持飞行过程最小安全隔离监视告警,提供防撞告警、航

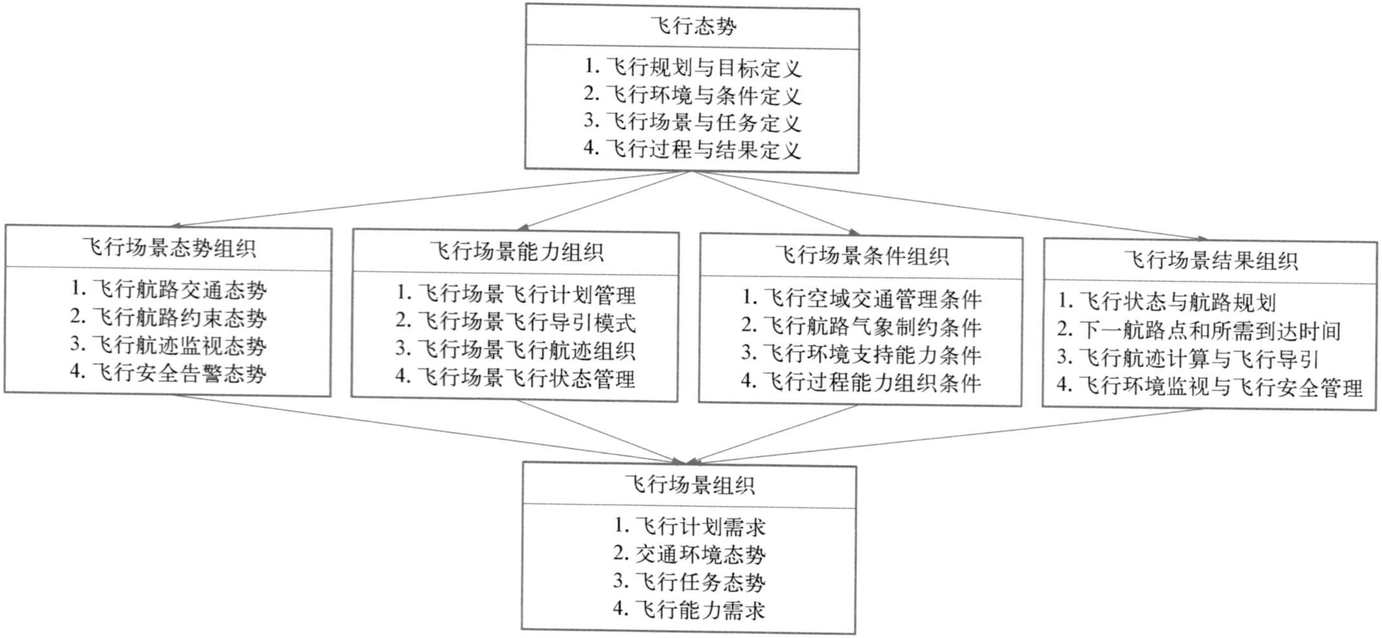

飞行态势
1. 飞行规划与目标定义
2. 飞行环境与条件定义
3. 飞行场景与任务定义
4. 飞行过程与结果定义

飞行场景态势组织
1. 飞行航路交通态势
2. 飞行航路约束态势
3. 飞行航迹监视态势
4. 飞行安全警告态势

飞行场景能力组织
1. 飞行场景飞行计划管理
2. 飞行场景飞行导引模式
3. 飞行场景飞行航迹组织
4. 飞行场景飞行状态管理

飞行场景条件组织
1. 飞行空域交通管理条件
2. 飞行航路气象制约条件
3. 飞行环境支持能力条件
4. 飞行过程能力组织条件

飞行场景结果组织
1. 飞行状态与航路规划
2. 下一航路点和所需到达时间
3. 飞行航迹计算与飞行导引
4. 飞行环境监视与飞行安全管理

飞行场景组织
1. 飞行计划需求
2. 交通环境态势
3. 飞行任务态势
4. 飞行能力需求

图4.4 飞行场景组织

路冲突告警以及飞行危害告警的能力。

2）构建飞行情景能力

飞行场景的第二项任务是构建飞行情景能力组织，它是为飞行场景构建飞行任务能力和类型，提供下一步任务组织的能力。对于飞行任务能力和类型来说，首先，飞行情景能力组织依据建立的飞行航路交通态势，构建当前飞行情景飞行计划组织，为下一步飞行任务组织提供飞行任务需求，确定飞行任务的组织关系和顺序，明确飞行任务的状态和交联，提供飞行任务计划和调度模式。第二，在飞行任务计划和调度支持的基础上，飞行情景能力组织构建飞行导航模式，建立飞行阶段 RNAV 和 RNP 能力，支持 VOR/DME 辅助导航，提供导航增强服务。第三，在飞行任务计划和导航组织的基础上，飞行情景能力组织建立飞行状态管理模式，构建当前飞行状态识别，如当前位置、方位、高度、速度、爬升率等，支持飞行航迹协同计算，提供偏差和飞行向量处理。第四，在飞行任务计划、导航组织和飞行状态管理的基础上，飞行情景能力组织建立飞行导引能力，构建当前飞行水平和垂直导引模式，支持飞行航路安全隔离监视，提供指令导引、区域导引和图形导引模式。

3）明确飞行情景条件

飞行场景的第三项任务是确定飞行情景条件组织，它为飞行场景构建飞行环境和条件组织，提供下一步任务组织的条件。对于飞行任务环境和条件来说，首先，飞行情景条件组织依据建立的航路交通态势，构建当前飞行情景的航路空域交通管理条件，为下一步飞行任务组织提供环境组织需求，确定当前飞行的状态，如位置、航向、高度、速率等，建立飞行过程指令和条件要求。第二，在当前飞行情景航路空域交通管理条件的基础上，飞行情景条件组织构建航路气象制约条件，建立飞行阶段航路飞行和导引模式，确定航路气象条件与约束，提供基于气象条件约束的航迹计算服务。第三，在当前飞行情景航路空域交通管理条件和航路气象约束条件的基础上，飞行情景条件组织建立飞行环境支撑条件，构建飞行航迹计算分析，支持航路修改协同能力，提供飞行参数修改模式等。第四，在上述飞行情景条件的基础上，飞行情景条件组织建立飞行过程组织条件，满足空域交通管理条件、航路气象制约条件和飞行环境支持能力条件的要求，构建飞行过程组织和要求，为下一步飞行场景建立奠定基础。

4）确定飞行情景结果

飞行场景的第四项任务是确定飞行情景结果组织，它为飞行场景构建飞行结果组织、监视和管理，提供下一步任务过程管理。对于飞行过程组织、监视和管理来说，首先，飞行情景结果组织依据建立的飞行计划，针对当前的飞行状态，构建下一步飞行需求，如位置、航向、高度、速率等，建立飞行过程管理要求。第二，在当前飞行管理需求的基础上，飞行情景结果组织构建飞行要求和结果要求，如下一航路点、所需到达时间，建立飞行阶段航路飞行监控模式，确定航路条件与约束，提供飞行管理服务。第三，在当前飞行管理需求和飞行过程管理的基础上，飞行情景结果组织建立飞行过程航迹的计算，构建航路组织，确定当前飞行状态，提供飞行导引模式。第四，在上述飞行情景结果的基础上，组织建立飞行过程监视，建立飞行安全隔离组织，支持交通环境目标间隔保持和管理，提供飞行过程环境和危害告警，满足安全和效率的要求，为下一步飞行任务组织奠定基础。

5）提供飞行情景服务

飞行场景的最后一项任务是根据构建的飞行任务目标和需求的态势，依据确定的飞行场景构建飞行任务能力和类型，基于明确的飞行环境和条件组织，针对建立的飞行结果组织、监视和管理，构建支持飞行任务组织的飞行场景。飞行场景主要内容有：飞行态势能力组织，飞行环境约束组织，飞行任务状态组织，飞行过程条件组织，从而支持下一阶段任务组织、运行管理和系统综合。

4.3 飞行任务识别与组织

飞行任务识别与组织根据飞行情景识别和组织的环境与结果构建飞行任

务的需求与构成。飞行情景识别和组织组建当前飞行环境,建立基于飞行环境的飞行态势,在此基础上构建飞行场景,并实现飞行情景的组织与综合,最终形成基于当前飞行情景的飞行需求。飞行任务识别与组织就是根据飞行情景构成的飞行环境、形成的飞行态势、建立的飞行场景,确定飞行情景目标、领域、能力和性能飞行需求。飞行需求与任务组织如图 4.5 所示。

1) 建立当前飞行状态

飞行任务识别与组织根据飞行环境建立当前飞行模式和状态,它针对当前飞行完成计划的状态、面临的飞行环境状态和飞行任务运行的状态,构建飞行活动和组织需求,形成飞行任务的感知,从而确定什么样的任务需求能满足飞行情景的下一步飞行情景要求。

2) 飞行过程趋势

飞行任务识别与组织根据飞行态势建立意识、关联和约束的飞行过程趋势,它针对当前飞行目标、场景和规则的组织,根据飞行环境交通、航路和预测组织,依据飞行任务类型、能力和性能组织,构建基于当前场景、环境和任务的飞行活动和组织能力,形成飞行任务的识别,从而确定什么样的任务能力能满足飞行情景的下一步飞行情景能力要求。

3) 建立后续任务目标驱动

另外,飞行任务识别与组织根据飞行场景建立飞行场景飞行任务目标和需求的态势以及后续任务组织的目标驱动,针对当前航路交通态势、航路约束态势、航路监视态势和安全告警态势,构建飞行任务形式要求,形成飞行任务的组织,从而确定什么样的任务组织能满足下一步飞行情景的任务要求。

4) 建立飞行情景综合

飞行任务识别与组织根据飞行情景综合建立当前飞行的态势情景、能力情景、条件情景和结果情景的综合,即针对当前飞行计划运行状态、环境范围和任务态势的综合,根据飞行计划范围、环境因素和任务活动的综合,依据飞行计划目标、环境要求和任务能力的综合,构建基于当前飞行情景、飞行过程和飞行任

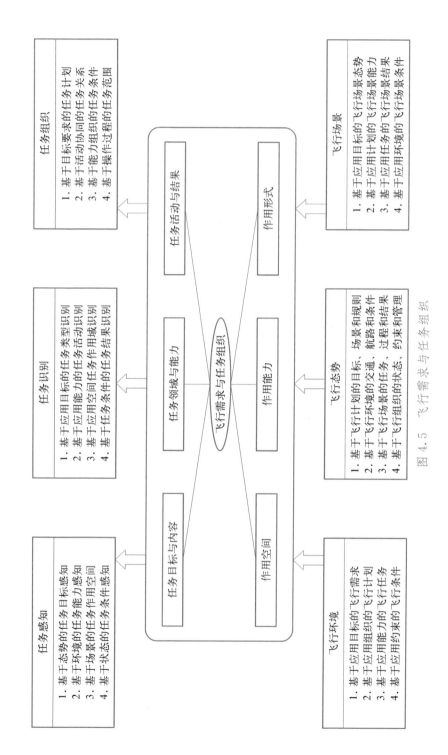

图 4.5　飞行需求与任务组织

任务组织

1. 基于目标要求的任务计划
2. 基于活动协同的任务关系
3. 基于能力组织的任务条件
4. 基于操作过程的任务范围

飞行场景

1. 基于应用目标的飞行场景态势
2. 基于应用计划的飞行场景能力
3. 基于应用任务的飞行场景结果
4. 基于应用环境的飞行场景条件

任务识别

1. 基于应用目标的任务类型识别
2. 基于应用能力的任务活动识别
3. 基于应用空间任务作用域识别
4. 基于任务条件的任务结果识别

飞行态势

1. 基于飞行计划的目标、场景和规则
2. 基于飞行环境的交通、航路和条件
3. 基于飞行场景的任务、过程和结果
4. 基于飞行组织的状态、约束和管理

任务感知

1. 基于态势的任务目标感知
2. 基于环境的任务能力感知
3. 基于场景的任务作用空间
4. 基于状态的任务条件感知

飞行环境

1. 基于应用目标的飞行需求
2. 基于应用组织的飞行计划
3. 基于应用能力的飞行任务
4. 基于应用约束的飞行条件

任务活动与结果

作用形式

任务领域与能力

飞行需求与任务组织

作用能力

任务目标与内容

作用空间

210

务需求的综合,形成飞行任务的组织综合,从而确定什么样的任务组织综合能满足下一步飞行情景的目标要求。

4.3.1　任务感知

任务感知是构建当前飞行任务需求,是根据当前的飞行情景构建对应的后续任务需求。任务感知主要通过 4 个途径来实现:一是当前飞行计划的执行情况,即针对飞行计划目标需求,根据当前计划执行状态,构建基于飞行计划目标牵引的后续飞行场景,确定实现飞行计划目标的任务需求。二是当前飞行环境支撑情况,即针对飞行环境的构成和条件,根据当前飞行环境的变化和限制,构建基于飞行环境的后续飞行场景,确定符合飞行环境约束的任务需求。三是当前飞行场景态势情况,即针对态势内容组织和作用空间,根据当前态势的聚合和趋势,构建基于态势发展导向的后续飞行场景,确定实现飞行态势发展引导的任务需求。四是当前飞行任务执行状态情况,即针对飞行任务的活动和领域,根据当前飞行任务执行状态,构建基于飞行任务环境的后续飞行场景,确定符合飞行任务上下文的任务需求。飞行任务感知如图 4.6 所示。

1) 基于飞行计划状态的任务感知

基于飞行计划状态的任务感知的主要思路是:根据当前飞行计划执行状态,基于当前飞行状态和飞行环境感知,通过空地协同,建立以原飞行计划为导引的飞行计划维持、调整或修改的需求,构建基于当前环境和能力的最大程度符合或接近原飞行计划的要求。其主要内容有:首先,梳理原飞行计划内容,如规划的飞机航线、航路(点)、所需到达时间等,形成后续飞行计划组织和修改的目标;第二,明确当前飞行计划执行状态,如当前飞行计划执行状态,后续航路(点)、当前位置、航向、速度、偏移、前方航路气象条件等,形成后续飞行计划维持或修改的基础;第三,确定规划后续飞行计划需求,如飞行空域、阶段、路径、航路(点)、环境条件等,形成后续飞行计划的需求;第四,空地协同,如通过跟空管员协同,确定航路、航迹、高度、所需到达时间、飞行机动等,通过与航空

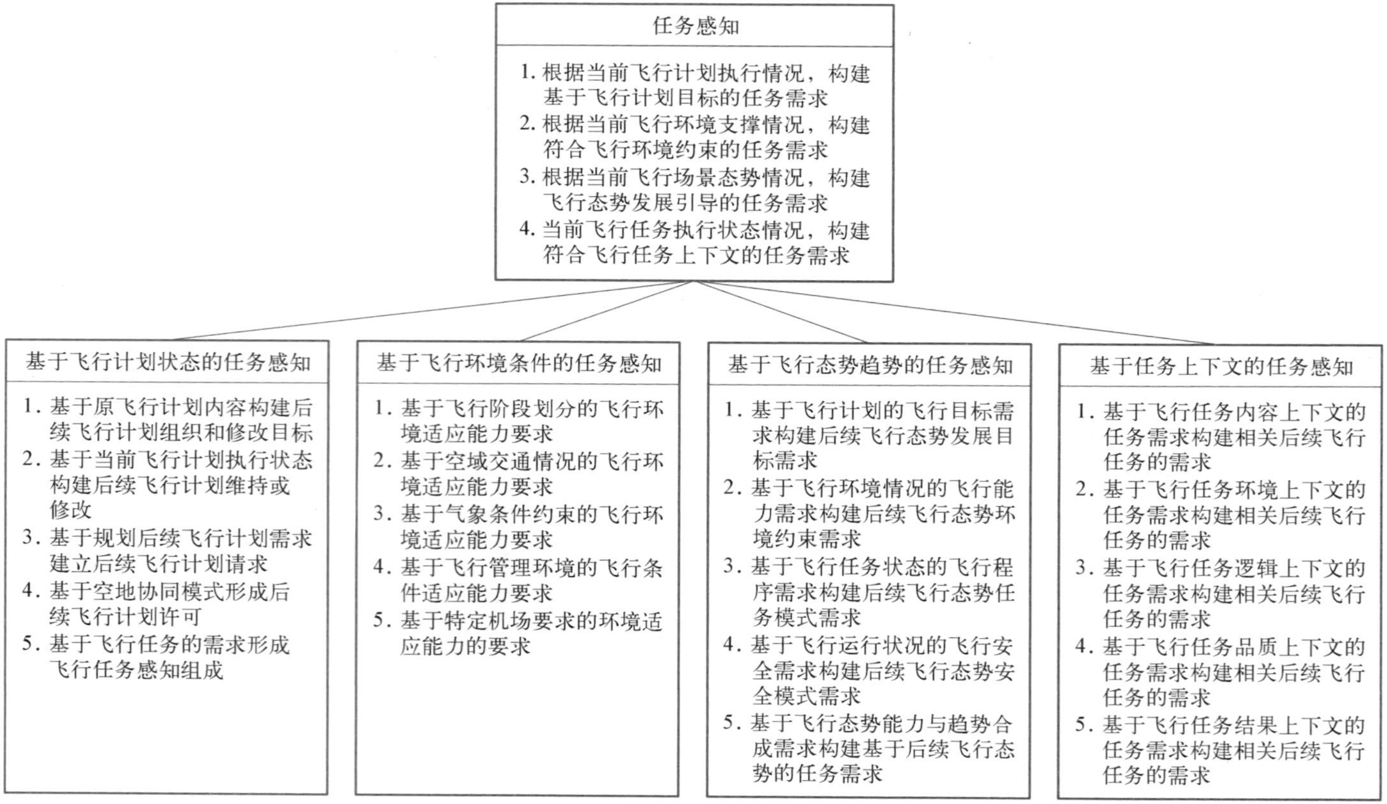

任务感知

1. 根据当前飞行计划执行情况，构建基于飞行计划目标的任务需求
2. 根据当前飞行环境约束情况，构建符合飞行环境约束的任务需求
3. 根据当前飞行态势发展情况，构建飞行态势发展引导任务需求
4. 当前飞行任务执行状态情况，构建符合飞行任务执行上下文的任务需求

基于飞行计划状态的任务感知

1. 基于原飞行计划内容构建后续飞行计划目标
2. 基于当前飞行计划组织和修改目标状态
3. 基于当前飞行计划执行后续飞行计划维持
4. 基于规划后续飞行计划请求，建立空地协同模式形成后续飞行计划许可
5. 基于飞行任务需求形成飞行任务感知组织

基于飞行环境条件的任务感知

1. 基于飞行阶段划分的飞行环境适应能力要求
2. 基于空域交通情况的飞行环境适应能力要求
3. 基于飞行气象条件约束的飞行环境适应要求
4. 基于飞行管理环境要求的飞行条件适应环境要求
5. 基于特定机场要求的环境适应能力要求

基于飞行态势趋势的任务感知

1. 基于飞行计划目标发展需求构建飞行态势发展目标需求
2. 基于飞行环境情况的飞行态势后续能力需求构建后续飞行态势环境约束需求
3. 基于飞行任务状态的飞行程序需求构建后续飞行态势责任需求
4. 基于飞行运行状况的飞行态势后续飞行态势安全模式需求
5. 基于飞行态势能力与趋势构建基于后续飞行态势需求

基于飞行任务上下文的任务感知

1. 基于飞行任务内容上下文的任务需求构建相关后续飞行任务的需求
2. 基于飞行任务环境上下文的任务需求构建相关后续飞行任务的需求
3. 基于飞行任务逻辑上下文的任务需求构建相关后续飞行任务的需求
4. 基于飞行任务品质上下文的任务需求构建相关后续飞行任务的需求
5. 基于飞行任务结果上下文的任务需求构建相关后续飞行任务的需求

图 4.6 飞行任务感知架构

公司协同,确定飞行航线、期望到达时间、飞行监视参数等,形成后续飞行计划许可;第五,确定飞行任务的需求,如飞行环境、目标、条件、过程等,形成相关后续飞行任务的需求。

2) 基于飞行环境条件的任务感知

基于飞行环境条件的任务感知的主要思路是:根据当前飞行环境条件,依据当前飞行状态和执行计划,通过空地协同,建立以当前飞行环境为基础的飞行过程维持或重组的需求,构建基于当前环境和约束条件下最小的飞行过程调整和变动。其主要内容有:首先,基于飞行阶段划分的飞行环境需求,如场面滑行场景、起飞爬升场景、雷达监视空域场景、非雷达监视空域场景、机场进近场景等环境,以及不同飞行阶段的功能需求,如导航、通信、显示、数据库等,形成后续飞行阶段的环境适应能力需求;第二,基于空域交通情况的飞行环境需求,如当前飞行航线情况、航路规划情况、交通咨询、防撞决断咨询、机场空域或跑道流量以及交通情况告警,如飞行的航路冲突、间隔告警、碰撞威胁、近地防撞告警等,形成后续飞行空域交通环境适应能力需求;第三,基于气象条件约束的飞行环境需求,如当前飞行航线气象预测、航路机载气象探测、飞行洋区气象告警,起飞降落机场气象等级等,以及气象条件下飞行需求,如低能见度起飞与滑行、仪表飞行气象条件、目视飞行气象条件等,形成后续飞行气象约束环境适应能力需求;第四,基于飞行管理环境条件需求,如当前飞行航线情况、飞行航路规划情况、飞行交通咨询、防撞决断咨询、机场空域或跑道流量,以及交通情况告警,如飞行航路冲突、飞行间隔告警、飞行碰撞威胁、近地防撞告警等,形成后续飞行空域交通环境适应能力需求;第五,基于特定机场环境需求,如降落与进近航路引导、导航增强能力、机场跑道占用率、起飞排队组织,以及最小前置飞机间隔告警、跑道占用或入侵告警、近地防撞告警、最终决断告警等,形成后续飞行机场环境适应能力的任务的需求。

3) 基于飞行态势趋势的任务感知

基于飞行态势趋势的任务感知的主要思路是:根据当前飞行情景发展能

力、环境和趋势——飞行态势,依据当前飞行模式、状态和条件,通过空地协同,建立以当前飞行态势趋势为核心的飞行过程维护或重组的需求,构建基于当前态势推动条件下的飞行过程组织和变动。其主要内容有:首先,基于飞行计划的飞行目标需求,如飞行航线、航路(点)、航迹、期望到达时间和所需到达时间等,针对当前飞行计划执行状态,如飞行阶段、航路点、当前位置、速度、飞行程序等,形成后续飞行阶段的态势发展目标需求;第二,基于飞行环境情况的飞行能力需求,如当前飞行阶段状况、飞行区域气象条件、飞行空域交通情况、飞行环境完全要求,针对飞行环境限制和约束,如飞行航路冲突、交通情况咨询、最小安全隔离、飞行间隔维持、空中碰撞威胁等,形成后续飞行阶段的态势环境约束需求;第三,基于飞行任务状态的飞行程序需求,如当前飞行管理组织、飞行的导引模式、通信协同、安全监视等要求,针对飞行任务类型和能力,如飞行的性能计算、位置偏移、导航精度和安全等级等,形成后续飞行阶段的态势任务模式需求;第四,基于飞行运行状况的飞行安全需求,如当前飞行导航模式误差、航路偏离、监视系统故障、环境条件限定等要求,针对飞行任务类型和能力,如飞行管理有效性、导航系统完整性、监视系统可用性、告警系统可靠性等,形成后续飞行阶段的态势安全模式需求;第五,基于飞行态势的能力与趋势综合需求,即针对基于飞行计划建立的飞行态势目标需求,根据基于飞行环境建立的飞行态势能力需求,依据基于飞行任务状态建立的飞行态势程序需求,依据基于飞行安全模式建立的飞行态势安全需求,通过空地协同和决策,形成基于后续飞行态势的任务的需求。

4) 基于任务上下文的任务感知

基于飞行任务上下文的任务感知实际上就是基于当前任务执行状态、环境和目标,依据存在的差距、问题和偏移,建立当前任务能力支持最强、目标和环境变化最小、处理和过程效率最高的后继任务感知需求。其主要的思路是:根据当前飞行任务运行、领域和状态——飞行任务环境,依据当前飞行计划需求、环境和条件,通过空地协同,建立以当前飞行任务运行状态为核心的飞行任务维护或重组的需求,构建基于当前任务上下文条件下的飞行过程组织和变动。其主要内容有:首先,基于飞行任务内容上下文的任务需求,例如当前飞行管理任务构建与其内容相关的飞行计划、飞行导航、航迹计算、飞行导引等,再根据其飞行导航内容构建机载惯性导航、气压高度计算、区域导航、所需导航性能等,通过层层内容相关,形成基于任务内容上下文相关后续飞行任务需求;第二,基于飞行任务环境上下文的任务需求,例如当前飞行管理任务,构建与其环境相关的飞行阶段、飞行航路、航路气象、空地协同等;再根据其飞行阶段构建航迹计算、导航计算、性能计算、安全隔离等,通过层层环境相关,形成基于任务环境上下文的相关后续飞行任务需求;第三,基于飞行任务逻辑上下文的任务需求,例如当前飞行监视任务,构建与其环境相关的飞行阶段监视、冲突监视、隔离监视和间隔监视等;再根据其飞行任务组织逻辑构建交通咨询、决断咨询、冲突预测、冲突解决、空中防撞等,通过层层逻辑相关,形成基于任务逻辑上下文的相关后续飞行任务需求;第四,基于飞行任务品质上下文的任务需求,例如当前导航任务,构建与其品质相关的导航精度、航路气象、空地协同等;再根据其飞行阶段构建导航误差、导航数据库精度、导航完好性、辅助导航精度等,通过层层性能相关,形成基于任务性能上下文的相关后续飞行任务需求;第五,基于飞行任务结果上下文的任务需求,例如当前飞行信息管理任务,构建与其环境相关的飞行状态信息、监视信息、导航导引信息、管理信息等;再根据其飞行信息管理任务的结果构建飞行任务决策、空中交通告警、飞行威胁告警、飞行任务管理等,通过层层结果相关,形成基于任务结果上下文的相关后续飞行任务需求。

4.3.2　任务识别

任务识别是基于任务感知建立系统能力的任务配置。也就是说,任务识别根据飞行应用的任务需求,针对飞行系统的功能构成和能力平台,构建与其应用任务需求相适应的系统功能能力。任务识别主要通过 4 条途径来实现:一是针对当前任务态势感知,建立任务目标与结果需求识别。即根据已建立的任务计划、态势、环境和任务上下文关系,识别任务的目标与类型、能力与条件、空间与领域以及关系与组织,满足任务态势感知的任务目标与结果需求。二是针对当前的任务组织需求,建立任务内容与处理模式识别。即根据任务识别建立的系统功能能力与类型组织,识别系统功能组织的能力类型与处理过程、活动范围与作用空间、专业模式与处理逻辑以及作用能力与协同处理,满足任务感知模式需求和系统功能目标要求。三是针对当前任务能力与条件需求,建立任务活动与作用领域识别。即根据任务识别建立的系统功能目标与逻辑组织,识别系统功能组织的逻辑作用空间与领域、逻辑限定范围与环境、逻辑操作模式与条件、逻辑交联接口和状态,满足任务感知模式需求和系统功能逻辑组织需求。四是针对当前任务处理环境和结果需求,建立任务品质与操作性能识别。即根据任务识别建立的系统功能逻辑组织与操作构成,识别系统功能组织目标领域、能力类型和结果空间性能、系统功能能力限制、环境约束和过程条件性能、系统功能专业领域、功能品质和逻辑处理性能,系统功能类型、能力差别和活动独立的性能,满足任务感知模式需求和系统功能品质和操作性能需求。飞行任务识别组织架构如图4.7所示。

1) 任务目标与结果需求识别

任务识别是建立任务目标与需求的识别,它是根据任务感知已建立的任务计划、态势、环境和任务上下文关系,通过对系统自身功能的构成分析,识别任务的目标与类型、能力与条件、空间与领域和关系与组织,构建最佳适应任务感知模式的任务目标与结果需求。其主要内容有:首先,识别系统所需任务的目标和类型。识别该项需求是通过任务感知的计划构建目标引导,依据系统功能的目标构成,建立基于任务目标的功能需求,形成支持各个任务目标需求的功能组织。例如进近过程导航任务目标要求(精度和完好性),通过系统GPS功能、机载惯性导航功能、机场导航增强功能和机载导航完好性告警功能等组织,形成任务感知建立的导航任务目标需求。第二,识别系统所需任务的能力和条

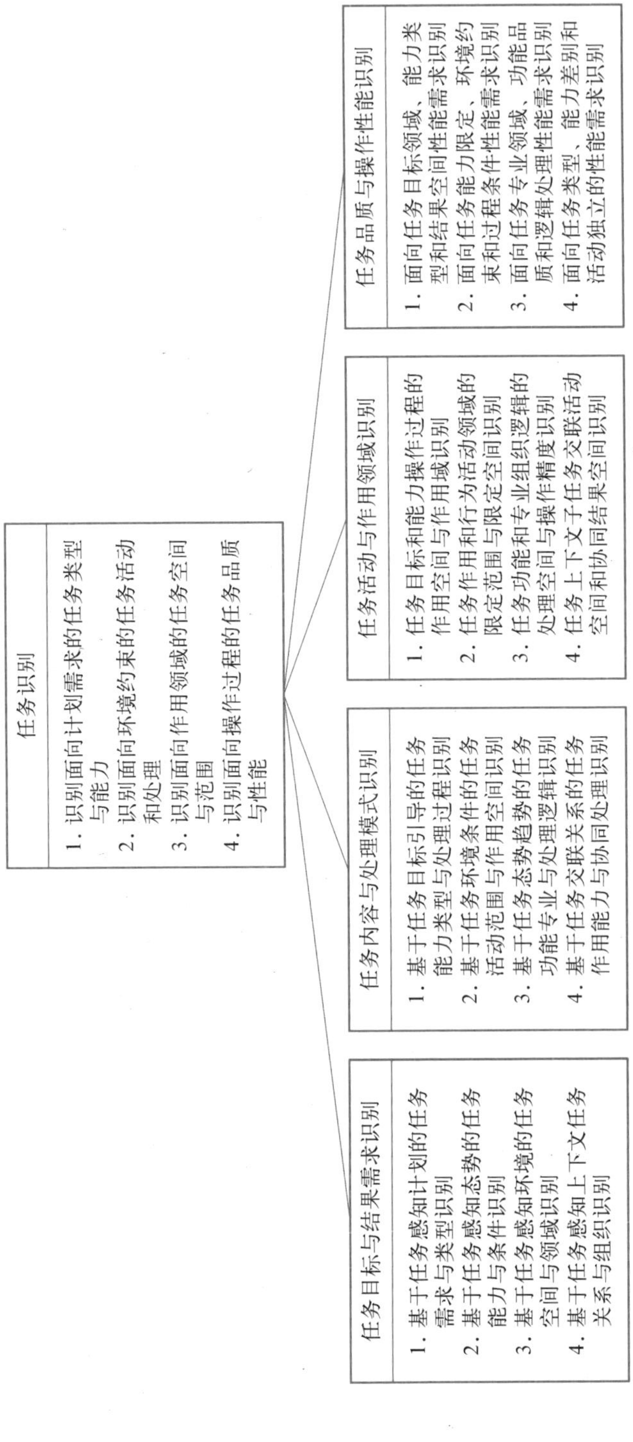
任务识别
1. 识别面向计划需求的任务类型与能力
2. 识别面向环境约束的任务活动和处理
3. 识别面向作用领域的任务空间与范围
4. 识别面向操作过程的任务品质与性能
任务目标与结果需求识别
1. 基于任务感知计划的任务需求与类型识别
2. 基于任务感知态势的任务能力与条件识别
3. 基于任务感知环境的任务空间与领域识别
4. 基于任务感知上下文任务关系与组织识别
任务内容与处理模式识别
1. 基于任务目标引导的任务能力类型与处理过程识别
2. 基于任务环境条件的任务活动范围与作用空间识别
3. 基于任务态势趋势的任务功能专业与处理逻辑识别
4. 基于任务交联关系的任务作用能力与协同处理识别
任务活动与作用领域识别
1. 任务目标和能力操作过程的作用空间与作用域识别
2. 任务作用和行为活动领域的限定范围与限定空间识别
3. 任务功能和专业组织逻辑的处理空间与操作精度识别
4. 任务上下文子任务交联活动空间和协同结果空间识别
任务品质与操作性能识别
1. 面向任务目标领域、能力类型和结果空间性能需求识别
2. 面向任务能力限定、环境约束和过程条件性能需求识别
3. 面向任务专业领域、功能品质和逻辑处理性能需求识别
4. 面向任务类型、能力差别和活动独立的性能需求识别

图 4.7　飞行任务识别组织架构

件。识别该项需求是通过任务感知的态势和环境引导,依据系统功能的能力和条件,形成满足任务目标和需求的功能能力和条件组织。如进近过程低能见度监视任务要求,通过 ADS-B 传输的飞机位置功能条件、最小飞行间隔条件、增强视景能力条件等,形成进近过程监视能力和条件需求。第三,识别系统所需任务的任务空间与领域。识别该项需求是通过任务感知的态势和作用引导,依据系统功能的专业特征和作用领域,形成满足任务目标和需求的功能处理领域和结果空间组织。如空地飞行协同决策任务要求,通过飞行状态(位置、速度、所需到达时间),飞行监视(飞行冲突、交通环境、飞行威胁),飞行品质(精度、性能、有效性)等,形成飞行管理过程领域与空间需求。第四,识别系统所需任务的关系与组织。识别该项需求是通过任务感知的任务上下文组织引导,依据系统功能的专业特征和作用领域,形成满足任务目标和需求的功能协同组织。如机场场面滑行任务要求,通过滑行路径、跑道和场面状态,滑行组织航向、位置和速度,滑行过程引导、显示和冲突,滑行条件许可、气象、告警等,形成场面滑行过程任务关系与组织需求。

2) 任务内容与处理模式识别

任务内容和处理模式识别是任务组织的核心内容,也是实现任务目标和需求的保障,它是根据任务感知已建立的任务需求、能力、条件和组织要求,依据任务识别建立的系统功能能力与类型组织,通过对系统自身功能的专业和处理过程分析,识别系统功能组织的能力类型与处理过程、活动范围与作用空间、专业模式与处理逻辑以及作用能力与协同处理,构建适应任务感知模式需求和系统功能目标的需求。其主要内容有:首先,识别面向系统功能目标组织的能力类型与处理过程。识别该项需求是根据任务感知的态势组织建立的因素和条件,针对系统任务目标与结果需求识别和系统功能能力与作用领域,构建系统处理功能和过程组成,支持系统功能目标组织需求。如飞行导航任务态势构成的 GPS、机载惯性和 VOR/DME 构成导航态势,以及系统导航功能确定的组合导航模式,构建系统导航功能和导航过程综合。第二,识别面向系统功能能力与处理过程的作用领域和处理范围。识别该项需求是根据系统功能目标与结果需求识别和系统处理功能组成,针对系统功能专业特征和功能能力类型,构建系统处理功能作用领域和处理范围组成,支持确定系统性能处理领域和范围。如系统 GPS 处理功能、机载惯性处理功能和 VOR/DME 处理功能,建立各功能领域和处理范围,构建系统导航任务组织目标领域和范围需求。第三,识别面向系统功能领域的专业模式与处理逻辑。识别该项需求是根据系统功能目标识别和系统功能处理领域,构建系统功能内容的专业处理要求和逻辑组织模式,支持系统功能专业处理逻辑和算法的确定。如导航系统 GPS 功能、机载惯性导航处理功能和 VOR/DME 处理功能处理元素、条件和模式,建立各功能逻辑组织和处理算法,构建系统导航任务组织处理内容和逻辑组织需求。第四,识别面向系统功能的作用能力与协同处理模式。识别该项需求是根据系统功能目标与系统功能处理逻辑,构建系统功能处理过程的能力分工处理和目标协同组织模式,支持系统功能专业能力和协同处理能力。如导航系统 GNSS 功能独立处理(RNAV 和 RNP)和导航增强系统(SBAS 和 GBAS)辅助支撑处理,形成系统统一的导航系统目标和能力。

3) 任务活动与作用领域识别

任务活动和作用领域是任务过程的有效空间,也是实现任务目标和需求的有效区域,它的识别是根据任务感知已建立的任务需求、能力、条件和组织要求,依据任务识别建立的系统功能目标与逻辑组织,通过对系统自身功能的专业领域和活动空间分析,识别系统功能组织的逻辑作用空间与领域、逻辑限定范围与环境、逻辑操作模式与条件、逻辑交联接口和状态,构建适应任务感知模式需求和系统功能逻辑组织的需求。其主要内容有:首先,识别面向系统功能组织的逻辑领域和作用空间。识别该项需求是根据系统功能目标需求和功能处理内容,针对系统功能的逻辑能力和处理组织模式,构建其逻辑处理领域和过程作用空间,确定其处理领域空间和处理范围。如飞行导航任务构成的 GPS 功能逻辑的精度范围、误差范围和完好性范围、机载惯性导航功能逻辑的精度、误差和实时性领域与范围，以及系统导航增强系统功能精度、误差和可用性领域与范围，构建系统导航功能精度、误差和有效性。第二，识别面向系统功能操作过程的限定范围和环境条件。识别该项需求是根据系统处理功能的逻辑处理组成，针对系统功能逻辑处理的组织和操作模式，建立功能处理过程的有效作用范围与条件，支持功能处理过程的限定范围与限定环境的确定。如飞行导航任务构成的 GPS 功能逻辑的精度、误差和完好性保障条件、机载惯性导航功能逻辑的精度、误差和实时性保障条件，以及系统导航增强系统功能精度、误差和可用性保障条件，构建系统导航功能精度、误差和有效性限定范围。第三，识别面向系统功能处理品质和操作效率。识别该项需求是根据系统功能逻辑处理组织和操作模式，针对系统功能处理算法因素和操作过程条件需求，建立功能处理有效模式和功能操作有效过程，支持功能处理品质和操作效率的确定。如飞行导航任务构成的 GPS 功能精度和误差所需导航性能条件、机载惯性导航功能精度和误差连续导航时间补偿，以及系统导航增强综合导航能力等，构建系统导航功能处理的精度和误差品质和效率。第四，识别面向系统功能协同处理组合作用空间和组合性能范围。识别该项需求是根据系统功能处理功能独立处理和操作模式，针对系统各个功能专业特征和处理领域，建立功能独立处理作用空间和操作性能范围，支持功能协同处理品质和操作效率的确定。如飞行导航任务构成的 GPS 功能独立处理的精度和误差、机载惯性导航功能独立处理环境的精度，以及系统导航增强功能独立处理的精度和误差等，构建系统导航功能处理的组合作用空间和组合性能空间。

4）任务品质与操作性能识别

任务品质和操作性能是任务过程的有效性能力，也是实现任务目标需求的有效性保障。任务品质与操作性能识别是根据任务感知已建立的任务需求、功能能力、处理环境和结果目标要求，依据任务识别建立的系统功能逻辑组织与操作构成，通过对系统自身功能的逻辑品质和操作性能分析，识别系统功能组织目标领域、能力类型和结果空间性能、系统功能能力限制、环境约束和过程条件性能、系统功能专业领域、功能品质和逻辑处理性能，系统功能类型、能力差别和活动独立的性能，构建适应任务感知模式需求和系统功能品质以及操作性能的需求。其主要内容有：首先，识别面向任务功能目标领域、能力类型和结果空间性能需求。识别该项需求是根据系统任务目标需求和功能类型和处理逻辑，针对系统功能专业领域、能力和结果空间，建立基于任务目标的处理和结果的性能要求，支持功能处理品质和结果性能的确定。如飞行监视任务的飞行冲突监视和最小隔离距离处理功能，建立结果形式——飞行冲突告警和空中防撞告警等，构建系统监视功能处理模式和结果性能需求。第二，识别面向任务目标功能能力限制、环境约束和过程条件性能需求。识别该项需求是根据系统任务目标空间和功能专业范围，针对系统功能输入、处理、结果的环境和条件，建立基于任务目标的功能处理能力范围、环境约束和过程条件性能要求，支持功能处理能力、环境和过程性能条件的确定。如飞行监视任务的飞行冲突监视和最小隔离距离处理功能，建立空中交通监视环境、飞行冲突监视条件、最小飞行隔离监视距离等，构建系统监视功能能力、环境和过程性能需求。第三，识别面向任务态势的功能专业、品质、逻辑处理性能需求。识别该项需求是根据系统任务目标空间和功能处理内容，针对系统功能处理变量、处理逻辑、处理算法，建立基于任务目标的功能专业领域、功能品质和逻辑处理性能要求，支持功能处理类型、组织和逻辑的确定。如飞行监视任务的飞行间隔管理功能，建立基于空中交通目标飞机位置和轨迹监视、飞行冲突监视与预测，飞行威胁和防撞告警等，构建系统监视功能专业能力、品质和性能需求。第四，识别面向任务环境的功能、专业、能力独立运行性能需求。识别该项需求是根据系统任务作用空间和功能专业构成，针对系统功能领域、条件、逻辑能力，建立基于任务需求的功能独立目标、组织和操作作用能力和性能，支持功能独立运行、处理和结果的确定。如飞行监视任务的飞行间隔管理功能，建立基于 ADS - B 空中交通飞机状态监视功能，前端飞机间隔监视和维持功能，防撞威胁机动功能等，构建系统监视功能独立能力、运行和结果的性能需求。

4.3.3 任务组织

任务组织基于任务感知的目标需求,基于任务识别的能力需求,针对系统当前运行状态,建立当前运行任务组织。也就是说,任务组织根据飞行的任务态势,依据系统的功能组织,针对飞行应用运行需求,构建与其应用任务需求和系统能力相适应的任务组织。任务组织主要通过 4 条途径实现:一是任务的目标组织。即建立飞行应用任务目标体系,组织基于飞行计划任务引导、飞行态势组织、飞行环境约束、飞行结果要求的目标状态、能力、效能和性能体系,满足任务感知建立的应用需求和任务识别建立的任务能力需求的任务目标组织。二是任务的能力组织。即飞行应用任务运行能力组织,建立基于飞行计划需求的应用模式、飞行任务处理事件、飞行功能逻辑组织、飞行过程处理操作的应用、组织、处理、执行能力体系,满足任务感知建立的飞行态势组织和任务识别建立的任务内容组织的任务能力组织。三是任务的环境组织。即飞行应用任务运行环境保障与约束组织,建立基于计划目标与结果需求环境、任务态势与组织关系、功能专业与逻辑处理、过程程序与操作模式的领域、状态、环境、条件组织体系,满足飞行态势组织和任务内容组织的任务运行环境与条件组织。四是任务的管理组织。即飞行应用任务构成、运行和管理模式,建立面向任务目标需求的应用管理模式、面向任务能力组织的功能管理模式、面向任务环境监控的过程管理模式、面向任务结果有效性的性能管理模式,构建满足飞行任务情景和任务内容处理的任务管理组织。飞行任务组织架构如图 4.8 所示。

1) 任务目标组织

任务目标组织建立飞行应用任务目标体系,支持后续飞行任务运行和管理。它根据任务感知建立的任务计划、态势、环境和任务上下文关系,依据任务识别建立的任务需求、内容、领域和性能,针对飞行应用的分析,组织基于飞行计划任务引导、飞行态势组织、飞行环境约束、飞行结果要求的目标状态、能力、效能和性能体系,构建满足任务感知建立的应用需求和任务识别建立的任务能力需求的任务目标组织。任务目标组织构成主要有:首先,基于飞行计划引导

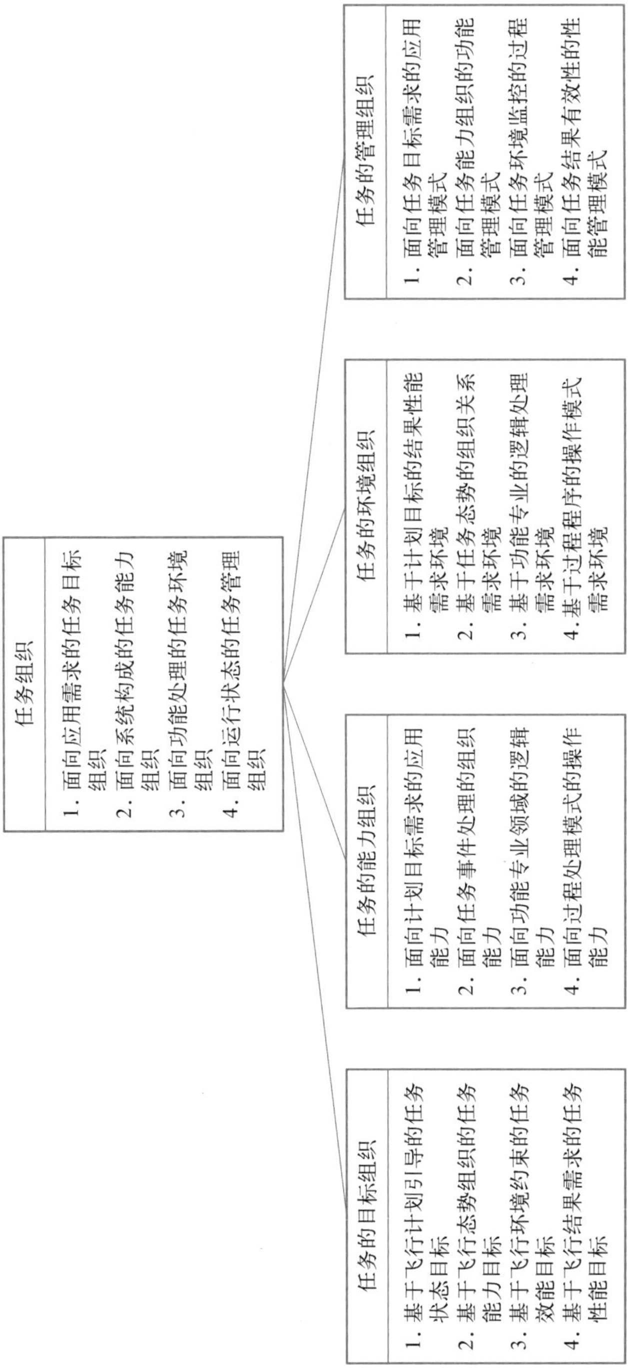

任务组织

面向应用需求的任务目标组织

1. 面向应用需求的任务目标组织
2. 面向系统构成的任务能力组织
3. 面向功能处理的任务环境组织
4. 面向运行状态的任务管理组织

任务的目标组织

1. 基于飞行计划引导的任务状态目标
2. 基于飞行态势组织的任务能力目标
3. 基于飞行环境约束的任务效能目标
4. 基于飞行结果需求的任务性能目标

任务的能力组织

1. 面向计划目标需求的应用能力
2. 面向任务事件处理的组织能力
3. 面向功能专业领域的逻辑能力
4. 面向过程处理模式的操作能力

任务的环境组织

1. 基于计划目标的结果性能需求环境
2. 基于任务态势的组织关系需求环境
3. 基于功能专业的逻辑处理需求环境
4. 基于过程程序的操作模式需求环境

任务的管理组织

1. 面向任务目标需求的应用管理模式
2. 面向任务能力组织的功能管理模式
3. 面向任务环境监控的过程管理模式
4. 面向任务结果有效性的性能管理模式

图 4.8　飞行任务组织架构

223

的任务状态目标。所谓基于飞行计划引导就是针对飞行计划定义的飞行任务，根据当前飞行阶段，建立当前飞行任务希望的目标；同时依据当前飞行环境，通过基于飞行计划引导和调整，形成飞行计划牵引任务目标。例如进近着陆过程，飞行管理系统根据飞行计划确定目标机场和跑道，构建飞行进近航路，针对机场环境气象条件和导航模式，确定进近航迹计算，构建进近着陆过程目标和要求。第二，基于飞行态势组织的任务能力目标。所谓基于飞行态势组织是针对当前飞行感知形成的飞行态势组织，即根据当前飞行应用态势，建立当前飞行任务应用期望目标；针对飞行能力态势，确定当前飞行任务能力支持目标；同时依据飞行约束态势，确定当前飞行任务条件限制目标，形成态势驱动的任务目标。例如进近着陆过程，飞行管理系统根据机场空域和跑道情景态势，针对交通环境态势，构建进近航路；针对气象条件态势，确定进近监视和告警；针对机场起飞和降落组织态势，构建进近过程组织；形成进近着陆过程目标和要求。第三，基于飞行环境约束的任务效能目标。所谓基于飞行环境约束是针对当前飞行感知形成的飞行环境组织，即根据当前飞行阶段、空间交通情况、航路气象条件，飞行管理环境，建立当前飞行环境的任务需求，确定基于飞行环境的飞行任务约束和限制，建立基于当前飞行任务环境约束与效能目标，同时依据飞行约束态势，形成飞行环境适应的任务目标。例如进近着陆过程，飞行管理系统根据飞行降落和进近阶段要求，建立飞行降落航路和进近过程请求；根据机场空域和跑道交通情景，确定降落和进近过程能力；根据机场和跑道上空气象条件，构建飞行降落与进近监视模式；最终形成进近着陆过程目标和要求。第四，基于飞行结果需求的任务性能目标。所谓基于飞行结果需求是针对当前飞行任务识别形成的飞行任务结果应用需求，根据当前飞行阶段、环境、过程和管理，建立当前飞行应用的任务结果需求，确定基于飞行应用结果性能，支持后续飞行任务的应用和组织；同时依据当前飞行任务的结果状态，形成后续飞行任务的组织和管理。例如进近着陆过程，飞行管理系统根据飞行降落和进近阶段要求，建立降落和进近过程导航行模式；依据导航任务计算的飞行状态，计算降落和进近过程航路;针对航路计算任务结果,启动降落和进近过程的跑道排队任务;最终形成进近着陆过程目标和要求。

2) 任务能力组织

任务能力组织建立飞行应用任务运行能力组织,支持后续飞行任务运行和保障。它根据任务感知建立的任务计划、事件、功能、过程组织,依据任务识别建立的任务内容、领域、环境和条件,针对飞行任务实施分析,组织基于飞行计划需求的应用模式、飞行任务处理事件、飞行功能逻辑组织、飞行过程处理操作的应用,以及组织、处理、执行能力体系,构建满足任务感知建立的飞行态势组织和任务识别建立的任务内容组织的任务能力组织。任务能力组织构成主要有:首先,面向计划目标需求的应用能力。所谓面向计划目标需求就是针对飞行计划定义的飞行任务内容,根据当前飞行阶段任务要求,建立当前飞行任务希望的应用能力;同时依据当前飞行环境,针对环境感知和处理需求,形成飞行应用环境管理能力。例如机场场面滑行任务,飞行管理系统根据飞行计划确定起飞要求和跑道,构建滑行请求和启动任务,建立滑行机场的场面地图引导能力、位置报告能力、路径监视能力;同时针对低能见度环境,建立滑行视景增强监视能力,构建机场场面滑行过程能力组织和要求。第二,面向任务事件处理的组织能力。所谓飞行任务就是飞行过程中飞行事件处理方式。即根据当前飞行阶段和飞行状态,确定当前飞行过程面临的飞行事件,建立飞行事件的环境条件;确定飞行事件处理方法,形成覆盖所有飞行事件的处理能力。例如巡航过程,飞行管理系统根据交通信息系统提供的前端目标飞机状态,依据地面空管发送的保持间隔指令,根据机载监视系统间隔距离测量,建立保持最小飞行间隔,实现间隔维持飞行。第三,面向功能专业领域的逻辑能力。所谓功能专业领域能力就是飞行过程中系统功能运行领域和专业处理能力。即根据当前飞行过程运行的任务,确定当前任务的功能构成;通过确定每项功能逻辑运行领域,任务的功能运行领域组合覆盖飞行任务作用空间;明确功能逻辑处理能力,任务的功能结果空间组合覆盖飞行任务作用结果形式要求。例如基于航迹飞行过程,飞行管理任务根据系统导航功能建立飞行状态和作用空间,根据系统 ADS-B 监视广播功能监视飞行状态和参数精度空间,根据系统 CDTI 显示功能建立交通状态和目标轨迹空间,基于航迹飞行通过将所有组成的功能的运行领域和结果空间组合,覆盖飞行任务作用空间和结果形式要求。第四,面向过程处理模式的操作能力。所谓过程操作能力就是飞行过程中系统功能逻辑实践的操作过程,是链接系统功能处理与系统运行平台独立处理操作过程。如信息处理、格式转换、性能计算和输入/输出等过程;通过确定每项标准处理过程,构建覆盖系统所有功能领域的过程空间和能力,支持功能逻辑组织的实现。例如飞行管理过程交通态势的显示功能,飞行导航模式引导的显示功能,飞行隔离监视显示功能等,通过建立目标航迹的计算、ADS-B 飞行状态报告广播的传输,空地数据链交互消息的传输以及信息显示与响应组织等过程,覆盖系统功能过程组织和能力要求。

3) 任务的环境组织

任务环境组织建立飞行应用任务运行环境保障与约束组织,支持飞行任务运行环境条件和约束限定管理。它根据任务感知建立的任务态势,依据任务识别建立的任务能力,针对当前飞行任务运行需求,组织基于计划目标与结果需求环境、任务态势与组织关系、功能专业与逻辑处理、过程程序与操作模式的领域、状态、环境、条件组织体系,构建满足飞行态势组织和任务内容组织的任务运行环境与条件组织。首先,基于计划目标的结果性能需求环境。所谓基于计划目标的结果性能需求就是依据计划目标,针对环境条件,建立适应的结果要求。即针对飞行计划定义的飞行任务内容,根据飞行任务预期的结果要求,建立飞行任务结果形式需求;同时依据当前飞行环境,针对环境感知和处理限定,建立飞行任务结果性能需求。例如飞行管理系统,根据飞行阶段定义和划分,确定飞行导航模式和提供导航的参数。同时根据当前飞行环境和条件,确定导航的参数性能和完好性要求,实现不同环境条件约束的参数权重的组合导航引导功能。第二,基于任务态势的组织关系需求环境。所谓基于任务态势组织的性能需求环境就是依据任务态势,针对元素构成,确定交联关系,建立适应的组织要求。即针对飞行任务态势组织内容,根据任务元素关系,建立飞行应用的能力、约束和条件;同时依据当前飞行环境,针对环境感知和处理限定,确定任务态势权重关系,形成任务态势的驱动能力。例如飞行间隔管理任务,根据飞行阶段定义监视需求,确定飞行交通环境监视任务态势,确定交通环境中制订目标飞机的监视需求,同时根据当前飞行监视指令,根据航路环境条件,确定目标飞机飞行轨迹,实现指定前端飞机飞行间隔维持的能力。第三,基于功能专业的逻辑处理需求环境。所谓基于功能专业的逻辑处理需求环境就是依据任务的功能构成,针对功能处理环境,建立基于功能组织的任务环境要求。即针对飞行任务的功能组织内容,根据每项功能逻辑处理条件,建立功能逻辑能力、处理约束、运行条件;同时依据当前飞行环境,针对功能领域和范围限定,确定任务功能处理逻辑和领域组织,形成任务功能处理的环境和约束。例如进近过程,根据导航功能要求,确定进近过程导引参数的显示;同时针对低能见度飞行条件,建立基于红外增强视景显示,不同环境确定了功能参数的引导权重,形成基于功能环境条件的引导模式。第四,基于过程程序的操作模式需求环境。所谓基于过程程序的操作模式需求环境就是依据任务的功能构成,针对功能处理的过程组织,建立基于过程组织和运行的环境要求。即针对飞行功能的过程组织内容,根据每项过程操作模式条件,建立过程处理能力、操作条件、运行约束;同时依据当前飞行环境,针对过程操作和范围限定,确定功能处理逻辑和过程操作的组织,形成功能要求的过程处理环境和约束。例如导航功能要求,根据当前飞行阶段确定机载区域导航能力和所需导航性能能力;同时针对当前飞行环境和辅助导航增强模式,建立基于当前过程组织环境的导航引导模式。

4) 任务的管理组织

任务管理组织建立飞行应用任务构成、运行和管理模式,支持飞行任务目标、能力、条件和性能的运行管理。它根据任务感知建立的任务情景,依据任务识别建立的任务内容,针对当前飞行任务构成,组织面向任务目标需求的应用管理模式、面向任务能力组织的功能管理模式、面向任务环境监控的过程管理模式、面向任务结果有效性的性能管理模式,构建满足飞行任务情景和任务内容处理的任务管理组织。首先,面向任务目标需求的应用管理模式。所谓面向任务目标就是依据计划任务能力,针对当前飞行环境,建立飞行运行状态,实现飞行应用管理。即针对飞行任务内容,根据飞行任务事件的构成,建立飞行任务事件处理与管理需求;同时依据当前飞行环境,针对任务事件活动的条件,形成飞行任务应用模式和管理需求。例如飞行监视系统,根据飞行阶段和交通环境,确定飞行交通环境监视模式;针对飞行航路监视功能,确定飞行冲突事件的约束;依据最小飞行间隔要求,监视飞行威胁事件,确定防撞威胁告警,实现监视任务目标需求的应用冲突预测和防撞告警管理模式。第二,面向任务能力组织的功能管理模式。所谓面向任务能力就是依据计划任务的构成,针对任务的功能组织,建立系统功能运行模式,实现功能运行状态和管理。即针对飞行任务的功能组织模式,根据每项功能逻辑组织,建立功能处理模式与状态;同时依据当前飞行环境,针对任务活动条件,形成基于任务能力的功能管理模式。例如机场场面滑行任务管理,根据机场场面地图引导的功能,针对滑行位置监视ADS-B功能运行,建立基于飞机位置的机场地图区域移动显示的滑行引导功能,形成显示、监视、地图数据库关联和管理模式。第三,面向任务环境监控的过程管理模式。所谓面向任务环境监控就是依据计划任务运行条件,针对任务的功能组织构成,建立系统功能处理条件和环境监控,实现飞行任务管理。即针对飞行任务的功能组织模式,根据每项功能逻辑条件,建立功能处理模式要求;同时依据当前飞行环境,针对功能处理条件,形成基于任务环境的功能管理模式。例如机场场面滑行任务管理,根据起飞管理任务目标,依据滑行路径引导功能,针对机场环境气象条件,建立滑行视景增强显示能力,建立飞机滑行点报告传输管理,引导飞机和起飞排序。第四,面向任务结果有效性的性能管理模式。所谓面向任务结果有效性管理就是依据计划任务应用性能需求,针对功能处理性能条件,建立系统功能处理性能需求,实现功能处理结果性能监控,满足飞行任务应用品质要求。即针对飞行任务应用模式,根据任务事件的功能处理逻辑,确定功能处理性能要求;同时依据当前飞行环境,针对功能处理条件,确定满足功能处理有效性的环境管理模式。例如机场低能见度起飞,针对机场环境气象条件,根据机场跑道排序管理,依据跑道初始点到达时间要求,建立视景增强滑行航路引导性能,支持跑道初始点报告传输,建立飞机离场管理。

4.4　飞行任务运行与管理

飞行任务运行管理是飞行应用组织和运行状态的管理。飞行运行管理由飞行计划运行管理、飞行运行环境管理和飞行运行任务管理等模式构成。

飞行计划运行管理模式是面向计划需求的飞行运行引导管理模式。飞行运行管理通过对当前飞行计划运行情况和执行状态的分析,建立面向飞行计划目标需求的飞行计划发展引导模式。该飞行计划引导模式由基于当前飞行计划的需求引导模式、基于当前飞行计划运行态势引导模式和基于当前计划运行状态引导模式构成。基于当前飞行计划的需求引导模式针对面向飞行计划的目标需求,根据当前飞行计划的执行状态对初始飞行计划目标的支持能力,建立初始飞行计划目标引导的动态飞行计划组织,引导后续的飞行运行管理。基于当前飞行计划的态势引导模式是针对飞行计划的能力模式,根据当前飞行计划的能力组织建立的飞行发展趋势的目标、能力、条件,建立飞行计划态势引导的动态飞行计划组织,建立态势引导的能力需求与任务组织,支持动态飞行任务能力运行管理。基于当前计划运行状态引导模式是针对飞行计划的执行状态,根据当前飞行计划的执行状态关联的飞行任务、过程、状态,建立飞行计划状态引导的动态飞行任务关联组织,支持基于计划运行状态的动态飞行任务运行管理。

飞行运行环境管理是面向环境条件约束的运行飞行任务引导管理模式。飞行运行管理通过对当前飞行环境情况和运行约束条件的分析,建立面向飞行运行环境和条件的飞行环境适应管理模式。该飞行环境适应管理模式由基于当前飞行阶段约束条件、基于当前飞行交通情景协同和基于当前飞行环境条件驱动等模式构成。基于当前飞行阶段约束条件模式针对飞行运行阶段的状态和环境条件,根据飞行计划运行发展驱动模式和目标需求,建立基于当前飞行环境下的发展趋势组织,支持符合飞行计划态势和满足环境约束的飞行组织与管理。基于当前飞行交通情景的协同模式针对飞行计划的执行状态与当前飞行空域交通情景状态,根据当前空域交通情景和自身飞行状态,建立基于当前飞行交通环境条件的飞行管理模式,满足当前飞行交通环境约束的飞行管理要求。基于当前飞行环境条件驱动模式针对飞行环境条件,明确基于该环境条件相应的事件,确定该飞行环境约束和事件处理需求,建立面向基于当前飞行环境下事件相应任务需求,支持满足环境约束的飞行事件任务组织与管理。

飞行任务状态管理是面向任务运行状态的飞行运行引导管理模式。飞行运行管理通过对当前飞行任务运行的类型、目标、能力和结果状态分析,建立面向飞行运行任务和条件的飞行任务组织和运行管理模式。该飞行任务组织与运行管理模式由基于当前飞行任务态势组织、基于当前飞行任务条件组织和基于当前飞行任务过程组织等模式构成。基于当前飞行任务态势组织模式针对当前飞行计划的执行状态对飞行计划任务目标发展驱动,根据当前不同的飞行阶段的任务能力组织需求,建立基于飞行任务发展态势趋势引导的飞行任务组织,满足和保证当前飞行任务运行组织和管理要求。基于当前飞行任务条件组织模式针对当前飞行任务的执行状态环境特征要求,根据当前不同的飞行环境特征与性能需求和面向环境特征的自身飞行过程,建立基于当前环境条件约束和过程性能管理模式,满足基于当前任务状态条件的飞行任务组织和管理。基于当前飞行任务过程组织模式针对当前飞行任务组织对飞行过程要求,根据当前不同的飞行过程特征任务专业过程能力,建立任务过程的性能和品质需求,支持当前任务运行状态和条件的过程能力和性能保证,满足基于当前任务状态条件的过程组织和管理。

任务运行与飞行管理如图 4.9 所示。

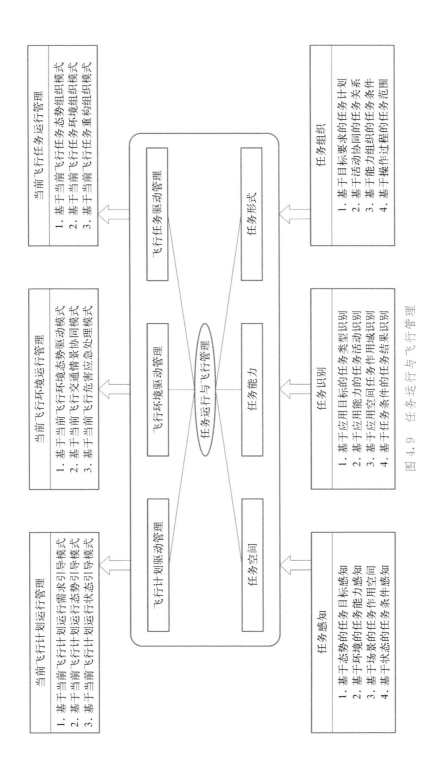

图 4.9　任务运行与飞行管理

当前飞行任务运行管理

1. 基于当前飞行任务态势组织模式
2. 基于当前飞行任务环境组织模式
3. 基于当前飞行任务重构组织模式

当前飞行环境运行管理

1. 基于当前飞行环境态势驱动模式
2. 基于当前飞行交通情景协同模式
3. 基于当前飞行危害应急处理模式

当前飞行计划运行管理

1. 基于当前飞行计划运行需求引导模式
2. 基于当前飞行计划运行态势引导模式
3. 基于当前飞行计划运行状态引导模式

任务组织

1. 基于目标要求的任务计划
2. 基于活动协同的任务关系
3. 基于能力组织的任务条件
4. 基于操作过程的任务范围

任务识别

1. 基于应用目标的任务类型识别
2. 基于应用能力的任务活动识别
3. 基于应用空间任务作用域识别
4. 基于任务条件的任务结果识别

任务感知

1. 基于态势的任务目标感知
2. 基于环境的任务能力感知
3. 基于场景的任务作用空间
4. 基于状态的任务条件感知

飞行任务驱动管理

飞行环境驱动管理

飞行计划驱动管理

任务运行与飞行管理

任务形式

任务能力

任务空间

231

4.4.1 当前飞行计划运行管理

飞行应用是基于飞行计划的组织。所有的飞行应用都是事先规划的。但是,由于飞行过程非常复杂,必须针对当前的飞行环境约束调整或改变事先的飞行应用的规划。这就是当前飞行计划运行管理。因此,对于飞行运行管理来说,首先要考虑的是基于飞行计划执行的管理。它是飞行运行计划管理模式,主要是根据当前飞行计划运行、支持和执行的状态,针对飞行的组织规划、调整当前飞行的条件、确定飞行的需求,依据飞行航迹分析与预计,通过航路环境的组织和评估,建立飞行目标、环境、过程组织。基于飞行计划的运行管理由基于当前飞行计划需求引导模式和基于当前飞行计划态势引导模式组成。这种飞行计划引导模式是从不同的角度、不同侧面和不同重点,通过飞行员与空管员和航空公司协同,建立综合、实时和动态的飞行计划组织和管理。飞行计划组织构成如图 4.10 所示。

当前飞行计划管理是飞行管理的首要任务。在飞行过程中,我们首先关心当前飞行计划执行状态,希望在当前环境允许的条件下尽可能维持、尽量延伸或最少量调整飞行计划,构建后续的飞行任务。这就是当前飞行计划管理的内涵和思维。根据该内涵和逻辑,飞行计划管理主要由基于当前飞行计划运行需求引导模式、运行态势引导模式和运行状态引导等模式构成。所谓基于当前飞行计划运行需求引导模式就是在当前飞行计划执行的基础上,通过分析计划运行的下一步需求,引导尽可能满足当前飞行计划需求的后续任务组织。所谓基于当前飞行计划运行态势引导模式就是在当前飞行计划各种需求组织的态势基础上,通过分析基于当前飞行计划运行态势的下一步发展趋势,引导尽可能符合飞行计划发展态势的后续任务组织。所谓基于当前计划运行状态引导模式就是在当前飞行计划执行状态的基础上,通过分析执行状态过渡的下一步运行状态模式,引导尽可能支持当前飞行计划状态模式和平稳过渡的后续任务组织。

1) 基于当前飞行计划的需求引导模式

基于当前飞行计划的需求引导模式是面向飞行计划的目标需求和针对当

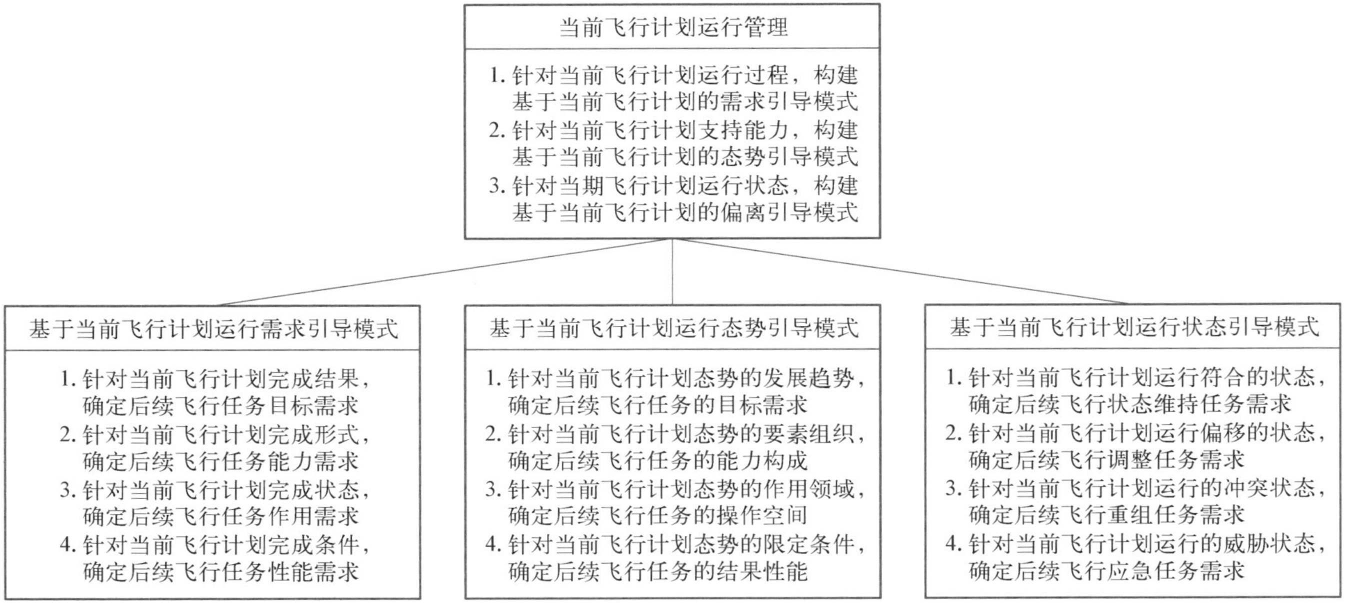

当前飞行计划运行管理

1. 针对当前飞行计划运行过程、构建
基于当前飞行计划运行的需求引导模式
2. 针对当前飞行计划的支持能力、构建
基于当前飞行计划运行的态势引导模式
3. 针对当前飞行计划运行状态、构建
基于当前飞行计划运行的偏离引导模式

基于当前飞行计划运行状态引导模式

1. 针对当前飞行计划运行符合的状态、
确定后续当前飞行计划运行状态维持任务需求
2. 针对当前飞行计划运行偏移的状态、
确定后续当前飞行计划运行状态调整任务需求
3. 针对当前飞行计划运行的冲突状态、
确定后续当前飞行计划运行重组任务需求
4. 针对当前飞行计划运行的威胁状态、
确定后续当前飞行计划运行应急任务需求

基于当前飞行计划运行态势引导模式

1. 针对当前飞行计划运行态势的发展趋势、
确定后续当前飞行计划运行态势的目标需求
2. 针对当前飞行计划运行态势的要素组织、
确定后续当前飞行计划运行态势的能力构成
3. 针对当前飞行计划运行态势的作用领域、
确定后续当前飞行计划运行态势的操作空间
4. 针对当前飞行计划运行态势的限定条件、
确定后续当前飞行计划运行态势的结果性能

基于当前飞行计划运行需求引导模式

1. 针对当前飞行计划完成结果、
确定后续当前飞行计划运行任务目标需求
2. 针对当前飞行计划完成形式、
确定后续当前飞行计划运行任务形成需求
3. 针对当前飞行计划完成状态、
确定后续当前飞行计划运行任务能力需求
4. 针对当前飞行计划完成作用、
确定后续当前飞行计划运行任务作用需求
5. 针对当前飞行计划完成条件、
确定后续当前飞行计划运行任务性能需求

图 4.10　飞行计划运行与管理

前飞行计划运行状态的飞行导引模式。基于当前飞行计划引导模式的核心是重点考虑当前飞行计划的执行状态与初始飞行计划目标需求的支持关系。即当前飞行计划引导状态是根据当前飞行计划执行的状态，分析当前飞行计划执行状态与原飞行计划的差距，明确初始飞行计划的目标需求，分析当前飞行状态支持能力，分析当前飞行环境的制约条件，通过飞行员与空管员和航空公司协同，形成基于初始飞行计划目标引导的动态飞行计划组织，尽可能符合或靠近初始飞行计划需求。基于当前飞行计划的需求引导模式的主要任务是：针对当前飞行计划完成结果，确定后续飞行任务目标需求；针对当前飞行计划完成形式，确定后续飞行任务能力需求；针对当前飞行计划完成状态，确定后续飞行任务作用需求；针对当前飞行计划完成条件，确定后续飞行任务性能需求。例如在空域飞行过程中，飞行管理系统主要针对飞行计划的组织和执行状态，确定飞行过程导航的目标和要求；依据当前导航模式和精度，明确当前飞行位置、高度、速度，航向；根据当前飞行状态，实施飞行航迹的计算和分析；最后根据上述完成结果，完成飞行管理和导引。

2）基于当前飞行计划的态势引导模式

基于当前飞行计划的态势引导模式的核心是重点考虑当前飞行计划的执行状态建立的飞行发展趋势的目标、能力、条件组织的飞行引导模式。即当前飞行计划态势引导模式是根据当前飞行计划的执行状态，分析当前飞行计划执行状态与原飞行计划的规划目标的关系，明确当前飞行目标需求与发展需求，建立基于当前发展趋势的目标、能力和环境组织，预计当前发展态势的结果状态，分析预期结果的要求和收益，通过飞行员与空管员和航空公司协同，形成基于飞行计划态势引导的动态飞行计划组织，支持基于计划执行状态的动态飞行运行管理。基于当前飞行计划的态势引导模式主要任务是：针对当前飞行计划态势的发展趋势，确定后续飞行任务的目标需求；针对当前飞行计划态势的要素组织，确定后续飞行任务的能力构成；针对当前飞行计划态势的作用领域，确定后续飞行任务的操作空间；针对当前飞行计划态势的限制条件，确定后续飞行任务的结果性能。我们还以飞行管理系统举例。在空域飞行过程中,飞行管理系统通过飞行计划管理,建立飞行计划模式、导航模式、航路协同模式、环境监视模式、飞行状态模式,即构建了飞行过程组织的态势。在该态势基础上,飞行管理系统通过飞行计划、导航精度、飞行隔离、飞行状态的目标、能力、关系的参数组织和推导,实现飞行目标、能力、关系平衡的航迹计算和飞行平面与垂直导引任务。

3) 基于当前飞行计划运行状态引导模式

基于当前飞行计划运行状态引导模式的核心是重点考虑当前飞行计划的执行状态与飞行计划的符合、偏移、冲突和威胁状态管理的飞行导引模式。即当前飞行计划运行状态引导模式根据当前飞行计划的执行状态,首先分析当前飞行计划执行状态与原飞行计划的规划目标的符合情况,明确飞行计划进一步的维持;如果符合性超出容限要求,则分析当前飞行计划执行状态与原飞行计划的规划要素的偏移情况,明确飞行计划进一步的改进;如果存在飞行航路冲突,则分析当前飞行计划执行状态与原飞行计划的规划航路的冲突情况,明确飞行计划进一步的调整;如果存在飞行威胁和告警,则分析当前飞行计划执行状态与原飞行计划的规划状态的威胁情况,明确飞行计划下一步的应急任务。基于当前飞行计划的运行状态引导模式主要任务是:针对当前飞行计划运行符合的状态,确定后续飞行维持任务需求;针对当前飞行计划运行偏移的状态,确定后续飞行调整任务需求;针对当前飞行计划运行的冲突状态,确定后续飞行重组任务需求;针对当前飞行计划运行的威胁状态,确定后续飞行应急任务需求。我们还以飞行管理系统举例。在空域飞行过程中,飞行管理系统通过飞行计划管理与分析,明确当前飞行计划有效性情况,确定提供空管飞行状态有效报告和持续飞行请求。如果飞行管理系统发现飞行航线偏离,确定提供空管飞行状态偏移报告和任务调整请求。如果飞行管理系统发现飞行航路冲突,确定提供空管飞行状态冲突报告和任务重组请求。如果飞行管理系统发现空域交通威胁告警,确定提供空管飞行状态与威胁情况报告和任务协同请求。由于空地任务协同处理过程比较复杂，上述举例我们仅仅简述其过程。

4.4.2　当前飞行环境运行管理

飞行过程是基于飞行环境的组织。也就是说，所有的飞行过程都是由当前飞行环境限定的。不论飞行计划如何组织，不论飞行应用有什么样的需求，不论飞行任务有什么样的能力，最终的飞行过程组织都必须满足飞行环境的要求。这就是当前飞行环境运行管理。当前飞行环境运行管理是飞行管理的重要组成部分。对于飞行运行管理来说，已知在飞行过程中必须考虑当前飞行环境与飞行计划任务的支持能力，但希望在当前环境限定下最接近飞行计划的任务组织，构建后续的飞行任务。这就是当前飞行环境运行管理的思维。根据该思维，当前飞行环境的运行管理是基于环境能力的飞行计划任务管理方式。所谓基于飞行环境运行管理主要是根据当前飞行计划运行态势、空域交通态势、环境约束态势的组织与管理，针对飞行的运行状态、目标和环境的变化，确定飞行过程的运行、组织和监视，构建飞行环境调整和态势组织，根据飞行状态和结果分析，通过飞行环境的飞行态势组织和评估，建立基于新飞行环境的飞行目标、环境、过程组织。当前飞行环境运行与管理的任务如图 4.11 所示。

对于飞行运行管理来说，在考虑飞行计划需求的基础上，首先根据当前飞行阶段，明确该飞行阶段需求与约束环境，包括该飞行阶段的能力组织和性能需求，如进近过程导航环境、监视环境和显示增强环境等，构建满足和支持该飞行阶段能力和目标的环境条件；其次针对飞行所在的空域，明确该空域的交通情景，包括该空域的飞行流量和管理规则，如前端空域交通态势，安全间隔和威胁告警等，构建满足和支持该飞行空域交通环境和规则；还要针对目前飞行规划的航路，明确航路的状态和环境，包括该航路的路径构成和环境，如前航路点和所需到达时间、航路冲突和导航误差等，构建满足和支持该规划航路的组织和协同。因此，当前飞行环境运行管理就是针对上述飞行环境，分析、判别和管理基于飞行计划任务的环境适应性，通过面向当前飞行环境的飞行计划的符合

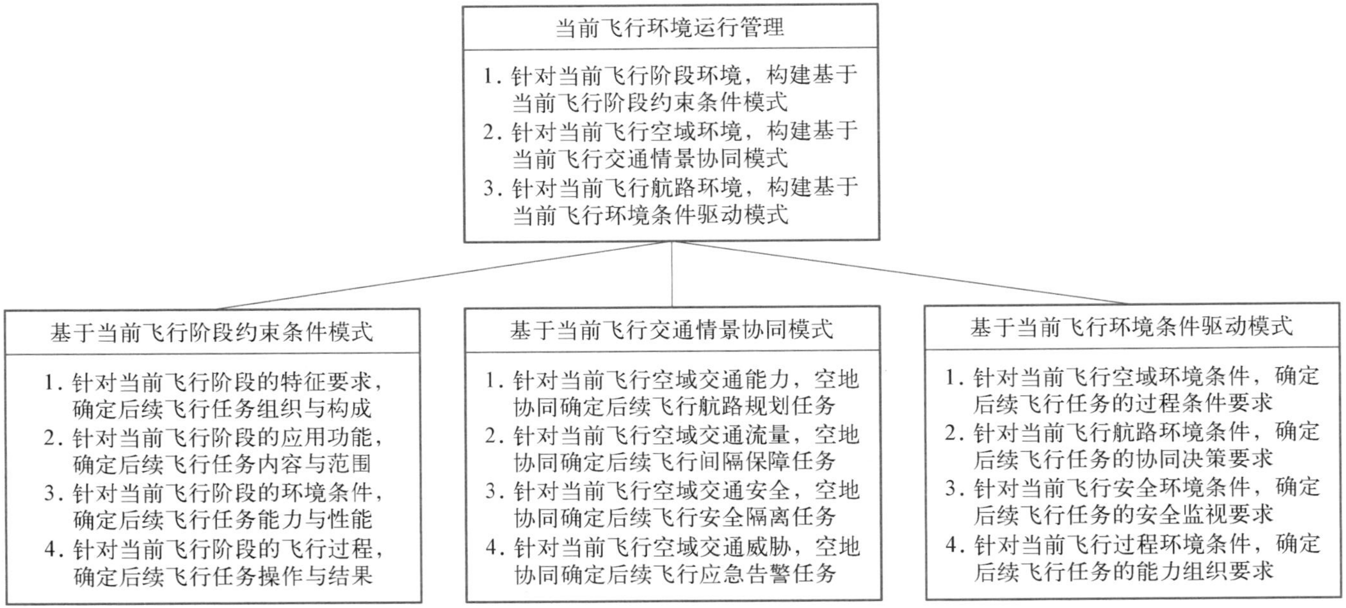

当前飞行环境运行管理

1. 针对当前飞行阶段环境，构建基于当前飞行阶段约束条件模式
2. 针对当前飞行交通环境，构建基于当前飞行空域情景协同模式
3. 针对当前飞行环境航路环境，构建基于当前飞行环境条件驱动模式

基于当前飞行阶段约束条件模式

1. 针对当前飞行阶段的特征要求，确定后续飞行任务组织与构成
2. 针对当前飞行阶段的应用功能，确定后续飞行任务内容与范围
3. 针对当前飞行阶段的环境条件，确定后续飞行任务能力与性能
4. 针对当前飞行阶段的飞行过程，确定后续飞行任务操作与结果

基于当前飞行交通情景协同模式

1. 针对当前飞行空域交通能力，空地协同确定后续飞行航路规划任务
2. 针对当前飞行空域交通流量，空地协同确定后续飞行间保障任务
3. 针对当前飞行空域交通安全，空地协同确定后续飞行安全隔离任务
4. 针对当前飞行空域交通威胁，空地协同确定后续飞行应急警告任务

基于当前飞行环境条件驱动模式

1. 针对当前飞行空域环境条件，确定后续飞行任务的过程航路环境要求
2. 针对当前飞行空域环境条件，确定后续飞行任务的协同决策环境要求
3. 针对当前飞行空域环境条件，确定后续飞行任务的安全监视环境要求
4. 针对当前飞行空域环境条件，确定后续飞行任务的过程能力组织要求

图 4.11　飞行环境运行与管理

维持、违规限定、冲突调整、适应管理,建立满足当前飞行环境要求的基于飞行计划任务的飞行任务目标、能力、过程组织。当前飞行环境的运行管理由基于当前飞行阶段约束条件模式、基于当前飞行交通情景协同模式和基于当前飞行环境条件驱动模式组成。这三种模式从不同的角度、不同侧面和不同重点,通过飞行员与空管员和航空公司协同,建立综合、实时和动态的飞行环境组织和管理。

1) 基于当前飞行阶段约束条件模式

基于当前飞行阶段约束条件模式是当前飞行阶段任务需求组织模式。基于当前飞行阶段约束条件模式的核心是重点考虑基于计划运行状态的当前飞行阶段的飞行目标和任务构成。即根据飞行计划运行状态建立飞行阶段的构成,如航路要求、所需到达时间、起飞爬升模式、导航能力与模式、飞行最小安全间隔等,而飞行阶段管理基于飞行计划的要求,根据当前飞行环境,针对当前飞行阶段的任务构型,完成相关组织、处理、监视、协同、决策等管理活动。即基于当前飞行阶段约束条件模式根据当前飞行计划的执行状态,分析当前飞行阶段特征和飞行许可,明确当前飞行阶段的任务构型;根据任务构型的任务组织,建立当前任务感知,如导航(飞行位置)、监视(环境状态)和通信(任务指令)等;分析和计算下一步任务的活动,如航路、航迹、冲突、时间等;构建和协同后续任务和运行许可。基于当前飞行阶段约束条件模式的主要任务是:针对当前飞行阶段的特征要求,确定后续飞行任务组织与构成;针对当前飞行阶段的应用功能,确定后续飞行任务内容与范围;针对当前飞行阶段的环境条件,确定后续飞行任务能力与性能;针对当前飞行阶段的飞行过程,确定后续飞行任务操作与结果。例如在起飞过程中,当前飞行阶段约束条件模式针对当前飞行计划的执行状态,根据当前空域交通情景和周围环境,完成飞行状态任务处理(导航、监视、通信);通过对自身飞行位置、高度、速度、航向分析,预计当前规划的航路冲突,依据计算的航迹和航路气象条件,确定飞行过程约束,建立飞行计划的组织和调整需求;通过飞行员与空管员和航空公司协同,形成基于当前飞行环境的条件约束和支持计划组织,建立最佳的符合或满足当前飞行环境的约束。

2) 基于当前飞行交通情景的协同模式

基于当前飞行交通情景的协同模式的核心是重点考虑当前飞行空域交通情景状态协同工作模式。已知所有飞行都是有计划的,但在飞行过程中,飞行计划必须适应和满足所在空域交通管理的需求。也就是说,飞行过程必须在空域交通情景的约束下面向飞行计划的飞行组织过程。基于当前飞行交通情景的协同模式首先确定飞行交通情景状态和周围环境,然后根据当前飞行计划执行的状态,针对当前空域交通管理,依据自身飞行状态:位置、高度、速度、航向,计算和规划当前的航路,分析航路气象条件,避免航路冲突,建立基于当前环境的飞行请求,然后通过飞行员与空管员和航空公司协同,形成基于当前交通环境条件的飞行管理模式,满足当前交通环境约束的飞行管理要求。基于当前交通情景的协同模式主要任务是:针对当前飞行空域交通能力,空地协同确定后续航路规划任务;针对当前空域交通流量,空地协同确定后续飞行间隔保障任务;针对当前空域交通安全,空地协同确定后续飞行安全隔离任务;针对当前空域交通威胁,空地协同确定后续飞行应急告警任务。例如在巡航过程中,当前飞行交通情景的协同模式通过飞行环境监视,基于环境态势感知,明确当前空域交通信息;通过飞行导航过程,建立飞行位置、航向和速度,明确自身飞行状态;通过飞行计划分析,明确飞行计划执行状态,建立后续计划飞行任务;通过空地通信,协同基于当前飞行环境的条件约束和支持计划需求,建立最佳的符合或满足当前飞行环境约束的任务组织。

3) 基于当前飞行环境条件驱动模式

基于当前飞行环境条件驱动模式的核心是重点考虑当前飞行环境条件事件响应模式。已知所有飞行是事先规划的,但在飞行过程中会发生大量的事件,而且绝大多数事件是无法预测的。这些事件必须需要飞行响应,往往影响飞行计划,造成计划的调整或修改,这也就是人们常说的"计划赶不上变化"。如何针对当前飞行环境的变化,或者说如何应对和响应飞行环境条件事件,是飞行运行管理的一项重要任务。基于当前飞行环境条件驱动模式是根据当前飞行计划的执行状态，针对当前空域交通情景和周围环境，分析当前运行任务的特殊事件状态，如在环境感知任务中，航路偏离或航路冲突事件，导航精度超差或完好性事件，监视环境飞行最小隔离或飞行间隔事件，以及显示飞行威胁或告警事件等，都必须做出响应以满足飞行安全的需求。但是，上述事件以及许多未列举事件都会对飞行计划产生影响。因此，必须建立基于当前飞行环境条件驱动模式，支持各种环境事件的响应，形成后续任务组织需求。基于当前飞行环境条件驱动模式主要任务是：针对当前飞行空域环境条件，确定后续飞行任务的过程条件要求；针对当前飞行航路环境条件，确定后续飞行任务的协同决策要求；针对当前飞行安全环境条件，确定后续飞行任务的安全监视要求；针对当前飞行过程环境条件，确定后续飞行任务的能力组织要求。例如在巡航飞行过程中，飞行管理系统根据当前空域环境条件，依据地面空管发出的任务指令，建立后续飞行任务组织需求；根据当前航路要求，依据航路偏离状态，建立后续飞行任务的协同决策需求；根据当前飞行环境，依据监视系统给出的安全状态，确定后续飞行任务的安全响应需求；根据飞行目标需求，依据当前环境条件，建立其他(如视景增强等)后续飞行任务需求。

4.4.3　当前飞行任务运行管理

飞行过程是基于飞行任务运行和管理过程。也就是说，所有的飞行过程的运行都需要管理控制。由于飞行计划是事先组织的，飞行环境是实时变化的，飞行任务面向特定事件，所以飞行任务运行必须针对飞行计划需求、根据飞行环境的事件，依据飞行任务的状态，组织、实施和控制飞行任务的完成。在飞行过程中，任何任务组织和调度都建立在当前任务运行的基础上，也就是说当前飞行任务运行状态决定后续任务的组织和运行，这就是当前飞行任务的运行管理。它是飞行管理重要组成部分，是在考虑当前飞行环境与飞行计划任务的支持条件下，根据运行任务状态，建立符合当前飞行计划目标，满足飞行环境条件,支持飞行任务状态的后续飞行任务组织和运行管理,这就是基于飞行任务运行和管理的思维。根据该思维,基于飞行任务运行和管理是基于飞行计划和环境能力的任务运行管理方式。该任务运行管理模式主要是针对当前飞行任务运行组织,建立基于当前飞行任务态势组织模式;针对当前飞行任务运行条件,建立基于当前飞行任务环境组织模式;针对当前飞行任务运行事件,建立基于当前飞行任务过程组织模式。当前飞行任务运行管理的组织如图 4.12 所示。

1) 基于当前飞行任务状态管理模式

基于当前飞行任务状态管理是面向飞行任务能力和运行条件管理方式,它基于当前飞行任务运行构成、领域和类型,根据飞行任务的组织、环境和条件,依据飞行任务目标、能力和过程,针对飞行任务运行环境、状态和态势,建立飞行任务发展态势:即目标、元素、能力、状态,确定飞行任务发展环境态势,即范围、时间、条件和约束,明确飞行任务实施途径态势,即逻辑、范围、性能和结果,确定飞行任务的发展需求,通过飞行任务发展态势评估,建立飞行任务发展目标、环境、能力和过程组织。基于飞行任务的运行管理由基于当前飞行任务态势组织模式、基于当前飞行任务条件组织模式和基于当前飞行任务过程组织模式组成。这三种飞行计划从不同的角度、不同侧面和不同重点,通过飞行员与空管员和航空公司协同,建立综合、实时和动态的飞行任务组织和管理。

2) 基于当前飞行任务态势组织模式

基于当前飞行任务态势模式是面向飞行任务的运行计划和任务运行状态组织模式。基于当前飞行任务态势组织模式的核心是重点考虑飞行计划任务态势的目标发展驱动。即根据当前飞行计划的执行状态,针对当前不同的飞行阶段,如滑行、起飞、巡航、下降和进近阶段,针对不同飞行阶段的飞行能力组织需求,如导航精度、安全间隔和视景增强等,通过自身飞行任务组织,如飞行导引、隔离保持、目视着陆等,分析当前执行能力和组织要求,建立任务运行要求和发展态势,分析基于飞行任务发展趋势的任务方向、环境、活动和约束,建立

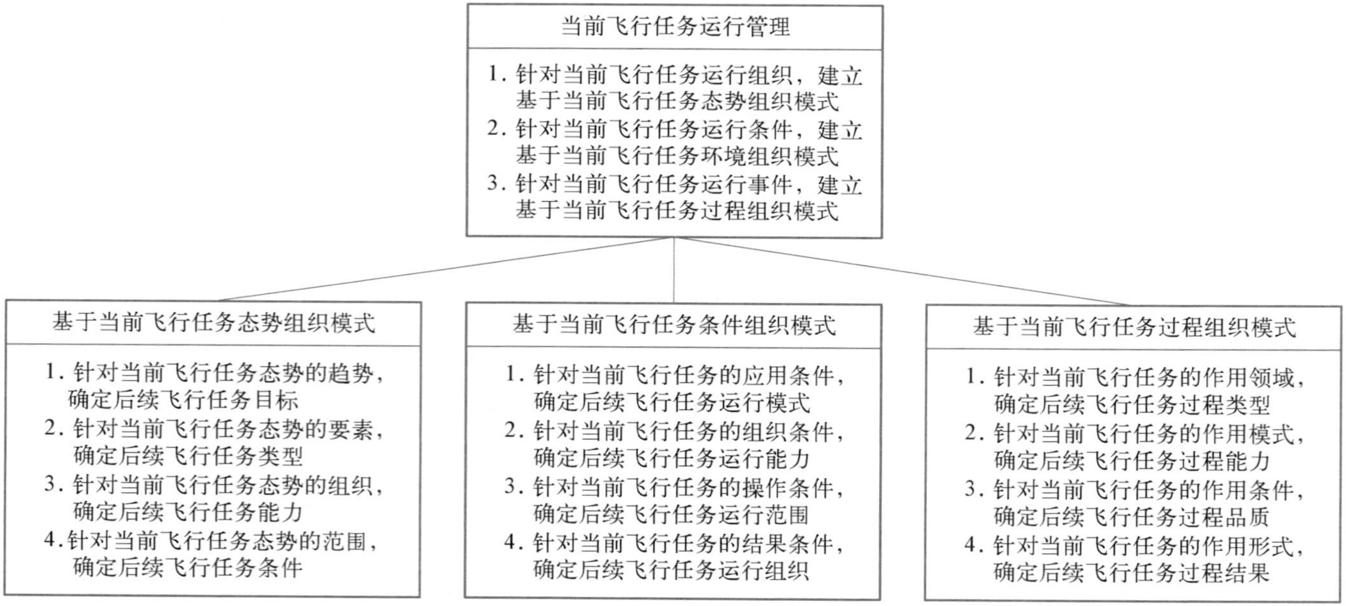

当前飞行任务运行管理

1. 针对当前飞行任务飞行任务飞行任务运行组织，建立基于当前飞行任务飞行任务飞行任务运行态势组织模式
2. 针对当前飞行任务飞行任务飞行任务运行条件，建立基于当前飞行任务飞行任务飞行任务运行环境组织模式
3. 针对当前飞行任务飞行任务飞行任务运行事件，建立基于当前飞行任务飞行任务飞行任务运行过程组织模式

基于当前飞行任务飞行任务过程组织模式

1. 针对当前飞行任务飞行任务飞行任务飞行任务飞行任务的作用领域，确定后续当前飞行任务飞行任务飞行任务的作用模式类型
2. 针对当前飞行任务飞行任务飞行任务飞行任务飞行任务的作用模式，确定后续当前飞行任务飞行任务飞行任务的作用过程能力
3. 针对当前飞行任务飞行任务飞行任务飞行任务飞行任务的作用条件，确定后续当前飞行任务飞行任务飞行任务的作用过程品质
4. 针对当前飞行任务飞行任务飞行任务飞行任务飞行任务的作用品质，确定后续当前飞行任务飞行任务飞行任务的作用过程形成结果

基于当前飞行任务条件组织模式

1. 针对当前飞行任务飞行任务飞行任务飞行任务的应用条件，确定后续当前飞行任务飞行任务飞行任务的应用组织模式
2. 针对当前飞行任务飞行任务飞行任务飞行任务的组织条件，确定后续当前飞行任务飞行任务飞行任务的运行组织能力
3. 针对当前飞行任务飞行任务飞行任务飞行任务的能力条件，确定后续当前飞行任务飞行任务飞行任务的操作行范围
4. 针对当前飞行任务飞行任务飞行任务飞行任务的结果条件，确定后续当前飞行任务飞行任务飞行任务的结果运行组织

基于当前飞行任务态势组织模式

1. 针对当前飞行任务飞行任务飞行任务飞行任务态势的趋势，确定后续当前飞行任务飞行任务飞行任务态势目标
2. 针对当前飞行任务飞行任务飞行任务飞行任务态势的要素，确定后续当前飞行任务飞行任务飞行任务态势类型
3. 针对当前飞行任务飞行任务飞行任务飞行任务态势的组织，确定后续当前飞行任务飞行任务飞行任务态势能力
4. 针对当前飞行任务飞行任务飞行任务飞行任务态势的范围，确定后续当前飞行任务飞行任务飞行任务态势条件

图 4.12 飞行计划运行与管理组织

基于飞行任务发展态势的任务目标、能力、条件和过程组织,通过飞行员与空管员和航空公司协同,形成基于当前飞行执行模式引导的飞行态势组织,满足和保证当前飞行任务运行组织和管理要求。基于当前飞行任务态势模式主要任务是:针对当前飞行任务态势的趋势,确定后续飞行任务目标;针对当前飞行任务态势的要素,确定后续飞行任务类型;针对当前飞行任务态势的组织,确定后续飞行任务能力;针对当前飞行任务态势的范围,确定后续飞行任务条件。例如在进近过程中,飞行管理系统(FMS)根据进近过程阶段特征组织通信任务,完成进近过程协同;通过导航任务,支持进近过程航迹计算;通过监视任务,实现前端飞机飞行间隔保持;通过显示任务,实现进近和着陆过程视景增强;通过飞行管理任务,协同、控制和交换进近过程责任等。

　　3) 基于当前飞行任务条件组织模式

　　基于当前飞行任务条件组织模式是面向飞行任务的运行条件支持能力和引导模式,其核心是重点考虑当前飞行过程环境特征和条件能力的任务组织模式,是根据当前不同的飞行过程,如飞行导引过程、进近着陆过程、视景组织过程、低能见度飞行过程等,针对不同飞行过程环境特征和性能需求,如巡航、进近导航精度、飞行最小间隔和最小安全间隔、视景增强等,通过面向环境特征的自身飞行过程组织,如间隔显示、隔离保持、防撞告警、目视管理等,分析基于当前飞行环境和空域管理能力,明确增强和引导组织,建立基于当前的任务条件约束管理模式,通过飞行员与空管员和航空公司协同,形成基于当前环境的任务组织管理需求,满足飞行任务组织管理要求。基于当前任务条件组织模式主要任务是:针对当前飞行任务的应用条件,确定后续飞行任务运行模式;针对当前飞行任务的组织条件,确定后续飞行任务运行能力;针对当前飞行任务的操作条件,确定后续飞行任务运行范围;针对当前飞行任务的结果条件,确定后续飞行任务运行组织。例如在降落过程的仪表着陆过程转目视着陆过程任务中,首先飞行管理系统(FMS)通过飞行管理任务,建立降落的航迹;通过导航任务,确定当前飞行降落状态;通过监视任务,明确降落的航路环境;通过显示任务,建立视景范围和能力;通过与空管协同,建立转换的许可和责任的授权。

4) 基于当前飞行任务过程组织模式

基于当前飞行任务过程组织是面向飞行任务的运行状态和过程引导模式,其核心是重点考虑飞行任务的构成和运行管理模式。飞行任务过程组织模式根据当前不同的飞行任务,如巡航阶段的监视任务,针对不同飞行阶段(如巡航阶段)环境特征和性能需求,如航路偏离、最小飞行隔离、最小飞行间隔保持等,通过面向任务的过程组织,如位置计算、状态通信、间距探测、交通显示等,分析基于当前任务和过程组织和能力,如飞行偏离、飞行威胁、防撞告警等,支持任务的过程引导,如驾驶舱交通信息显示,空-空飞行状态交换,空-地信息交换与决策等,建立基于当前的过程环境约束和过程性能管理模式,形成面向当前任务和过程组织与管理需求,满足飞行任务组织和飞行过程管理要求。基于当前飞行任务过程组织模式的主要任务是:针对当前飞行任务的作用领域,确定后续飞行任务过程类型;针对当前飞行任务的作用模式,确定后续飞行任务过程能力;针对当前飞行任务的作用条件,确定后续飞行任务过程品质;针对当前飞行任务的作用形式,确定后续飞行任务过程结果。例如飞行监视任务的过程组织。飞行监视任务首先根据飞行计划确定的目标和航路,确定当前飞行阶段,明确该飞行阶段的任务构成;根据该飞行阶段任务需求,建立飞行阶段监视任务的应用组织,确定监视任务应用的监视参数,构建实现监视参数的功能组织,建立基于功能处理过程,满足监视任务的性能要求,提供监视任务结果。

4.5 系统应用任务综合

系统应用任务综合化是面向航空电子系统飞行环境感知、飞行情景组织、飞行态势识别和飞行需求推测的综合优化技术,是面向系统应用目标、应用能力、应用范围、应用环境和效能综合管理技术,是系统飞行过程组织、飞行环境控制、飞行状态管理、飞行任务决策综合管理技术。

系统应用任务综合技术根据航空电子系统应用任务目标需求,实现基于任务应用需求的任务管理、任务模式和决策组织的综合;根据航空电子系统应用任务管理的需求,实现基于任务能力组织的任务计划、任务评估和任务能力的综合;根据航空电子系统应用任务组织的需求,实现基于任务态势综合的态势感知、态势识别和态势推测的综合。系统应用任务综合有效提升了系统应用任务和目标响应、能力优化和组织、结果效能与有效性,实现了航空电子系统应用组织、系统感知、系统决策能力的效能、效率和有效性。

系统应用任务综合的主要任务有:第一,飞行应用目标综合,即通过飞行应用需求、飞行应用类型、飞行应用过程和飞行应用结果组织和综合,提升飞行过程目标引导能力;第二,飞行应用环境综合,即通过飞行场景需求、飞行场景类型、飞行场景元素和飞行场景条件组织和综合,提升飞行过程环境控制能力;第三,飞行应用任务综合,即通过飞行任务需求、飞行任务类型、飞行任务条件和飞行任务结果组织和综合,提升飞行过程任务管理能力;第四,飞行运行管理综合,即通过运行过程需求、运行过程类型、运行过程处理和运行过程状态管理和综合,提升飞行过程系统运行组织能力。

飞行应用任务综合架构如图 4.13 所示。

4.5.1　飞行情景组织综合

根据前面所述,飞行情景由飞行环境、飞行态势、飞行场景构成。飞行环境建立了飞行计划和完成状态,构建了飞行环境条件和约束状态,提供了飞行任务构成和运行状态,形成当前飞行运行状态情景;飞行态势确定飞行计划发展组织和趋势,构建了飞行环境变化和能力趋势,建立了飞行任务运行需求和趋势,形成当前飞行发展趋势情景;飞行场景建立了飞行场景的态势趋势,确定了飞行场景的能力组织,明确了飞行场景的条件构成,建立了飞行场景的发展结果形式,形成支持新一代飞行任务组织和决策环境——飞行场景。飞行情景组

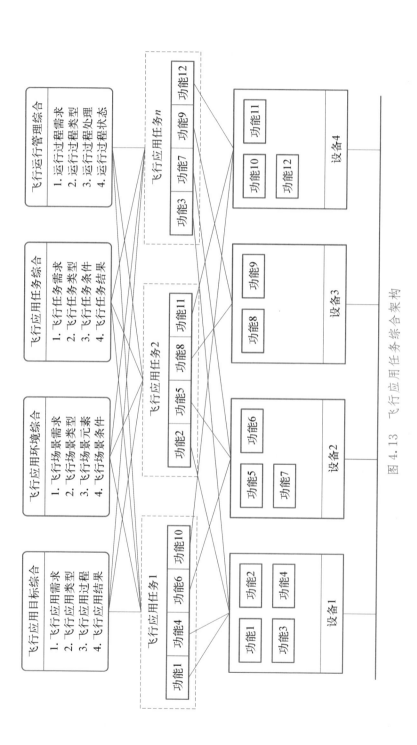

图 4.13 飞行应用任务综合架构

织综合主要任务如下。

1) 基于飞行环境构建飞行情景作用范围

飞行环境描述当前飞行面临的要求和环境,其主要任务是为飞行管理系统提供当前飞行计划执行状态、飞行环境变化状态和飞行任务执行状态。它首先反映当前飞行完成计划的状态,建立当前飞行组织和管理需求;其次,飞行环境反映当前面临的飞行环境状态,建立当前的飞行过程环境约束;最后,飞行环境反映当前飞行任务的运行状态,建立当前飞行任务运行状态和结果。由于飞行计划包括飞行要求、飞行组织、飞行过程和飞行条件,飞行环境包括空域环境、气象环境、航路环境和安全要求环境,飞行任务包括任务运行、航路冲突、飞行威胁、任务条件,这些过程和状态不是独立运行的,而是相互关联和协同的。因此,必须针对当前飞行计划状态、飞行环境状态和飞行任务状态,建立基于目标、能力、范围和性能的飞行环境综合,支持飞行管理系统环境组织和任务决策。

2) 基于飞行态势确定飞行情景发展趋势

飞行态势描述当前飞行发展的趋势和状态,其主要任务是为飞行管理系统提供当前飞行计划发展趋势、飞行环境变化趋势和飞行任务运行趋势。飞行态势首先反映当前飞行计划执行状态和关联引导,建立飞行计划的发展趋势;其次,飞行态势反映当前环境变化状态和关联因素,建立飞行环境的变化趋势;最后,飞行环境反映当前任务运行状态和关联活动,建立飞行任务的运行趋势。由于飞行计划态势包括飞行目标组织、飞行场景组织、飞行规则组织,飞行环境态势包括空域交通环境、航路条件环境、飞行冲突环境,飞行任务态势包括任务目标与类型组织、任务条件与范围组织、任务结果与性能组织,这些过程和状态相互关联、相互协同、相互制约。因此,针对当前飞行计划态势、飞行环境态势和飞行任务态势,必须建立飞行计划与目标、飞行环境与条件、飞行场景与任务、飞行过程与结果的综合,支持飞行管理系统态势组织和管理决策。

3）基于态势作用区域建立场景综合领域

飞行场景描述当前飞行情景的构成，其主要任务是为飞行管理系统提供当前飞行的态势情景、能力情景、条件情景和结果情景。它首先反映当前飞行态势情景，即飞行计划运行状态、环境范围和任务态势的综合；其次，飞行场景反映当前飞行能力情景，即飞行计划范围、环境因素和任务活动的综合；再次，飞行场景反映当前飞行条件，即飞行计划需求、环境条件和任务要求的综合；最后，飞行场景反映当前飞行结果，即飞行计划目标、环境要求和任务能力的综合。飞行场景态势包括航路交通态势、航路约束态势、航迹监视态势、安全告警态势。场景能力包括飞行场景飞行计划管理、飞行场景导航模式组织、飞行场景飞行状态管理、飞行场景飞行导引模式。飞行场景条件包括飞行空域交通管理条件、航路气象制约条件、飞行环境支持能力条件、飞行过程能力组织条件。飞行场景结果包括飞行状态与航路规划、下一航路点和所需到达时间、飞行航迹计算与飞行导引、飞行环境监视与飞行安全管理。这些过程和状态相互关联、相互协同、相互制约。因此，针对当前飞行的场景态势、场景能力、场景条件和场景结果，必须建立飞行场景的计划、能力、条件和结果的综合，支持飞行管理系统飞行场景组织和管理决策。

4）基于应用需求确定场景结果形式

飞行情景综合基于当前的飞行情景，综合飞行计划、飞行组织和飞行过程的运行状态，实现飞行环境、飞行态势和飞行场景合成。因此，飞行情景合成是一个基于飞行环境场景（空域交通环境、气象条件环境、航路情景、安全隔离情景），针对飞行任务场景（飞行计划要求、当前飞行环境、当前飞行任务、系统功能组织），依据飞行条件场景（飞行状态情景、飞行航路冲突、飞行威胁告警、飞行条件约束），建立飞行态势组织（运行态势管理、任务关系态势识别、任务结果态势推测），构建飞行态势综合（目标综合、环境综合、条件综合、能力综合、范围综合），最后形成应用需求（应用的目标需求、环境组织、空间构成、能力组织、作用条件）、应用能力（信息组织、作用领域、作用范围、数值精度、作用时间）和应用约束(飞行的航路要求、安全环境、冲突环境、危害环境、要求到达时间)。飞行情景组织与综合如图 4.14 所示。

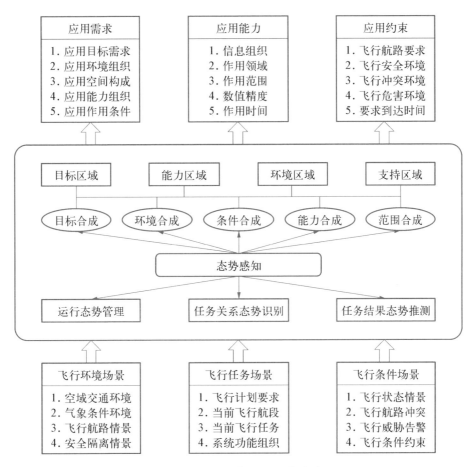

图 4.14　飞行情景组织与综合

4.5.2　飞行任务组织与综合

　　根据前面所述,飞行任务由任务感知、任务识别和任务组织构成。任务感知是根据当前的飞行情景,构建对应的后续任务需求。其主要任务是:针对当前飞行计划执行情况,构建基于飞行计划目标的任务需求;针对当前飞行环境支撑情况,构建符合飞行环境约束的任务需求;针对当前飞行场景态势情况,构建飞行态势发展引导的任务需求;针对当前飞行任务执行状态情况,构建符合飞行任务上下文的任务需求。任务识别是根据飞行应用的任务需求,构建与其应用任务需求相适应的系统功能能力。其主要任务是:针对当前任务态势感知,建立任务目标与结果需求识别;针对当前的任务组织需求,建立任务内容与处理模式识别;针对当前任务能力与条件需求,建立任务活动与作用领域识别;针对当前任务处理环境和结果需求,建立任务品质与操作性能识别。任务组织根据任务感知的目标需求和任务识别的能力需求,构建基于当前运行状态的后续任务组织。其主要任务是:针对飞行任务、态势、环境和结果要求,建立面向应用需求的任务目标组织;针对飞行应用、事件、功能和过程要求,建立面向系统构成的任务能力组织;针对基于目标、组织、逻辑和操作模式,建立面向功能处理的任务环境组织;针对应用管理、功能管理、过程管理和性能管理模式,建立面向运行状态的任务管理组织。因此,飞行任务组织与综合主要任务如下:

1) 基于应用场景建立任务组织需求

任务感知是描述当前飞行情景对应的后续任务需求,主要由基于飞行计划状态、基于飞行环境条件、基于飞行态势趋势和基于任务上下文的任务感知构成。其主要思路是:首先,基于飞行计划状态的任务感知是根据当前飞行计划执行状态,基于当前飞行状态和飞行环境感知,通过空地协同,建立以原飞行计划为引导的飞行计划维持、调整或修改的需求,构建基于当前环境和能力的最大程度符合或靠近原飞行计划的要求。第二,基于飞行环境条件的任务感知是根据当前飞行环境条件,依据当前飞行状态和执行计划,通过空地协同,建立以当前飞行环境为基础的飞行过程维持或重组的需求,构建基于当前环境和约束条件下的最小飞行过程调整和变动。第三,基于飞行态势趋势的任务感知是根据当前飞行情景发展能力、环境和趋势——飞行态势,依据当前飞行模式、状态和条件,通过空地协同,建立以当前飞行态势趋势为核心的飞行过程维护或重组的需求,构建基于当前态势推动条件下的飞行过程组织和变动。第四,基于任务上下文的任务感知根据当前飞行任务运行、领域和状态——飞行任务环境,依据当前飞行计划需求、环境和条件,通过空地协同,建立以当前飞行任务运行状态为核心的飞行任务维护或重组的需求,构建基于当前任务上下文条件下的飞行过程组织和变动。

2）基于运行环境确定任务运行目标

任务识别描述应用任务需求相适应的系统功能能力识别,主要由任务目标与结果需求识别、任务内容与处理模式识别、任务活动与作用领域识别和任务品质与操作性能识别构成。其主要思路是:首先,任务目标与结果需求识别根据任务感知建立的任务计划、态势、环境和任务上下文关系,识别任务的目标与类型、能力与条件、空间与领域和关系与组织,构建适应任务感知模式的最佳任务目标与结果需求;第二,根据任务感知建立的任务需求、能力、条件和组织要求,识别系统功能组织的能力类型与处理过程、活动范围与作用空间、专业模式与处理逻辑和作用能力与协同处理,构建适应任务感知模式需求和系统功能的目标需求。第三,任务活动与作用领域识别根据任务感知已建立的任务需求、能力、条件和组织要求,识别系统功能组织的逻辑作用空间与领域、逻辑限定范围与环境、逻辑操作模式与条件、逻辑交联接口和状态,构建适应任务感知模式需求和系统功能逻辑的组织需求。第四,任务品质与操作性能识别是根据任务感知已建立的任务需求、功能能力、处理环境和结果目标要求,识别系统功能组织目标、能力和结果性能、系统功能限制、约束和条件性能、系统功能能力、逻辑、处理性能,系统功能类型、差别和活动性能,构建适应任务感知模式需求的系统功能品质和操作性能需求。

3）基于任务能力构建任务组织综合领域

任务组织是描述基于任务识别的能力需求的当前运行任务组织,主要由任务目标组织、任务能力组织、任务环境组织和任务管理组织构成。其主要思路是:首先,任务目标组织根据任务感知建立的任务计划、态势、环境和任务上下文关系和任务识别建立的任务需求、内容、领域和性能,组织基于飞行导引和面向目标需求的任务目标状态、能力、效能和性能体系,构建满足任务感知的飞行应用需求和任务识别任务能力需求的任务目标组织。第二,任务能力组织根据任务感知建立的任务计划、事件、功能、过程组织和任务识别建立的任务内容、领域、环境和条件,组织基于应用模式和面向飞行过程的应用、组织、处理、执行能力体系,构建满足任务感知的飞行态势组织和任务识别的任务内容组织的任务能力组织。第三,任务的环境组织根据任务感知建立的任务态势和任务识别建立的任务能力,组织基于运行需求环境和处理操作条件的领域、状态、环境、条件组织体系,构建满足飞行态势组织和任务内容组织的任务运行环境与条件组织。第四,任务的管理组织根据任务感知建立的任务情景和任务识别建立的任务内容,组织面向应用情景、任务组织的功能逻辑、环境条件和过程能力的管理模式,构建满足飞行任务情景和任务内容处理的任务管理组织。

4) 基于应用目标建立任务综合结果形式

飞行任务组织综合是针对当前飞行情景识别与组织,基于飞行环境、飞行态势和飞行场景的综合,实现任务感知、任务识别和任务组织的综合。因此,飞行任务组织综合是基于应用需求(应用的目标需求、环境组织、空间构成、能力组织、作用条件),针对应用能力(信息环境、作用领域、作用范围、数值精度、作用时间),依据应用约束(飞行的航路要求、安全环境、冲突环境、危害环境、要求到达时间),建立任务组织需求(任务的目标需求、能力需求、作用领域),构建任务组织综合(目标、作用域、过程、约束、输入等综合),最后形成任务组织(任务的目标、能力、条件、处理过程和结果形式)、任务能力(任务的类型、活动、空间、作用域、性能)和任务约束(任务的计划要求、关系组织、支持条件、作用区域、能力范围)。飞行任务组织与综合如图 4.15 所示。

4.5.3　飞行任务运行管理与综合

根据前面所述,飞行任务运行管理由当前的飞行计划运行管理、飞行运行环境管理和飞行任务运行管理识别构成。当前飞行计划运行管理是根据当前的飞行计划执行状态,构建对应的后续任务需求。其主要任务是:针对当前飞

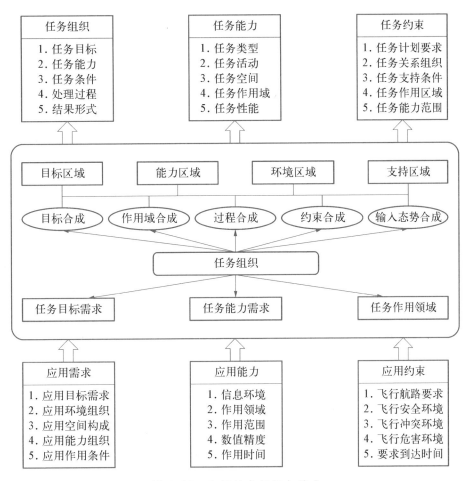

图 4.15　飞行任务组织与综合

行计划运行过程,构建基于当前飞行计划的需求引导模式;针对当前飞行计划
支持能力,构建基于当前飞行计划的态势引导模式;针对当前飞行计划运行状
态,构建基于当前飞行计划的偏离引导模式。当前飞行运行环境管理根据当前
飞行环境条件和变化,构建飞行环境调整和态势组织,建立基于新飞行环境的
飞行目标、环境、过程组织。其主要任务是:针对当前飞行阶段环境,构建基于
飞行阶段约束条件模式;针对当前飞行空域环境,构建基于飞行交通情景协同
模式;针对当前航路环境,构建基于飞行环境条件驱动模式。当前飞行任务运

行管理是根据当前运行任务状态,建立符合当前飞行计划目标和满足当前飞行环境条件,支持当前飞行任务状态的后续飞行任务组织和运行管理。其主要任务是:针对当前飞行任务运行组织,建立基于当前飞行任务态势组织模式;针对当前飞行任务运行条件,建立基于当前飞行任务环境组织模式;针对当前飞行任务运行事件,建立基于当前飞行任务过程组织模式。飞行任务与管理综合主要任务如下。

1)基于飞行计划构建飞行任务组织需求

飞行计划运行管理模式是面向计划需求的飞行运行引导管理模式,主要由基于当前飞行计划运行需求引导模式、基于当前飞行计划运行态势引导模式和基于当前飞行计划运行状态引导模式构成。其主要思路是:首先,基于当前飞行计划运行需求引导模式根据当前飞行计划完成结果,确定后续飞行任务目标需求;根据当前飞行计划完成形式,确定后续飞行任务能力需求;根据当前飞行计划完成状态,确定后续飞行任务作用需求;根据当前飞行计划完成条件,确定后续飞行任务性能需求。第二,基于当前飞行计划运行态势引导模式根据当前飞行计划态势的发展趋势,确定后续飞行任务的目标需求;根据当前飞行计划态势的要素组织,确定后续飞行任务的能力构成;根据当前飞行计划态势的作用领域,确定后续飞行任务的操作空间;根据当前飞行计划态势的限定条件,确定后续飞行任务的结果性能。第三,基于当前飞行计划运行状态引导模式根据当前飞行计划运行符合的状态,确定后续飞行维持任务需求;根据当前飞行计划运行偏移的状态,确定后续飞行调整任务需求;根据当前飞行计划运行的冲突状态,确定后续飞行重组任务需求;根据当前飞行计划运行的威胁状态,确定后续飞行应急任务需求。

2)基于飞行环境构建飞行任务综合区域

飞行运行环境管理是面向环境条件约束的运行飞行任务引导管理模式,主要由基于当前飞行阶段约束条件模式、基于当前飞行交通情景协同模式和基于当前飞行环境条件驱动模式构成。其主要思路是:首先,基于当前飞行阶段约束条件模式根据当前飞行阶段的特征要求,确定后续飞行任务组织与构成;根据当前飞行阶段的应用功能,确定后续飞行任务内容与范围;根据当前飞行阶段的环境条件,确定后续飞行任务能力与性能;根据当前飞行阶段的飞行过程,确定后续飞行任务操作与结果。第二,基于当前飞行交通情景协同模式根据当前飞行空域交通能力,空地协同确定后续飞行航路规划任务;根据当前飞行空域交通流量,空地协同确定后续飞行间隔保障任务;根据当前飞行空域交通安全,空地协同确定后续飞行安全隔离任务;根据当前飞行空域交通威胁,空地协同确定后续飞行应急告警任务。第三,基于当前飞行环境条件驱动模式根据当前飞行空域环境条件,确定后续飞行任务的过程条件要求;根据当前飞行航路环境条件,确定后续飞行任务的协同决策要求;根据当前飞行安全环境条件,确定后续飞行任务的安全监视要求;根据当前飞行过程环境条件,确定后续飞行任务的能力组织要求。

3) 基于飞行状态构建飞行任务运行综合

飞行任务状态管理是面向任务运行状态的飞行运行引导管理模式,主要由基于当前飞行任务态势组织模式、基于当前飞行任务条件组织模式和基于当前飞行任务过程组织模式构成。其主要思路是:首先,基于当前飞行任务态势组织模式根据当前飞行任务态势的趋势,确定后续飞行任务目标;根据当前飞行任务态势的要素,确定后续飞行任务类型;根据当前飞行任务态势的组织,确定后续飞行任务能力;根据当前飞行任务态势的范围,确定后续飞行任务条件。第二,基于当前飞行任务条件组织模式根据当前飞行任务的应用条件,确定后续飞行任务运行模式;根据当前飞行任务的组织条件,确定后续飞行任务运行能力;根据当前飞行任务的操作条件,确定后续飞行任务运行范围;根据当前飞行任务的结果条件,确定后续飞行任务运行组织。第三,基于当前飞行任务过程组织模式根据当前飞行任务的作用领域,确定后续飞行任务过程类型;根据当前飞行任务的作用模式,确定后续飞行任务过程能力;根据当前飞行任务的作用条件,确定后续飞行任务过程品质;根据当前飞行任务的作用形式,确定后续飞行任务过程结果。

4) 基于飞行管理综合提供任务运行结果和状态

飞行任务运行与管理综合是基于当前飞行情景组织与综合、基于飞行任务组织与综合,实现飞行计划运行管理、飞行运行环境管理和飞行任务状态管理的综合,即飞行任务运行与管理的综合。因此,飞行任务运行与管理综合是基于任务组织(任务的目标、领域、条件、处理过程、结果形式),针对任务能力(任务的类型、活动、空间、作用域、性能),依据任务约束(任务的计划要求、关系组织、支持条件、作用区域、能力范围),建立任务运行模式(运行环境、任务状态、系统状态),构建任务运行综合(运行趋势、运行空间、任务组织、系统状态、运行环境等综合),最后形成态势运行管理(飞行信息环境、交通组织环境、选定目标环境、系统能力环境、飞行航迹环境)、任务运行管理(活动作用空域、处理作用时域、能力作用范围、过程作用时间、结果状态形式)和系统运行管理(任务运行构型、功能处理构型、设备组织构型、故障监测管理、系统过程管理)。飞行任务运行管理综合如图 4.16 所示。

4.6 小结

系统应用任务综合是面向飞行过程应用组织、运行、管理的综合,是航空电子系统应用服务的活动和能力组织和集成。其过程根据飞行需求,系统优化的需求和范围要求,实现任务目标、处理方式和组织模式的综合;依据飞行环境,优化系统任务和能力组织,实现态势感知、识别和推测综合;根据飞行过程,优化系统的功能和过程管理,实现系统任务组织、安全告警和任务状态显示综合。航空电子系统应用任务综合反映了飞机飞行过程感知、组织、集成和运行的活动的综合能力、效率和有效性。

本章系统介绍了系统应用任务能力——应用任务组织架构;叙述了系统应

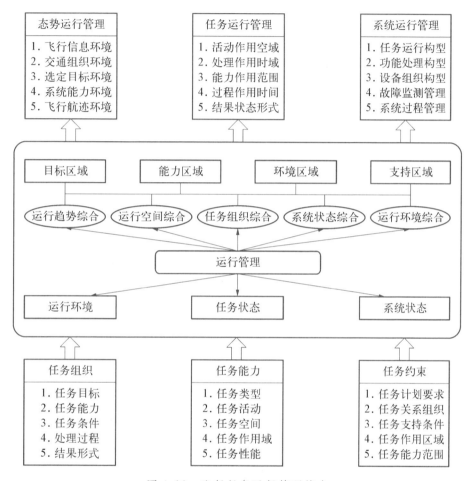

图 4.16　飞行任务运行管理综合

用任务环境——飞行情景组织;描述了系统应用任务需求——任务感知组织;讨论了应用任务运行——任务运行与管理。最后在此基础上,论述了系统应用任务的综合。主要重点有以下几个方面。

1) 建立飞行应用任务组织

本章描述了飞行应用任务组织由飞行计划、飞行过程和飞行管理构成。针对飞行计划,描述了通过建立飞行的目标、环境和能力,组建飞行应用需求;针对飞行过程,描述了通过建立飞行态势、飞行导引、飞行任务,组建飞行过程能力;针对飞行管理,描述了通过建立飞行的监视、状态和组织,组建飞行管理模式。

2)建立飞行情景组织和识别

本章论述了飞行情景识别与组织由飞行的环境、态势和场景构成。针对飞行环境,根据飞行组织模式,描述了飞行的需求、计划、条件和过程内容和要求;针对飞行态势,根据飞行态势模式,描述了飞行计划、飞行环境、飞行任务和飞行情景等态势的内容和能力;针对飞行场景,根据飞行情景需求,描述了飞行情景的能力、条件、结果、服务内容和组织。

3)建立任务感知和识别

本章论述了飞行任务组织由飞行任务感知、任务识别和任务推测构成。针对任务感知,从飞行的计划状态、环境条件、态势趋势和任务上下文四个方面,描述了任务感知的组建;针对任务识别,从任务的目标与结果需求、内容与处理模式、活动与作用领域以及任务品质与操作性能四个方面,描述了任务识别的组建;针对任务推测,从任务的目标组织、能力组织、环境组织和管理组织四个方面,描述任务推测的组建。

4)建立任务运行和管理

本章论述了飞行任务运行和管理由飞行的计划组织、环境组织和任务管理构成。针对飞行计划组织,描述了基于飞行计划需求引导模式、基于飞行计划态势引导模式和基于飞行计划运行状态引导模式;针对飞行环境组织,描述了基于飞行阶段约束条件模式、基于飞行交通情景协同模式和基于飞行环境条件驱动模式;针对飞行任务管理,描述了基于飞行任务状态管理模式、基于飞行任务条件组织模式和基于飞行任务过程管理模式。

5)论述系统应用任务综合

本章论述了系统应用任务综合由飞行的情景综合、任务综合和管理综合构成。针对飞行情景综合,描述了基于飞行环境构建飞行情景作用范围、基于飞行态势确定飞行情景发展趋势、基于态势作用区域组建场景综合领域;针对飞行任务综合,描述了基于飞行计划建立任务组织需求、基于应用场景建立任务组织内容、基于应用目标建立任务结果形式;针对飞行管理综合,描述了基于飞行环境建立飞行任务综合条件、基于飞行情景建立飞行任务运行综合因素、基于飞行状态建立飞行任务综合结果。

参考文献

[1] Walter Perry, David Signori, John Boon. Exploring information superiority: A methodology for measuring the quality of information and its impact on shared awareness[R]. RAND MR - 1467,2003. USA: Rand,2003.

[2] Endsley M R. Situation awareness and workload: Flip sides of the same coin [C]. Proc. of the 7th International Symposium on Aviation Psychology, 1993: 906 - 911.

[3] Durso F T,Gronlund S D. Situation Awareness. Handbook of Applied Cognition [M]. Durso F,New York: John Wiley&Sons, 1999: 283 - 314.

[4] Endsley M R. Situation Awareness in Aviation Systems[M]. Mahwah,1999: 247 - 276.

[5] Hogg D N, Folleso K, Strand-Volden F, et al. Development of a situation awareness measure to evaluate advanced alarm system in nuclear power plant control rooms[J]. Ergonomics,1994,38(11): 2394 - 2413.

[6] Stewart R,Neville A,Stanton N A. Stanton distributed situation awareness in an airborne warning and control system: application of novel ergonomics methodology[J]. Cognition,technology and Work,2008,10(3): 1221 - 1229.

[7] Kirlik A,Strauss R. Situation awareness as judgment I: statistical modeling,and quantitative measurement[J]. International Journal of Industrial Ergonomics, 2006,36(4): 463 - 474.

[8] Strauss R, Kirlik A. Situation awareness as judgment II: experimental demonstration [J]. International Journal of Industrial Ergonomics, 2006, 36(4): 474 – 484.

[9] Endsley M R, Jones W M. Situation awareness, information dominance&information warfare[R]. United States Air Force Armstrong Laboratory, 1997: 30 – 34.

[10] Scrocca J, Molz M, Kott A. Collaborative awareness: experiments with tools for battle command [EB/OL]. The 1th International Command and Control Research and Technology Symposium, 2006.

[11] Endsley M R. Toward a theory of situation awareness in dynamic systems [J]. Human Factors, 1994, 37(1): 32 – 64.

5

航空电子系统功能组织综合技术

　　航空电子系统功能描述系统实现应用任务运行的系统能力组织。航空电子系统功能组织是针对系统应用任务运行的目标，构建系统功能的能力组织和处理逻辑；针对系统应用任务运行的领域，构建系统功能的专业构成和作用范围；针对系统应用任务运行的环境，构建系统功能的处理品质和结果性能。

　　上一章我们系统讨论了航空电子系统的应用任务组织和任务综合。根据系统应用需求与任务组织，航空电子系统应该提供什么样的能力、专业、逻辑和性能实现和完成系统应用与任务的需求。这就是本章论述的内容。

　　根据第 2 章航空电子系统架构论述，系统应用组织对应于系统任务架构，系统能力组织对应系统功能架构，系统资源组织对应系统物理架构。航空电子系统能力组织由系统功能组织、功能处理、功能综合构成。本章的重点是论述功能综合思想和方法。

　　航空电子系统功能综合是面向系统任务的应用、作用、环境、程序、效能和有效性的需求，基于功能的能力、类型、条件、逻辑、过程和性能的分类，通过对系统功能专业、作用域、范围、处理、效率和品质综合，实现系统任务的目标、领域、空间、活动、时间和结果的最优化构成。我们把航空电子系统功能的专业、作用域、范围、处理、效率和品质 6 个维度综合称为系统功能综合，以满足系统能力、领域、效率和品质优化的目标。系统任务组织与功能组织配置结构如图 5.1 所示。

　　航空电子系统任务是面向飞行应用过程的，任务基于应用、作用、环境、程序、效能和有效性需求的 6 个维度；而功能是面向系统处理能力的，功能是面向能力、类型、条件、逻辑、过程和性能组织的 6 个维度。任务和功能之间，即 6 个维度，往往是不匹配的或者不符合的。传统的航空电子系统模式，即非综合化的航空电子系统，由于航空电子系统能力较弱，大多为专业的功能组织，具有独立的目标和能力，不具有功能能力和范围重叠、功能逻辑与处理传递、功能要素和条件互补的能力，因此，传统的航空电子系统模式任务与功能组织大多都采用应用——能力牵引模式，形成目标——专业组织。由此形成了任务与功能 6

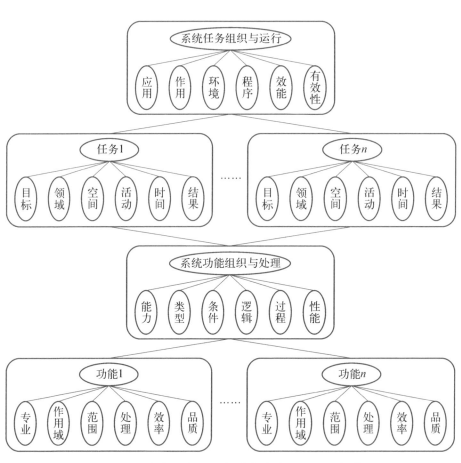

图 5.1　系统任务组织与系统功能组织配置架构

个维度组织的最小集合。

　　随着 IT 技术的高速发展,信息能力组织与信息处理能力大幅度提升,同时基于计算机数字平台处理能力大幅度增加,这些都大大提升了航空电子系统功能能力和组织。随着航空电子系统信息和功能大幅度增加,形成不同功能目标、行为、能力、性能和条件组织的航空电子系统功能系统。根据不同的环境和条件,航空电子系统中越来越多的功能对任务需求具有不同的贡献或特定的支持。即不同功能的专业、作用域、范围、处理、效率和品质 6 个维度对任务的目标、领域、空间、活动、时间和结果 6 个维度产生不同的影响。因此,航空电子系统功能综合就是针对这种现象,面向应用任务的需求,根据系统构建的功能,针对应用任务 6 个维度组织,通过系统功能的 6 个维度综合,实现系统功能能力/应用任务目标的最大化。这就是本章论述的航空电子系统功能综合。

功能综合是航空电子系统能力组织和功能保障的组成部分。针对系统架构组织,航空电子系统的综合化体现在功能应用、组织和综合上。在应用方面,系统功能综合根据系统的飞行阶段任务情景,针对系统能力目录,针对当前任务组织需求,通过功能能力组织,构建系统功能处理模式,确定功能处理输入信息组织。在组织方面,系统的功能综合面对系统的能力需求,依据系统层次划分,面向复杂组织的系统能力优化目标,根据系统功能组织定义,建立系统功能架构组织。在综合方面,系统功能综合基于任务的应用、作用、环境、程序、效能和有效性的需求,依据系统功能目标、行为、能力、性能和条件,实现系统功能专业、作用域、范围、处理、效率和品质等综合。

5.1　系统功能平台与架构组织

系统功能组织与架构是航空电子系统的专业能力组织和处理部分。我们在上一章系统地论述了航空电子系统任务的组织综合。系统任务组织和综合是面向飞行任务组织和综合管理的,是在系统功能基础上,实现飞行任务运行组织。而系统功能组织则是针对任务应用目标和活动过程要求,根据功能专业领域和能力品质的构成,建立支持、满足和覆盖系统任务需求的功能组织。

由于系统任务是面向应用的,也就是说是面向应用过程,具有自身的目标、领域、空间、活动、时间和结果。而系统功能是面向专业能力,是面向专业逻辑组织过程,具有专业特征的能力、类型、条件、逻辑、过程和性能。因此,系统功能与系统任务一般情况不可能完全匹配。在大多数情况下,单项功能作用空间与单独任务作用领域匹配差距往往很大。特别是当任务活动越来越多样化,功能专业越来越细化,任务与功能的匹配差距就越大。

目前,许多航空电系统的设计还是采用独立任务与功能配置方式,即定义独立任务需求,配置与其相符合的一个或数个功能,形成面向独立任务组织的功能配置。如果我们采用基于独立任务需求选用功能符合支持的方法,就形成了该任务与关联功能组织的交集,也就是最小集合,即最小能力和性能集。这种最小集合不仅大大降低应用任务可用能力和性能,同时也造成了系统功能能力多头组织重复和运行过程中闲置的现象。

针对任务需求与功能配置的差异,我们采用系统功能平台组织能力的方法。系统功能平台组织的思路是通过对整个系统应用分析,建立应用模式和任务需求,即任务作用的目标、领域、空间、活动和时间的要求。在此基础上,通过对相关功能专业和能力分析,构建基于专业分布的能力、类型、条件、逻辑、过程和性能的功能组织,覆盖任务作用的目标、领域、空间、活动和时间的要求,支持任务运行的需求。也就是说,不是一项任务需求对应一项或数项功能组织,而是由一个功能平台对应一个任务平台。这也就是本书强调的任务架构与功能架构组织的原理。这种架构组织模式还包含了另一概念:基于任务构成的任务活动共享基于功能架构的功能配置。即在运行组织中,所有激活任务功能系统功能组织和综合模式,支持和覆盖系统任务需求。这也就是本节的一个主要概念,建立系统功能组织,支持系统功能处理,提供系统功能的综合。

系统功能组织分为三大块:一是需要什么样的能力,二是完成什么样的处理,三是实现什么样的运行管理。同时,我们还必须要对功能组织进行优化,即功能集成和综合。因此,功能组织是系统能力组织、系统处理组织、系统管理组织和系统综合组织。功能能力组织的主要任务是:组织系统功能能力,建立系统功能处理,构建系统状态管理、实现系统功能综合,即航空电子系统功能平台具有什么样的能力,完成什么样的处理,提供什么样的管理,达到什么样的优化结果。基于功能平台的功能组织如图 5.2 所示。

对于系统功能能力的组织,在系统专业组织方面,针对系统应用任务的需

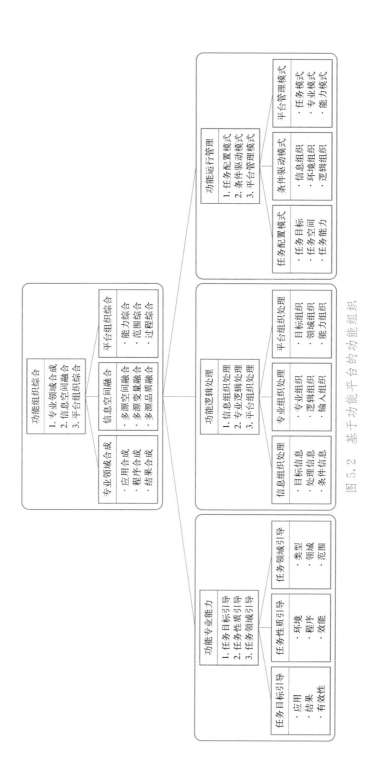

图 5.2　基于功能平台的功能组织

求,依据目前专业领域和技术的发展,考虑如何组织功能的专业能力,覆盖系统任务作用空间的需求;在信息组织方面,针对系统应用任务的处理模式,依据专业处理逻辑组织,考虑如何建立功能的信息处理能力,覆盖系统任务处理过程的需求;在系统处理过程方面,针对专业的处理特征,依据专业专用操作过程,覆盖系统任务操作过程的需求。

5.1.1　专业能力功能组织

功能专业能力是描述系统功能应用模式的专业领域、活动和能力的构成。对于任何一种任务实现,首先要确定采用什么样的专业功能能力,通过不同功能作用能力和空间的组织,满足目标任务运行能力需求。所谓功能专业能力是针对当前任务运行的组织,航空电子系统应该组织什么样的功能支持当前任务的运行。也就是说系统应构建什么样的专业功能能力实现任务期望的结果要求。

对于功能专业组织,首先需要考虑针对任务需求,需要什么样的功能满足系统任务运行需求。已知系统任务是面向系统外部应用需求的,由任务目标、领域、空间、活动、时间和结果构成。而功能是面向系统内部能力组织的,由功能专业、作用域、范围、处理、效率和品质构成。通常,系统任务与系统功能往往不是一一匹配的。即任务的维度空间与功能的维度空间能力很难做到完全符合。在一般情况下,一个任务往往有数个功能组织来实现,后者由多个功能的维度空间覆盖目标任务的维度空间,或者有效任务空间为多个功能维度空间与目标任务维度空间的交集,最终形成基于系统功能组织的任务能力。因此,系统功能组成根据系统任务目标、领域、空间、活动、时间和结果需求,确定符合系统任务的功能专业、作用域、范围、处理、效率和品质组织,构建系统功能组织平台,覆盖系统任务运行的结果期望。

已知功能是面向专业,是基于目标任务需求的专业能力组织。在一般情况下,任何一项功能组织无法覆盖整个目标任务需求。如机场场面滑行任务,增强视景显示、交通态势显示、滑行位置报告、机场交通信息广播，以及滑行冲突监视告警等。上述这些功能仅仅提供了场面滑行任务的一项专业能力，不能支撑和覆盖场面滑行任务的实现。因此，作为面向目标任务需求的功能组织必须建立在基于目标任务实现需求特征的组织下，构成系统功能能力和功能组织。

基于目标任务实施特征的功能组织是通过建立目标任务的实现特征要求，引导系统专业功能的需求，依据目标任务应用需求、期望结果、程序组织、运行状态、环境条件，确定功能专业领域、作用范围、能力类型、处理性能、结果形式。由于每项目标任务往往由一组功能来组织实现，而每项功能都具有自身的专业领域、作用范围、能力类型、处理性能、结果形式，这些独立的功能领域和能力必须相互组织和协同才能满足目标任务的期望目标和运行需求。因此，针对目标任务需求和多类型功能组织，必须建立基于目标任务的实现特征引导模式，组织多种关联功能的专业与能力，支持这些关联功能的能力组织和处理协同，形成满足目标任务引导特征的独立功能需求和功能组织模式。

功能能力专业描述专业处理与组织的能力，也是面向系统内部专业特征的能力组织。对于任何应用任务需求，必须由系统组织一组功能来实现目标任务的活动能力和运行过程。从系统组织的角度，任何任务要靠功能组织完成，而功能要通过系统（设备）运行来实现。功能处理和系统组织能力必然受到专业领域限制。例如滑跑起飞任务，飞行许可和应答要靠通信系统上传效率和下传应答功能实现；飞行导引要靠导航系统区域导航功能来实现；飞行安全隔离要靠监视系统最小安全监视功能实现；飞行管理要靠飞行管理系统航迹计算功能实现。其中，每项功能底层处理过程往往是由一组设备操作专业功能完成。最终，这些专业功能通过在系统或设备资源平台上运行实现。因此，功能专业、领域和能力是实现目标任务的基础。

功能专业能力是目标任务运行的保障。对于众多面向系统和设备专业特征的功能，如何确定功能的能力类型、作用领域、活动逻辑、结果形式一直是系统功能组织设计的首要任务。目前构建功能专业能力方法主要有：面向任务目标需求的功能专业能力组织——任务目标引导模式，面向目标任务运行模式的功能专业能力组织——任务性质引导模式，面向任务作用领域构成的功能专业能力组织——任务领域引导模式。

任务目标引导模式是面向任务目标需求的系统功能组织引导模式。任务目标引导模式针对任务活动的目标需求，确定目标任务的应用、条件和结果操作目标能力要求。针对目标任务的目标能力要求，任务目标引导模式首先通过基于目标任务应用模式，实现功能专业要求引导，建立功能作用空间，确定支持其应用的功能分类和作用域构成。第二，通过目标任务应用和条件的约束模式，实现功能领域要求引导，建立功能类型需求，确定支持其应用和条件作用空间和范围。第三，通过目标任务结果形式，实现功能作用要求的引导，建立功能结果能力，确定支持任务结果的功能能力和结果。最终，任务目标引导模式形成基于目标任务功能能力组织。

任务性质引导模式是面向任务的功能处理过程引导模式。任务性质引导模式针对任务处理操作的过程需求，确定目标任务的环境、程序和效能的操作环境要求。针对目标任务的操作环境要求，任务性质引导模式首先通过目标任务处理环境和条件约束的性质要求，实现功能处理领域引导，建立功能专业空间和能力需求，确定支持任务环境的功能领域能力构成；第二，通过基于任务运行程序处理要求，实现功能处理模式引导，建立功能处理要求和作用范围，确定支持任务程序的功能处理和性能构成；第三，通过目标任务处理模式与结果形式要求，实现功能结果要求引导，建立功能结果形式和范围，确定支持任务结果的功能能力和结果；最终，任务性质引导模式形成基于任务处理性质的功能能力组织。

任务领域引导模式是面向任务的功能专业领域与逻辑引导模式。任务领域引导模式是针对任务运行程序与过程的需求，确定目标任务的类型，领域和范围的运行状态要求。针对目标任务的运行状态要求，任务领域引导模式首先通过目标任务处理类型和作用的要求，实现功能作用领域引导，建立功能处理作用空间和能力模式,确定支持任务类型的功能专业和能力构成;第二,通过基于任务领域和活动要求,实现功能操作模式引导,建立功能处理模式和逻辑组织,确定支持任务领域的功能处理逻辑和过程构成;第三,通过基于任务活动范围与结果要求,实现功能过程组织引导,建立功能处理模式和结果要求,确定支持任务结果的功能逻辑和条件;最终,任务领域引导模式形成基于任务作用领域的功能能力组织。

5.1.2　处理逻辑功能组织

功能处理逻辑是描述系统功能组织的目标需求、环境条件和处理模式的构成。所谓功能组织是通过针对目标任务需求,根据功能专业的组织,建立功能处理方法,完成功能专业特定的处理要求。在上一节,我们讨论了功能专业的组织,接下来关注的问题是这些功能的处理模式。对于功能定义来讲,已知功能是面向内部活动处理要求、基于专业领域作用活动和特定逻辑处理要求的一种处理模式。也就是说,功能处理模式基于专业处理能力,作用于专业处理领域,操作于专业处理逻辑的专业独立处理过程,与目标任务无关。另外,虽然功能逻辑处理是面向专业领域的特定处理模式,独立于目标任务要求。但是功能处理的结果又是为目标任务服务的,即功能处理结果是目标任务运行结果的组成部分。因此,功能处理既是面向专业领域独立组织和处理过程,又是面向任务运行需求目标组织和系统处理过程,即针对目标任务类型,建立专业功能配置,确定功能作用领域,明确功能的能力组织,满足目标任务运行能力需求。

功能系统逻辑组织是面向任务运行需求,基于功能能力组织,针对功能专业的功能处理逻辑组织模式。所有功能意义在于完成特定的、确定的、有效的功能处理。虽然任务是面向应用需求的,但支持任务实现的是由一组特定面向专业能力和专业处理的功能来实现。也就是说,功能是面向专业领域,针对定义的目标,根据特定的环境,依据确定的逻辑,完成预期的处理。这个过程就是功能逻辑组织。对于任何一种功能,首先要依据该项功能具有的专业能力,通过确定功能作用目标,明确实现功能目标的环境条件,确定依据功能目标和运行条件设计的功能处理逻辑,再依据功能处理逻辑构建相关算法,完成功能的处理。由于功能结果形式由功能专业、作用域、范围、处理、效率和品质构成,因此功能逻辑由专业类型、作用领域、有效范围、处理模式、操作效率和结果品质构成,形成功能逻辑组织的维度。

根据系统功能逻辑组织的思路,每一项功能需要确定采用什么样的功能逻辑处理实现其能力和目标。已知系统功能逻辑组织是面向专业模式的功能处理组织。对于系统功能逻辑组织,首先需要确定功能逻辑结果需求,即根据专业的特征,定义专业活动和作用的领域,确定专业运行预期的目标。其次,需要确定功能逻辑的操作模式,即根据专业领域,定义功能预期结果形式,明确功能运行的环境条件,确定功能处理输入条件,构建功能逻辑的处理算法。另外,需要确定功能处理性能状态,即根据专业处理的预期,定义结果性能要求,确定功能操作品质,明确功能过程能力,建立功能操作处理算法。从上述三个方面分析来看,我们采用三个视角,即信息视角、专业视角和平台视角构建功能逻辑组织与处理模式,即信息组织处理模式、专业组织处理模式和平台组织处理模式。

功能信息组织处理模式是面向功能运行的信息能力与性能的组织处理模式。功能信息组织处理模式通过采用信息能力、信息组织和信息结果来描述功能逻辑活动。信息能力是描述功能逻辑处理元素的信息构成模式,信息组织是描述功能逻辑处理的信息组织模式,信息处理是描述功能逻辑处理的信息处理模式。

功能专业组织处理模式是面向功能活动的专业特征与能力的组织处理模式。专业组织处理模式通过专业领域处理、专业特征处理和专业环境处理来描述功能逻辑活动。专业领域处理是描述功能逻辑处理的领域组织模式,专业特征处理是描述功能逻辑处理的算法组织模式,专业环境处理描述功能逻辑处理的性能组织模式。

平台组织处理模式是面向功能专业、能力和协同一体化的组织模式。已知功能是目标任务的专业能力组成部分。也就是说,目标任务往往由一组特定的专业功能能力来实现。而对于多个目标任务而言,其任务的专业能力组织需要多组专业功能来实现。由于多组专业功能组织存在大量功能能力重叠和交叉重复,因此需要构建面向平台的功能组织,覆盖系统任务组织需求,减少任务交叉与重复,支持多个目标任务运行。面向平台组织处理模式是基于专业分类的功能协同平台组织、基于专业领域的功能协同平台组织和基于通用能力的功能共享平台组织。基于专业分类的功能协同平台是描述面向目标任务运行能力的功能专业组织平台引导模式,基于专业领域的功能协同平台是描述面向目标任务作用领域的功能专业组织平台引导模式,基于通用能力功能的共享平台是描述面向目标任务运行效率的功能共享组织平台引导模式。

5.1.3　平台管理功能组织

功能平台是描述系统通用功能组件、标准过程规范和统一调度组织的平台管理模式。所谓功能平台就是基于通用功能活动组织和标准处理过程,针对目标任务运行需求,依据当前任务运行环境,实现通过功能组装件和过程组织管理,完成功能任务运行目标要求。对航空电子系统功能组织而言,系统功能最终目标是完成系统任务组织和运行的需求。已知系统任务组织和运行需要系统提供专业功能的能力,需要系统提供这些专业功能处理能力,同时系统还需要通过功能运行管理实现系统任务运行需求。因此,功能运行管理根据任务运行需求,确定系统专业功能构成,明确功能处理作用领域和条件,采用系统确定的相关功能运行管理策略,组织和调度功能与运行,提供功能运行管理和结果状态,支持任务运行过程的目标和要求。

前两节讨论了功能专业组织模式和功能逻辑组织模式。接下来关注的问题就是这些功能的运行模式。已知功能专业组织是面向目标任务运行需求的,功能逻辑组织是面向功能业务处理模式的,而功能运行管理是根据目标任务运行需求,依据功能业务处理模式,针对当前任务运行环境和运行状态,实施功能运行组织,提供功能运行控制和反馈。这就是本节论述功能运行管理的含义。

系统功能运行管理是面向运行任务需求的功能组织和运行管理。系统功能运行管理依据系统功能平台能力,通过任务配置、条件驱动或平台管理模式,确定基于当前运行功能管理模式,建立功能运行的目标要求、条件约束和管理模式,支持任务能力、组织和运行需求。对于功能运行实现方法,主要考虑几个方面,一是从目标任务运行需求角度考虑,根据任务配置的功能组织,通过任务配置驱动,调度与管理功能运行;另一是从功能运行条件许可角度考虑,根据当前功能关联条件激活状态,通过条件许可驱动,调度与管理功能运行;还有一种是基于功能平台组织管理的角度考虑,根据平台主流管理的功能和条件,通过功能周期刷新要求,调度与管理功能运行。这就是本文定义的系统功能运行管理三种模式:任务配置模式、条件驱动模式和功能平台管理模式。

任务配置模式是根据当前激活的任务,通过关联功能的组织模式,实现配置功能的运行管理。任务配置的思路是通过功能业务组织,建立支持任务运行目标的能力;通过功能处理组织,实现任务运行目标要求。因此,任务配置模式首先依据功能组织模式,根据任务目标引导模式,确定目标任务的应用、条件和结果操作目标能力要求,建立功能运行管理的目标;根据任务性质引导模式,确定目标任务的环境,程序和效能的操作环境要求,建立功能运行管理的条件;根据任务领域引导模式,确定目标任务的类型,领域和范围的运行状态要求,建立功能运行管理的状态。另外,任务配置模式是根据功能信息组织处理模式,确定功能逻辑处理的信息能力、信息组织和信息结果构成,建立功能逻辑处理的信息组织;根据功能专业组织处理模式,确定功能专业领域处理、专业特征处理和专业环境处理组织逻辑,建立功能活动的专业特征与构成的处理模式;根据功能平台组织处理模式,确定基于专业分类功能组织与协同、基于专业领域的功能组织与协同和基于通用共享能力的功能组织与管理的平台组织,建立面向功能平台的专业、能力和协同一体化的组织模式。

条件驱动处理根据系统功能的构成,通过功能运行条件组织,实现条件许可功能运行管理。条件驱动处理的思路是通过功能业务组织,建立支持任务运行的功能组织条件要求;通过功能处理组织,建立支持任务运行的功能运行条件要求。因此,条件驱动处理首先依据任务组织模式,根据任务目标、领域、空间、活动、时间和结果构成,确定功能专业、作用域、范围、处理、效率和品质要求,建立功能运行的组织条件;依据任务运行模式,根据系统内部专业特征的程序和效能的操作环境要求,建立功能运行的操作条件;依据任务管理模式,根据功能的能力类型、作用领域、活动逻辑、结果形式要求,建立功能运行的管理条件。另外,条件驱动处理依据任务目标引导模式,根据目标任务的应用、条件和结果操作目标能力要求,建立功能专业引导和分类,确定功能作用空间和作用域的条件要求;依据任务性质引导模式,根据目标任务的环境、程序和效能的操作环境要求,建立功能处理领域引导,建立功能专业空间和能力需求,确定支持任务环境的功能领域能力条件要求;依据任务领域引导模式,根据目标任务的类型、领域和范围的运行状态要求,建立功能作用领域引导,建立功能处理作用空间和能力模式,确定支持任务类型的功能专业和能力构成条件要求。

功能平台管理基于根据平台驻留的功能构成,根据当前平台功能运行状态,实现平台功能独立运行管理。功能平台的思路是通过功能业务组织,建立支持任务运行的功能业务组织要求;通过功能处理组织,建立支持任务运行的功能共享组织要求。因此,功能平台管理首先依据目标任务实施特征,根据目标任务应用需求、期望结果、程序组织、运行状态、环境条件,确定功能专业领域、作用范围、能力类型、处理性能、结果形式,建立功能平台的功能能力组织;依据目标任务的期望目标和运行需求,根据系统内部专业特征的多类型功能组织,建立功能平台多种关联功能的专业能力与处理协同;依据目标任务的处理领域和结果需求,根据关联功能的能力组织和处理协同要求,建立功能平台专业、能力和协同一体化的组织模式。另外,功能平台管理依据功能信息组织处理模式,根据功能信息能力、信息组织和信息结果来构建功能平台逻辑活动,建立由信息要素、信息成分和信息条件构成的信息能力,确定由功能引导、条件组织和逻辑组织构成的信息组织,构建面向功能目标、专业和能力的平台处理模式;依据功能专业组织处理模式,根据功能专业领域处理、专业特征处理和专业环境处理来描述功能逻辑活动,建立专业作用领域、专业要素成分和逻辑处理的作用空间,确定功能专业处理模式专业、逻辑组织和要素构成,构建面向功能逻辑处理的功能平台处理模式。

5.1.4 处理效率和品质功能综合

功能综合是描述系统功能组织和过程处理的综合,其目标是提升功能处理的效率和品质。上几节描述了功能专业能力组织、功能逻辑处理组织和功能运行管理组织,但是对于综合化系统,不仅需要系统功能组织实现目标任务要求,同时希望建立最优化功能组织完成目标任务运行。也就是说,希望通过系统和综合考虑,在满足目标任务需求的基础上,建立最优化的系统功能能力、最优化的系统功能处理效率和最优化的系统功能处理结果。这就是系统功能综合的意义。特别对于复杂系统,由于目标、领域、环境、关系、权重和结果多样性和交错性状态,系统功能综合就有更大的空间和意义。

因此,功能组织综合是实现系统功能组织、处理和运行优化的核心技术。所谓功能组织综合就是面向任务运行需求,针对系统功能能力构成,建立不同功能作用空间和能力类型组织,形成基于任务能力需求的系统功能能力的综合;针对系统功能处理逻辑,建立不同功能处理信息组织和处理品质组织,形成基于任务过程的系统功能处理的综合;针对系统功能运行管理,建立不同功能作用领域和运行状态,形成基于任务运行的系统功能管理的综合。对航空电子系统而言,系统功能综合根据目标任务运行需求,通过系统功能能力组织、系统功能处理逻辑、系统功能运行管理,实现和完成系统任务组织和运行的需求,优化了系统功能需求和组织,优化了系统功能处理品质和效率,优化了系统运行状态和过程,有效地支持系统任务组织和运行。

系统功能组织综合是面向任务运行能力、领域、效率和品质的功能综合组织。功能组织的目标是实现目标任务的需求,如前所述,系统任务是基于应用、作用、环境、程序、效能和有效性需求的 6 个维度,而系统功能是基于能力、类型、条件、逻辑、过程和性能组织的 6 个维度。因此,系统功能组织综合必须面向系统目标任务需求,建立基于关联功能的专业领域和能力综合,提供系统目标任务所需优化能力组织;其次,系统功能组织综合必须面向系统目标任务信息构成,建立基于关联功能的信息组织和能力融合,提供系统目标任务所需优化处理模式组织;另外,系统功能组织综合必须面向系统目标任务运行环境,建立基于关联平台功能范围和过程综合,提供系统目标任务所需优化运行组织。因此,系统功能组织综合为:系统功能专业领域与能力合成、系统功能信息能力与空间融合、系统功能平台运行和管理的综合。

系统功能专业领域与能力综合的主要目标是根据当前系统目标任务运行需求,依据系统关联功能专业领域和作用能力,通过对关联功能的目标、过程和结果综合,提供一体化的系统功能组织。系统功能专业领域与能力综合是针对基于目标任务运行的功能组织与管理需求(能力、类型、条件、逻辑、过程、性能),根据关联功能能力与作用情况(专业、作用域、范围、处理、效率、品质),通过基于目标一致性、处理过程互联性和结果状态符合性的综合,改进功能组织的目标区域、能力区域、作用区域和支持区域,建立满足系统目标任务的综合功能能力。

系统功能信息能力融合的主要目标是根据当前系统目标任务运行环境,通过系统关联功能的输入信息融合,提升输入信息能力和品质;通过对关联功能特征信息融合,提升关键因素增强和效率;通过对关联功能结果信息融合,提升结果状态性能和有效性。系统功能输出信息融合是建立在系统输入信息能力扩展和增强上。通过基于目标驱动输入信息融合,支持信息领域和时域扩展,支持信息能力和范围扩宽,支持信息条件和品质提升。通过基于目标特征因素融合,支持处理目标信息增强,支持处理领域扩宽,支持处理效率提升。通过输出结果信息融合,支持目标能力与范围扩宽,支持结果作用域和时域增大,支持结果性能和有效性提升。

平台管理是面向平台功能组织与管理模式。平台管理针对当前平台的功能构成，根据平台的功能能力运行条件，实现独立功能运行管理。与此同时，平台管理针对当前运行的任务，依据平台当前功能运行结果，构建功能结果组织，提供任务运行的支持。平台组织综合的主要目标是根据当前所有激活的任务运行领域需求，依据当前平台驻留功能具有的专业能力，通过功能能力综合，构建覆盖运行任务的能力类型和作用领域；根据当前所有激活的任务运行环境条件，依据平台驻留功能的能力范围，通过功能作用条件综合，构建覆盖运行任务的活动范围和环境条件；根据当前所有激活的任务运行性能要求，依据平台驻留功能的处理模式，通过功能处理逻辑组织综合，构建覆盖运行任务的目标要求和处理品质。

5.2 系统功能专业组织

上一节定义了功能专业的需求与构成。功能专业的组织一般有任务目标引导模式、任务性能引导模式和任务领域引导模式。系统任务是面向系统外部应用需求的，由任务目标、领域、空间、活动、时间和结果构成。而功能是面向系统内部能力组织的，由功能专业、作用域、范围、处理、效率和品质构成。通常，系统任务与系统功能不是一一匹配的。同时，由于功能面向自身专业能力，功能之间协同和支持的联系也比较弱。因此，针对目标任务的需求，依据系统功能能力，建立系统功能专业组织是航空电子系统功能设计的重要内容，也是航空电子系统功能融合的基础和保障。

目标任务由系统任务能力模式组织、系统任务处理模式和系统任务运行模式组织三部分构成。其中，系统任务能力模式组织主要是通过建立系统功能专业能力组织来支撑，系统任务处理模式主要是通过系统功能逻辑处理组织来实现,系统任务运行模式主要是通过系统功能运行管理来完成。系统功能专业能力组织就是根据目标任务需求构建的功能能力组织,支持系统任务能力模式需求。所谓功能专业能力组织实际上就是通过系统多个功能构成的维度空间,构建多功能专业领域能力和空间,覆盖目标任务维度空间模式。对于系统专业能力组织,必须根据应用任务能力需求,确定能覆盖其能力需求的功能类型组织。由于系统任务是面向应用空间的,系统功能是面向专业空间的,一个任务往往有多项不同的功能构成,而各项功能又具有自身的专业领域与能力。因此,建立面向任务维度空间的多个功能组织的维度匹配模式是系统功能组织的一项重要任务。

对于有多个独立关联功能业务组织模式,如何建立功能业务能力组织,覆盖目标任务的能力模式的功能组织最大功能作用域,建立面向目标任务的能力模式的功能组织一致性功能能力空间,增强目标任务的能力模式的功能核心关键参数是功能业务组织的核心内容和技术。因此,针对系统任务的运行需求,必须建立一种系统专业能力引导模式,确定功能组织的顺序,完成功能维度空间符合配置过程,实现功能组织一致性功能能力、功能组织最大功能作用域和功能核心参数增强需求。

系统专业能力组织模式有三种引导模式:任务目标引导模式、任务性质引导模式、和任务领域引导模式。

5.2.1　任务目标引导模式

任务目标引导模式是面向任务目标需求,建立系统功能组织的引导模式,即通过任务目标引导,建立实现任务目标的功能组织。任务目标引导模式是依据当前目标任务核心目标要素的实现要求,根据任务的目标、领域、空间、活动、时间和结果的构成,引导构建目标任务的应用、条件和结果;通过系统关联功能专业、作用域、范围、处理、效率和品质的组织,引导组织多项功能的专业、作用域、范围和结果模式,实现目标任务的应用、条件和结果要求。

任务目标引导模式实现过程是针对任务活动的目标需求：应用、条件和结果，通过基于任务目标应用作用和要求引导，建立功能作用空间，确定支持其任务应用的功能分类和作用域构成；通过基于任务目标应用的条件约束和要求引导，建立功能类型需求，确定支持其应用和条件作用空间和范围；通过基于任务目标应用的结果和形式引导，建立功能结果能力，确定支持任务结果的功能能力和结果；最终形成基于目标任务功能能力组织。如下式所示：

$$F_1(\text{应用},\text{条件},\text{结果}) = \begin{cases} f_1(\text{专业},\text{作用域},\text{范围},\text{结果}) \\ f_2(\text{专业},\text{作用域},\text{范围},\text{结果}) \\ \cdots\cdots \\ f_n(\text{专业},\text{作用域},\text{范围},\text{结果}) \end{cases}$$

对于有多个独立关联功能业务组织模式，如何建立任务引导模式，覆盖目标任务能力模式的功能组织最大作用域是功能专业组织的核心之一。因此，系统功能组织根据多个独立功能领域和能力，针对目标任务的能力模式覆盖需求，通过任务目标引导模式，构建系统功能专业最大能力/功能。任务目标引导模式分为：基于功能专业覆盖的任务目标引导模式、基于功能专业条件的任务目标引导模式和基于功能专业结果的任务目标引导模式。

基于功能专业覆盖的任务目标引导模式以功能专业覆盖为核心要素，建立面向目标任务的功能专业范围覆盖的能力构成。所谓基于功能专业覆盖的任务目标引导模式是通过目标任务的能力组织：应用、条件和结果，根据有多个独立关联功能专业范围组织，建立功能专业覆盖目标任务的能力模式，构建功能专业限定范围的最大功能作用域、范围和结果组织，满足面向目标任务的能力模式的功能专业范围一致性能力空间，形成基于功能专业覆盖模式下的功能能力组织模式。基于功能专业覆盖的任务目标引导模式如式(1)所示：

$$F_1(\text{应用},\text{条件},\text{结果})|\text{专业} = f_1(\text{作用域}|\text{专业},\text{范围}|\text{专业},\text{结果}|\text{专业}) \quad (1)$$

基于功能专业条件的任务目标引导模式是以功能专业条件为核心要素，建立面向目标任务的功能专业运行条件的能力构成。所谓基于功能专业条件的任务目标引导模式是通过目标任务的能力组织：应用、条件和结果，根据有多个独立关联功能专业运行条件，建立功能专业条件目标任务的能力模式，构建功能专业运行条件下最大功能专业、作用域和结果组织，满足面向目标任务的能力模式的功能运行条件一致性能力空间，形成基于功能专业运行条件下的功能能力组织模式。基于功能专业条件的任务目标引导模式如式（2）所示：

$$F_1(应用，条件，结果)|条件＝f_2(专业|条件，作用域|条件，结果|条件)(2)$$

　　基于功能专业结果的任务目标引导模式是以功能专业结果为核心要素，建立面向目标任务的功能专业运行结果的能力构成。所谓基于功能专业结果的任务目标引导模式是通过目标任务的能力组织：应用、条件和结果，根据有多个独立关联功能专业运行结果，建立功能专业结果目标任务的能力模式，构建功能专业结果条件下最大功能专业、作用域和结果组织，满足面向目标任务的能力模式的功能运行结果一致性能力空间，形成基于功能专业运行结果下的功能能力组织模式。基于功能专业结果的任务目标引导模式如式（3）所示：

$$F_1(应用，条件，结果)|结果＝f_3(专业|结果，作用域|结果，范围|结果)(3)$$

　　任务目标引导模式是面向任务目标需求的系统功能组织引导模式。任务目标引导模式思想是针对任务的应用运行需求，建立任务目标的核心参数，通过任务核心参数支持配置构建不同功能领域、不同功能能力、不同功能结果的功能构成需求。如飞行巡航导航任务，首先根据导航任务需求：导航需求、飞行精度、导引程序、运行状态、环境条件，建立任务目标核心参数：导航模式、导航精度、飞行导引，构建系统功能组织：功能1导航功能：专业：全球卫星导航协同（GNSS）；作用域：基于区域导航（RNAV）和基于所需性能导航（RNP）；范围：RNP 4；结果：置信度大于 95%。功能2显示功能：专业：飞行显示与交互；作用域：前端交通态势；范围：航路；结果：飞行导引。如图 5.3 所示。

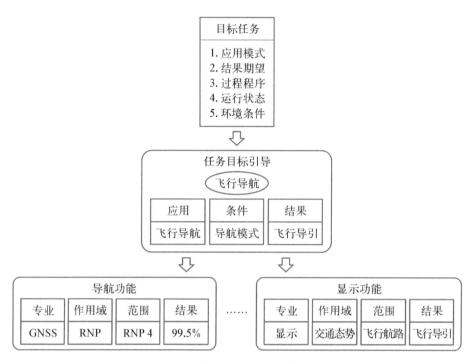

图 5.3　导航任务目标引导模式

5.2.2　任务性质引导模式

任务性质引导模式是面向任务处理过程需求,建立系统功能组织的引导模式,即通过任务性质引导,建立满足任务性质的功能组织。任务性质引导模式是依据当前目标任务处理性质核心要素满足的要求,根据任务的目标、领域、空间、活动、时间和结果的构成,引导构建目标任务的环境、程序和效能;通过系统关联功能专业、作用域、范围、处理、效率和品质的组织,引导组织多项功能的专业、能力、范围和处理模式,满足目标任务的环境、程序和效能要求。

任务性质引导模式实现过程是针对任务处理的过程需求:环境,程序和效能,通过基于任务处理环境和条件约束的性质要求引导,建立功能专业领域和能力需求,确定支持任务环境的功能领域和能力构成;通过基于任务运行过程和处理模式的要求引导,建立功能处理能力和作用空间,确定支持任务程序的功能能力和范围构成;通过基于任务处理模式和结果形式的要求引导,建立功能结果处理模式和范围,确定支持任务结果的功能能力需求;最终形成基于任务处理性质的功能能力组织。如下式所示:

$$F_2(环境,程序,效能)=\begin{cases} f_1(专业,能力,范围,处理) \\ f_2(专业,能力,范围,处理) \\ \cdots\cdots \\ f_n(专业,能力,范围,处理) \end{cases}$$

对于有多个关联功能处理独立处理方式,如何建立任务性质引导模式,覆盖目标任务的能力模式的功能处理最佳过程是功能专业组织的核心之一。因此,系统功能组织根据多个独立功能处理方式,针对目标任务的处理性质的需求,通过任务性质引导模式,构建系统功能专业最大处理方式/功能。任务性质引导模式分为:基于功能专业特征的任务性质引导模式、基于功能处理条件的任务性能引导模式和基于功能处理方式的任务目标引导模式。

基于功能专业特征的任务性质引导模式是以功能专业处理能力为核心要素,建立面向目标任务的功能专业处理能力构成。所谓基于功能专业特征的任务性质引导模式是通过目标任务的处理组织:环境、程序和效能,根据有多个独立关联功能专业特征和处理组织,建立功能专业领域目标任务的处理模式,构建基于该功能专业处理模式的最大功能能力、范围和处理组织,满足面向目标任务的运行模式的功能处理组织一致性要求,形成基于功能专业特征领域模式下的功能处理一体化系统处理组织模式。基于功能专业覆盖的任务性质引导模式如式(1)所示:

$$F_2(环境,程序,效能)|领域=f_1(能力|领域,范围|领域,处理|领域) \quad (1)$$

基于功能处理条件的任务性质引导模式以功能专业处理环境为核心要素,建立面向目标任务的功能专业处理环境构成。所谓基于功能处理条件的任务性质引导模式是通过目标任务的处理组织:环境、程序和效能,根据有多个独立关联功能处理条件,建立功能专业领域目标任务的处理环境和要求,构建基于该功能处理环境条件下的最大功能能力、范围和处理组织,满足面向目标任务的运行模式的功能处理组织一致性要求,形成基于功能处理环境条件下的功能处理一体化系统处理组织模式。基于功能处理条件的任务性质引导模式如式(2)所示:

$$F_2(\text{环境},\text{程序},\text{效能})|\text{条件}=f_2(\text{能力}|\text{条件},\text{范围}|\text{条件},\text{处理}|\text{条件}) \quad (2)$$

基于功能处理方式的任务性质引导模式以功能专业处理方法为核心要素,建立面向目标任务的功能专业处理模式构成。所谓基于功能处理方法的任务性质引导模式是通过目标任务的处理组织:环境、程序和效能,根据有多个关联功能各自独立的功能处理方式,建立功能专业领域目标任务的处理方法,构建基于该功能专业处理方式的最大功能能力、范围和处理组织,满足面向目标任务的运行模式的功能处理过程组织一致性要求,形成基于功能处理方式下的功能处理一体化和交互性处理组织模式。基于功能处理方式的任务性质引导模式如式(3)所示:

$$F_2(\text{环境},\text{程序},\text{效能})|\text{方式}=f_3(\text{能力}|\text{方式},\text{范围}|\text{方式},\text{处理}|\text{方式}) \quad (3)$$

任务性质引导模式是面向任务处理需求的系统功能组织引导模式。任务性质引导模式思想是针对任务的应用处理需求,建立任务性质的核心参数,通过任务核心参数支持配置构建不同功能处理环境、不同功能处理程序、不同功能处理效能的功能构成需求。如飞行监视任务,首先根据飞行监视需求:飞行交通态势、航路冲突监测、飞行最小安全隔离、飞行间距保持、飞行防撞告警,建立任务目标核心参数:交通环境、冲突监测、安全保障;构建系统功能组织:功能1飞行冲突监测功能:专业:飞行监视;作用域:航路交通态势和冲突监测;范围:最小飞行安全隔离和空中防撞;结果:监视报告和规避机动。功能2显示功能:专业:飞行显示与交互;作用域:前端交通态势;范围:威胁时间和距离;结果:显示与告警。如图5.4所示。

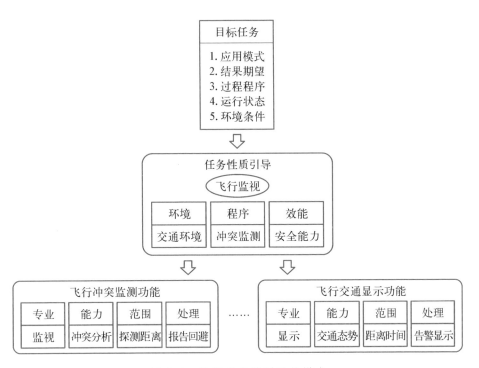

图 5.4　监视任务性质引导模式

5.2.3　任务领域引导模式

任务领域引导模式是面向任务运行过程需求,建立系统功能专业领域组织的引导模式,即通过任务领域引导,建立覆盖任务领域的功能组织。任务领域引导模式是依据当前目标任务运行领域核心要素覆盖要求,根据任务的目标、领域、空间、活动、时间和结果的构成,引导构建目标任务的类型、模式和范围;通过系统关联功能专业、作用域、范围、处理、效率和品质的组织,引导组织多项功能的专业、能力、逻辑和条件模式,覆盖目标任务的类型、模式和范围要求。

任务领域引导模式实现过程是针对任务运行过程需求:领域,模式和结果,通过基于任务处理类型和作用的要求引导,建立功能处理作用空间和专业模式,确定支持任务类型的功能专业和能力构成;通过基于任务运行模式和活动的要求引导,建立功能处理模式和逻辑组织,确定支持任务领域的功能处理逻辑和过程构成;通过基于任务活动范围和结果的要求引导,建立功能处理模式和结果要求,确定支持任务结果的功能处理模式和范围;最终形成基于任务作用领域的功能能力组织,如下式所示:

$$F_3(领域,模式,结果)=\begin{cases}f_1(专业,能力,逻辑,范围)\\f_2(专业,能力,逻辑,范围)\\\cdots\cdots\\f_n(专业,能力,逻辑,范围)\end{cases}$$

对于有多个关联功能处理独立领域组织方式,如何建立任务领域引导模式,覆盖目标任务的能力模式的功能处理组织领域是功能专业组织的核心之一。因此,系统功能组织根据多个独立功能作用领域,针对目标任务的处理领域组织的需求,建立任务领域引导模式,构建系统功能最大处理领域/功能。任务领域引导模式分为:基于功能作用域类型组织的任务领域引导模式、基于功能作用域逻辑的任务处理引导模式和基于功能作用域范围的任务结果引导模式。

基于功能作用域类型组织的任务领域引导模式是以功能专业处理作用域特征为核心要素,建立面向目标任务的功能专业处理能力领域构成。所谓基于功能作用域类型组织的任务领域引导模式通过目标任务作用领域和处理组织:领域、模式和结果,根据有多个独立关联功能专业作用领域和处理能力,建立功能专业领域目标任务的处理逻辑和范围,构建基于该功能专业处理模式的最大功能能力、范围和处理组织,满足面向目标任务的领域的功能处理领域组织一致性要求,形成基于功能多处理领域一体化系统功能领域组织模式。形成基于功能专业特征领域模式下的功能处理一体化系统处理组织模式。基于功能作用域类型组织的任务领域引导模式如式(1)所示:

$$F_3(领域,模式,结果)|专业=f_1(类型|专业,逻辑|专业,范围|专业)\quad(1)$$

基于功能作用域逻辑的任务处理引导模式以功能专业领域逻辑处理模式

为核心要素,建立面向目标任务领域的功能专业领域处理逻辑构成。所谓基于功能作用域逻辑的任务处理引导模式是通过目标任务作用领域和处理组织:领域、模式和结果,根据有多个独立关联功能处理逻辑状态,建立功能专业领域的目标任务的处理逻辑要求,构建基于该功能处理逻辑组织下的最大功能空间、能力和范围组织,满足面向目标任务的功能领域处理逻辑组织一致性要求,形成基于功能领域多处理逻辑组织一体化系统功能处理组织。基于功能作用域逻辑的任务处理引导模式如式(2)所示:

$$F_3(领域,模式,结果)|模式 = f_2(类型|模式,逻辑|模式,范围|模式) \quad (2)$$

基于功能作用域范围的任务结果引导模式以功能领域结果范围为核心要素,建立面向目标任务的功能作用域结果空间构成。所谓基于功能作用域范围的任务结果引导模式是通过目标任务作用领域和处理组织:领域、模式和结果,根据有多个关联功能各自独立的功能结果空间,建立功能专业领域目标任务的结果空间与范围组织,构建基于该功能结果空间的最大功能能力、范围和处理,满足面向目标任务的运行模式的功能结果空间组织一致性要求,形成基于功能处理方式下的功能结果空间一体化系统功能组织。基于功能作用域范围的任务结果引导模式如式(3)所示:

$$F_3(领域,模式,结果)|结果 = f_3(类型|结果,逻辑|结果,范围|结果) \quad (3)$$

任务领域引导模式是面向任务处理领域的系统功能组织引导模式。任务领域引导模式思想是针对任务的应用处理领域需求,建立任务领域的核心参数,通过任务核心参数支持配置构建不同功能处理领域、不同功能处理逻辑、不同功能结果空间的功能构成需求。如飞行显示任务,首先根据飞行显示需求:飞行计划显示、飞行交通态势、飞行导航显示、飞行航路显示、飞行威胁显示;构建系统功能组织:功能1飞行交通态势显示功能:类型:交通情景;模式:航路显示;逻辑:航路威胁监视和告警;范围:威胁飞行距离。功能2飞行告警显示功能:类型:飞行告警显示;模式:航路冲突监测;逻辑:交通态势和威胁告警;范围:飞机距离,如图5.5所示。

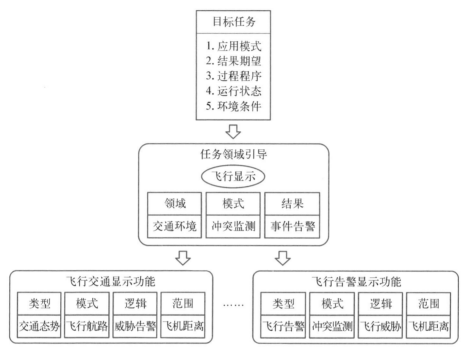

图5.5　显示任务领域引导模式

5.3　系统功能逻辑组织

对于系统功能逻辑组织,每一项功能都要建立与其专业领域和能力相匹配的组织处理方式。也就是说,功能组织由多个独立专业的功能构成,而每一项功能均具有特定功能逻辑组织和处理模式。因此,要针对任务需求考虑什么样的专业功能处理逻辑能实现系统任务活动模式。已知功能是面向系统内部能力组织的,由功能专业、作用域、范围、处理、效率和品质构成。功能的逻辑组织依据功能的专业分类,具有指定的作用域,限定的作用范围,特定的处理模式,确定的处理效率和品质。每项功能都是面向自身专业领域和处理能力,具有自身独自的功能处理逻辑,其处理逻辑与系统目标任务需求无关。而目标任务组织依据自身的需求,根据系统具有的功能构成,组织相关的功能,实现任务运行的需求。因此,通过系统功能逻辑组织,构建特定的处理模式,建立系统功能的独立作用空间,具有明确的处理效率和品质,形成确定的预期处理结果,为系统任务运行管理提供了功能组织与处理模式。

系统功能逻辑组织由面向功能目标的处理、面向功能专业的处理和面向功能能力的处理构成。其中,面向功能目标的处理描述面向功能驱动逻辑处理的信息组织,即根据当前启动的功能处理逻辑的信息组织需求,确定面向功能目标驱动的信息处理,构建功能目标逻辑的信息组织,支持功能目标实现的信息处理。如导航飞机位置处理功能,通过飞行位置计算需求确定 GPS 接收器接受卫星方位、时间、编码等,实现飞行位置计算;面向功能专业的处理描述面向专业驱动逻辑处理的信息组织,即根据当前启动的功能处理的专业信息组织需求,确定面向专业驱动的信息处理,构建专业关联的信息组织,支持专业逻辑需求的信息处理。还如导航飞机位置处理功能,在完成飞行位置计算后,还须根据专业关联的完好性需求,确定多星座 GPS 接收信息接受,实现完好性计算。面向功能能力的处理描述面向能力驱动逻辑处理的信息组织,即根据当前启动的功能能力组织的信息组织需求,确定面向能力驱动的信息处理,构建能力关联的信息组织,支持基于能力逻辑需求的信息处理。还如导航飞机位置处理功能,除了完成飞机位置和完好性计算,还应根据能力关联的能力需求,确定飞机位置的性能和精度能力,实现飞机位置计算可用性和有效性。

根据系统功能逻辑组织的思路,我们在上一节介绍了功能逻辑组织的三个视角:信息视角、专业视角和平台视角,通过这三个视角构建功能逻辑组织与处理模式,即信息组织处理模式,专业组织处理模式和平台组织处理模式。

5.3.1   信息组织处理模式

系统功能逻辑组织的第一种方式是信息组织处理模式。对于功能逻辑处理,首先考虑功能逻辑处理的信息组织问题。所谓功能逻辑组织是针对功能的组织逻辑,确定关联的逻辑要素,依据逻辑处理方法,形成功能处理结果。即功能处理逻辑是一组基于功能逻辑组织要素的处理模式。信息组织处理模式是描述功能处理逻辑的信息组织,建立关联逻辑要素的信息形式,构建逻辑组织的信息处理模式。从通用功能处理组织模式来看,功能处理逻辑组织要素一般分为:功能处理的输入要素——输入信息,功能处理的环境要素——条件信息,功能处理的关系要素——交联信息,功能处理的逻辑要素——处理信息,功能处理的状态要素——控制信息和功能处理的目标要素——结果信息。为了系统地定义、组织和处理功能要素,我们将功能处理逻辑组织分为三大块:信息能力:定义功能逻辑输入要素信息组织,描述功能逻辑处理的输入信息构成模式;信息组织:定义功能处理逻辑的处理要素信息组织,描述功能逻辑处理的信息组织模式;信息结果处理:定义功能处理逻辑的结果要素信息组织,描述功能逻辑处理的信息结果模式。如图 5.6 所示。

图 5.6　功能逻辑信息组织模式

功能信息能力模式是描述系统中功能处理要素信息的能力。功能信息能力模式主要是建立功能处理元素的能力空间,构建功能处理元素能力状态,支持功能处理元素处理领域的能力。因此,功能信息组织模式的信息能力由信息元素、信息成分和信息条件构成。其中,信息元素描述功能逻辑处理的信息构成,或者说是定义功能逻辑处理的输入信息元素,如传感器输入信息、通信接收信息、系统反馈信息等;信息成分是描述功能逻辑处理元素的成分构成,或者说是定义信息的内部结构,如信息类型、精度、安全性、可靠性和可用性等;信息条件是描述功能逻辑处理的信息有效性，或者说定义信息的作用条件，如有效范围、最大值、最小值、作用时间等。

信息元素是功能处理的输入、输入和状态的变量元素。任何功能处理都是建立在功能信息元素处理构成的基础上。也就是说，不同信息元素决定功能处理的能力和空间。信息元素是面向功能目标，基于功能逻辑处理组织，针对功能逻辑处理条件，依据系统功能处理当前状态，构建逻辑处理元素组织。即信息元素是针对功能处理的目标需求，确定信息元素的构成领域；根据功能组织逻辑处理关联因素，确定信息元素的组织模式；根据功能处理条件组织与要求，建立信息元素的处理要求；依据系统当前运行模式与状态，构建信息元素的控制管理。

信息成分描述信息元素性能组织的信息单元。任务信息元素的品质和性能都是建立在自身信息成分构成的信息单元基础上。也就是说，不同的信息成分决定信息元素的能力和性能。信息成分是基于信息元素的资源，依据信息元素所处的环境，根据信息元素能力需求，依据信息元素定义的作用空间，构建信息元素的信息单元组织。即信息成分是针对信息元素作用需求，构建信息单元的结果空间；根据信息元素的操作性能需求，建立信息单元的性能范围；依据信息元素运行环境，确定信息单元的环境条件。

信息条件描述信息单元的作用限制或范围。信息单元包含许多支持信息能力的成分，而这些成分作用范围是基于一定的环境和限制条件。也就是说，当功能运行时，信息条件根据当前功能运行环境确定信息元素的信息成分有效值或有效范围。即信息条件是针对当前信息元素运行条件，确定信息单元的相关信息成分的数值和范围；根据信息元素的操作性能需求，确定信息单元的相关信息成分的性能；依据信息元素作用模式，确定信息单元的相关信息成分权重因子；根据信息单元的结果形式，确定信息单元的相关信息成分的有效性。

对于功能处理的信息组织，信息元素决定了功能处理的信息构成，信息成分形成了品质，信息条件决定了信息状态。这就是我们所说的信息能力。信息能力是系统功能处理的基本单元,信息元素描述支持系统功能处理的能力,是由功能逻辑组织决定的。信息成分描述信息内在性能状态,是由信息资源能力决定的。信息条件描述信息的作用限制,是由信息作用环境决定的。由此可见,信息处理结果建立在信息能力的基础上,如图 5.7 所示。

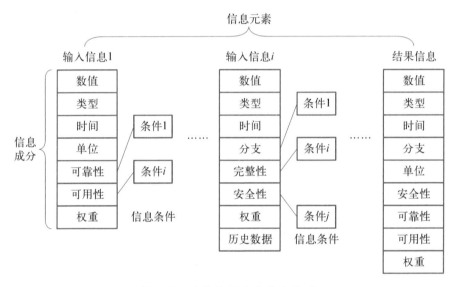

图 5.7　功能处理信息能力构成

功能信息组织模式是描述系统中功能处理元素信息的组成。功能信息组织模式主要是建立功能处理的元素和能力构成,构建功能处理的要素之间交联关系,形成功能处理的要素权重。因此,功能信息组织模式由功能引导组织、条件引导组织和逻辑引导组织构成。其中,功能引导组织描述面向功能驱动逻辑处理的信息组织,条件引导组织描述面向条件驱动逻辑处理的信息组织,逻辑引导组织描述面向逻辑驱动逻辑处理的信息组织。

功能引导根据当前功能运行,根据当前启动的功能处理逻辑的信息元素组织需求,建立支持功能运行和处理的元素构成、元素交联关系和要素处理权重。功能引导是面向功能运行组织的引导模式,它通过当前启动的功能运行逻辑组织需求,确定面向功能范围的要素信息组织;通过当前启动的功能运行的逻辑处理需求,确定基于功能逻辑的信息要素组织关系;通过当前启动的功能运行的逻辑结果需求,确定基于功能处理的信息元素权重。

条件引导是根据当前功能运行环境,根据当前条件环境激活的处理逻辑信息组织需求,建立支持功能运行环境条件的要素构成,要素交联关系和要素处理权重。条件引导组织描述面向条件驱动逻辑处理的信息组织,它根据当前条件环境激活的处理逻辑组织条件需求,确定满足条件处理逻辑的信息要素组织;根据当前条件环境激活的处理逻辑处理条件需求,确定基于条件关联的信息要素组织关系;根据当前条件环境激活的处理逻辑结果条件需求,确定基于条件处理的信息要素权重。

逻辑引导组织根据当前功能运行状态,依据逻辑处理的信息需求,确定逻辑组织,建立支持功能运行状态的要素构成,要素交联关系和要素处理权重。逻辑引导组织是面向逻辑驱动逻辑处理的信息组织,它根据当前运行的功能状态,依据逻辑处理的信息需求,确定面向状态处理逻辑的信息要素组织,依据逻辑处理的组织需求,确定基于逻辑组织的信息要素组织关系;依据逻辑处理的结果需求,确定基于逻辑处理的信息要素权重。

功能信息组织的功能引导、条件引导和逻辑引导模式如图5.8所示。

功能信息处理模式是描述系统中功能处理要素信息的处理模式,主要是建立功能处理的要素信息的成分和组织,构建面向功能能力的要素信息成分处理模式,建立面向功能专业的要素信息组织的处理模式,实现面向功能目标的要素信息逻辑处理模式。因此,功能信息处理模式由面向功能能力的处理、面向功能专业的处理和面向功能目标的处理构成。

面向功能能力的处理描述面向能力驱动逻辑处理的信息组织,是根据当前启动的功能能力组织的信息组织需求,针对功能能力成分的构成,根据功能能力处理引导模式,建立功能能力成分组织优先级和序列,确定优先能力信息驱动的信息处理,形成能力关联的信息组织,支持基于能力逻辑需求的信息处理。

面向功能专业的处理描述面向专业驱动逻辑处理的信息组织,是根据当前

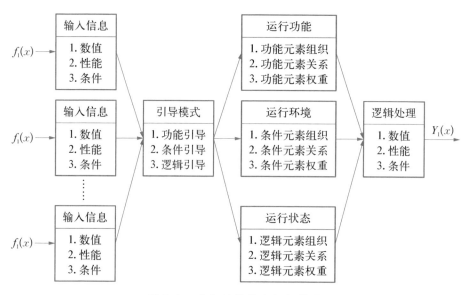

图 5.8　功能逻辑信息组织构成

启动的功能处理的专业信息组织需求,针对功能能力领域和专业处理逻辑,根据功能专业处理引导模式,建立功能专业分布组织和领域合成,构建面向专业驱动的信息处理,确定功能专业能力构成,优先能力信息驱动的信息处理,形成专业关联的信息组织,支持专业逻辑需求的信息处理。

　　面向功能目标的处理描述面向功能驱动逻辑处理的信息组织,是根据当前启动的功能处理目标逻辑的信息组织需求,针对功能目标能力和性能要求,根据功能目标处理引导模式,建立面向功能目标的结果形式和要求,确定面向功能目标驱动的信息能力,构建功能目标逻辑的信息组织,支持功能目标实现的信息处理。

　　功能信息处理的面向功能能力的处理、面向功能专业的处理和面向功能目标的处理描述模式如图 5.9 所示。

5.3.2　专业组织处理模式

系统功能逻辑组织的第二种方式是专业组织处理模式。专业组织处理模

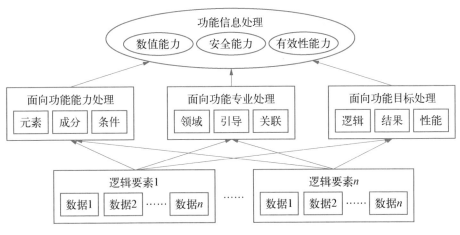

图 5.9　功能逻辑信息处理构成

式是面向功能活动的专业特征与构成的处理模式。由于许多专业具有自身特定的处理模式、处理能力和处理流程,如输入滤波、消息拼装、条件处理、计算迭代、分析评估等,专业组织处理模式就是依据目标任务处理需求,根据专业能力和信息的逻辑组织,根据不同专业特征的处理能力与领域,建立专业处理模式,支持系统目标任务的运行的要求。

　　专业组织处理模式是面向功能活动的专业特征与构成的处理模式。专业组织处理模式是通过专业处理能力、专业处理效率和专业处理结果来描述功能处理逻辑活动。专业处理能力是描述功能逻辑处理的领域组织模式,专业处理效率是描述功能逻辑处理的过程模式,专业处理结果描述功能逻辑处理的性能组织模式。

　　专业组织处理思路是:针对专业处理能力需求,根据功能逻辑组织能力特征,建立专业处理领域;针对专业处理效率需求,根据功能逻辑处理活动特征,建立专业处理过程;针对专业处理结果需求,根据功能逻辑运行目标组织特征,建立专业处理结果要求,如图 5.10 所示。

　　专业处理能力是功能逻辑处理实现的基础。专业处理能力的任务是针对功能逻辑的组织需求,通过建立专业处理组织和逻辑,构建专业处理能力和领

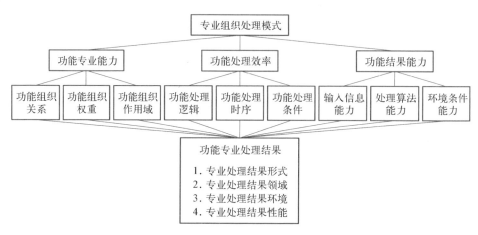

图 5.10　专业组织处理模式

域,形成专业组织处理的空间组织,支持功能逻辑处理能力的专业能力组织需
求。任何功能专业能力的构成都是根据功能处理组织的需求,通过自身的专业
能力实现功能处理逻辑中对本专业的要求。因此,专业处理能力根据功能处理
输入信息与本专业相关数据(如平均值、最大值、最小值),针对功能运行的环境
与本专业相关条件(如能力、范围、限定),依据功能处理性能与本专业相关要求
(如可靠性、可用性、完整性),通过自身专业作用域组织(如空间、时域、作用
域)、专业处理模式(如元素、关系、权重)和专业目标空间(如结果、性能、有效
性),形成支持功能处理逻辑的专业处理能力,覆盖功能处理结果的本专业作用
领域、范围和环境,如图 5.11 所示。

　　专业处理效率是功能逻辑处理有效性的保障。专业处理效率的任务是针
对功能逻辑的处理需求,通过建立专业处理行为和条件,构建专业处理方法和
过程,形成专业组织处理的模式组织。任何功能专业处理效率的构成都是根据
功能逻辑处理模式,通过专业自身的操作行为和处理模式,建立满足功能逻辑
处理中对该专业的处理要求。因此,专业处理效率根据功能处理逻辑的元素组
成(如输入元素、处理变量、结果输出),针对功能处理性能与本专业逻辑处理相
关的元素性能(如数值、类型、条件),依据功能处理过程与本专业相关要求(如

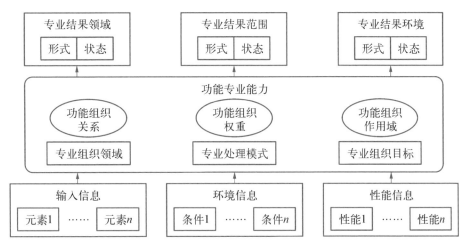

图 5.11　专业处理能力模式

参数、交联、权重),通过专业自身处理品质(如精度、范围、性能),通过专业自身处理效率(如状态、时序、周期),形成支持功能处理逻辑的专业处理效率要求,覆盖功能处理结果的本专业作用领域、范围和环境,如图 5.12 所示。

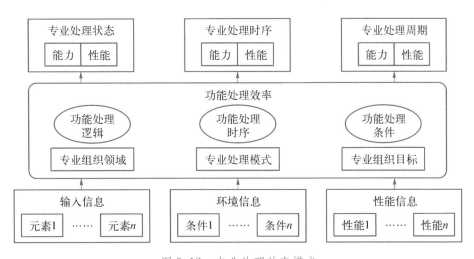

图 5.12　专业处理效率模式

　　专业处理结果是功能逻辑处理有效性的目标。专业处理结果的任务是针对功能逻辑的处理目标需求,通过建立专业处理信息组织与构成,构建专业处理模式和环境,形成专业组织处理的功能结果能力组织。任何功能专业处理结果的构成都是根据功能目标处理模式,通过专业自身的能力和条件组织,建立满足功能结果形式中该专业的结果能力要求。因此,专业处理结果根据功能处理输入元素的目标需求(如数据采集、数值滤波、数据变换等),针对功能处理性能与本专业逻辑处理相关的元素目标需求(如类型、能力、品质),依据功能处理过程与本专业相关处理目标要求(如处理参数、处理算法、处理程序),通过专业自身处理环境目标要求(如领域、环境、状态),通过专业自身处理结果(如能力、性能、有效性),形成支持功能处理逻辑的专业处理结果要求,覆盖功能处理结果的本专业作用领域、范围和环境,支持下一阶段的功能运行管理的需求,如图5.13 所示。

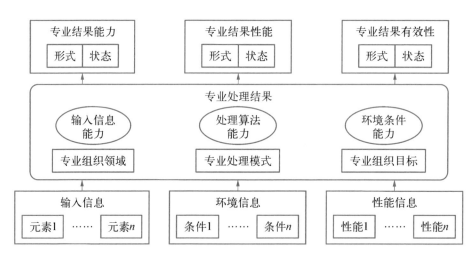

图 5.13   专业处理结果模式

5.3.3   平台组织处理模式

系统功能逻辑组织的第三种方式是平台组织处理模式。平台组织处理模式是面向功能专业、能力和协同一体化的组织模式,是基于目标任务的专业、能力和处理的综合一体化处理组织。目标任务面向应用运行的需求,每项目标任务都是由一组特定的专业功能实现的。由于应用运行环境由多项任务组织,每项任务由多项专业功能构成,而每项专业功能又由多项过程组成。这种自身需求构建模式必然形成功能组织重叠和过程组织重复。因此,建立面向系统逻辑组织需求的平台模式,构建覆盖目标任务活动和作用空间的独立功能活动共享和基础过程能力复用模式是目前系统功能组织和管理的一个重要形式。

平台组织处理模式是面向多项目标任务运行需求,提供专业组织分类,通用功能活动共享,支持处理过程复用,实现目前任务需求的平台组织处理模式。多项目标任务具有自身特定的处理目标、处理领域、处理能力和处理条件需求,如导航任务具有自身的导航模式、导引指令、导航精度、导航完好性需求,飞行监视任务具有自身的交通监视、态势感知,安全隔离、威胁告警需求。平台组织处理模式根据这两项目标任务需求,提供共享功能,如空域环境态势组织、空域交通位置识别,导航完好性确认能力,再结合各自特定专业功能,导航任务的导引功能,监视任务的告警功能,通过复用通用处理过程,完成目标任务的需求。

如上所述,平台组织处理模式的核心是提供统一的、独立的通用功能和过程组织与共享服务。即建立统一的专业、功能和过程组织,提供独立专业、能力和处理共享服务,满足目标任务的专业组织、功能能力共享、过程处理复用的平台效能需求,减少专业发散、功能重叠和过程重复,从而提升系统处理的效率和效能。但是,对于平台组织来说,需要考虑建立什么样的通用功能能力和操作模式才能覆盖实现目标任务的专业功能需求,同时支持功能共享和过程复用。已知平台目标是支持目标任务运行需求,提供系统功能组织,实施系统过程运行。因此,平台组织处理模式要根据需求系统应用专业特征,建立专业分类组织,覆盖所有系统目标任务的专业需求;根据功能共享机制,建立功能单元组织,提供平台所有分类专业的能力组织需求;根据过程复用模式,建立通用过程组织,支持平台所有功能调用处理需求。平台组织处理模式的组织架构如图5.14 所示。

专业分类组织是平台处理模式的应用处理组织。专业分类组织是面向系

图 5.14　平台组织处理模式

统应用目标任务的构成,针对系统应用目标任务的处理需求,根据目标任务处理需求的专业特征,组织平台的专业能力目标,建立平台的专业处理领域,明确平台的专业结果范围,形成基于平台的满足系统应用任务需求的各种专业处理模式。系统应用任务是无数的,或者是不确定,而这些任务的专业是有限的,或者是确定的。因此,平台处理模式不是面向系统应用任务处理需求的,而是面向系统应用任务组织的专业处理需求的,是通过专业分类建立平台处理各种系统专业的能力。也就是说平台处理模式不是提供系统应用任务处理模式,而是提供系统应用任务的专业处理模式。即针对系统目标任务的构成,建立面向系统所有目标任务活动的专业分类,确定所有目标任务活动专业的目标、领域和范围组织,支持系统所有目标任务运行需求。

专业目标能力是描述平台处理模式的专业处理目标能力。专业目标能力组织是基于平台的系统专业分类的任务目标需求,根据基于平台的通用功能处理专业构成,建立平台的专业分类的专业目标能力构成。所谓平台的专业分类是根据系统应用任务的构成,以专业特征为条件,建立应用任务的专业分类。平台专业分类的目标能力是在此基础上,针对专业分类组织的应用任务目标要求、应用任务环境和应用任务能力需求,根据平台提供的通用功能目标区域、功能活动空间和功能元素领域要求,通过专业分类领域关联、行为关联和结果关联处理,构建专业分类的专业目标能力组织。

专业领域组织是描述平台处理模式的专业处理领域构成。专业领域能力组织是基于平台的系统专业分类的任务领域组织,根据基于平台的通用功能处理逻辑模式,建立平台的专业分类的专业领域构成。平台专业分类的领域构成也是在系统应用任务专业分类基础上,针对专业分类的应用任务构成,根据这些应用任务类型、应用任务性质和应用任务条件需求,根据平台提供的通用功能元素构成、元素交联关系和元素处理权重要求,通过专业分类领域关联、行为关联和结果关联处理,构建专业分类的专业领域组织。

专业作用范围是描述平台处理模式的专业处理范围空间。专业作用范围组织是基于平台的系统专业分类的任务作用范围,根据基于平台的通用功能处理结果形式,建立平台的专业分类的专业作用范围构成。平台专业分类的专业作用范围也是在系统应用任务专业分类基础上,针对专业分类的应用任务构成,根据这些任务的应用结果形式、应用作用空间和应用性能需求,根据平台提供的通用功能结果信息、功能结果范围和功能结果性能要求,通过专业分类的领域关联、行为关联和结果关联处理,构建专业分类的专业作用范围组织。

基于平台组织处理模式的专业分类组织如图 5.15 所示。

功能单元组织是平台处理模式的处理能力组织。功能单元组织是面向系统专业能力的需求,针对系统专业处理逻辑模式,根据专业领域的功能处理特征,建立平台的标准功能领域,确定平台的标准处理逻辑,明确平台的标准结果形式,形成基于平台的功能单元组织。对于平台专业分类,系统的分类专业能

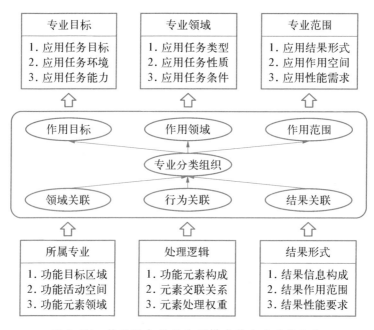

图 5.15　基于平台组织处理模式的专业分类组织

力需求是零散的，或者是杂乱的，而这些分类专业对功能逻辑处理是有限的，或者是确定的。因此，平台功能组织模式不是面向系统专业分类处理需求的，而是面向系统通用能力处理需求的，是通过标准能力定义和分类建立平台标准功功能单元。也就是说平台处理模式不是提供系统专业封闭处理模式，而是提供系统通用功能单元组织模式。即针对系统目标任务的构成，建立面向系统专业分类通用功能组织，构建基于平台的功能单元的所属专业、处理逻辑和结果形式，支持系统目标任务调用和运行需求。

　　功能所属专业是描述平台处理模式功能单元的领域组织。功能所属专业是基于平台的系统功能单元的专业特征需求，根据基于平台的通用处理过程的类型支持，建立平台功能单元的所属专业领域。已知平台的功能单元根据平台的专业分类的构成，以专业目标、专业领域和专业范围为需求，建立平台的功能单元组织。功能单元的所属专业在此基础上，针对功能所属专业的功能目标区域、功能活动空间和功能元素领域需求，根据平台提供的通用处理过程的操作模式分类、操作行为组织和操作结果状态,通过过程事件处理、过程条件处理和过程组织处理,构建功能单元的功能所属专业组织。

功能处理逻辑是描述平台处理模式功能单元的处理模式。功能处理逻辑是基于平台的系统功能单元的处理逻辑特征,根据基于平台的通用处理过程的处理条件支持,建立平台功能单元的功能处理逻辑。功能处理逻辑在系统专业分类的功能单元的基础上,针对功能逻辑处理的功能元素构成、元素交联关系和元素处理权重需求,根据平台提供的通用处理过程条件的应用环境条件、功能处理条件和操作模式条件要求,通过过程事件处理、过程条件处理和过程组织处理,构建功能单元的功能处理逻辑组织。

功能结果形式是描述平台处理模式功能单元的提交结果。功能结果形式是基于平台的系统功能单元的应用需求特征,根据基于平台的通用处理过程的操作模式支持,建立平台功能单元的功能结果形式。功能结果形式在系统专业分类的功能单元的基础上,针对功能结果形式的功能结果信息构成、功能结果作用范围和功能结果性能需求,根据平台提供的通用处理操作模式的信息处理操作、资源处理操作和行为活动操作要求,通过过程事件处理、过程条件处理和过程组织处理,构建功能单元的功能结果形式组织。

基于平台组织处理模式的功能单元组织如图 5.16 所示。

通用过程组织是平台处理模式的处理过程组织。通用过程组织是面向系统专业能力的需求,针对系统专业能力与过程处理模式,根据系统资源操作与信息处理特征,建立平台的通用过程处理类型,确定平台的通用过程处理条件,明确平台的通用过程操作模式,形成基于平台的通用处理过程组织。对于平台功能单元,系统功能单元能力是专业化的,或者是定制化的,而这些专业化或定制化的功能单元处理与系统资源操作和信息处理是独立的。因此,平台通用过程处理模式不是面向系统功能单元处理需求的,而是面向系统资源操作和信息处理层面的,是通过标准操作和过程分类建立平台标准通用处理过程。也就是说平台通用处理模式不是提供系统功能耦合处理模式,而是提供系统资源与信

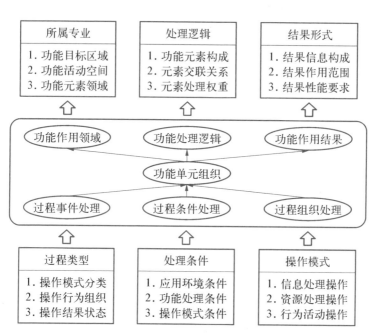

图 5.16 基于平台组织处理模式的功能单元组织

息通用过程处理组织模式。即针对系统功能单元的构成,建立面向系统功能作用领域的资源和信息操作组织,构建基于平台的通用处理过程的资源类型、信息能力和特种操作,支持系统功能单元调用和运行需求。

过程类型是描述平台处理模式通用处理过程的作用领域。过程类型是基于平台的系统通用处理的操作类型特征,根据基于平台的资源组织的过程需求,建立平台通用过程的过程类型领域。已知平台的通用过程是根据平台的功能单元的构成,以功能单元运行的资源模式、信息能力和操作模式为需求,建立平台的通用过程组织。过程类型是在此基础上,针对过程类型的操作模式分类、操作行为组织和操作结果状态需求,根据平台提供的通用处理资源能力类型、资源操作条件和资源运行状态,通过资源运行状态、信息操作模式和特殊处理要求,构建通用过程的过程类型组织。

信息能力是描述平台处理模式通用处理过程的信息处理模式。信息能力是基于平台的系统通用过程的处理条件特征,根据基于平台的信息处理的过程需求,建立平台通用过程的信息处理能力。信息能力在系统功能单元的通用处理基础上,针对通用过程的条件处理的应用环境条件、功能处理条件和操作模式条件需求,根据平台提供的通用处理过程信息能力的数据操作类型、数据操作条件和数据操作品质要求,通过资源运行状态、信息操作模式和特殊处理要求,构建通用过程的信息能力组织。

特殊处理是描述平台处理模式通用处理过程的特殊事件处理模式。特殊处理是基于平台的系统通用处理的操作模式特征,根据基于平台的通用处理过程的特殊事件需求,建立平台通用过程的特殊处理形式。特殊处理在系统功能单元的操作模式基础上,针对平台通用处理操作模式的特信息处理操作、资源处理操作和行为活动操作需求,根据平台提供的通用处理的特殊事件特征、特殊操作能力和特殊条件性能要求,通过资源运行状态、信息操作模式和特殊处理要求,构建通用过程的特殊处理组织。

基于平台组织处理模式的通用过程组织如图 5.17 所示。

图 5.17　基于平台组织处理模式的通用过程组织

5.4 功能运行管理

功能运行管理是面向飞行应用任务的系统功能组织和运行管理。所谓功能运行管理就是基于目标任务运行需求,通过组织功能处理能力,实施功能处理逻辑过程管理。对航空电子系统而言,系统功能最终目标是完成系统目标任务组织和运行的需求。系统目标任务组织和运行不仅需要系统提供专业功能的能力,提供这些专业能力的逻辑实现模式,同时还需要通过功能运行管理实现系统任务组织和运行需求。因此,功能运行管理是根据任务运行需求,采用系统确定的相关功能运行管理策略,组织和调度功能与运行,实施系统功能综合,提供功能运行管理和结果状态,实现任务运行过程的目标和要求。

系统功能运行管理是面向目标任务运行需求的功能组织和运行管理。系统功能运行管理依据系统功能平台能力,通过任务配置、条件驱动或平台管理模式,确定基于当前运行功能的管理模式,建立功能运行的目标要求、条件约束和管理模式,支持任务运行需求。对于功能运行实现方法,主要考虑几个方面:首先从目标任务运行需求角度考虑,根据任务配置的功能组织,通过任务配置驱动,调度与管理功能运行;其次是从功能运行条件许可角度考虑,根据当前功能关联条件激活状态,通过功能运行模式,调度与管理功能运行;另外是从功能平台组织管理的角度考虑,根据平台主流管理的功能和条件,通过功能周期刷新要求,调度与管理功能运行。这就是本章定义的系统功能运行管理三种模式:任务配置模式、功能运行模式和功能平台管理模式。

系统功能运行管理组织如图 5.18 所示。

5.4.1 任务配置模式

任务配置是针对航空电子系统飞行目标任务需求构建功能专业能力配置管理。任务配置模式是根据当前目标任务需求,通过关联功能配置,建立功能专业分类模式,构建功能专业能力组织模式,确定功能专业操作模式,明确功能

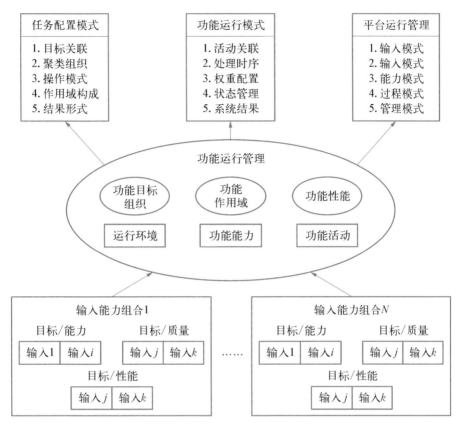

图 5.18　系统功能运行管理组织架构

专业作用模式,确定功能专业环境模式,形成面向任务活动组织的功能配置运行与管理模式。基于任务配置的系统功能专业与能力组织模式如图 5.19所示。

目标关联是描述任务配置模式的功能目标组织要求,也是建立支持目标任务的功能目标组织的重要内容。一般情况下,目标任务由一组功能来配置实现。对于目标任务配置而言,其功能是相互独立的,每项功能都具有自身的特征和目标模式。因此,对于目标任务实现首先要建立基于任务配置的该组功能的目标组织。即建立基于目标任务需求的该组功能目标领域、功能目标环境和功能目标参数,形成该组各个功能的目标组织和要求,支持基于任务配置模式

图 5.19　基于任务配置的系统功能运行与管理模式

的关联功能的运行目标实现。

聚类组织是描述任务配置模式的功能能力要求,也是建立支持目标任务的功能能力组织的重要内容。已知目标任务往往由一组功能来配置实现。对于目标任务组织而言,其功能是相互交联的,每项功能具有自身的能力特征和行为模式。因此,在建立基于任务配置的该组功能的目标组织的基础上,如何建立支持该组功能目标组织的能力配置是功能运行与管理的基础。即建立面向该组功能目标组织的功能能力聚集、作用时间的聚集和活动参数的组织,形成实现该组各个功能的目标实现的能力、活动和时间组织要求,支持基于任务配置模式的关联功能的运行。

操作模式是描述任务配置模式的功能处理要求,也是建立支持目标任务的功能处理组织的重要内容。已知目标任务往往由一组功能来配置实现,对于目标任务运行而言,其功能是独立专业处理过程,每项功能具有自身的活动特征和处理模式。因此,在建立基于任务配置的该组功能的目标组织的基础上,如何建立基于该组功能目标需求和能力组织的处理模式配置是系统功能运行的效能保障。即建立面向该组功能目标和能力组织的功能操作特征、功能处理模式和功能处理性能要求,形成实现该组各个功能的目标实现和能力需求的处理特征、方法和模式,支持基于任务配置模式的关联功能的处理过程。

作用域构成是描述任务配置模式的功能作用空间,也是建立支持目标任务的功能操作领域与范围组织的重要内容。已知目标任务往往由一组功能来配置实现,对于目标任务领域而言,其功能是独立活动作用过程,每项功能具有自身的活动领域和作用空间。因此,在建立基于任务配置的该组功能的目标组织的基础上,如何建立基于该组功能目标、能力、操作的作用域配置是系统功能运行的支持与保障。即建立面向该组功能目标、能力、操作的功能需求作用域、功能参数作用域和功能环境作用域要求,形成实现该组各个功能的目标、能力、操作过程作用领域和范围,支持基于任务配置模式的关联功能的处理空间。

结果形式是描述任务配置模式的功能处理结果,也是建立支持目标任务的功能目标与结果组织的重要内容。已知目标任务往往由一组功能来配置实现,对于目标任务目标而言,其功能是独立处理结果形式,每项功能具有自身的结果模式和结果空间。因此,在建立基于任务配置的该组功能的目标组织的基础上,如何建立基于该组功能目标、能力、操作、作用域的结果形式配置是系统功能运行的有效性与保障。即建立面向该组功能目标、能力、操作、作用域的功能目标区域、功能能力区域和功能结果区域要求,形成实现该组各个功能的目标、能力、操作和作用域的结果形式,支持基于任务配置模式的关联功能的处理有效性。

5.4.2　功能运行模式

功能运行模式是针对航空电子系统飞行任务配置模式配置构建的功能运行管理。功能运行管理模式是根据当前任务配置的功能组织,通过相关功能活动和过程组织,建立功能运行的活动关联模式,构建功能运行的时序组织模式,明确功能运行的权重配置模式,确定功能运行的参数管理模式,确定功能运行的结果性能模式,形成面向任务活动组织的功能处理与性能管理模式。基于功能运行管理的功能处理与性能管理模式如图 5.20 所示。

活动关联是描述功能运行管理的功能活动组织与交互模式,也是建立支持

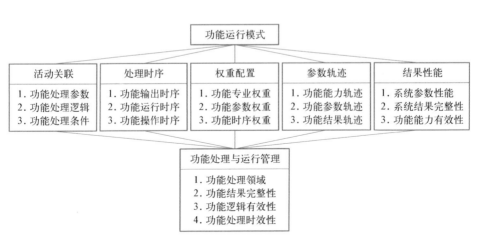

图 5.20　基于功能运行管理的功能处理与性能管理模式

功能运行的功能过程组织的重要内容。在一般情况下,目标任务由一组功能来配置实现。对于功能运行管理而言,其功能处理过程是相互独立的,每项功能都具有自身的特征和活动模式。因此,对于目标任务实现首先要建立基于功能运行管理的该组功能活动组织。即建立基于目标任务需求的该组功能活动内容、功能活动条件和功能活动交联要求,支持基于功能运行管理的活动模式组织。

处理时序是描述运行管理的功能操作时域与过程组织模式,也是建立支持功能运行的功能信息采集、操作处理和结果输出管理组织的重要内容。已知目标任务往往由一组功能来配置实现,对于功能运行过程而言,其功能过程是独立调度和控制的,每项功能具有自身的操作特征和时序要求。因此,在建立基于功能运行管理的该组功能活动的基础上,如何建立支持该组功能活动组织的时序管理是功能运行与管理的基础。即建立面向该组功能活动组织的功能操作时序、作用时间和运行周期的组织,形成实现该组各个功能的活动实现的能力、操作和时间要求,支持基于功能运行管理的时序组织与管理模式。

权重配置是描述功能运行管理的功能处理交联与重要度组织模式,也是建立支持功能运行的专业、功能、过程交联与影响组织的内容。已知目标任务往往由一组功能来配置实现,对于功能运行组织而言,其功能过程是相互交联和支持的,每项功能具有自身的专业权重和操作能力。因此,在建立基于功能运行管理的该组功能的处理关系与交联的基础上,如何建立基于该组功能运行模式的处理关系和交联权重组织是系统功能运行的结果性能保障。即建立面向该组功能处理关系和交联权重的功能专业组织权重、功能处理参数权重和功能处理过程权重要求,形成实现该组各个功能之间交互的专业、功能和过程组织与关联处理的权重管理模式,支持基于功能运行的关联功能组织的专业、功能和过程一体化处理过程。

状态管理是描述功能运行管理的功能运行轨迹与运行状态管理模式,也是建立支持功能运行的能力、参数、结果运行轨迹和运行状态管理的内容。已知目标任务往往由一组功能来配置实现,对于功能运行能力而言,其功能过程能力是基于不同功能状态组织的,每项功能具有自身的能力模式和操作状态。因此,在建立基于功能运行管理的该组功能的运行模式和运行状态的基础上,如何建立基于该组功能运行模式的能力需求、参数变化、结果状态是系统功能运行的结果有效性保障。即建立面向该组功能运行的能力关联、参数范围和结果轨迹管理,形成实现该组各个功能之间交互能力组织、参数传递和结果相接的一体化功能运行管理,支持基于功能运行的关联功能能力、操作和结果组织有效性处理过程。

系统结果是描述功能运行管理的系统结果组织有效性模式,也是建立支持功能运行的功能结果模式、系统结果构成和系统结果有效性的内容。已知目标任务往往由一组功能来配置实现,对于功能运行目标而言,其功能处理输出是基于不同功能结果组织的,每项功能具有自身的专业领域和操作结果。因此,在建立基于功能运行管理的该组功能处理的结果组织的基础上,如何建立基于该组功能运行模式的构成的系统结果组织和有效性是系统功能运行的结果组织有效性保障。即建立面向该组功能处理结果领域和形式、系统功能结果的构成和作用域以及系统结果的有效性要求,形成实现该组各个功能之间处理结果组织、系统功能结果构成和有效性管理模式,支持基于功能运行的关联功能结果、系统功能组织结果和有效性管理。

5.4.3 平台运行管理

平台运行管理是针对航空电子系统飞行任务配置模式配置和功能运行管理构建的平台运行管理。平台运行管理模式是根据当前任务配置的功能组织,针对系统功能运行管理模式,根据面向平台的功能活动和过程组织,一方面支持系统各种目标任务运行的要求,另一方面建立一体化平台组织与运行管理。平台运行模式是通过建立平台共享输入模式,支持平台功能和过程组织,覆盖目标任务运行环境;建立平台共用输出结果组织,支持平台功能和过程处理,覆盖目标任务应用需求;建立平台统一能力组织,支持平台一体化处理模式,覆盖目标任务处理要求;建立平台通用过程模式,支持平台处理管理和效率,覆盖目标任务性能要求;建立平台统一管理模式,支持平台处理效率和有效性管理,覆盖目标任务有效性要求。基于平台运行管理模式如图 5.21 所示。

图 5.21　基于平台运行管理模式

1) 输入模式

输入模式是描述平台运行管理的平台运行需求组织模式,它包括平台输入信息需求、平台输入条件要求和平台输入作用能力。对于平台组织,平台运行需求组织是针对目标任务运行而言。也就是说平台运行需求组织要覆盖所有系统任务需求。因此,平台输入模式组织首先根据系统任务类型需求,确定支持系统任务运行的信息组织,构建面向平台功能组织的输入信息配置(构型);同时平台输入模式组织根据系统任务运行需求,确定支持系统任务运行的环境组织,构建面向平台功能组织的环境条件配置(构型);另外平台输入模式组织根据系统任务处理需求,确定支持系统任务运行的元素组织,构建面向平台功能组织的权重配置(构型)。总之,平台运行管理通过输入模式组织,建立覆盖系统任务类型的平台需求组织。

2) 输出模式

输出模式是描述平台运行管理的平台处理结果组织模式,它包括平台输出结果需求、平台运行结果要求和平台处理结果能力。对于平台组织,平台处理结果是针对目标任务结果而言。也就是说平台处理结果要覆盖所有系统任务处理结果和处理状态。因此,平台输出模式首先要根据系统任务处理需求,确定支持系统任务运行的运行模式,构建面向平台应用处理的输出结果配置(构型);同时平台输出模式根据系统任务运行需求,确定支持系统任务运行的专业功能构成,构建面向平台专业功能处理结果的配置(构型);另外平台输出模式根据功能操作的需求,确定支持系统专业功能处理的通用过程处理构成,构建面向平台通用处理过程结果的配置(构型)。总之,平台运行管理通过输出模式组织,建立支持系统任务目标的平台处理。

3) 能力模式

能力模式是描述平台运行管理的平台能力需求组织模式,它包括平台支持应用的能力需求、平台功能专业能力处理需求和平台通用过程操作处理能力需求。对于平台组织,平台能力是针对任务处理需求而言。也就是说平台能力要支持所有系统任务运行处理、功能逻辑处理和过程操作处理要求。因此,平台能力模式首先要根据系统任务目标需求,确定支持系统任务运行的结果模式,构建面向平台应用处理的能力类型和领域;同时平台能力根据系统任务运行需求,确定支持系统任务运行的专业功能的结果模式,构建面向平台专业功能处理能力类型和作用域;另外平台能力根据功能操作的需求,确定支持系统专业功能处理的通用过程处理结果模式,构建面向平台通用处理过程能力类型和范围。总之,平台运行管理通过能力模式组织,建立支持系统任务组织与运行的平台能力。

4) 组织模式

组织模式是描述平台运行管理的平台运行组织模式,它包括平台基于应用的任务组织、平台基于任务的功能组织和平台基于功能的过程组织需求。对于平台组织,平台运行组织是针对任务处理需求而言。也就是说平台运行要支持所有系统任务运行、功能处理和过程操作要求。因此,平台组织模式首先要根据系统应用需求,确定支持系统应用环境的任务模式,构建面向平台任务运行的目标、状态和条件组织;同时平台组织模式根据系统任务需求,确定支持系统任务运行环境的专业功能模式,构建面向平台专业功能处理目标、逻辑和条件组织;另外平台能力根据专业功能需求,确定支持系统专业功能处理环境的过程组织模式,构建面向平台通用过程的目标、操作和条件组织。总之,平台运行管理通用平台组织模式,建立支持系统任务组织与运行的平台运行组织。

5) 管理模式

管理模式是描述平台运行管理的平台运行管理模式,它包括平台应用的任务运行活动、平台功能逻辑处理和平台过程组织操作行为的管理。对于平台组织,平台运行组织是针对任务运行组织与管理而言。也就是说平台运行要支持所有系统任务运行、功能处理和过程操作性能和有效性要求。因此,平台组织模式首先要根据系统应用需求和环境,确定支持系统任务运行状态和要求管理模式,构建面向平台任务运行的性能、效能和完整性组织;同时平台组织模式根据系统任务需求,确定支持任务运行的专业功能运行状态和要求管理模式,构建面向平台专业功能处理性能、效率和可用性组织;另外平台能力根据专业功能需求,确定支持专业功能处理的过程运行状态和要求管理模式,构建面向平台通用过程运行的性能、品质和有效性组织。总之,平台运行管理通用平台运行管理模式,建立支持系统任务组织与运行的平台管理组织。

5.5　功能综合组织

上述几节给出了功能专业能力组织,定义了系统运行任务的功能能力;描述了功能逻辑处理组织,确定任务运行的功能处理方式;还论述了功能运行管理组织,提供了系统运行任务的功能运行模式。从一般意义说,上述三种功能组织和运行方式可以实现系统运行任务需求。但是航空电子系统需要系统功能组织实现目标任务要求,同时还希望建立最优化功能组织,完成目标任务运行。

随着以 IT 为代表的高新技术的高速发展,航空电子系统能力大幅度提升。从飞行应用过程来看,航空电子系统提供了大量的应用任务,大大地提升了各个飞行阶段的飞行过程能力、性能和效率。与此同时,航空电子系统还提升了专业系统能力,如导航、通信、监视、显示等,提供了大量的专业系统的功能和处理过程,有效地支撑了飞行应用目标和效能实现。

功能综合是实现飞行任务目标需求的基础。已知飞行任务需求是面向飞行应用模式和目标的,飞行任务的作用空间(应用、作用、环境、程序、效能和有效性)确定了飞行任务需求;飞行任务能力(专业、作用域、元素、关系、品质和周期)是基于专业功能能力领域和组织的,专业功能的作用空间(能力、类型、条件、逻辑、过程和性能)构建了系统功能组织。通常,一项飞行任务往往是由多项独立的专业功能来实现,因此,一个飞行任务的作用空间(应用、作用、环境、程序、效能和有效性)由多个独立不同的专业功能作用空间(能力、类型、条件、逻辑、过程和性能)来实现。功能综合组织如图 5.22 所示。

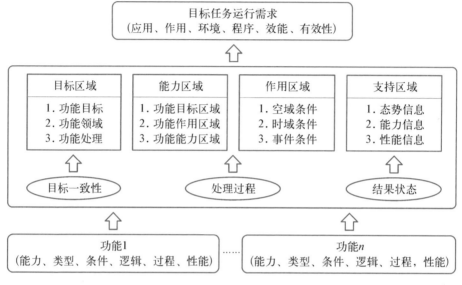

图 5.22　功能综合组织

因此,对于多种目标、多种应用、多种环境和多种状态的飞行应用需求,针对多个领域、多种能力、多种因素和多种条件的系统功能组织,如何建立统一的目标、协同的组织、有效的活动、最大的收益是具有复杂特征的航空电子系统最为重要的任务之一。功能综合是面向应用任务的目标,基于共同的运行环境,依据多种专业的主体,通过相关的活动、能力和过程组织、处理与协同,实现整体应用效能、效率和有效性运行组织。

所谓功能组织综合就是面向任务运行需求,针对系统功能能力构成,建立不同功能作用空间和能力类型组织,形成基于任务能力需求的系统功能能力的综合;针对系统功能处理逻辑,建立不同功能处理信息组织和处理品质组织,形成基于任务过程的系统功能处理的综合;针对系统功能运行管理,建立不同功能作用领域和运行状态,形成基于任务运行的系统功能管理的综合。因此,对航空电子系统而言,系统功能综合根据目标任务运行需求,通过系统功能能力组织、系统功能处理逻辑、系统功能运行管理,实现和完成系统任务组织和运行的需求,优化了系统功能需求和组织,优化了系统功能处理品质和效率,优化了系统运行状态和过程,有效地支持系统任务组织和运行。

根据上述分析和归类,功能综合主要内容由三部分组成:一是功能应用的综合,即针对系统任务应用需求,根据功能专业的领域,依据功能处理逻辑的能力,构建基于功能能力和作用空间综合,实现任务活动能力的需求。二是功能处理综合,即针对功能逻辑处理组织的信息构成,根据功能,依据任务处理能力,构建基于任务条件和处理合成任务运行能力。三是功能构成的综合,即针对飞行运行要求,根据任务的操作过程,依据任务处理能力,构建基于任务操作和性能综合组织。因此,功能综合主要由面向目标任务需求的功能专业综合、面向功能处理需求的功能逻辑综合和面向功能组织需求的功能能力综合构成。

5.5.1　面向目标任务需求的功能专业综合

面向目标任务的功能专业综合是针对目标任务组织的多项功能专业处理模式综合。即基于系统目标任务相关功能综合,实现功能应用效能。所谓面向目标任务的功能专业综合是指针对系统任务需求,根据系统专业的能力,依据系统功能的组织,完成的系统功能的综合。其目标是通过系统功能组织和综合,支持系统任务目标的实现,覆盖系统应用作用空间,最大化提升功能处理效率,优化增强功能操作过程品质。

面向目标任务的功能专业综合的主要目标是根据当前系统目标任务运行需求,构建系统关联功能专业领域与能力组织,依据系统关联功能专业领域和作用能力,通过对功能应用的目标、过程、能力、角色和结果综合,提供一体化的系统功能组织。因此,面向目标任务的功能专业综合是针对目标任务的构成和需求,根据系统功能的专业组织目标、专业组织架构、专业组织品质、专业组织范围和专业组织条件,构建面向目标任务的专业组织、环境组织和能力组织,实现面向目标任务的事件综合、领域综合和结果综合,形成满足目标任务运行的任务目标组织、任务过程构成、任务能力组织、任务角色组织和任务事件组织，支持系统任务管理层的任务组织、运行和管理的需求，如图5.23所示。

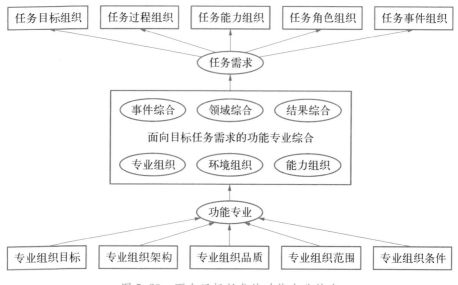

图 5.23　面向目标任务的功能专业综合

　　功能专业能力是根据系统专业的不同，由专业自主特征、专业覆盖领域、专业结果的性能组成。功能专业能力是基于系统能力需求，面向系统专业特征，形成专业功能组织。专业分类与组织是系统功能组织的基础。已知系统功能通过系统任务能力需求，依据专业的划分，确定系统的功能组织。根据系统任务能力分解，每项系统任务能力投影到多项专业，存在多项任务能力对应多项专业构成。因此，构建系统功能组织首先要对基于系统任务能力的对应专业分类，并根据能力需求构建专业组织。

　　系统功能专业分类与组织的综合化建立在专业分类与组织基础上，实现面向专业范围和有效性提升的需求。不同专业配置，形成不同的能力模式，具有不同的能力。系统功能专业分类是依据系统功能组织架构，建立系统功能专业、环境、输入差异性处理模式，形成系统功能支撑能力。功能综合是通过基于功能专业能力功能组织的信息融合，提升系统功能结果精度；通过基于专业方向功能组织的信息融合,提升系统功能结果范围;通过基于专业品质功能组织的信息融合,提升系统功能结果信息可用性。

因此,面向目标任务的功能专业综合根据不同功能专业分类,依据功能应用需求和范围,通过专业组织、环境组织和能力组织,实现面向目标任务的事件综合、领域综合和结果综合。即,首先通过基于态势感知架构的功能组织信息组织,依据系统功能组织架构的功能专业分类目标,构建基于应用范围的不同功能专业的事件协同,支持目标任务的应用事件处理能力;第二,通过基于综合模式组织的功能作用空间,依据系统功能组织架构的功能专业能力结果,构建基于应用目标的不同功能作用领域综合,支持目标任务的应用领域有效能力;第三,通过基于系统管理架构的功能结果组织,依据系统功能组织架构的功能专业处理模式,构建基于应用域的不同功能专业结果能力组织,提升系统功能结果可用性。

5.5.2　面向功能处理需求的功能逻辑综合

面向功能处理需求的功能逻辑综合是多项功能专业处理逻辑的综合。即基于逻辑相关功能综合,提供系统功能处理能力。所谓面向功能处理需求的功能逻辑综合是指针对系统功能的构成,根据系统功能的能力,依据每项功能的处理逻辑组织,完成的功能处理能力的综合。其目标是通过功能逻辑处理组织和综合,支持多项功能处理目标提升,构建功能组织的作用空间,优化功能的处理模式,提升功能处理效率,增强功能处理结果的品质。

面向功能处理需求的功能逻辑综合是根据当前系统目标任务关联的功能处理逻辑,构建相关功能专业逻辑元素组织,依据系统关联功能逻辑处理领域,通过对关联功能处理逻辑的目标、专业、能力、条件和结果综合,提供系统功能逻辑组合的处理能力组织。因此,面向目标任务的功能专业综合是针对专业功能的逻辑能力和需求,根据各自功能逻辑组织的元素组织目标、元素交联架构、元素操作品质、元素作用范围和元素处理条件,构建面向功能应用的逻辑组织、性能组织和条件组织,实现面向功能应用的行为综合、领域综合和结果综合,形成支持目标任务运行的功能目标处理过程、专业处理过程、逻辑处理过程、能力处理过程和条件处理过程,支持系统任务管理层的功能处理、运行和管理的需求。如图 5.24 所示。

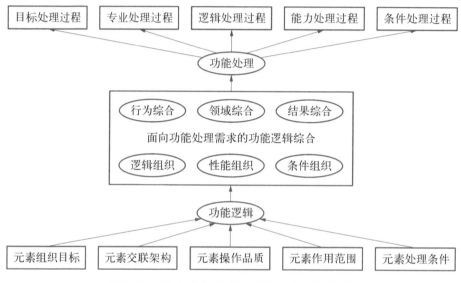

图 5.24　面向功能处理需求的功能逻辑综合

　　功能逻辑组织是基于系统能力与专业的对应,根据能力的分解,建立覆盖系统能力的功能处理元素的组织。功能逻辑组织通过系统逻辑组织元素能力,构建各个专业的功能处理逻辑,建立系统功能逻辑元素架构,确定功能逻辑元素作用范围,明确功能逻辑元素作用条件。在此基础上,针对各个功能逻辑处理元素组织,通过各个功能组织元素交联和权重配置,形成综合功能逻辑组织:功能的输入、功能的处理和功能结果。同时,针对系统输入激励性能、过程处理元素性能和功能结果性能要求,通过确定各个功能组织元素品质和作用范围,确定功能处理逻辑综合性能组织:操作品质、处理效率和结果性能。最后,针对系统功能处理逻辑环境需求,通过确定各个系统各个功能处理逻辑元素环境条件,建立功能处理逻辑综合条件要求:操作基线、处理条件和范围限制。

　　功能逻辑组织是基于系统功能处理元素的组织、处理和管理模式。功能元素组织是依据功能能力与专业模式，根据功能环境与处理逻辑，针对功能处理环境与条件范围，建立面向多项功能组织的元素综合模式。所谓多项功能组织的元素综合模式是基于专业的功能组织，建立功能逻辑架构，构建支持功能逻辑操作的元素单元定义，如功能的输入元素单元、功能的处理单元和功能结果元素单元，确定功能处理逻辑的元素信息模式，支持基于元素信息模式的系统功能逻辑组织综合。

　　因此，功能元素组织和信息融合是不同功能处理元素基于功能目标的有效能力逻辑组织与信息融合。根据系统功能处理过程需求，针对功能处理过程元素组织结构和元素品质与性能基线要求，依据系统各个功能之间品质和性能元素差异性冗余状态，解决元素品质和性能与基线要求的差异互补，实现功能逻辑组织与信息相关处理优化，提升处理品质和性能，满足功能综合处理品质和性能要求。功能元素组织与信息融合是主要任务是：第一，通过基于各个功能处理元素轨迹元素信息组织，依据各个功能组织架构的功能元素互补模式，构建基于功能的不同环境元素的能力补偿，提升系统处理元素品质和精度；第二，通过基于各个功能处理元素逻辑组织，依据系统功能组织架构的功能元素性能要求，构建基于功能处理逻辑元素性能的补偿，提升系统功能元素性能；第三，通过基于各个功能处理自主元素组织信息融合，依据系统功能组织架构的功能元素可用模式，构建基于统一应用域的不同功能专业有效性补偿，提升系统功能元素可用性。

5.5.3　面向功能组织需求的功能能力综合

　　面向功能组织需求的功能能力综合是多项功能专业处理能力的综合。即基于功能需求相关能力综合，构建系统功能能力和范围。所谓面向功能组织需求的功能能力综合是指针对系统特定的功能需求，依据系统能力的构成，根据系统功能的运行环境，建立功能的处理逻辑组织，完成的功能能力组织与综合。

其目标是通过功能能力组织和综合,支持建立功能处理目标,确定功能作用领域,明确功能处理性能,实现系统功能能力组织与特定功能的构建。

面向功能组织需求的功能能力综合是根据当前系统特定应用关联的系统能力和信息,构建特定功能专业逻辑处理元素组织,确定系统特定功能逻辑处理模式,建立特定功能处理逻辑的目标、专业、能力、条件和结果能力组织,提供系统特定功能处理能力。因此,面向功能组织需求的功能能力综合是针对特定专业功能能力和需求,根据特定功能逻辑组织的传感器输入、作用领域、活动事件、环境条件和结果期望,构建面向特定功能应用的活动空间、能力领域和环境因素,实现面向特定功能应用的能力综合、活动综合和条件综合,形成支持特定应用运行的功能目标结果、功能专业配置、功能逻辑组织、功能管理模式和功能约束条件,支持系统任务管理层的功能组织、运行和管理的需求,如图 5.25所示。

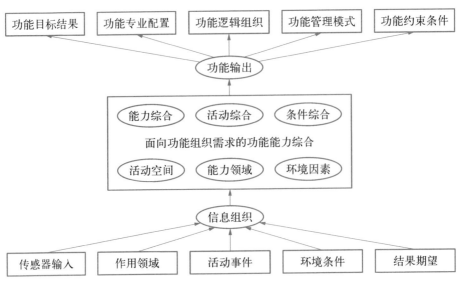

图 5.25　面向功能组织需求的功能能力综合

功能组织需求是针对当前特定的应用模式,依据系统当前各种独立的功能资源,根据系统当前功能资源的专业分布,根据当前系统传感器输入、作用领域、活动事件、环境条件和结果期望的引导和关联,建立特定功能逻辑组织元素单元信息,确定特定功能处理组织活动领域,明确支持功能处理模式的能力需求,构建特定功能的结果形式。在此基础上,通过关联的能力综合,根据支持的活动处理综合,依据期望的处理结果条件综合,形成特定系统功能组织要求,满足当前特定面向任务能力目标需求。

面向功能组织需求的功能能力综合主要包括以下几个方面:第一,通过基于态势感知的功能组织信息综合,依据系统功能组织架构的功能专业分类目标,构建基于应用范围的特定功能能力、输入信息、作用领域、活动事件、环境条件和结果需求,支持建立特定功能的能力组织需求;第二,通过基于功能处理信息的综合,依据功能处理逻辑和元素组织,构建基于功能处理的特定功能的作用领域、处理能力、处理条件,支持特定功能的处理模式需求;第三,通过基于系统应用组织的功能运行处理和信息综合,依据系统功能应用组织和作用领域,构建基于应用域的功能运行结果和需求,支持特定功能的应用结果需求。

特定功能信息组织模式是基于不同功能传感器输入性能、输入信息作用领域、输入操作关联事件、输入参数性能条件和输入参数关联结果的组织与管理。特定功能信息处理基于功能元素的有效能力需求,根据系统当前输入参数性能和数据品质,针对特定功能系统输入数据品质与性能基线的要求,依据输入模式和工作方式,实现输入参数能力、性能、作用域的综合。其主要任务是:第一,通过特定功能输入数据成分的综合,依据特定功能元素逻辑组织模式,构建输入参数范围和能力综合,保障系统输入信息品质和一致性;第二,通过输入参数关联活动和作用域综合,依据系统特定功能组织作用限制,构建功能处理作用空间和范围,建立输入参数作用空间的可用性和完整性;第三,通过特定功能应用信息组织与综合,依据特定功能组织和应用模式,建立特定功能的应用能力、条件、过程和结果组织,确保特定功能处理结果的完备性和时效性。

5.6 小结

航空电子系统功能是系统专业功能的组织,是面向飞行任务运行需求,针对当前飞行运行环境,提供系统专业处理能力,实现飞行应用的目标。如基于飞行计划的航路组织,基于航迹的运行管理,基于 GNSS 全球导航和数据链通信的空地协同,基于飞行环境的安全监视,基于交通态势的驾驶舱显示等,为飞行应用提供了有效的专业功能支持。

本章系统介绍了系统功能组织模式,即面向专业能力、处理逻辑和平台管理的功能组织。针对系统功能专业组织模式,描述了基于任务目标引导、任务性质引导和任务领域引导的功能组织;针对系统功能逻辑组织模式,描述了基于信息组织处理、专业组织处理和平台组织处理的功能组织;针对功能运行管理模式,描述了基于任务配置模式、功能运行模式和平台管理模式的功能运行组织。最后,针对应用任务运行需求,根据功能组织模式,论述了面向目标任务需求的功能专业综合、面向功能处理需求的功能逻辑综合和面向功能组织需求的功能能力综合。主要重点有以下几个方面。

1) 定义了系统功能综合因素和分量组织

针对系统功能综合需求,本章描述了航空电子系统是面向飞行应用任务运行需求,根据系统专业构成、功能处理逻辑和运行过程的综合,优化实现系统应用目标。即航空电子系统功能综合是面向系统任务的应用、作用、环境、程序、效能和有效性的需求,基于功能的能力、类型、条件、逻辑、过程和性能的分类,通过对系统功能专业、作用域、范围、处理、效率和品质综合,支持系统任务的目标、领域、空间、活动、时间和结果的最优化构成。

2) 建立了系统功能组织架构

针对系统功能组织需求,本章定义了系统功能组织三大基本要素:系统能力、处理模式、运行管理。在此基础上,论述了面型专业能力的功能组织,建立系统功能的能力组成;论述了面向处理逻辑的功能组织,建立系统功能的处理模式；论述了面向平台管理的功能组织，建立系统功能的运行管理；建立系统功能组织架构，为系统功能综合确定了作用领域。

3）描述了系统功能组成模式

针对系统功能构成需求，本章描述了面向系统功能专业的功能构成引导模式：基于应用任务目标引导、应用任务性质引导和应用任务领域引导模式；描述了面向系统功能逻辑的功能处理模式：基于系统信息组织处理、系统专业组织处理和系统平台组织处理模式；描述了面向系统功能运行的功能管理模式：基于系统任务配置的运行组织、系统功能逻辑的运行组织和系统功能平台的运行组织模式；建立了系统功能构成、处理和运行组织。

4）论述了系统功能综合模式

针对系统功能组织综合，本章论述了面向目标任务需求的功能专业综合，即根据当前系统目标任务运行需求，构建系统关联功能专业领域与能力组织，依据系统关联功能专业领域和作用能力，对功能应用的目标、过程、能力、角色和结果综合；论述了面向系统功能处理需求的功能处理综合，即根据当前系统目标任务关联的功能处理逻辑，构建相关功能专业逻辑元素组织，依据系统关联功能逻辑处理领域，对关联功能处理逻辑的目标、专业、能力、条件和结果综合；论述了面向系统功能组织的功能能力综合，即根据当前系统特定应用关联的系统能力和信息，构建特定功能专业逻辑处理元素组织，确定系统特定功能逻辑处理模式，建立特定功能处理逻辑的目标、专业、能力、条件和结果能力综合；实现了系统功能专业、处理和运行综合。

参考文献

［1］　Piras A，Malucchi G. An Integrated Approach to Functional Engineering：An Engineering Database for Harness，Avionics and Software［C］//DASIA 2012

Data Systems In Aerospace. 2012：701.

[2]　Paulitsch M，Ruess H，Sorea M. Non-functional avionics requirements[C]//International Symposium On Leveraging Applications of Formal Methods，Verification and Validation. Springer，Berlin，Heidelberg，2008：369 - 384.

[3]　Tang L，Zhao Z G. The wavelet-based contourlet transform for image fusion[C]//Eighth Acis International Conference on Software Engineering，Artificial Intelligence，Networking，and Parallel/distributed Computing. IEEE，2007：59 - 64.

[4]　Wan T，Canagarajah N，Achim A. Compressive image fusion[C]//IEEE International Conference on Image Processing. IEEE，2008：1308 - 1311.

[5]　Yang B，Li S. Multifocus image fusion and restoration with sparse representation[J]. IEEE Transactions on Instrumentation & Measurement，2010，59(4)：884 - 892.

[6]　王国庆,谷青范,王森,等.新一代综合化航空电子系统架构技术研究[J].航空学报,2014, 35(6)：1473 - 1486.

[7]　Wang M，Zhang L，Gu Q，et al. Research on data mining technology in IMA safety analysis[C]//2013 西安国际航空维修与管理学术会议.2013.

[8]　姜延吉.多传感器数据融合关键技术研究[D].哈尔滨：哈尔滨工程大学,2010.

[9]　黄漫国,樊尚春,郑德智,等.多传感器数据融合技术研究进展[J].传感器与微系统,2010, 29(3)：5 - 8.

[10]　郭娜.多传感器数据融合的研究及应用[D].兰州：兰州大学,2011.

6

航空电子系统物理资源综合技术

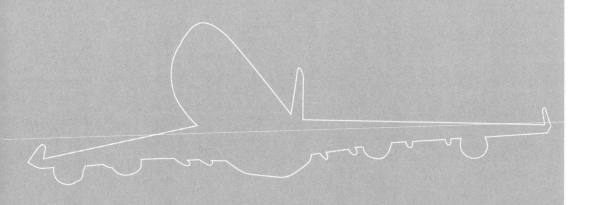

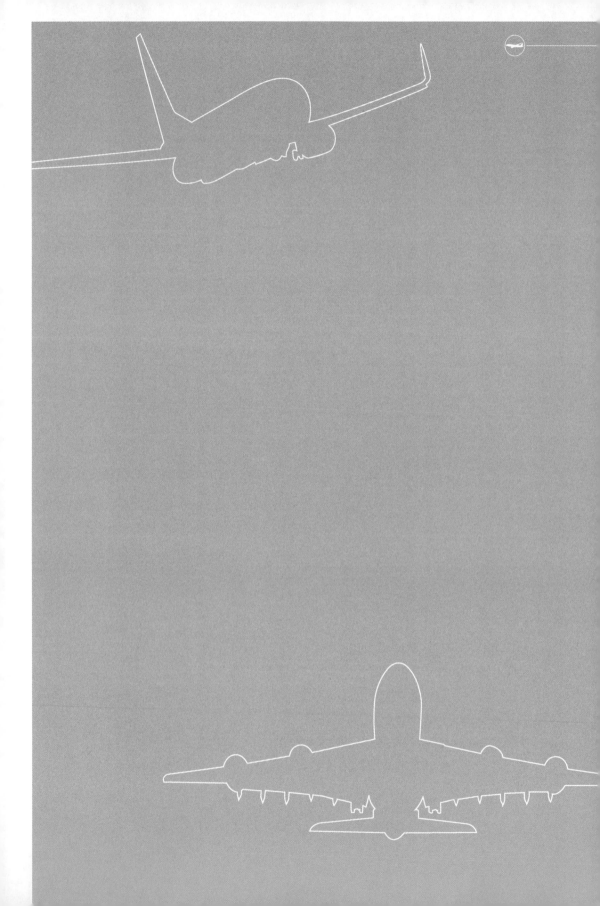

物理综合是描述航空电子系统设备资源能力优化组织。系统物理设备综合通过资源组织、操作和管理过程，实现资源能力共享、资源操作复用和资源状态管理，提升设备资源利用率、操作效率和可用性。我们在第4章论述了航空电子系统的应用组织和任务综合，在第5章论述了航空电子系统的能力组织和功能综合。这些应用运行过程和功能处理过程都是建立在系统物理平台组织的基础上，通过系统物理资源能力组织、运行操作组织和结果有效性组织，最终实现航空电子系统需求、目标和结果。从物理资源和能力的角度看，航空电子系统应用任务和系统功能是航空电子系统的运行操作模式，描述了航空电子系统的应用和功能的目标、能力、方法和结果，是通过模型（算法）、软件（活动）和文档（行为）实现的。这些模型、软件和文档必须通过物理资源组织、操作过程运行和结果状态保障的硬件资源组织与管理来实现，因此，针对航空电子系统任务综合模式和功能综合模式，系统物理设备组织必须满足系统任务运行和功能处理需求，支持系统任务和功能综合，构建系统资源组织、运行和管理优化的系统物理综合组织。

物理综合是提升资源使用效率、减低资源配置，降低成本、提高效率和有效性的重要措施。在物理空间内，航空电子系统的综合化主要由物理资源综合来体现。系统物理资源是面对系统的操作需求，依据系统层次划分，面向复杂组织的系统资源操作优化目标，根据系统资源组织定义，建立系统物理架构组织。系统物理架构根据系统功能架构确定的功能能力，针对系统各项功能能力操作方式，针对当前功能组织需求，通过资源与操作组织，构建系统资源组织的类型，确定资源使用操作模式，明确资源使用状态。系统物理架构是基于系统资源类型组织，依据系统资源操作模式组织和资源的状态有效性组织，确定系统物理资源组织能力、效率和有效性。

航空电子系统综合化是增强飞行任务能力、提升系统效能、降低系统成本的重要途径。随着先进飞行任务功能需求的不断增加，系统性能需求不断增长，系统有效性能力不断提升，对航空电子系统任务能力、任务效能、任务可靠性、系统可用性以及系统成本提出强烈的要求。综合化是在确保系统功能组织的基础上,针对航空电子系统综合化技术的发展,通过采用物理平台架构和系统资源综合化技术,有效地提升系统能力,增强系统效能,提高系统可靠性、可用性和安全性,同时降低系统成本和系统费用。

航空电子系统综合化是新一代航空电子系统重要发展方向。基于系统物理架构的物理资源综合是整个航空电子综合化的保障和基础,也是航空电子系统综合化的重要组成部分。无论是面向飞行过程的系统应用任务综合,还是面向系统功能能力的系统功能综合,其最终综合能力、效率和收益都必须通过有效的系统物理综合来实现。也就是说,如果没有有效系统物理综合模式,则无法实现航空电子系统任务和功能综合的目标和收益。同时,系统物理综合是基于系统物理资源组织、运行和管理的综合,它不仅运行物理资源平台驻留的应用任务,支持驻留应用功能构成的系统综合,它还根据系统设备资源特征、能力和性能实现资源共享、过程复用和状态管理,降低资源能力配置需求,提升资源操作效率,提高运行结果效能和有效性。

本章根据系统资源管理需求,针对系统物理架构组织,根据系统资源平台管理,论述系统物理资源能力组织,确定系统物理资源处理模式,明确系统物理资源状态管理要求,建立航空电子系统物理综合模式,论述物理综合思路、方法、范围、能力和收益。

6.1 物理资源能力与构成

物理综合指的是物理资源组织与操作综合。前面介绍了航空电子系统的应用和功能,这些应用与功能虽然描述了系统的应用运行和功能处理过程,但它们必须通过系统资源能力支持和资源操作来完成。所谓资源是指那些具有物理操作模式和资源能力行为的实体,是基于资源内在物理行为能力与资源能力物理操作模式,并受到资源环境的物理条件影响。随着 IT 技术发展,特别是对于电子系统来说,资源物理能力和操作模式都是建立在计算机指令引导和组织模式下,通过系统提供的计算资源,组织系统配置的资源物理行为和过程,实现系统应用和功能操作的需求。也就是说资源能力和操作是基于自身物理行为和操作能力,而航空电子系统通过配置特定需要的物理资源,依据系统的计算资源的操作指令,组织相关资源的物理行为能力和操作模式,实现系统应用任务组织和功能逻辑处理的需求。

物理资源组织是面向系统应用和功能运行需求的。系统资源组织是基于资源物理特征的能力组织与操作。对于航空电子系统而言,如何建立系统物理组织,即资源能力、类型、操作、性能和条件,构建资源组织与运行管理,支持系统应用任务和系统功能的运行和处理的需求,实现系统应用任务和系统功能设计与规划的目标,是航空电子系统的一个重要的研究领域。

物理综合是针对系统物理组织需求的一体化组织、集成与管理优化技术。物理综合是针对航空电子系统资源组织与构成,在实现系统应用任务和系统功能运行的前提下,依据物理资源行为特征和操作模式,针对实现系统应用任务和系统功能操作处理需求,充分发挥物理资源能力,有效提升物理资源操作性能,充分使用物理资源操作结果,有效降低物理资源操作模式环境要求。即在满足系统应用任务和系统功能操作处理需求下高性能、高效率、低条件的系统资源物理能力和操作组织。

因此,对于航空电子系统,建立什么样的系统物理资源能力组织,满足系统应用和功能处理能力和运行模式需求;建立什么样的系统物理资源操作组织,满足系统应用和功能运行效率和结果性能需求;建立什么样的系统资源能力、操作和状态集成优化组织,满足系统资源操作效能、效率和有效性需求,这就是本章论述的内容。

6.1.1　物理资源能力需求

物理资源能力是支持航空电子系统的应用和功能需求的保障。在讨论航空电子系统物理综合之前,首先要清楚了解系统物理的资源组织与构成。已知系统物理资源是为系统应用和功能目标、组织和运行服务的,即建立解释、执行和实现系统应用和功能的目标和要求。因此,系统物理资源应根据系统不同的应用模式和需求、不同系统功能逻辑和处理,配置与其相适应的物理资源能力和操作模式。

传统的航空电子系统,特别是模拟电子系统,系统所有的应用和功能都是通过与其相关的系统特定应用活动和功能逻辑行为直接实现的,也就说系统为每项应用和每项功能均定制了支持其处理和操作的资源能力。随着系统应用不断扩展,系统的应用和功能不断增多,这种基于系统应用和功能特定独立资源能力配置模式不仅极大地增加了资源组织配置的需求,同时也极大地限制了航空电子系统应用和功能的发展。

随着 IT 技术的发展,航空电子系统获得了巨大的发展。现代航空电子系统应用与功能不再基于特定资源能力组织与物理操作模式,而是基于计算机资源的计算方法与信息处理模式。也就是说,现代航空电子系统是建立在计算机处理的基础上,通过计算机程序描述系统应用和功能处理方法,通过计算机系统运行系统应用和功能处理程序。因此,现代航空电子系统所有应用与功能处理的资源组织都建立在信息处理资源基础上。针对现代航空电子系统处理模式,系统处理主要分为:面向通用系统应用和功能处理方法和程序的计算信息处理,面向专用系统应用和功能处理活动与事件的专业信息处理,以及面向专用系统应用和功能处理行为与模式的专用物理操作。

对于航空电子系统的资源特征,资源构成是基于系统应用和功能运行需求,依据资源自身的能力和操作模式,实现系统应用和功能目标和性能要求。即系统资源通过资源自身的能力和模式支持和解释系统的应用和功能处理。系统资源操作能力是针对系统应用和功能能力和目标需求的,系统资源操作模式是针对系统应用和功能处理过程的,系统资源操作效率是针对系统应用和功能组织过程的。另外,系统资源操作不依赖系统应用和功能运行状态,具有自主运行操作和离散状态特征。因此,航空电子系统资源能力是根据系统应用和功能处理目标需求,建立基于资源自身特征的能力类型,构建系统资源能力组织,确定资源能力操作模式,形成依据系统应用和功能的资源能力配置。对于航空电子系统,不同的系统应用和功能具有不同资源配置,不同资源配置蕴含着不同资源能力。系统资源能力针对系统资源操作能力需求,通过基于系统能力的资源配置,实现资源能力组织,支撑系统应用和功能运行目标和需求。

对于物理资源能力而言,由于不同的系统应用和功能具有不同的运行需求、处理模式和专业领域,对资源能力提出不同的要求。因此,系统物理资源能力需求首先要根据系统应用的任务,确定系统应用任务的需求,明确系统应用任务的运行环境,建立系统应用任务的处理模式,构建系统物理资源能力与系统应用任务的运行关联性和能力符合性。第二,系统物理资源能力需求要根据系统功能的处理模式,确定系统功能处理的专业领域,明确系统功能操作的处理逻辑,建立系统功能处理的操作过程,构建系统物理资源能力与系统功能处理的操作关联性和能力符合性。第三,系统物理资源能力需求要根据系统资源自身的操作模式,确定系统资源操作的性能能力,明确系统资源运行的操作过程,建立系统资源操作的结果领域,构建系统物理资源能力与系统资源操作的结果关联性和能力符合性。最后,系统物理资源能力需求要根据资源的特征,通过建立系统资源分类组织和作用形式,确定系统计算资源能力与工作模式,明确系统专用计算资源能力和工作模式,建立系统专用物理操作资源能力和工作模式,构建系统物理资源能力与其自身特征能力关联性和工作模式的符合性。

因此,根据现代航空电子系统应用和功能处理模式,系统物理资源能力组织针对航空电子系统任务组织和运行过程需求,依据系统功能组织和逻辑处理模式,依据系统资源构成的资源特征能力和工作模式,构建系统资源能力需求。在此基础上,通过系统资源分类和操作模式,建立通用计算信息处理资源、专用计算处理专业资源、专用物理模式操作资源类型和形式,形成航空电子系统的资源能力组织。现代航空电子系统物理资源的分类和系统应用与功能需求的对应关系如图 6.1 所示。

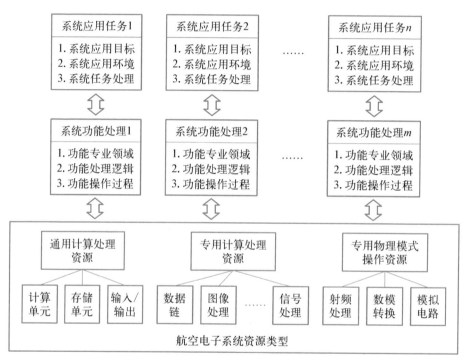

图 6.1　航空电子系统物理资源的分类和系统应用与功能需求

6.1.2　物理资源组织需求

物理资源组织是实现航空电子系统应用和功能运行的保障。已知设备资源是面向自身能力的操作组织,而每项资源有其自身的特征和操作模式。资源组织是基于系统应用和功能的运行目标与资源操作结果的关联,构建系统应用和功能运行模式与资源操作能力的关联,确定系统应用和功能运行过程与资源处理操作的关联,建立系统应用和功能运行品质与资源处理性能的关联,最后根据这些关联资源的特征和操作模式,构建满足系统应用和功能目标、运行、处理和品质的资源结果、能力、操作和结果组织。

物理资源是依据自身能力独立操作的,针对系统需求协同运行的,根据功能逻辑的行为处理的。也就是说,物理资源组织是针对与系统应用和功能关联的资源,组织相关资源独立操作模式,建立统一结果的操作过程,构建品质一致的操作性能,形成满足需求的操作结果。因此,如何建立系统物理资源组织,既满足系统应用任务的需求、系统功能处理的需求、系统物理资源操作需求,同时又满足资源独立能力的操作、处理协同的过程、统一的操作品质、连贯的趋同操作结果,是系统物理资源组织的核心任务。

从资源组织的角度看,物理资源组织模式主要由面向资源应用领域和需求的资源运行能力组织、面向资源应用处理和运行的资源运行操作模式和面向资源应用目标和结果的资源运行状态管理构成。首先,资源应用领域和需求通过构建航空电子系统的应用、功能和设备运行领域的资源运行能力组织,构建满足系统运行的资源能力;第二,资源应用处理和运行需求通过构建航空电子系统的应用、功能和设备运行和处理的资源运行操作模式,构建满足系统处理的资源操作组织;第三,资源应用目标和结果需求,通过构建航空电子系统的应用、功能和设备运行目标和结果的资源运行状态管理,构建满足系统结果的资源管理。

根据上述处理思路,系统物理资源组织需求如下:首先,构建面向系统应用的资源组织,明确系统应用模式与操作对资源能力类型的需求,确定系统应用运行与处理对资源的操作模式需求,建立系统应用运行与操作的资源基本操作能力。第二,构建面向功能的资源组织,明确系统功能模式与操作对资源能力模式的需求,确定系统功能运行与处理对资源操作品质的需求,建立系统功能运行与处理通用算法的资源基本处理能力。第三,构建面向设备的资源组织,明确系统设备模式与操作对资源操作效能需求,确定系统设备运行与处理对资源操作性能需求,建立系统设备运行专用驱动的资源基本驱动和资源专用操作能力。

1）建立覆盖系统应用任务的资源组织模式

对于系统应用组织的资源需求,主要通过对系统应用能力、活动和程序的分析,建立面向系统应用的资源组织,构建支持、覆盖和满足系统应用的资源能力、性能和结果组织。其主要思路是:首先,根据系统应用模式与操作确定资源能力类型需求。即通过面向应用能力需求分析,构建支持该需求的资源类型;通过面向应用活动需求分析,构建覆盖该需求的资源能力;通过面向应用程序需求分析,构建实现该需求的资源操作。第二,根据资源的应用运行与处理确定资源能力操作模式。即通过面向系统应用操作模式分析,构建支持该模式的资源操作类型;通过面向系统应用能力构型分析,构建覆盖该构型的资源操作模式;通过系统应用运行状态分析,构建实现该运行的资源操作条件。第三,根据系统应用运行基本能力确定资源能力基础处理需求。即通过面向应用专业特征分析,构建支持该需求的资源专业处理驱动软件;通过面向应用标准过程分析,构建覆盖该需求的资源标准过程处理软件;通过面向应用信息组织分析,构建实现该需求的资源信息组织处理软件。

2）建立支持系统功能处理的资源组织模式

对于系统功能组织的资源需求,主要通过对系统功能专业、逻辑和处理的分析,建立面向系统功能的资源组织,构建运行、处理和操作系统功能的资源类型、过程和结果组织。其主要思路是:首先,根据系统功能模式与操作确定资源能力处理模式。即通过面向系统功能处理逻辑处理需求分析,确定满足该需求的资源操作效率模式;通过面向系统功能处理领域需求分析,确定满足该需求的资源操作性能;通过面向系统功能处理结果需求分析,确定满足该需求的资源操作品质。第二,根据资源的功能运行与处理确定资源能力操作模式。即通过面向系统功能调度模式分析,确定满足该需求的资源能力调配要求;通过面向系统功能逻辑组织分析,确定满足该需求的资源能力操作要求;通过面向系统功能信息处理分析,确定满足该需求的资源能力处理要求。第三,根据系统功能运行通用处理能力确定资源支持通用算法需求。即通过面向系统功能通用数值处理需求分析,构建满足通用数值处理算法的资源能力;通过面向系统功能通用模型处理需求分析,构建满足通用模型处理算法的资源能力;通过面向系统功能通用逻辑推理需求分析,构建满足通用逻辑推理算法的资源能力。

3) 建立实现系统设备运行的资源组织模式

对于系统设备组织的资源需求,主要通过对系统设备类型、能力和操作的分析,建立面向系统设备的资源组织,构建配置、实施和运行系统功能的资源操作、状态和结果组织。其主要思路是:首先,根据设备类型与操作确定资源操作的结果要求。即通过面向设备特征和驻留应用结果需求分析,确定满足该需求的资源操作效能要求;通过面向设备条件和驻留应用处理需求分析,确定满足该需求的资源操作性能要求;通过面向系统设备效能需求分析,确定满足该需求的资源有效性要求。第二,根据资源的设备运行与处理确定资源运行操作模式。即通过面向系统设备特征和作用领域分析,确定满足该需求的系统资源类型组织要求;通过面向系统设备能力和运行模式分析,确定满足该需求的系统资源操作过程要求;通过面向系统设备条件和运行环境分析,确定满足该需求的系统资源状态管理要求。第三,根据系统设备运行专用能力确定资源支持专用驱动模式需求。即通过面向系统设备专用能力配置需求分析,构建满足设备特定专用处理的设备能力配置程序;通过面向系统设备专用数据传输需求分析,构建满足设备特定专用数据传输和专用相关处理的设备传输驱动程序;通过面向系统设备专用参数管理需求分析,构建满足设备特定专用参数组织、处理和管理的设备参数管理程序。航空电子系统物理资源组织需求如图 6.2 所示。

6.1.3 物理资源综合需求

物理资源综合是描述系统资源优化组织,实现航空电子系统应用和功能运行目标和需求。资源是运行系统应用和功能运行的载体,系统应用和功能运行

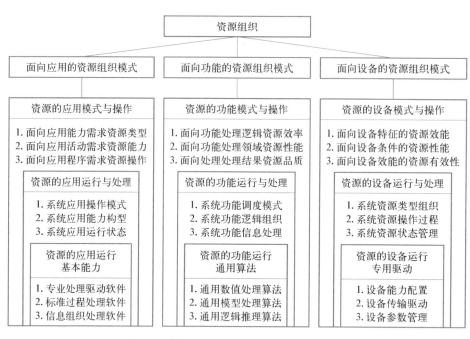

图 6.2　航空电子系统物理资源组织需求

驻留在系统物理资源载体上,通过系统物理资源的能力和操作方式,实现系统应用活动和功能逻辑。对于航空电子系统,系统应用活动行为和功能逻辑过程反映了系统应用运行需求和功能处理模式,物理资源的操作反映了系统运行过程的结果和性能。也就是说,系统物理资源的能力和操作是系统应用和功能运行结果和性能的保障。

　　现代航空电子系统是面向信息处理的机载飞行组织、运行和管理的系统。系统的应用和功能是程序化的,通过规划的指令实现飞行组织、运行和管理的过程。航空电子系统资源组织根据其运行模式分为通用计算资源、专用计算资源和专用物理资源三大类。对于航空电子系统,通用计算资源描述系统开放的,提供给系统所有应用和功能的程序处理资源环境,由系统存放运行处理程序、数据存储资源和计算和逻辑处理资源构成;专用计算资源描述特定的、提供系统专用应用和功能的程序处理环境,由系统存放运行特定专业处理程序、特定数据存储资源和专业计算和专用逻辑处理资源构成；专用物理资源描述专用资源，不具备程序处理能力，与系统应用运行和功能逻辑操作不关联，由依据资源物理特征和物理能力自身独立操作的资源构成。

系统物理资源综合根据系统物理资源驻留的系统应用和功能需求与目标，针对系统物理资源的分类，依据系统物理资源的特征，针对系统物理资源的操作模式，通过优化系统物理资源能力，优化系统物理资源的作用域或范围，优化系统物理资源操作过程，优化系统物理资源操作结果应用模式，实现系统应用和功能运行收益的最大化以及系统物理资源组织和运行收益的最大化。所谓系统应用和功能运行收益的最大化是指满足系统应用和功能需求，提升系统应用和功能能力，扩展系统应用和功能作用范围，提高系统应用和功能处理品质，增强系统应用和功能可用性；所谓系统物理资源组织和运行收益最大化是指提高系统物理资源能力，减少系统物理资源空闲状态，提升系统物理资源操作效率，复用系统物理资源操作过程，提高系统物理资源操作结果利用率，增强系统物理资源操作结果可用性。

根据上述处理思路，系统物理资源综合需求如下：首先，构建基于驻留应用和功能领域通用处理资源组织，明确系统通用资源领域、资源能力和资源环境组织需求，确定基于系统应用运行与处理条件下系统通用计算资源的系统资源能力、资源操作和资源管理组织，建立基于资源存储能力共享、资源操作复用、资源状态统一管理的通用计算资源综合模式。第二，构建基于驻留应用和功能领域专用功能资源组织，明确系统专用资源领域、资源条件和资源状态组织需求，确定基于系统应用运行与处理条件下系统专用计算资源的系统资源类型、专用处理和结果管理组织，建立基于专用资源处理结果共享、专用处理过程隔离、专用资源状态协同的专用计算资源综合模式。第三，构建支持驻留应用和功能运行环境专用物理资源组织，明确系统专用资源物理领域、物理操作和物理状态组织需求，确定支持系统应用运行与处理环境的系统专用物理资源的结果形式、环境条件、性能要求，建立基于物理资源处理结果共享、资源操作自我组织与保护和资源状态自我管理与控制的物理资源综合模式。

1）面向通用程序化的计算资源综合

现代航空电子系统处理模式是基于程序化信息处理模式，是基于系统逻辑处理算法，通过计算技术指令处理引导、基于程序处理流程、通过数据存储管理，实现系统应用和功能需求的面向信息处理的模式。根据程序化航空电子系统处理特征，系统通用计算物理资源综合的思路主要包含以下几个方面：首先，建立系统通用计算资源的存储能力组织与共享。已知航空电子系统是程序化的数字信息处理系统，所有的系统应用和功能处理都是通过程序的形式描述其操作过程。系统应用和功能的驻留共享存储环境是指将系统计划综合的应用和功能程序驻留在一个程序存储资源内，操作数据共用一个数据存储单元，通过不同的分区管理，实现多道程序使用一个共享程序和数据存储资源和空间。第二，建立通用计算资源的操作处理复用。航空电子系统是程序化的数字信息处理系统，具有运算器（CPU）、数值协处理器（FNEU）、逻辑处理单元（LPU）以及辅助处理器等计算处理单元。所有的系统应用和功能处理程序根据运行环境激励，通过系统调度时间分区，分时复用和共享系统计算处理资源。第三，建立通用输入/输出资源数据共享。系统通用应用和功能驻留共享系统程序与数据存储资源，而这些系统应用和功能运行需要共享系统输入/输出资源，通过共享和分时，实现应用和功能的输入和输出处理。第四，建立通用信息传输资源的复用。系统通用应用和功能驻留在系统资源平台，系统内部通信和外部通信需要共享系统内部总线和系统外部总线，通过分时使用，实现系统内部和外部的交互。

2）面向专用模式计算资源的综合

现代航空电子系统基于嵌入式环境的机载应用和功能处理系统。航空电子系统是面向飞行过程和环境，根据飞机资源专用系统组织与构成，运行相关飞行应用和系统功能。这些相关的应用和系统功能必然与系统专业模式相关，如导航、通信、监视、显示等专用分系统，实现系统应用和功能需求和目标。专用计算处理资源是面向航空电子系统应用和功能专业特征的专用过程资源配置，依据专用系统的专业特征，根据该系统应用或功能分解的专业处理功能，针对专业的处理算法，建立支持专业处理过程的资源组织。根据专用系统处理特征，系统专用模式计算资源综合的思路主要包含以下几个方面：首先，建立系统专用处理计算资源组织，实现专业处理结果共享。航空电子系统是嵌入式信息处理系统，需要建立系统的内部处理模式和资源配置，支持系统内部功能组织和处理。系统专用处理通过专用资源组织，实施内部独立运行管理，建立系统内部功能处理结果，实现系统嵌入式功能处理结果共享。第二，建立专用计算资源的功能处理单元复用。对于嵌入式系统功能，整个功能处理过程是封闭的，其处理过程资源也是独占的。但从嵌入式系统的角度看，占据处理资源的专用处理功能是一个专用功能单元，系统通过建立特定的处理环境，提供统一的处理信息，实施分时使用和管理，实现不同环境和信息的专用计算资源功能处理单元复用。第三，建立专用处理结果与通用系统处理过程的集成。机载专用处理是面向嵌入式系统功能处理，是依据系统专用系统需求（如通信、导航等），根据系统专业特征，完成系统专用系统的特定功能处理。但是，航空电子系统是面向飞行组织与飞行应用的，这些嵌入式专用处理功能依据系统运行环境和飞行应用，通过多嵌入式系统功能运行状态、环境条件和处理结果集成，实现系统整体运行功能结果和状态。

3）面向专用物理模式资源综合

航空电子系统是程序化信息处理系统，是基于系统计算资源处理资源组织。但是，航空电子系统还是专用嵌入式系统，需要建立资源实现系统外部物理世界处理和转换，实现系统一些专用物理处理模式，建立系统专用能力保障。因此，航空电子系统资源组织是另一种形式的专用物理模式操作资源。专用物理模式操作资源指的是资源操作模式系统应用、功能和算法与外界要求无关，而是依赖资源自身的物理特征、性能和能力。如系统电源组织、系统模拟电路和模拟处理、射频处理等。这些资源组织和操作不依赖系统运行处理和管理，而在于资源内在的特性和工作模式，这种资源称为专用物理模式操作资源。根据专用物理资源特征，系统专用物理资源综合的思路主要包含以下几个方面：首先，建立系统开放式专用模拟转换处理物理资源，实现系统模拟处理结果共享。航空电子系统是机载嵌入式系统，其工作建立在外部物理环境中，需要建立系统模拟接口，实现系统外部环境因素的转换与感知。系统专用模拟转换资源提供了模拟转换处理能力，构建系统物理环境因素感知，通过开放式共享机制，提供系统应用和功能处理使用，提升系统专用模拟转换处理物理资源利用率。第二，建立系统开放式专用射频处理物理资源，实现系统射频处理结果共享。航空电子系统与外部系统通过机载无线电和通信系统实现交互，而机载无线电和通信系统必须基于天线配置的射频处理实现。由于信息和通信需求大幅度增加，机载射频系统已成为航空电子系统主要构成部分之一。建立面向基于频段划分射频处理物理资源，实现机载射频处理过程和结果开放机制，支持系统应用和功能处理共享，提升系统专用射频资源利用率。第三，建立专用电源组织物理资源，实现系统电源供给共享。航空电子系统是多类型（交流、直流、变频、恒频）、多等级（115 V、28 V、±15 V、±5 V、3.3 V、1.8 V）和高品质（精度、噪声、浪涌、瞬态）电源供给的机载系统，机载专用电源组织物理资源是航空电子系统主要物理资源构成部分之一。建立电源输入和输出统一规划组织，构建面向电源内部处理的资源组织，实现基于共享电源调制和转换机制的共享，提升电子处理资源的利用率。

航空电子系统物理资源综合需求如图 6.3 所示。

6.2　通用计算处理资源

通用计算处理资源是面向航空电子系统应用和功能的通用处理过程资源

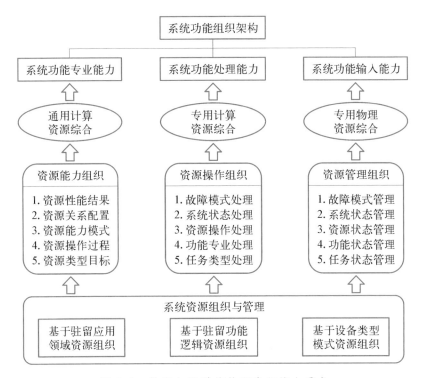

图 6.3　航空电子系统物理资源综合需求

配置。如前所述,现代航空电子系统是面向信息环境,基于计算机平台,采用计算方法和算法,通过计算机程序,完成系统的应用和功能处理。对于整个航空电子系统物理资源构成,除了个别的专用事件和处理模式之外,航空电子系统应用和功能都是建立在计算机处理程序的基础上,而计算机处理程序是建立在通用计算处理资源平台技术上,是通过计算机资源支持和运行来实现的。因此,通用计算处理资源平台覆盖航空电子系统应用与功能计算处理的需求,是航空电子系统物理资源组织最重要的资源类型。

　　对于航空电子系统物理资源组织来说,由于通用计算处理资源是面向航空电子系统应用和功能处理与运行的,并具有自身的资源特征操作模式,航空电子系统物理资源组织应针对系统应用和功能需求,根据通用计算处理资源的特征,确定通用计算处理资源能力和操作模式,建立面向系统不同应用、不同功能的资源组织和操作方式,形成航空电子系统通用处理资源平台模式。因此,对于通用计算处理资源,为了建立有效的航空电子系统通用计算资源,首先需要了解航空电子系统应用与功能处理模式,明确其特征对资源的需求;其次,需要了解系统物理资源针对航空电子系统应用和功能需求的相关能力和方法,确定其能力类型和操作模式;最后,需要针对航空电子系统应用与功能需求和其配置的通用计算处理资源能力,建立既满足系统应用、功能运行与处理的需求,又实现资源特征能力和运行效能最大化的通用计算处理资源。

6.2.1　通用计算资源组织

航空电子系统的通用信息处理资源类型是同质的。通用计算资源组织针对航空电子系统程序化处理过程资源组织。航空电子系统程序化处理是描述航空电子系统的应用和基于信息处理系统的操作模式的系统功能处理。因此,航空电子系统程序化处理过程资源组织要首先建立覆盖系统所有应用和功能的计算和逻辑操作指令系统计算资源。对于指令系统,根据系统应用和功能计算处理需求,确定指令系统的类型和处理,明确指令系统字长和精度,建立指令系统组织和运行模式;对于逻辑运算单元,根据系统应用和功能逻辑操作模式,确定逻辑运算单元的逻辑运算指令,明确逻辑运算单元处理条件和状态,建立逻辑运算单元组织和运行模式。其次,建立驻留系统所有应用和功能的运行程序(运行代码)存储资源。运行程序的存储和管理是实现系统运行程序的组织,其主要任务是建立基于系统应用和功能运行分区的运行程序存储,支持不同应用的隔离和保护;建立基于指令系统的分区调度模式,支持系统应用和功能独立调度、排队和运行;建立系统运行构型管理,支持不同系统应用和功能运行的信息组织和资源保障。另外,建立系统所有应用和功能的运行数据管理存储资源。运行数据的存储和管理是实现系统运行状态和结果管理的组织,其主要任务是建立基于系统应用和功能运行分区的数据区存储,支持不同应用的数据与结果隔离和保护;建立数据访问和数据传输等级和保护机制,支持系统多道应用数据传输和数据共享;建立系统应用构型管理,支持系统应用和功能运行结果组织和数据传递。最后,建立系统所有应用和功能的运行需求的输入和输出资源。系统输入和输出是实现系统应用和功能运行和处理的信息组织,其主要任务是建立覆盖系统应用和功能输入信息需求和输出结果传递的系统接口资源,提供不同应用和功能的共享输入和输出的信息;建立系统独立输入和输出数值处理的能力,形成系统不同应用和功能运行需要的信息品质和能力;建立系统输入和输出访问和管理机制,支持系统输入和输出保护,同时提供系统专用功能与相应输入和输出管理模式。

　　基于信息处理模式的航空电子系统的应用和功能最主要的特征是基于系统逻辑处理算法,通过计算技术指令处理引导、基于程序处理流程、通过数据存储管理,实现系统应用和功能需求的面向信息处理的模式。航空电子系统的通用处理资源处理模式最主要的特征是:航空电子系统所有的应用和功能虽然处理逻辑不同,但对系统通用资源需求来说,其系统资源类型、能力、性能和操作模式是通用和统一的。也就是说,对于航空电子系统通用资源,首先要确定系统通用计算处理资源(CPU)具有强大和高精度的指令系统,能覆盖所有系统应用和处理的逻辑处理和计算的需求;第二,建立系统程序存储空间(PROM)具有大容量存放系统程序和高速运行的能力,能覆盖所有系统应用和处理程序的存储和实时调用需求;第三,建立系统数据存储空间(DRAM)具有大容量数据存储、管理、检索和操作的能力,能满足所有系统应用和处理程序的数据组织、引用、处理和分析的需求;第四,建立系统输入/输出(I/O)模式提供系统信息输入和输出需求,能满足所有系统应用和处理程序的实时信息采集和系统结果实时交换的需求;第五,建立系统物理资源操作模式(控制器)提供基于系统程序组织的系统过程控制,实现系统通用资源操作控制和系统协同操作组织。航空电子系统通用处理资源组织架构如图 6.4 所示。

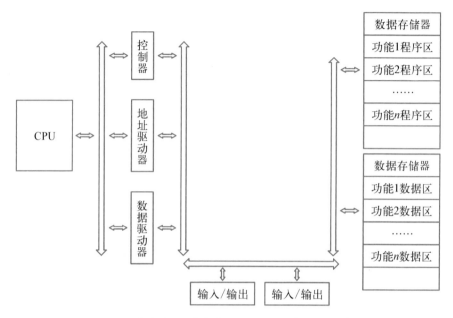

图 6.4　航空电子系统物理通用处理资源组织架构

6.2.2　通用计算资源操作周期

　　航空电子系统的系统应用和功能的处理是周期性的。通用计算资源操作周期是航空电子系统的一个重要特征。对于任何实时控制程序化 IT 处理系统都存在系统处理周期。一般来说,实时系统的处理周期是根据系统不同的功能实施处理的需求定义的。不同系统应用和功能具有不同的实时控制周期。从实时控制角度要求,系统应用和功能控制周期要大于三倍系统应用和功能有效变化周期速率。另外,实时系统控制周期必须能覆盖系统任何环境情况下所有所需功能的组织和运行时间要求。已知系统功能组织和运行依据当前运行环境的需求,系统功能的运行周期是定义系统功能运行的一次循环,系统功能周期必须覆盖系统任何情况下功能组织和运行需求。因此,基于系统运行周期的资源管理是航空电子系统资源综合非常重要的内容。

　　对于系统资源管理而言,基于系统处理周期的资源组织有两个重要的特征：第一,系统功能运行是周期调度的,每项功能运行只占用系统周期的一段时间。第二,系统功能调度和运行是基于系统环境需求的,即不同的系统环境调用不同的系统功能。传统的联合式架构航空电子系统,由于系统资源是面向系统功能静态分配,系统功能和资源是绑定的,或者说是紧耦合的,无法利用上述系统周期性特征。也就是说,由于系统能力锁定了资源,系统闲置时间期间,锁定资源不能再分配给其他运行功能。综合化系统资源是面向系统功能动态分配,系统资源组织依据当前系统运行应用和功能处理需求。因此,系统周期功能处理剩余的时间和系统周期来调度的系统应用和功能,采用系统运行应用和功能运行的动态资源配置模式,系统应用和功能分时共享的资源,不需要为这些应用和功能锁定资源,从而减少了资源配置需求。

　　基于信息处理模式的航空电子系统的应用和功能的一个主要特征是：航空电子系统所有的应用和功能虽然不同,但每个应用和功能都具有自身的处理周期,即每项应用和功能都是按照自身处理周期完成相应的系统应用和功能处理。对系统通用资源需求来说,资源是按照系统应用和功能运行的需求,提供资源运行支持能力和服务。也就是说,资源的供给组织是由航空电子系统所有的应用和功能运行周期决定的。所谓周期性能就是指航空电子系统应用和功能是按照确定的时间间隔(周期),通过系统调用,提供系统应用和功能的服务。因此,对于航空电子系统通用资源,首先要确定系统应用和功能调用周期。不同系统应用和功能,具有各自不同的运行周期。要依据各自的运行环境和激活条件,确定其资源组织和调度配置需求;第二,要根据不同系统应用和功能,明确各个应用和功能处理的最大责任周期,依据各自的逻辑处理模式,确定其运行的资源类型和能力组织需求;第三,要根据不同系统应用和功能最大运行模式,明确各个应用和功能处理的最小非责任周期,确定其运行周期中系统应用与功能等待激活状态;第四,还要综合系统所有不同应用和功能与运行周期,建立系统应用和功能运行周期最小公约数,构建系统应用和功能最小周期公倍数,形成系统统一调度周期组织,覆盖系统应用和功能实施运行需求;第五,最后要依据已经建立的系统应用和功能最小周期公倍数调用周期,依据系统应用和功能各自的最小责任周期,建立相关资源实施调度配置模式,实现系统应用和功能动态最小资源配置需求。航空电子系统的面向系统应用和功能的处理是周期性资源组织模式,如图6.5所示。

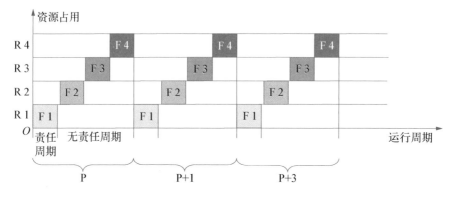

图6.5　系统应用和功能的处理是周期性资源组织模式

6.2.3　通用计算资源运行模式

航空电子系统是基于飞行环境的应用组织。航空电子系统的应用和功能运行是基于应用需求的,是面向飞行过程环境需求的。已知航空电子系统应用和功能是根据飞行应用环境和条件组织的。也就是说,不同的飞行阶段和飞行环境有不同的飞行应用需求,不同的飞行应用需求对应相应的不同系统应用与功能组织,而相应不同系统应用和功能又需要相关系统物理资源支持。因此,基于计算处理模式的航空电子系统的应用和功能的另一个主要的特征是:不同应用环境需要不同相应的系统应用和功能,不同的系统应用和功能需要不同的相关资源类型和能力。换句话说,由于飞行是分阶段的,飞行环境是变化的,不是所有系统应用和功能在所有飞行时间中都需要运行,不同系统物理资源需要支持相关的系统应用和功能。

航空电子系统是面向当前飞行应用和功能需求的资源组织。首先,确定基于飞行目标需求的任务组织,构建支持该任务运行和管理的资源需求。对于飞行过程,不同飞行阶段具有不同的飞行任务。航空电子系统针对给定飞行阶段的目标需求,确定实现飞行目标的场景构成,建立基于该场景的实施该目标任务构成,调度实现该目标任务的功能组织,配置运行该功能运行的资源能力。其次,确定基于飞行环境的相应任务组织,构建支持该飞行环境的任务类型和任务组织需求。对于飞行环境,不同飞行空域具有不同的飞行条件。航空电子系统针对给定飞行环境的任务需求,建立实施该飞行的任务响应,调度实现该任务的条件组织,配置运行该任务环境条件的资源能力。最后,基于飞行安全保障的任务组织,构建支持该安全任务运行和管理的资源需求。对于飞行过程和飞行环境,必须建立该过程和环境的安全保障任务。如飞行隔离监视、飞行防撞告警、飞行视景增强等。航空电子系统针对给定飞行过程和飞行环境的安全需求,建立实施该安全实施的任务构成,确定任务和相关的功能组织和运行,配置运行安全任务和功能运行的资源能力。

对于航空电子系统通用资源,首先要确定当前飞行阶段,依据不同飞行阶段的目标任务,明确该飞行阶段的目标要求,依据当前飞行阶段的飞行状态,确定当前飞行阶段的任务需求;第二,要根据当前的飞行环境,根据确定的飞行任务需求,明确当前飞行任务的飞行条件,确定当前飞行任务结果能力和结果形式需求;第三,要根据飞行任务结果要求,确定飞行任务结果性能能力和需求的飞行应用,明确当前飞行阶段的应用组织,确定飞行应用效果和能力;第四,还要依据不同飞行阶段的环境条件,根据飞行应用模式,明确系统专业功能需求,建立系统功能和功能逻辑组织模式,形成系统功能处理和运行需求;第五,要依据已经建立的系统应用和功能运行模式,依据系统应用和功能各自的最小责任周期系统资源,建立基于激活状态当前系统应用和功能的相关资源实施调度,实现当前飞行阶段系统激活的应用和功能运行资源配置需求。航空电子系统的面向飞行阶段和飞行环境的系统应用和功能的资源组织模式如图 6.6 所示。

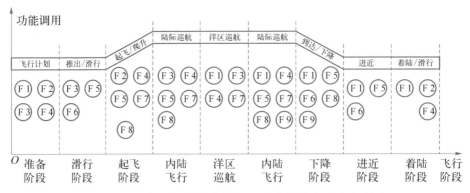

图 6.6　面向飞行阶段系统应用和功能的资源组织模式

6.3　专用计算处理资源

专用计算处理资源是面向航空电子系统应用和功能的专业特征的专用过程资源配置。上节论述了航空电子系统通用计算处理资源模式。航空电子系统通用计算处理资源与专用计算处理资源的主要差别是：通用计算处理资源是面向整个航空电子系统的，通过通用处理资源配置为航空电子系统的应用和功能提供一个整体的信息处理资源能力与环境，支持系统所有应用和功能的通用计算处理。但是，对于面向应用和功能构成的系统来说，必然存在一些专业处理需求，需要一些专业的能力和性能，这些专业处理能力和需求就需要建立专业计算资源，满足系统应用和功能的特殊专业处理。也就是说，通用计算处理资源满足航空电子系统应用和功能通用计算处理的需求。专用计算处理资源是依据系统应用和功能不同的专业特征，针对航空电子系统应用和功能专业计算处理需求，建立支持专业特征和专业过程的专用计算处理资源。

专用计算处理资源是依据系统应用和功能的专业特征，根据该系统应用或功能分解的专业处理模式，针对专业的处理算法，建立支持专业处理过程的资源组织。航空电子系统物理资源组织应针对系统应用和功能需求,基于通用计算处理资源组织,确定专用计算处理资源能力和操作模式,建立面向系统不同应用、不同功能的专业资源组织和操作方式,支持系统专业功能的处理和运行,形成航空电子系统专业处理资源平台模式。因此,为了建立有效的航空电子系统专业计算资源,首先需要了解航空电子系统应用与功能专业处理模式,建立系统应用与功能的专业功能分解与构成,明确其专业特征对资源的需求;其次,需要了解系统物理资源针对航空电子系统应用和功能专业需求具有相关的能力和方法,确定其专业能力类型和操作模式;最后,需要针对航空电子系统应用与功能需求和其配置的专用计算处理资源能力,建立既满足系统专业功能运行与处理的需求,又实现专用计算资源的自身管理模式。

6.3.1　专用计算资源组织

专用计算处理模式是面向特定专业功能处理。专用处理模式是针对系统应用和功能专业处理领域,依据系统应用和功能的分解,明确面向系统专用功能处理要求,处理模式和处理逻辑,确定系统专用处理流程、处理协议和处理算法,组建系统专用处理资源、处理环境和处理性能要求,建立系统专用处理程序、处理结果和处理条件。航空电子系统由诸多个专业分系统构成,每个专业分系统又由众多专业功能组成。对于这些分系统和专业功能运行和处理的需求,除了采用通用计算资源的通用程序化处理模式之外,还存在大量面向分系统和专业功能处理特征的处理需求。这些分系统和专业功能特征处理需求形成了系统专业处理模式。

系统专业处理模式是面向系统特定的专业功能处理。如空地通信数据链CDPLC,ADS-B 1090 ES 通信,机载导航增强系统 ABAS 等。系统专用处理大多也是程序化处理系统,即系统采用计算资源与专用资源协同组织,构建专用功能处理,实现系统专用应用模式。为了区别系统专业物理操作处理资源(非程序处理模式),这里将基于程序化专用处理资源(专用 CPU、存储器、IO

等)称为专用资源组织。对于专用处理需求,首先考虑系统专用功能的构成。系统专用功能需求是根据系统应用的专用模式,针对系统通用程序化处理功能状态,建立系统专用功能的目标和需求,构建系统专用功能的逻辑和处理模式,确定系统专用功能的资源类型和能力。第二,建立专用处理模式。系统专用功能是根据系统应用的专用操作,针对专用功能处理逻辑,建立专用处理品质和效率要求,构建系统专用功能专用处理环境和条件,确定系统专用操作资源模式和能力。第三,构建专用处理过程组织。系统专用处理过程是根据系统应用程序化处理需求,针对系统专用功能处理逻辑,建立系统专用处理程序,构建系统专用功能的专用处理过程,确定系统专用处理过程资源组织和过程管理。

根据航空电子系统专用处理构成,专用计算处理模式具有以下特征:首先,专用计算处理是面向特定专业功能内部处理的。对于系统应用和功能来说,通用计算处理部分是由系统通用计算处理资源来实现,而对于其专用的处理部分,要依据专业的特征和领域划分,建立各自独立的专业处理模式,确定相应的专业处理功能组织,构建完成该专业领域功能处理的环境和条件,形成满足系统应用和功能的专业处理的资源组织。第二,专用计算处理模式是封闭的。由于专用计算处理模式是面向系统应用和功能的专用处理部分,专用计算处理模式的目标是实现系统应用和功能的专用处理部分的需求。所谓专用处理部分是指该部分不能满足系统通用计算处理模式的要求,是针对自身的典型特征,具有特殊处理功能要求。专用处理就是针对这种特殊处理的专用性,根据专用处理功能构成,建立专用处理模式,配置专用处理资源,形成满足系统应用和功能专用处理部分的需求。第三,专用计算处理资源是独占的。专用处理模式是面向系统应用和功能的,是针对专用处理模式的功能处理要求,确定面向这些功能的专用处理逻辑,配置实现专用处理逻辑的处理程序,建立运行和处理这些专用处理程序的计算资源组织。因此,专用计算处理资源是面向专用处理程序的,而专用处理程序又是面向专用处理逻辑的,它们之间是紧耦合的。这样,专用计算处理资源是独占的,不能为其他专用功能使用。系统应用和功能专用部分的专用计算资源组织模式如图 6.7 所示。

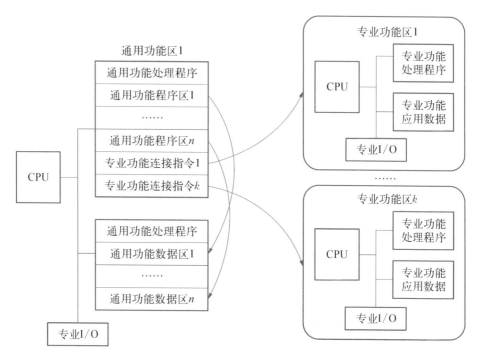

图 6.7　系统专用部分的专用计算资源组织模式

6.3.2　专用计算资源操作模式

专用计算资源操作模式是系统专用处理功能与资源紧耦合操作模式。专用处理功能是系统应用和功能专用处理部分,也是系统通用计算资源无法实现的专用处理部分。专用处理功能通过专业处理的特殊领域,针对专用处理的逻辑组织,依据专用处理的环境条件,构建专用处理功能的处理模式,并按照专用处理功能的处理模式构建专业计算处理资源。也就是说,专用计算资源是面向专用计算处理功能操作定义的,其资源操作与专用功能处理是紧密耦合的。

系统专用计算资源操作模式是描述系统专用功能处理过程,是面向系统专用功能运行实现过程。系统专用处理功能根据系统应用需求,依据系统专用处理功能的特征,确定系统专用功能处理领域和环境,确定系统专用功能处理逻辑和过程,构建系统专用功能处理资源需求。因此,系统专用计算资源操作模式需求主要有以下几个方面:首先,确定基于系统特定运行目标的需求,建立系统专用功能处理模式与领域。系统特定应用目标是根据当前系统应用特定需求,通过系统运行应用和环境的特征分析,确定系统专用处理场景和条件,确定系统专用处理事件,建立独立的系统专用处理功能,构建该功能运行的资源能力。其次,确定基于系统专用功能逻辑操作模式,建立系统专用功能处理资源类型和能力。系统专用功能逻辑是根据当前系统专用处理模式分析,确定系统专用功能运行的环境和条件需求,确定系统专用功能处理逻辑,建立系统专用功能处理资源操作,构建专用功能资源组织与运行模式。另外,确定基于系统专用功能逻辑与专用资源操作符合性。系统专用功能逻辑是面向系统专用应用的目标需求,系统专用资源是面向系统资源物理能力和操作模式,基于系统资源模式的系统专用功能处理是系统应用性能和品质的保证,建立系统专用功能处理过程资源管理模式。对于专用功能的资源组织,通过专用功能领域、目标、性能和要求确定系统专用资源的类型、能力、操作和结果,实施基于专用资源的处理过程,实现专用功能处理逻辑,建立系统应用专用功能支持能力,保障系统应用专用功能处理效率。

因此,建立面向系统功能的专用计算处理资源组织是航空电子系统能力的重要组成部分。专用计算处理功能与其资源组织的特征是:首先,专业处理资源是基于专业处理功能逻辑操作模式的。对于系统专业处理资源需求,首先要考虑专用处理功能处理领域,明确专用处理功能的逻辑组织,确定专用处理功能的操作模式,建立与其相适应的资源类型、能力和操作。第二,专业处理资源是面向专用处理功能算法需求的。系统专业处理功能逻辑实际上是该专用算法的实现操作组织,其算法描述了专用功能处理方法和处理流程。专业处理资源依据该处理算法,根据其操作流程,针对处理操作关系,构建专用资源操作活动、品质和模式,满足系统专用处理功能的需求。第三,专业处理资源是与专用处理功能环境紧密耦合的。专用处理资源是面向系统应用和功能的专用处理模式,而系统应用和功能的专用处理模式最突出的特征就是特定的输入/输出要求。即专业处理资源必须支持特定的输入/输出需求。除此之外,专业处理资源还必须满足系统应用和功能的专用处理环境需求,支持专用处理功能处理条件。这样,专用处理资源与系统应用和功能的专用处理部分的环境和输入/输出建立紧耦合模式,形成了不同的系统应用和功能的专用处理部分具有不同专用处理资源配置。系统专用处理功能与资源紧耦合操作模式如图 6.8 所示。

6.3.3　专用处理算法资源模式

系统专用处理算法与资源操作组合模式。系统专用处理算法是系统专用处理的一个重要组成部分。从嵌入式系统程序操作模式组织划分的观点来看,一类是基于操作流程嵌入式系统,即基于程序控制的嵌入式系统;另一类是基于操作事件的嵌入式系统,即基于算法操作的嵌入式系统。对于基于算法操作的系统,系统资源组织是基于目标事件的构成,依据目标事件的环境条件,确定面向该目标事件的处理算法,建立算法的组织和操作元素,明确算法的操作关系和操作因子(权重),构建算法的操作模式和操作活动。

现代航空电子系统采用程序化处理模式,通过建立系统通用计算资源结构,大大地提升了系统通用操作处理过程,有效地支持了系统物理资源的综合。但是,作为复杂的航空电子系统,必然存在一些核心的专用处理需求,如基于复杂条件的递归迭代算法、语音识别技术、图像增强模式等,对专用处理模式或专用处理效率提出非常高的要求。航空电子系统专用处理需求主要有以下几方面特征:一是专用处理能力。航空电子系统专用处理一般是系统要求极高的特殊专业处理能力的需求,如核心图形处理引擎,目前高性能核心图形处理引擎由 $16×16$ 或 $32×32$ 图形处理阵列构成,对子系统专用资源处理能力提出了极高的需求,系统基于程序化通用计算资源远远无法满足系统专用处理能力的要求。二是专用处理品质。航空电子系统专用处理往往都具有非常高的处理品质要求。如高处理精度,高处理性能和高处理品质需求等,如系统射频输入

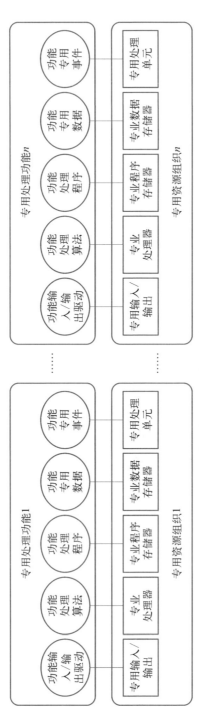

图 6.8　系统专用处理功能与资源紧耦合操作模式

快速傅里叶变换 FFT，假设 N 个采样点，采用 N 取 2 的整数次方，建立 $N/32$ 次的矩阵向量乘积计算的算法，对其处理资源提出了极高处理性能和品质需求，系统通用计算资源无法支持专用处理过程和满足性能与品质要求。三是专用处理效率。航空电子系统专用处理另一重要特征就是极高的处理效率需求。如系统射频输入 FFT，虽然它可以采用数值解析的算法，通过程序化组织编程，采用系统通过计算资源（通过 GPU 处理器、系统程序存储器、系统数据存储器输入和输出等），实现 FFT 的计算和处理。但这种通用数值处理模式远远不能满足系统实时处理的相应需求。所以，在航空电子系统中，特别是大型客机复杂航空电子系统中，系统射频输入 FFT 往往采用高性能信号处理阵列处理实现。因此，航空电子系统专用处理和其资源组织是系统能力、性能和品质重要的组成部分。

对于航空电子系统专用处理模式及专用资源组织，主要是根据系统专用特征和专用处理需求分析，依据系统专用处理算法设计，确定系统专用处理操作，构建实施专用操作一体化的资源组织。基于系统专用处理算法与资源操作组合模式的思路是：首先，系统专用算法是基于资源操作模式的算法组织和实现。系统专用处理算法是面向系统应用和功能的特定专用算法需求。即依据该功能特定处理需求，确定该功能处理模式，建立实施该处理模式的处理方法，根据资源特征能力和操作模式，构建基于资源能力和操作方法的实施算法。该基于资源操作的算法满足系统专用功能处理需求。第二，算法处理和资源操作是紧密耦合的。系统专用处理算法的主要特征是独立性和高效性。这种独立性和高效性建立在算法处理与资源操作是耦合的基础之上，不需要系统程序规划、组织和安排，而是直接通过资源操作输出算法结果。专用计算处理模式是面向系统应用和功能的专用处理部分（如，指令、判别、转移等无效处理操作）。即从通用程序处理的观点来看，基于资源操作的系统处理算法大大增加了系统有效处理部分，大大减少了处理准备部分，提升了专用处理算法的操作效率。第三，算法处理是通过资源操作实现的。专用算法处理模式是通过资源操作活动实现的。即系统资源类型、能力、操作和性能是依据算法处理的活动来定义的。先要确定算法处理模式,明确算法处理活动,然后再选择和确定满足算法处理活动的资源操作需求。也就是说,面向算法的资源操作组织是基于算法操作模式确定的,依据算法处理确定资源的组织与构成。因此,系统专用处理算法与资源操作模式是紧密组织和耦合,具有最高资源利用率的算法实现。但也具有非常突出的资源独占性和排他性。如快速傅里叶算法(FFT):$x(k)=\sum_{n=0}^{N-1}x(n)W_N^{nk}$,$k=0,\cdots,N-1$,其算法实现操作模式和资源组织如图 6.9 所示。

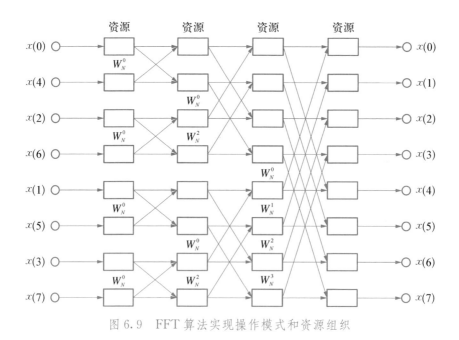

图 6.9　FFT 算法实现操作模式和资源组织

6.4　专用物理资源

资源构成的另一种形式是专用物理模式操作资源。所谓专用物理模式操作资源指的是资源操作模式与系统应用、功能和算法的外界要求无关,而是依赖资源自身的物理特征、性能和能力。如系统电源组织、系统模拟电路和模拟处理、射频处理等。这些资源组织和操作不依赖系统运行处理和管理,而在于资源内在的特性和工作模式,我们称这种资源为专用物理模式操作资源。

现代航空电子系统是面向信息处理的管理系统。航空电子系统的所有应用和功能处理模式都是建立在信息组织、能力和环境基础上,通过信息处理、控制和管理实现系统的目标和需求。但是,任何信息系统的组织和处理都是建立在物理组织的环境中,即任何信息的构成都是通过系统物理资源的传感、转换、驱动和传输。特别是航空电子系统,由于航空电子系统是空中飞行的嵌入式管理系统,所有的信息都必须通过物理资源(如传感器、作动器、天线、电源等)操作模式转换,建立基于信息环境的航空电子系统应用和功能的处理模式。因此,确定物理资源能力组织和操作模式是航空电子系统资源管理的一个重要的方面。

专用物理模式操作资源是依据系统应用和功能的专业特征,根据该系统应用或功能能力需求或输入/输出需求(即属于应用和功能处理的保障,不属于应用和功能内在处理部分),针对系统应用和功能运行领域和条件,依据相关资源特征和物理组织能力,建立专用物理操作的资源组织,支持系统应用和功能处理的需求保障。因此,对于专用物理模式操作资源,为了建立满足系统应用和功能处理的保障需求,首先需要了解航空电子系统应用与功能专业处理模式,建立系统应用与功能运行环境保障的需求,明确所有应用和功能运行的要求,建立形成该运行要素形式和性能需求;其次,需要了解针对航空电子系统应用和功能运行的系统物理资源相关能力和性能需求,确定相关(专用)资源的操作模式和结果;最后,需要针对航空电子系统应用与功能需求和其配置的专用物理模式资源能力,建立既满足系统应用和功能运行的环境要素保障,又实现专用物理模式资源的操作能力和效率模式。

6.4.1 专用模拟处理物理资源

专用模拟处理物理资源是指模拟电路处理和转换资源。专用模拟处理物理资源主要是针对那些系统非计算操作专用资源的组织，主要关注在信息处理系统建立之前连接系统外部物理环境的，将系统物理环境因素转换成系统可应用、可操作和可处理的系统信息要素。航空电子系统是机载嵌入式控制管理系统，是嵌入在空域物理环境中的飞行管理系统。航空电子系统处理的信息都来源于专用模拟处理物理资源，通过系统专用模拟处理物理资源对当前飞行环境物理因素的感知、感受和转换，形成航空电子系统处理的要素信息环境。因此，系统专用模拟处理物理资源是航空电子系统必不可少的关键资源。

航空电子系统是程序化处理系统，是基于空域无物理连接的嵌入式系统。对于航空电子系统而言，系统飞行过程组织与管理主要依赖于系统对飞机外部飞行环境的感知和响应。而这种对外部世界的感知和响应是通过系统外部物理环境与系统内在信息环境的相互转换，即数模转换和模数转换。因此，基于系统外部物理环境与系统内在信息环境的数模-模数转换资源是航空电子系统非常重要的资源组成部分。

对航空电子系统组织架构和资源构成来说，系统数模-模数转换资源是航空电子系统内部处理与外部物理环境连接界面，也是航空电子系统输入感知和输出响应的载体。因此，系统数模-模数转换资源是基于物理资源内部模拟处理模式资源，资源内部操作不透明，属于非计算操作专用资源的组织，称为专用模拟处理物理资源。虽然专用模拟处理物理资源操作过程是封闭的，是处理操作独占型资源，但模拟处理物理资源能力和操作性能对航空电子系统有很大影响。专用模拟处理物理资源能力和操作的影响主要有：第一，专用模拟处理物理资源是航空电子系统应用需求和功能组织启动的来源。航空电子系统应用是依据系统外部环境情况，根据系统分析与决策，选择响应的功能处理。也就是说，什么样的专用模拟处理物理资源能力决定航空电子系统做什么样的处理。所以，专用模拟处理物理资源能力成了航空电子系统应用和功能组织重要的因素。第二,专用模拟处理物理资源是航空电子系统应用运行和功能处理性能的基础。由于航空电子系统应用运行和功能处理是基于专用模拟处理物理资源操作处理结果和参数,专用模拟处理物理资源操作品质决定航空电子系统处理性能。所以,专用模拟处理物理资源操作品质成了航空电子系统应用和功能运行和处理的重要因素。第三,专用模拟处理物理资源是航空电子系统可靠性关注的焦点。航空电子系统内部处理资源构成是数字系统,而系统外部环境交联资源(系统数模-模数转换资源)是模拟系统。对于系统可靠性来说,数字系统对可靠性的最大贡献之一是具有系统可靠性管理能力。而模拟系统是基于资源物理操作,系统可靠性能力只能依赖自身物理模拟操作可靠性能力,不支持系统可靠性管理。由于专用模拟处理物理资源是航空电子系统与系统外部环境的接口,航空电子系统所有应用和功能处理都依赖于专用模拟处理物理资源提供的输入,航空电子系统所有应用和功能响应都依赖于专用模拟处理物理资源提供的输出,因此,专用模拟处理物理资源已成为航空电子系统可靠性保障的瓶颈。

专用模拟处理物理资源对系统能力和性能产生很大影响,建立高性能和高品质的专用模拟处理物理资源已成为航空电子系统资源构成核心和系统能力与性能的重要保障部分。基于专用模拟处理物理资源组织的思路是:首先,建立航空电子系统应用和功能所需的外部物理环境感知能力。系统应用和功能运行环境是专用模拟物理资源的基础。作为机载飞行管理系统,航空电子系统根据当前飞行和管理的需求,确定相关的飞行任务和实施的功能。由于当前的飞行和管理需求是基于当前飞行环境,专用模拟处理物理资源必须为航空电子系统应用和功能处理提供当前飞行物理环境的感知能力。第二,建立支持航空电子系统应用运行和功能处理运行的信息参数。系统应用和功能处理需求是专用模拟处理物理资源的目标,系统应用和功能处理依赖于专用模拟处理物理资源转换操作形成的有效参数和结果。由于当前飞行环境因素是各种各样的,航空电子系统需要确定哪些因素来决策当前需要运行的应用和功能。当前启动哪些应用和功能是基于当前飞行环境要素与系统应用和功能关联所决定的，专用模拟处理物理资源的目标是提供系统当前相关应用和功能所需的信息要素，支持关联应用和功能运行和处理。第三，建立航空电子系统专用模拟处理物理资源转换性能、品质和有效性。系统应用和功能处理品质是基于专用模拟处理物理资源提供的结果性能，而任何系统运行效率和处理品质首先取决于系统的输入要素和处理条件的性能。由于系统应用和功能处理是基于专用模拟处理物理资源对外部飞行环境的感知和转换，模拟处理物理资源操作品质和输出结果性能是系统应用和功能处理的保障。因此，专用模拟物理资源不仅是航空电子系统应用和功能组织的基础，提供了系统应用和功能运行要素和处理条件，同时其自身的处理品质和性能也是航空电子系统应用和功能处理性能和效能的保障。下面我们通过一个典型的模拟数值转换电路图（DAC 1008D750）举例来描述系统外部物理环境因素转换为系统数字信息要素，如图6.10所示。

6.4.2　专用射频处理物理资源

专用射频处理物理资源是指高频电磁信号处理与转换资源，它是航空电子系统核心资源组成部分。已知飞机是一个独立飞行运动系统。也就是说，飞机同其他所有移动系统和设备一样，移动系统与管理工作站之间、移动系统之间、移动系统与其他系统之间没有直接的物理交联，而是通过天线和射频处理实现它们之间的信息交互。机载专用射频处理物理资源就是针对飞机布局的天线构成，依据天线作用频段的划分，确定天线的信号处理范围，构建专用射频处理资源，通过外部交联信号的处理与转换，实现飞机与外部环境的感知和通信。随着航空通信技术的高速发展，航空电子系统与外界通信的需求急剧增大。越来越高的飞行空域密度，越来越复杂的飞行交通环境，越来越繁忙的起降机场环境，越来越复杂的空域交通管理都对飞机的通信提出强烈的需求。同时，随着航空电子系统专业功能技术的快速发展，如卫星导航通信、卫星移动通信、飞行状态监视通信、空地飞行管理通信数据链，以及航空公司飞行规划和飞行航

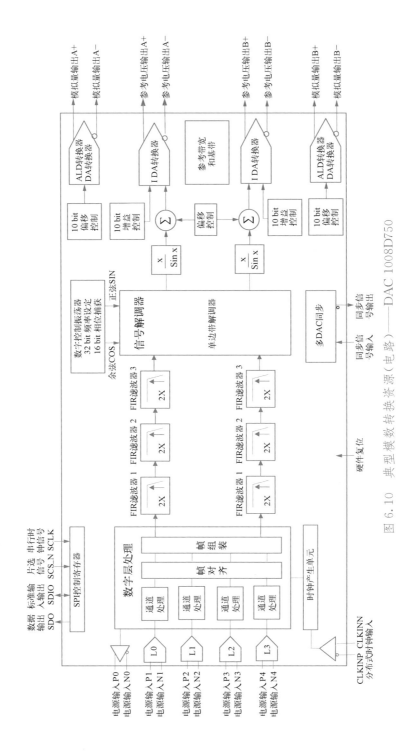

图 6.10　典型模数转换资源(电路)——DAC 1008D750

迹通信等,形成高密度的信息通信网络。另外,机载探测系统是飞行环境感知的一个重要组成部分。特别是主动探测部分,如机载气象雷达、机载询问应答机等,形成了机载飞行感知能力。目前这些通信和探测的频率分配覆盖了整个频段,对航空电子系统射频处理提出了强烈的需求。

对于航空电子系统组织架构和资源构成来说,系统射频资源是完成系统天线信号到系统内部信息之间的射频处理。系统射频资源是面向系统内部模拟信号的处理,实现不同频段、不同频率、不同幅度,不同强度、不同噪声、不同能量的射频处理要求。射频处理过程是基于信号滤波、调制、转换、放大和精化的射频专业处理过程,是基于射频资源自身操作模式完成的,是自循环封闭完成的,对航空电子系统应用和功能处理程序是透明的,称之为专用射频处理物理资源。专用射频处理物理资源能力和操作的影响主要有:第一,专用射频处理物理资源是航空电子系统与外界联系的处理资源。飞机是空中独立飞行器,飞机与外部感知和通信联系必须通过天线构建通信频段,依据射频处理,实现飞行空间的无线电信号的采集、信号处理和数字化转换。航空电子系统与外界通信的功能和飞行应用管理都是建立在射频处理的基础上。第二,专用射频处理物理资源是实现复杂空域和气象环境信号处理有效性的保障。已知当前空域飞行密度越来越高,要求飞行气象环境越来越宽,实现复杂环境条件的实时信号处理已成为航空电子系统核心能力之一。专用射频处理物理资源根据天线的信号采集,实施高精度、强实时、高品质的信号增强处理,提供飞机与外界环境的有效交联能力。第三,专用射频处理物理资源是当前高密度航空频率资源有效使用的基础。已知目前民机无线电频段分配从 10 kHz 到 10 GHz,提供导航、HF、VHF、机载气象雷达、地面探测雷达等不同的使用频段。专用射频处理物理资源根据各个频段天线采集的外部环境信号,通过射频前端处理,提供不同信号频率相位的建立和识别,建立各种频段信号的组织和处理,再通过调频处理,建立系统并行通信信道。由于飞机与外部环境交互越来越紧密,精度和效率要求越来越高,专用射频处理物理资源的需求越来越大。目前机载专用射频处理物理资源无论在重量和体积方面,还是在功耗和散热需求方面几乎占整个航空电子系统一半左右。因此,专用射频处理物理资源组织与优化已成为航空电子系统资源综合非常重要的领域。

因此,系统专用射频物理资源是航空电子系统对外信息感知和交互通信的关键资源。基于专用射频物理资源组织的思路是:首先,系统交联组织和机载天线布局是专用射频物理资源的基础。作为机载飞行管理系统,航空电子系统需要建立飞机通信服务供应商、空管、航空公司之间信息通信与服务,构建飞行环境探测与感知,实现与地面站、移动通信卫星、全球导航卫星、机场信息交联,提供话音通信、通信数据链、监视数据链信息传输链路。专用射频处理物理资源根据飞机信息通信交联的组织,针对当前飞行环境的探测和感知,依据系统交联频段布局与划分,建立相关的射频处理操作资源,实现飞机信息交联的需求。第二,面向天线射频信号处理是专用射频处理物理资源的内容。飞机与外界感知和通信是建立在天线组织和布局的基础上,不同天线频段、位置与特征具有不同的射频资源处理能力和性能需求。专用射频处理物理资源是依据面向天线的频段和特性,建立基于射频信号处理模式,通过差分、混频、放大、调制等射频处理技术,实现系统射频收发处理与转换。第三,面向系统交联的高可靠性和抗干扰技术是专用射频处理物理资源核心能力和技术。射频资源是飞机与外界交互通信射频信号感知和处理资源。对飞机与外部通信组织,无论是通过什么信道,无论是语音信息还是数据链,通信速率和完好性(误码率)都是射频资源处理的核心能力。专用射频处理物理资源根据系统通信交联的布局,针对不同的通信环境、通信距离和气象条件,建立高可靠和抗干扰射频处理资源,实现复杂飞行环境的射频处理需求。因此,专用射频物理资源不仅要为飞机与外部通信提供面向不同天线布局的射频信号处理,同时还要满足各种飞行条件和气象条件下的高可靠和抗干扰射频信号处理的要求。下面我们通过一个通用的机载通信射频处理电路图描述系统射频资源组织和处理模式,如图 6.11 所示。

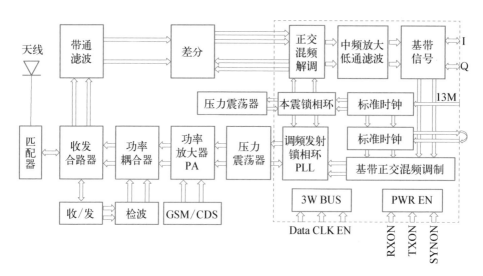

图 6.11 典型系统射频资源组织和处理模式

6.4.3 专用电源组织物理资源

专用电源组织物理资源是指子系统基本能力保证资源,其能力与自身状态相关,与系统操作过程和运行模式无关,它是航空电子系统核心资源组成部分。任何电子系统都依赖电源能力的支持与保障。航空电子系统一样,所有的任务和结果都建立在系统电源能力和品质的基础上。电源能力同上一节论述的通信射频资源能力一样是航空电子系统信息处理内容之外的资源能力保障,通信射频资源能力给航空电子系统处理需求建立了采集操作环境,而电源能力给航空电子系统提供了可操作能力。这里所说的专用电源处理资源是站在系统整体资源组织的角度上看,电源资源属于系统资源构成中的一项专用资源,并具有电源自身的资源处理模式和结果性能。

航空电子系统由多个分系统构成,每个分系统由多个设备构成,同时系统还配置了各种不同的传感器和作动器。这些不同专业的分系统、不同类型的设备、不同领域的传感器、不同作用的作动器都对电源类型和能力提出了不同的要求。同时,航空电子系统硬件构成又分为数字电路系统和模拟电路系统,数字电路系统与模拟电路系统对系统电源的品质提出不同的要求。另外,由于系统应用和功能的安全性等级要求不一样,也对该系统电源供给提出不同的要求。系统电源资源操作模式同系统射频操作模式一样,也是设备自身操作模式,对航空电子系统应用和功能处理程序是透明的,称之为专用电源物理资源。对于构型复杂的航空电子系统,专用电源物理资源是系统资源重要的构成部分,并对系统的能力和性能产生很大影响。

对于航空电子系统而言,专用电源物理资源组织主要考虑以下因素:第一,建立面向标准规范的电源供给。对于系统与设备众多、运行环境复杂、系统等级多样的航空电子系统,必须建立统一的标准体系,覆盖系统设备类型、运行环境和安全等级的要求,减少冗余和重复,形成系统一致标准规范。如电源的交流、直流、变频、恒频类型标准,电源的精度、噪声、浪涌和瞬态性能标准,以及环境与可靠性标准等。第二,建立面向系统内部资源特征和类型的电源供给。根据系统、分系统、设备和芯片要求,建立面向对象性能和品质的一致性电源转换供给,满足系统各个独立对象的电源供给要求。第三,建立面向电源内部能力组织和转换效率机制。根据电源输出能力和品质要求,依据电源转换和处理资源能力,增强电源带宽和提升功率密度,提升电源转换输出功率。同时建立有效载荷输出功率监控机制,保障系统和设备用电安全。

因此,构建航空电子系统硬件架构组织,建立航空电子系统电源供给标准和规范,覆盖系统不同对象电源类型、品质和功率需求,提升电源转换输出功率是航空电子系统专用电源组织物理资源组织的目标和要求。飞机电源是通过发电机将发动机提供的机械动力转换成 115/200 V、400 MHz 三相交流电(包括 APU 电源)和通过 RTU 转换的 28 V 直流电(包括电池备份电源),提供整个飞机的电源能力,一般称为一次电源。由于本书的主题是航空电子系统,在这里主要讨论航空电子系统的电源能力模式,即针对航空电子系统的需求,通过一次电源转换的不同电源能力模式,提供给不同航空电子系统和设备使用,也称为二次电源。已知航空电子系统是由许多专业系统、设备、传感器和作动器构成,每个系统和设备都具有独立的类型、能力、品质和条件需求。因此,专用电源组织物理资源是航空电子系统运行能力和运行品质保障的关键资源。基于专用电源物理资源组织的思路是:首先,专用电源建立分布式电源能力供给的模式。航空电子系统有许多分系统组织,每个分系统具有自身的专业领域和设备构成,并分布在飞机内部不同的区域。航空电子系统物理资源要根据分系统和设备的不同,建立相关的处理模式和资源组织,提供不同的电源能力和品质;同时,根据分系统和设备运行环境,确定电源的资源处理条件,建立相应的处理模式,满足不同系统和设备环境和性能需求。第二,专用电源建立不同类型和品质电源的需求。在分布式配置的基础上,专用电源资源要根据应用对象不同的应用机制需求,确定电源供给的种类和机制,如 $\pm 15\ \text{V}$、$\pm 5\ \text{V}$ 和 MOS 电平,明确电源的性能和品质,如噪声、浪涌和瞬态等,构建电源危害保护,如过压、欠压和过流保护,支持系统内部资源运行能力的支持和保护。第三,专用电源建立专用高品质电源的需求。对于当前新一代的航空电子系统,为了进一步提高系统运行处理速度和操作精度,选用了一些高频处理器(GPU),需要提供专用的独立供给高精度低电平电源,如 $3.3\ \text{V}$ 或 $1.8\ \text{V}$,还如高精度数模转换器参考电源、专用高速总线协议芯片等,都提出了高品质、高精度专用独立供电的需求。专用电源要针对航空电子系统各种专用电源需求,通过相关资源组织和特殊处理模式,提供面向特征芯片的高精度和高品质电源供给。因此,专用电源组织物理资源面向航空电子系统的系统——整体、模块——内部、芯片——局部不同的能力需求,针对系统、模块和芯片的特征要求,依据系统、模块和芯片处理模式和运行环境,建立满足航空电子系统一体化运行能力的保障。下面我们通过一个通用的机载电源资源组织和处理模式电路图描述系统电源资源组织和处理模式,如图 6.12 所示。

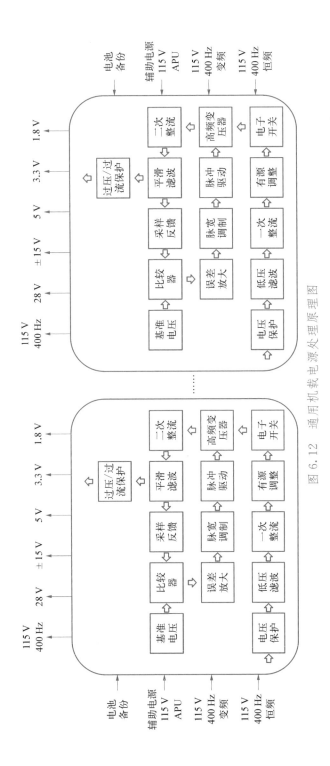

图 6.12　通用机载电源处理原理图

6.5 资源组织与综合

前几节讨论了航空电子系统资源特征与构成。本节将系统论述航空电子系统资源的组织与综合。已知航空电子系统综合是根据系统的需求,依据系统的特征,针对系统目标,通过系统应用、系统功能和系统物理综合,实现航空电子系统的系统能力、系统效能和系统有效性提升。其中,系统能力组成是:系统应用能力、系统功能能力和系统资源能力;系统效能构成是:系统应用能力保证效能、系统功能能力处理效能和系统资源能力操作组织效能;系统有效性构成是:系统应用状态有效性、系统功能能力处理有效性和资源能力操作的有效性。

资源能力是综合化系统能力的基础,资源能力组织是资源能力配置、资源能力组织、资源效能提升的保障。对于综合化系统,已知不同的资源需求具有不同资源配置,不同资源配置蕴含着不同资源能力。针对系统资源操作能力需求,通过基于系统能力的资源配置,实现资源能力组织支撑是系统能力保障的基础。

资源效能是综合化系统效能的基础,资源效能组织是通过资源综合,提升资源有效利用率来保障。对于综合化系统,已知不同的资源需求具有不同资源能力组织,不同的资源能力组织具有不同资源能力集成方式。针对系统资源操作能力需求,通过基于系统应用需求的资源综合,实现资源共享,增强资源能力最大收益,有效地提升资源效能。

资源有效性是综合化系统有效性的基础。资源配置是指系统应用操作的载体,资源能力是资源载体对系统应用操作的支撑,资源有效性是基于资源状态提供的应用操作有效能力。针对综合化系统,通过基于资源状态的系统管理综合,形成资源能力有效性组织。

航空电子系统综合化是系统一体化思维优化过程。航空电子系统综合化的目标是针对航空电子系统的复杂特征,通过采用系统综合化技术,实现系统应用效能的最大化、系统专业组合协同的最优化、系统资源组织配置的最小化、系统功能处理效率的最大化和系统运行有效性最大化目标。

6.5.1　物理综合机理和思路

物理综合采用物理资源能力、操作和管理综合方法,提升系统物理操作组织的资源利用率、功能处理效率和结果可靠性。即根据系统应用和功能操作需求,基于系统物理结构组织,面向系统资源操作能力、效能和有效性,提升系统资源利用率,提高系统资源操作效率,增强系统可靠性。物理综合作用领域:通过系统资源配置类型复用和分时共享,提升系统物理资源利用率;通过系统物理操作过程复用和结果继承,提高系统物理资源操作效率和操作结果利用率;通过系统物理运行状态和故障模式监控管理,提升系统资源操作结果的完好性和有效性。物理综合组织模式是:建立系统应用和资源配置独立结构,实施基于资源共享的物理资源能力组织综合;建立系统通用过程和资源操作独立结构,实施基于过程复用和结果继承的物理资源操作过程综合;建立系统运行模式和故障模式检测独立结构,实施基于故障控制的物理资源状态综合。

系统物理资源能力综合机理是通过资源共享,提升资源利用率和效能。系统物理资源能力综合是基于系统资源平台的组织,依据系统应用和功能对资源基于时间分布的能力需求,通过资源能力组织与调配,实现基于分时的资源共享,提升资源使用效率,减少系统资源配置,降低复杂性影响,增强系统资源的效能。

首先,系统物理资源能力综合根据系统资源组织的需求,依据资源的不同能力、状态和性质,通过资源组织管理,形成资源配置与管理模式。其次,系统物理资源能力综合根据系统资源组织配置,针对资源类型构成,确定资源操作能力,明确资源的操作模式,形成基于资源的物理综合模式。最后,系统物理资源能力综合依据系统资源配置的操作类型、操作过程和操作分区组织,构建资源操作能力、操作过程和操作能力模式,形成物理资源综合。

因此,系统物理能力综合方法是：第一,建立系统物理资源能力分类模式。通过系统物理架构资源能力分类模式,构建系统应用和功能与资源能力分类的配置模式,支持系统独立资源类型和能力为系统所有驻留应用和功能服务的能力组织。第二,建立系统物理资源过程分类模式。通过系统物理架构资源过程分类模式,构建系统应用和功能与资源过程分类的配置模式,支持系统独立资源操作和处理能为系统所有驻留应用和功能服务的过程组织。第三,建立系统物理资源目标分类模式。通过系统物理架构资源目标分类模式,构建系统应用和功能与资源目标分类的配置模式,支持系统独立资源操作和处理能为系统所有驻留应用和功能服务的目标组织。

系统物理资源能力综合过程如下：

（1）输入信息物理资源组织。

输入信息物理资源组织是通过将输入信息物理组织与设备构成分离,构建独立、通用和共享输入信号物理接口。如根据射频分类,实现基于天线合成的孔径综合。

（2）专用处理物理资源组织。

专用处理物理资源组织是通过将专用处理物理组织与设备构成分离,构建专用处理与通用处理关联架构,通过通用处理的共享能力实现专用处理结果共享。如构建与天线孔径综合的射频与信号处理通道。

（3）通用处理物理资源组织。

通用处理物理资源组织是通过将通用处理物理组织与设备构成分离,针对应用操作类型和使用频率,构建与其匹配的独立的通用处理平台。如系统通用处理平台架构。

（4）输出控制物理资源组织。

输出控制物理资源组织是通过将输出控制物理组织与设备构成分离,针对输出目标分类,构建独立的综合管理输出。如基于任务合成的传感器管理和综合显控。

　　系统物理资源操作综合机理是通过系统物理操作过程复用和结果共享,提升资源操作过程利用率和结果效能。系统物理资源操作综合是基于系统资源平台的组织,依据系统资源操作过程和处理结果效能提升的需求,针对系统不同资源的操作过程与操作周期,通过系统资源操作过程组织,增强系统资源操作过程复用性,实现资源操作结果共享的应用扩展,提升资源操作结果利用率,提高系统资源操作过程与结果效能。

　　首先,系统物理资源操作综合通过根据资源操作的需求,依据资源操作组织模式,通过资源操作不同的能力、状态和性质,形成资源操作配置和管理模式。其次,系统物理资源操作综合根据系统资源操作组织与构成,针对资源类型和操作分类,确定资源操作能力,明确资源操作组织,形成资源操作综合模式。最后,系统物理资源操作综合依据系统资源操作过程的目标能力、处理模式和结果形式组织,构建资源操作过程模式、复用模式和结果模式,形成系统资源操作综合。

　　因此,系统物理能力综合方法是:第一,建立系统物理资源操作分类的可用性模式。通过物理资源操作分类的可用性模式,构建系统应用和功能与资源操作分类的配置模式,支持系统独立资源操作过程为系统所有驻留应用和功能服务的操作类型组织。第二,建立系统物理资源操作分类的复用性模式。通过系统物理资源操作分类的复用性模式,构建系统应用和功能与资源操作分类的配置模式,支持系统独立资源操作和处理能为系统所有驻留应用和功能服务的操作过程组织。第三,建立系统物理资源操作结果分类的共享性模式。通过系统物理资源操作结果分类的共享性模式,构建系统应用和功能与资源操作结果分类的配置模式,支持系统独立资源操作和处理能为系统所有驻留应用和功能服务的操作结果组织。

　　系统物理资源操作综合过程如下:

　　(1) 输入信息采集过程组织。

　　输入信息采集过程组织通过将输入信息采集过程与设备构成分离,根据输入信息架构,构建独立和通用输入信息采集和预处理过程。

(2)专用处理过程平台组织。

专用处理过程平台组织通过将专用处理过程与通用处理分离,针对专业需求和特征,构建基于专业组织的专用处理过程架构,建立开放式专业处理平台,支持功能处理的结果共享。

(3)通用处理过程平台组织。

通用处理过程平台组织通过将通用处理过程与专业分离,针对通过操作和能力需求,构建独立的通用功能和过程处理平台,支持功能处理的引用和结果共享。

(4)功能输出能力与架构组织。

功能输出能力与架构组织通过将功能输出与任务架构分离,针对任务组织的目标分类,构建独立的通用功能组织架构,支持基于任务能力的功能综合组织架构。

系统物理资源状态综合机理是通过构建系统资源运行状态管理平台,实现系统资源平台运行的资源/缺陷、功能/错误和任务/故障状态管理,提升系统运行的资源、功能和任务的有效性。系统物理资源状态综合根据系统不同应用状态与能力、功能状态与能力、资源状态与能力,通过系统任务构建、功能组织、资源配置,依据任务故障、功能错误和资源缺陷状态,集成当前系统剩余的有效能力,实现基于状态监控的任务、功能、资源有机组织,提升系统整体效能。

首先,系统物理资源状态综合通过系统应用运行、功能处理和资源操作状态管理,提升系统应用运行、功能处理和资源操作过程的有效性。其次,系统物理资源状态综合根据系统组织和目标,针对系统应用、功能和资源的结构与构成,确定系统应用、功能和资源运行组织,明确系统缺陷、错误和故障模式,形成系统运行状态综合方式。最后,系统物理资源操作综合依据系统任务目标、功能品质和资源能力需求,根据系统任务/故障、功能/错误和资源/缺陷模式,构建任务/故障、功能/错误和资源/缺陷管理组织,实现系统物理资源状态综合。

　　因此,系统物理资源状态综合方法是:第一,建立基于缺陷模式的物理资源操作状态组织管理模式。通过它组织管理模式,构建系统应用和功能与物理资源操作状态的配置模式,支持系统独立物理资源为系统所有驻留应用和功能的资源缺陷状态管理服务。第二,建立基于错误模式的物理功能处理状态组织管理模式。通过它构建系统应用与功能处理状态的配置模式,支持系统独立物理资源为系统所有驻留应用和功能错误状态管理服务。第三,建立基于错误模式的物理应用运行状态组织管理模式。通过它构建系统管理与应用运行状态的配置模式,支持系统独立资源为系统所有驻留应用故障状态管理服务。

　　系统物理资源状态综合过程如下:

　　(1) 系统资源平台的有效性组织。

　　资源平台的有效性组织通过将资源操作与功能需求分离,根据输入采集、信息处理、输出控制的类型,针对资源特征、能力和可靠性分析,支持资源缺陷管理。建立面向应用需求的资源能力与有效性管理平台。

　　(2) 系统功能平台的有效性组织。

　　系统功能平台的有效性组织通过将功能处理与任务组织分离,针对专业应用类型和特征,针对功能目标、危害度和可靠性分析,支持功能错误管理,构建功能能力与有效性管理平台。

　　(3) 系统应用平台的有效性组织。

　　系统应用平台的有效性组织通过将任务处理与传感器能力分离,针对应用目标和能力需求,针对系统当前的状态和能力,支持任务故障管理,构建任务能力和有效性管理平台。

　　(4) 系统状态的有效性组织。

　　系统状态的有效性组织通过将系统资源、功能和任务统一组织,形成系统当前的能力和有效状态,监控和维护资源、功能、任务平台的能力,支持系统失效和安全(降级)管理。

物理综合采用物理资源能力、操作和状态综合方法,其综合内容如图 6.13
所示。

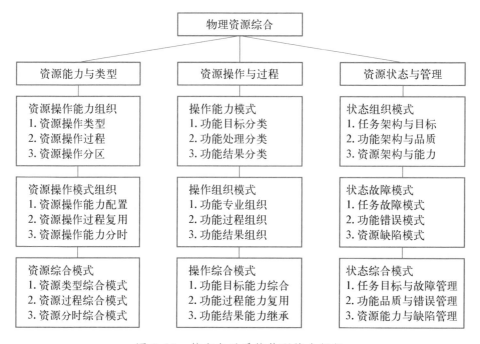

图 6.13　航空电子系统物理综合组织

6.5.2　通用计算资源综合

程序化航空电子系统是基于系统逻辑处理算法,通过计算技术指令处理引导、基于程序处理流程、通过数据存储管理,实现系统应用和功能需求的面向信息处理的模式。这些处理模式和过程都建立在系统计算资源组织的基础上。因此,航空电子系统计算资源的综合是系统物理综合最重要的领域。根据航空电子系统程序化处理特征,系统通用计算物理资源综合的思路主要包含以下几个方面:

对于共用计算资源综合需求,首先,建立系统通用计算资源的存储能力组织与共享。即构建基于驻留应用和功能领域通用处理资源组织,明确系统通用资源领域、资源能力和资源环境组织需求,确定基于系统应用运行与处理条件下系统通用计算资源的系统资源能力、资源操作和资源管理组织,实现资源存储能力组织和共享。第二,建立系统通用计算资源的操作处理复用。即构建基于驻留应用和功能领域专用功能资源组织,明确系统专用资源领域、资源条件和资源状态组织需求,确定基于系统应用运行与处理条件下系统计算资源的系统资源类型组织,实现系统通用计算资源的操作处理复用。第三,建立系统通用输入/输入资源数据共享。即构建支持驻留应用和功能运行环境通用输入/输入资源组织,明确系统输入/输入作用领域、范围和性能组织需求,确定支持系统应用运行与处理环境的系统输入/输入的操作要求,实现系统通用输入/输入资源数据共享。

通用计算资源物理综合必须建立系统有效支持物理综合的物理资源环境,构建系统物理综合空间,才能有效地实施系统物理综合。基于通用计算资源物理综合的物理资源环境主要有以下几个方面:

1) 系统资源与系统驻留应用独立

系统资源与系统应用独立指系统驻留应用是依据自身运行模式独立形成的对系统资源的需求,系统资源也是依据系统应用运行需求独立形成的资源配置,两者之间的关系是相互独立的,是动态配置的。系统资源与系统驻留应用独立提供了多项系统应用共享系统资源的能力。其主要思路是:首先,建立系统资源平台独立资源能力组织,形成面向通用过程的平台的通用资源能力共享综合。即通过平台资源能力组织,覆盖系统应用需求,支持资源共享,减少资源闲置时间,提高资源利用率,提升资源使用效率,降低资源配置需求。其次,建立系统驻留应用独立运行模式,形成面向过程平台的通用应用处理的综合。即通过建立系统驻留应用通用处理需求,构建系统驻留应用处理的资源操作过程,明确系统应用处理资源领域、资源条件和资源状态要求,确定基于系统应用运行处理条件下系统资源类型组织,建立系统通用计算资源的操作处理复用,实现系统通用计算资源的操作处理复用。另外,建立系统通用输入/输出资源独立操作模式,形成面向通用过程的平台的通用输入/输出资源综合。即构建支持驻留应用和功能运行环境通用输入/输出资源组织,明确系统输入/输出作用领域、范围和性能组织需求,确定支持系统应用运行与处理环境的系统输入/输出的操作要求,实现系统通用输入/输出资源数据共享。

2) 系统资源分时使用

系统资源分时使用是指多个系统驻留应用可以通过时间片的划分共同使用同一系统资源,即多个系统应用共享系统资源。系统资源分时使用是程序化处理系统的计算资源共享的保障。其主要思路是:首先,建立面向系统驻留应用的系统标准资源能力单元模式,支持系统驻留应用运行基于系统标准资源能力单元组织。即通过功能分区、系统分级、资源分类模式,建立面向系统能力单元组织,构建系统驻留应用运行的标准资源能力单元需求与系统资源平台的标准资源能力单元供给相互吻合,形成系统驻留应用对系统共享资源统一能力组织与供给模式。其次,建立面向系统驻留应用系统标准资源能力单元操作模式,支持系统驻留应用运行基于系统标准资源能力单元操作组织。即通过功能处理、系统状态、资源操作模式,建立面向系统能力单元操作组织,构建系统驻留应用运行的标准资源能力单元操作过程需求与系统资源平台的标准资源操作过程供给相互吻合,形成系统驻留应用对系统共享资源统一操作组织与供给模式。另外,建立面向系统驻留应用系统资源基于标准能力和标准操作的时间片管理模式,支持系统驻留应用运行基于系统时间片的标准资源能力单元组织和运行操作模式。即通过功能运行、系统管理、资源操作时间片组织,建立面向系统应用和资源单元与操作时间片模式,构建系统驻留应用运行的资源操作时间片的需求与系统资源平台资源能力供给时间片相互吻合,形成系统驻留应用对系统共享资源统一时间片的组织与供给模式。

3) 系统资源分区保护

系统资源分区保护是指多个系统驻留应用共享同一系统资源时可以通过资源分区抑制相互干涉和保护自身独立程序与数据安全,即多个系统应用共享系统资源时的信息分区保护。系统资源分区保护是程序化处理系统的计算资源共享安全性的保障。其主要思路是：首先,建立面向系统驻留应用的系统虚拟地址程序分区映射模式,形成系统应用程序访问空间对应相关系统虚拟地址程序空间。即系统每个应用程序只能看到也只能访问自身的程序空间,建立面向系统驻留应用的程序保护机制,支持整个系统虚拟程序访问管理。其次,建立面向系统驻留应用的共享资源数据分区隔离模式,形成系统应用自身独立组织和处理的数据空间,实现数据空间的隔离和保护。即系统虚拟存储资源建立面向系统应用访问管理,支持系统应用之间访问隔离的数据保护,形成系统应用的数据保护机制,支持整个系统虚拟数据访问管理。另外,建立面向系统程序运行和数据访问的系统运行状态保护模式,形成系统运行的任务/故障、功能/错误、资源/缺陷管理。即建立系统应用运行故障的保护与处理机制,支持系统应用状态监视,实现系统应用故障处理和管理。建立系统功能处理错误的保护与处理机制,支持系统功能状态监视,实现系统功能错误处理和管理。建立系统资源操作缺陷的保护与处理机制,支持系统资源状态监视,实现系统资源缺陷处理和管理。

根据上述通用计算资源的特征,基于通用计算资源物理综合通过资源能力和性质组织(资源能力类型、资源操作模式、资源周期访问特征、飞行环境任务需求、资源运行状态),建立资源规范组织和范围模式(标准能力单元、标准操作过程、统一操作状态),实施通用计算资源物理综合(能力共享、过程复用、状态管理),提升系统资源使用能力、效率和有效性(资源支持能力、资源操作效率、资源结果性能、资源利用率、资源有效性)。基于通用计算平台的系统物理综合如图 6.14 所示。

6.5.3　专用计算资源综合

对于航空电子系统物理资源构成来说,除了系统通用计算资源构成系统程序化处理模式之外,还存在一些特定专业处理需求,而这些专业处理需求往往需要高品质、高效率、高可用性和高完整性的专业处理要求。正是这种高品质、

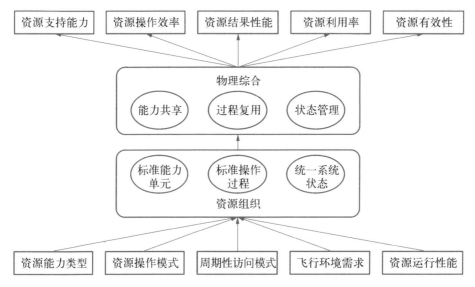

图 6.14　基于通用计算平台的系统物理综合

高效率、高可用性和高完整性的专业处理需求,对系统资源能力和品质提出了非常高的要求。这些非常高的资源要求无法在航空电子系统整个系统内实现,从而形成了系统专用处理的要求。即面向特定专业处理需求,采用高性能和高品质资源组织仅仅满足该特定专业处理要求,既提升航空电子系统整体处理能力和品质,又将系统资源组织控制在一个合理的状态。面对系统专用资源高昂的资源成本需求,对于航空电子系统,如何充分利用、用好、用尽这些专用处理资源是系统资源组织和运行管理关注的关键区域,也是系统物理综合的核心领域。

专用计算处理资源是面向航空电子系统应用和功能的专业特征的专用过程资源配置。所谓专用计算处理资源是依据系统应用和功能的专业特征,根据该系统应用或功能分解的专业处理功能,针对专业的处理算法,建立支持专业处理过程的资源组织。系统专用计算资源综合的思路主要包含以下几个方面:

对于专用计算处理资源综合需求,首先要针对专用组织需求,确定专用处理领域,确定专用处理目标,建立专用处理资源能力。系统特种专业处理主要特征之一是与系统通用处理不同的作用能力特殊性。这种专业处理能力特殊性通过确定专业处理领域,组织资源能力类型;通过建立专业处理目标,组织资源操作目标性能;最终形成系统专业处理资源能力模式,支持系统专业特定高处理能力的需求。其次要针对专用处理需求,确定专业处理算法,确定专业处理模式,建立专用处理资源操作。系统特种专业处理主要特征之二是与系统通用处理不同的操作过程特殊性。这种专业处理特殊性通过确定专业处理算法,组织资源操作模式,通过明确专业处理模式,组织资源操作过程,最终形成系统专业处理资源操作模式,支持系统专业特定高处理效率的需求。最后要针对专用运行需求,确定专业处理状态,确定专业管理模式,建立专用处理资源操作状态管理。系统特种专业处理主要特征之三是与系统通用处理不同的操作状态管理特殊性。这种专业操作状态管理特殊性通过确定专业技术特征,组织资源操作状态管理,通过明确专业运行特征,组织资源操作过程管理;最终形成系统专业处理资源操作运行管理模式,支持系统专业特定高处理有效性的需求。

对于专用计算资源物理综合,必须建立系统专用计算资源与专业功能领域、专业处理算法、资源操作模式耦合关系,构建系统专用计算资源组织和操作空间,才能有效地实施系统专用计算资源物理综合。基于专用计算资源物理综合的关联耦合模式主要有以下几个方面:

1) 专用计算资源类型与专业处理功能领域紧耦合模式

系统专用处理有效性的核心领域是专业处理资源能力与专用处理功能需求的符合性。所谓专用处理就是根据系统专用功能特征和处理需求,配置与其相适应的专业资源能力,形成系统专用功能处理与系统专用资源能力的吻合、匹配和一致性的共同作用空间、作用范围和作用目标组织。系统专用计算资源类型与专业处理功能领域紧耦合模式是系统专用处理有效性的保障。其主要思路是:首先,建立面向系统专用功能处理领域的系统专用处理资源能力一致性组织,形成专用资源处理类型与专用处理功能作用空间的符合性。即依据系统专用功能特征和处理作用空间,建立与专用功能特征和处理直接关联的资源处理能力类型,覆盖系统专业功能处理能力需求,减少资源操作能力偏离,降低资源闲置等待时间,提升系统资源操作结果有效性。其次,建立面向系统专用功能处理逻辑的系统专用处理资源操作一致性组织,形成专用资源处理方式与专用处理功能作用过程的符合性。即依据系统专用功能特征和处理作用范围,建立与专用功能逻辑和处理直接关联的资源处理操作过程,覆盖系统专业处理功能处理逻辑需求,减少资源操作过程偏离,降低资源辅助操作时间,提升系统资源操作结果可用性。另外,建立面向系统专用功能处理目标的系统专用处理资源结果一致性组织,形成专用资源处理结果与专用处理功能作用目标的符合性。即依据系统专用功能特征和处理作用趋势,建立与专用功能目标和处理直接关联的资源处理结果模式,覆盖系统专业处理功能处理目标需求,减少资源操作结果偏离,降低资源管理操作时间,提升系统资源操作结果完整性。

2)专用计算资源操作与专业处理算法无缝组织模式

系统专用处理品质的核心领域是专业处理资源操作与专用处理功能处理算法的符合性。所谓专用处理就是根据系统专用功能逻辑组织和处理需求,配置与其相适应的专业资源操作模式,形成系统专用功能处理算法与系统专用资源操作模式的吻合、匹配和一致性的处理能力、处理环境和处理过程组织。系统专用计算资源操作与专业处理算法无缝组织模式是系统专用处理品质与效率的保障。其主要思路是:首先,建立面向系统专用功能处理算法逻辑的系统专用处理资源操作模式一致性组织,形成专用资源操作能力与专用处理功能处理算法作用空间的符合性。即依据系统专用功能处理算法特征和处理逻辑,建立与专用功能算法特征和处理过程直接关联的资源处理操作模式,覆盖系统专业功能处理算法需求,减少资源操作模式与功能处理算法的偏离,降低无效模式资源操作时间,提升系统资源操作效率。其次,建立面向系统专用功能处理算法环境的系统专用处理资源操作条件一致性组织,形成专用资源操作条件与专用处理功能处理算法作用环境的符合性。即依据系统专用功能处理算法特征和处理环境,建立与专用功能算法特征和处理环境直接关联的资源处理操作条件,覆盖系统专业功能处理环境需求,减少资源操作条件与功能处理算法环境的偏离,降低无效条件资源操作时间,提升系统资源操作有效性。另外,建立面向系统专用功能处理算法性能的系统专用处理资源操作品质一致性组织,形成专用资源操作品质与专用处理功能处理算法作用性能的符合性。即依据系统专用功能处理算法特征和处理性能,建立与专用功能算法特征和处理性能直接关联的资源处理操作品质,覆盖系统专业功能处理性能需求,减少资源操作品质与功能处理算法性能的偏离,降低资源操作时间,提升系统资源操作品质。

3) 专用计算资源能力与系统资源操作紧密耦合模式

系统专用处理效率的核心领域是专用计算资源能力与其资源操作模式符合性。所谓专用处理就是根据系统专用资源能力组织,配置与其相适应的资源操作模式,形成系统资源能力性能与资源操作模式的吻合、匹配和一致性的操作模式、操作过程和操作结果组织。系统专用计算资源能力与系统资源操作紧密耦合模式是系统专用处理能力与有效性的保障。其主要思路是:首先,建立系统专用独立计算资源能力与相关资源操作模式一致性组织,形成系统专用独立计算资源能力与相关资源操作紧密耦合模式。即对于系统不同专用计算资源类型配置,依据系统专用计算资源自身特征能力,确定系统专用计算资源物理特征与计算资源状态相一致的专用操作模式,实现满足专用特征的计算资源操作活动,提供独立计算资源操作结果,减少计算资源能力与计算资源操作的偏离,降低无效模式计算资源操作时间,提升系统专用独立计算资源处理效率。其次,建立系统各个计算资源之间操作模式连续性和操作结果传递性组织,形成系统计算资源能力独立活动和操作过程连续处理紧密耦合模式。即对于系统各个不同资源类型配置,依据系统各个资源自身操作模式,针对系统专用资源操作结果和目标需求,确定面向专用物理计算资源能力配置和过程组织的连续操作模式,实现满足各个系统专用计算操作结果的传递模式,提供系统专用计算资源整体结果处理和输出,减少系统不同计算资源操作分离和操作结果传递等待,提升系统资源操作效率,提升系统整体专用处理效率。另外,建立系统各个计算资源之间一致能力范围和操作性能组织,形成系统计算资源能力和操作过程作用空间、数值范围和结果性能一致性模式。即对于系统各个不同资源类型配置,依据系统各个资源自身能力作用空间,构建系统专用计算资源的整体作用空间;依据系统各个资源自身操作范围,构建系统专用计算资源的整体操作范围;依据系统各个资源自身操作结果性能,构建专用计算资源的整体操作结果性能;减少系统不同计算资源能力、操作和结果不统一现象,提升系统整体专用计算资源操作性能。

根据上述专用计算资源的特征,基于专用计算资源物理综合通过资源能力和性质组织(专用资源的能力类型组织、操作模式组织、类型与专业功能领域耦合、操作与专业功能算法耦合、能力与专业资源操作耦合),建立专用资源规范组织和范围模式(专用能力单元、专用操作过程、能力和操作耦合),实施专用计算资源的特征物理综合(能力空间、效率空间、性能空间),提升系统专用计算资源使用能力、状态和结果的有效性(专业处理的目标有效性、结果完整性、能力可用性、过程效率和资源利用率)。基于专用计算资源物理综合如图 6.15 所示。

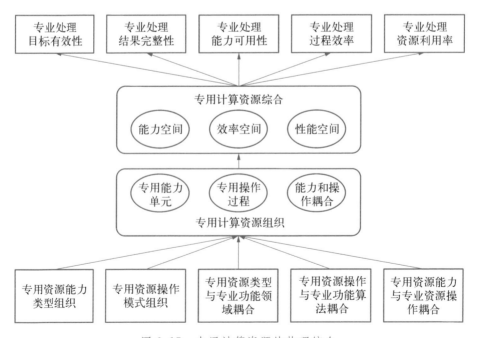

图 6.15　专用计算资源的物理综合

6.5.4　专用物理操作资源综合

对于航空电子系统物理资源构成来说,还有一种重要资源称为专用物理操作资源。所谓专用物理操作资源指的是航空电子系统主动运行程序控制之外的专用能力的资源组织。航空电子系统面对复杂的外部环境,处理的应用和功能是数字化的信息环境。而系统将外部物理环境转化为内部信息环境的能力就是本节描述的系统专用处理能力,如系统外部模拟信号与系统内部数字信息的相互转换、系统外部无线电信号与信息能力数字信号的射频处理与转换以及系统处理能源的供给,这些系统程序处理的能力称为系统专用能力。由于这些专用能力的处理和操作都是非数字化的,独立于系统程序操作过程,一般称这些专用能力资源称为专用物理操作资源。随着航空电子系统的应用和功能越来越多,系统与外部环境界面越来越宽,系统与外部无线电互联规模越来越大,系统的电源能量的需求也越来越高。目前系统专用物理操作资源数量超过整个航空电子系统总资源数量的三分之一,系统专用物理操作资源的功耗接近整个航空电子系统功耗的二分之一。因此航空电子系统专用物理资源综合化具有十分重要的意义。

航空电子系统专用物理资源的一个重要特征是其资源操作与处理模式独立于系统应用、功能和算法,依赖资源自身的物理特征、性能和能力。如系统电源组织、系统模拟电路和模拟处理、射频处理等。这些资源组织和操作不依赖系统运行处理和管理,而取决于资源的内在特性和工作模式,一般称这种资源为专用物理操作资源。专用物理操作资源面向特定专业处理需求,是针对系统应用和功能处理需求,根据系统应用和功能运行领域和条件,依据相关资源特征和物理组织能力,建立专用物理操作的资源组织,支持系统应用和功能处理的保障。换句话说,专业处理资源是在系统通用和专用处理资源之外的非程序化处理组织,不参与系统应用和系统功能处理,为系统应用和系统功能处理准备和支持的专业资源组织。因此,对于专用物理操作资源,首先要根据航空电子系统的外部运行环境的构成,依据航空电子系统整体工作组织模式,针对航空电子系统整个程序操作需求,构建系统专用物理资源操作要求和能力需求。同时,通过面向系统专用物理资源操作的技术领域,确定专用物理资源操作的技术特征和分类,明确专用物理资源操作技术作用和处理组织,建立专用物理资源操作技术能力和性能。最后,依据航空电子系统运行需求,针对专用物理资源操作技术作用领域,建立系统专用物理资源组织,明确系统专用物理资源运行结果,确定系统专用物理资源运行结果性能。系统专用物理资源综合的思路主要包含以下几个方面:

对于专用物理操作资源综合需求,首先是确定专用处理领域,确定专用处理专业,建立专用处理资源模型。一般情况下,通用意味着系统构成空间比较小,可供选择专业和能力也比较小;专用意味着系统构成空间非常大,可供选择的专业和能力也非常大。所以专用处理领域和活动依赖于系统驻留应用的专业处理的专用需求,由有限的系统驻留应用的专业需求限定系统专业的选择。其次要确定专用资源操作结果,确定专用操作结果性能,建立专用操作结果形式。任何专用操作领域和处理模式都具有不同的结果形式,主要取决于专用操作对系统驻留应用的支持能力。所以专用处理结果依赖于系统驻留应用的专用需求,通过系统驻留应用运行环境建立专用处理性能要求。另外,要确定专用资源操作环境,确定专用操作范围,建立专用操作有效性。不同专用操作领域和操作环境都具有不同专用操作性能,主要取决于专用操作领域的限定和操作需求条件。所以专用操作环境依赖于系统领域要求和操作限定条件,通过系统领域限定确定专用环境的要求。

对于专用物理资源综合,必须建立系统有效支持专用物理资源综合的专业领域,构建系统物理资源结果形式,实现物理资源综合。专用物理资源综合、物理目标综合和物理环境综合环境主要有以下几个方面:

1) 共享系统外部物理环境

共享系统外部物理环境是系统专用物理操作资源综合的一个重要方面,是根据系统应用和功能处理需求,定义系统外部环境能力和场景,识别系统外部场景与环境对系统应用和功能处理的支持,确定系统处理与系统外部环境的交互模式,建立系统交互的外部信号与内部信息组织与转换需求,提供基于系统物理资源的转换模式,实现系统外部信号转换结果的共享,减少系统功能独自转换需求,降低系统专用物理操作资源配置,满足系统资源优化组织和使用综合要求。因此,共享系统外部物理环境是实现系统专用物理资源组织效能的保障。其主要思路是:首先,建立独立的系统外部物理环境一体化因素共享组织,覆盖整个航空电子系统应用、功能运行条件和外部交互需求。对航空电子系统应用和功能构成来说,虽然不同系统应用和功能具有各自的运行条件和外部的交互模式,但对于整个系统而言,系统外部环境是一定的,系统运行需要的外部因素是确定的,不依赖于系统运行的应用和功能。因此,对于系统资源综合需求,通过建立独立的系统外部环境感知能力,构建与系统程序处理无关的系统外部信号与系统内部信息转换模式,实现系统外部环境和信号共享。第二,建立独立的系统应用运行和功能处理运行参数共享体系,覆盖整个航空电子系统应用和功能运行和处理需求。已知系统应用和功能处理需求依据于当前系统外部环境条件和因素,虽然当前飞行环境变化是无穷的,但是系统应用和功能引用的外部环境因素是事先确定的,系统应用和功能通过系统运行参数体系独立的数据更新,满足系统应用和功能处理与运行需求。因此,对于系统资源综合需求,通过建立独立的系统应用运行和功能处理运行参数体系,覆盖系统应用和应用模式和运行需求,实现系统外部环境和信号共享。第三,建立系统统一组织的共享外部信号转换性能和处理频率,满足整个航空电子系统应用和功能运行和处理品质需求。已知系统应用和功能处理品质(精度、实时性)和性能(完整性、可访问性)依赖于当前系统外部环境条件、因素性能和处理频率。但不同系统应用和功能具有自身的处理品质和性能需求,存在大量重复和重叠。随着系统应用和功能增加,这种重复和重叠也会大幅度增加。因此,要建立独立的面向系统最高品质和性能需求的独立参数体系,覆盖整个系统应用和功能品质和性能需求,实现系统信息处理性能和品质的共享。

2）共享系统通信能力和信息环境

共享系统通信能力和信息环境是系统专用物理操作资源综合的另一个重要方面。系统通信是航空电子系统与外部世界交互的重要组成部分，也是系统许多应用和功能与外界交联的重要渠道。所谓共享系统通信能力和信息环境就是根据系统运行需求，定义系统与系统外部组织（通信服务供应商、空管、航空公司等）、外部系统（地面站、移动通信卫星、导航卫星、机场等）和通信介质（话音通信、数据链、监视等）的通信需求，建立系统外部无线电信号不同频段的通信机制的系统射频处理模式，构建外部组织对系统应用和功能的交联和内部信息组织与转换，如命令、消息、报告、告警等，实现系统通信能力和信息的共享，减少系统功能独自通信转换需求，降低系统专用物理操作资源配置，满足系统资源优化组织和使用综合要求。因此，共享系统通信能力和信息环境是提升系统专用物理资源组织效能的一个重要方面。其主要思路是：首先，建立独立的系统通信链路共享组织，覆盖整个航空电子系统所有应用和功能与系统外部通信的需求。由于现代航空电子系统与外部世界的交联越来越紧密，系统许多应用和功能运行都涉及通信消息。虽然不同通信消息具有不同含义、命令和要求，但系统交互通信服务商是一定的，也就是系统采用的通信链路是一致的。目前航空电子系统通信链路主要有：ACAS，CDPLC，1090ES。因此，对于系统资源综合需求，通过建立独立于系统应用和功能的系统通信链路通信机制，构建覆盖系统应用和功能信息需求的消息、报告和告警等，实现系统通信链路通信共享。第二，建立独立的系统通信信息和参数体系，覆盖整个航空电子系统应用和功能通信参数处理需求。已知系统许多应用和功能运行和处理都是建立在系统通信参数的基础上。虽然系统应用和功能都具有自身的通信消息性能、品质和实时性要求，但是大多数系统应用和功能所需的通信消息是重复或重叠的，系统应用和功能可以通过系统独立的通信消息组织，满足系统应用和功能处理消息的需求。因此，对于系统资源综合需求，通过建立独立的系统通信消息组织，覆盖系统应用和应用模式消息需求，实现系统通信消息的共享。

第三,建立独立的系统通信射频处理能力和资源共享机制,覆盖整个航空电子系统天线和射频处理需求。已知系统模式和能力是基于系统通信频段的组织与划分,不同的通信频段具有自身的通信天线和射频处理,实现飞行空间的无线电信号的采集、信号处理和数字化转换。因此,对于系统资源综合需求,通过建立面向系统频段划分通信链路,实现基于射频划分的天线共享、射频处理的复用、处理信号结果引用,实现系统射频处理资源的综合。

3）共享系统电源供给环境

共享系统电源供给环境是系统专用物理操作资源综合的第三个重要方面。任何物理系统都需要电源供给,由于目前航空电子系统规模比较大,涉及模拟系统、数字系统以及各种不同品质需求的电源品质和类型。同时,由于电源是系统运行的基本条件,不同的系统可靠性又对电源有不同的可靠性需求。因此,系统电源供给已成为系统资源组织的重要构成,系统电源资源综合也成为系统物理资源综合重要部分。其主要思路是：首先,建立统一的系统电源供给体系,实现系统电源供给共享。已知系统电源供给是提供给整个系统的。由于航空电子系统具有不同专业的分系统、不同类型的设备、不同领域的传感器、不同作用的作动器,对系统电源类型和品质提出了不同的要求。因此,为了减少系统电源的配置,必须通过系统电源组织资源综合,建立资源独立的,满足系统用电总量的,覆盖系统设备类型、运行环境和安全等级的要求,减少冗余和重复,形成系统一致标准规范,支持系统独立电源供给组织与管理,实现面向整个系统电源供给分类的综合。第二,建立规范的电源品质,实现系统分类与品质统一,满足系统电源共享需求。航空电子系统具有许多电源类别和品质需求,对于系统不同电源供给类别,建立统一系统电源能力标准。如电源供给的交流、直流、变频类型标准,电源供给的精度、噪声、浪涌和瞬态性能标准,以及环境与可靠性标准等,满足系统用电总量的需求,覆盖系统最高用电品质要求,提供系统一致性电源转换品质供给,减少不同种类的电源品质,实现系统基于电源分类的电源品质与性能综合。第三,建立面向电源处理和能力转换效率机制,支持电源处理资源的复用。这里讨论的是机载航空电子系统的电源,也就是飞机二次转换电源。对民机机载二次电源,输入是由飞机发电机提供的115 V、400 MHz 恒频或变频交流电源,输出的是 115 V、400 Hz 交流、28 V、±15 V、±5 V、5 V、3.3 V 和 1.8 V 直流电源。即单极类型输入多端类型输出。系统电源处理转换资源采用综合组织处理模式,复用电源转换和处理资源能力,扩展电源带宽,实现资源复用,提升整体功率密度,提高电源转换输出功率。

根据上述专用物理操作资源的特征,基于专用物理操作资源综合通过资源能力和性质组织(外部物理信号资源组织、外部射频信号资源组织、系统电源供给资源组织),建立专用资源规范组织和范围模式(共享的外部环境、信息环境和供给环境),实施专用物理资源的特征物理综合(利用率、有效性、执行度),提升系统专用物理资源使用能力、状态和结果的有效性(面向系统统一的参数体系、信息品质、通信消息、通信品质和供电模式)。基于专用物理操作资源综合如图 6.16 所示。

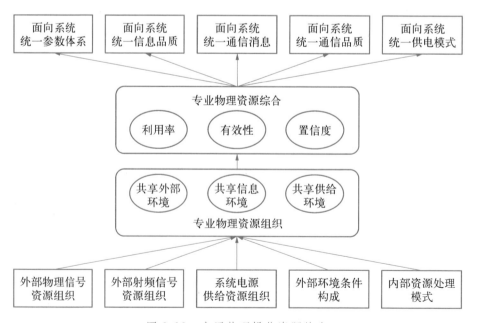

图 6.16　专用物理操作资源综合

6.6　小结

随着飞行应用任务和系统功能需求的不断增加,系统物理资源的能力、性能和有效性要求的不断提升,对航空电子系统的能力、效能、效率、安全性、可靠性、可用性以及系统成本产生了很大压力。航空电子系统物理综合目标是针对系统应用任务和功能需求,通过采用系统资源综合技术,有效提升系统能力、效率和效能,充分提高系统可靠性、可用性和安全性,同时降低系统成本、体积和功耗。

本章介绍了系统的设备资源需求和组织模式,即设备资源类型与分类、设备资源运行与操作和设备资源能力与综合;讨论了系统设备资源类型特征和能力,即通用计算资源、专业计算资源和专用物理资源能力组织与操作模式;论述了系统设备物理综合思路和方法,即物理资源综合机理、通用计算资源综合模式,专用计算资源综合模式和专用物理资源综合模式。主要重点有以下几个方面:

1) 建立系统物理综合模式和领域

本章通过论述系统物理资源能力与构成,描述了系统设备运行的资源组织模式和物理资源综合需求,介绍了面向通用系统应用和功能处理方法和程序的计算信息处理模式、面向专用系统应用和功能处理活动与事件的专业信息处理模式、面向专用系统应用和功能处理行为与模式的专用物理操作模式,论述了系统设备资源类型需求和其相应的物理综合思路。

2) 建立面向通用计算资源组织模式和综合方法

本章通过论述系统通用计算处理资源特征和需求,描述了计算与逻辑操作指令、驻留程序存储和数据运行管理的能力和组织,介绍了功能运行调度周期、运行环境调度周期和系统管理调度周期的运行模式,讨论了资源与驻留应用独立、资源分时使用和资源分区保护机制,论述了存储能力组织与共享、输入/输出资源数据共享、操作处理复用和操作状态管理的通用计算资源综合方法。

3）建立面向通用计算资源组织模式和综合方法

本章通过论述系统专用计算处理资源特征和需求，描述了通用程序存储、专用处理过程和专用资源能力和组成，介绍了面向信息组织模拟转换的运行模式、面向信号处理的射频设备专用处理算法和环境紧密耦合处理模式，讨论了专业处理功能独占资源模式、专业处理算法独立资源组织和专业处理操作耦合模式，论述了基于专业处理功能资源独占模式的结果共享、基于专用处理算法的过程复用和基于资源操作耦合的状态管理综合方法。

4）建立面向专用物理资源组织模式和综合方法

本章通过论述系统专用物理资源特征和能力，描述了系统模拟处理资源、专用射频处理资源和电源转换处理资源特征和组成，介绍了模拟电路系统专用处理过程、射频电路信号处理过程和电源电路转换处理过程，讨论了典型模拟电路系统操作模式和条件、射频电路信号处理组织和转换，以及电源电路处理供给和共用，论述了共享系统外部物理环境接口资源综合、基于共享系统信号信息融合和基于共享系统电源供给复用综合的方法。

参考文献

［1］ RTCA (Firme). Integrated Modular Avionics (IMA) Development Guidance and Certification Considerations[M]. RTCA，2005.

［2］ Airlines Electronic Engineering Committee. Avionics application software standard interface[M]. Aeronautical Radio，1997.

［3］ AEE Committee. Aircraft data network part 1，systems concepts and overview，ARINC specification 664[J]. Annapolis，Maryland：Aeronautical Radio，2002.

［4］ AEE Committee. Aircraft data network part 2，Ethernet Physical and Data Link Layer Specification，ARINC specification 664 ［J］. Annapolis，Maryland：

Aeronautical Radio，2002.

[5] ADS2 Avionics Development System 2nd Generation User Reference Manual [EB/OL]，http：//www. techsat. com.

[6] Wang G. Integration technology for avionics system［C］//Digital Avionics Systems Conference (DASC)，2012 IEEE/AIAA 31st. IEEE，2012：7C6 - 1 - 7C6 - 9.

[7] 朱晓飞,黄永葵.综合模块化航空电子系统标准分析及发展展望[J].航空电子技术,2010, 41(4)：17 - 22.

[8] Ditore F，Cutler R，Jennis S. The coming of age of the software communications architecture[J]. Microwave Journal，2010.

[9] 任国鹏,柴小丽,蒋琪明.基于 ASAAC 标准的 BIT 设计[J].计算机工程,2012, 38(12)：228 - 231.

[10] Lim S，Hyun J，Sang M S，et al. A feasibility study for ARINC 653 based operational flight program development[C]//Ieee/aiaa，Digital Avionics Systems Conference. IEEE，2012：6C2 - 1 - 6C2 - 7.

[11] King T. An overview of ARINC 653 part 4［C］//Digital Avionics Systems Conference. IEEE，2012：6B1 - 1 - 6B1 - 4.

7

航空电子系统组织综合化

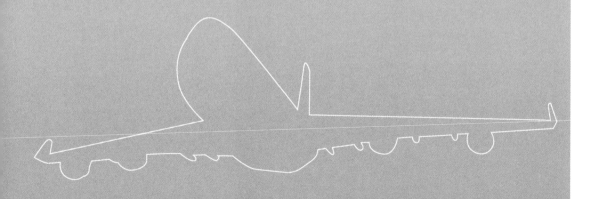

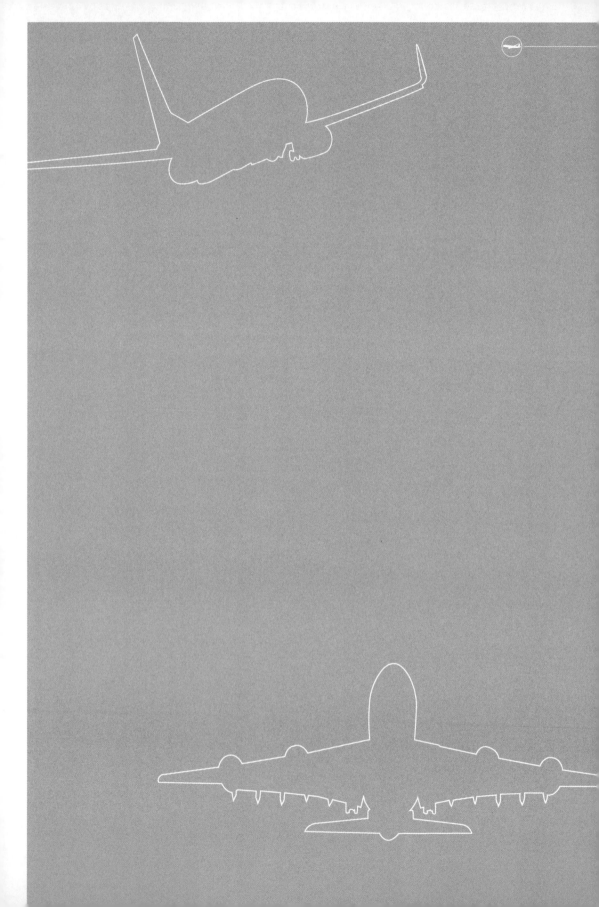

航空电子系统组织由应用任务、系统功能和设备资源组成,系统综合由应用任务综合、系统功能综合和物理资源综合构成。已知系统组织是一体化的,系统环境是整个空间的,系统运行是全局活动的。因此,航空电子系统综合化必须站在全局空间、体系组织和整体运行的基础上,组织和构建系统应用、功能和设备一体化综合模式,实现系统整体的能力、过程和性能提升的目标。

第 4 章我们介绍了航空电子系统应用任务综合,第 5 章我们介绍了航空电子系统功能综合,第 6 章我们介绍航空电子系统物理综合,描述了系统应用任务组织、系统功能能力和系统物理资源的综合机理、结果和方法。从系统组织的观点来看,航空电子系统综合是一个系统效果组织过程,不仅仅关心某项应用、活动、过程的优劣,而且关注系统整体组织的目标、收益和平衡;航空电子系统综合是一个系统动态组织过程,不仅仅关心系统独立的能力、过程和结果,而且关注整个系统过程的组织、运行和管理;航空电子系统综合是一个系统综合组织过程,不仅关心系统独立任务、功能和设备操作,而且关注整个系统一体化运行的效率、效能和有效性。因此,航空电子系统组织是一个系统结构化组织,分为应用任务层、系统功能层和物理设备层,每层具有自身独立组织和运行模式,层与层之间相互支持和关联,形成系统整体组织和系统综合能力。航空电子系统综合是一个系统的、动态的综合组织,实现系统应用、功能和设备一体化组织和优化的目标。这就是本章论述的基本思想和内容。

航空电子系统一体化组织首先要考虑完成什么样的系统应用需求,即航空电子系统提供什么样的飞行过程,满足飞机使命(飞机运行目标)的需求;其次,航空电子系统要考虑构建什么样的系统能力,即具有什么样的功能,支持飞行应用需求;最后,航空电子系统要考虑运用什么样的技术,实现系统功能需求。

航空电子系统组织综合化主要考虑如下:如何组建航空电子系统应用任务过程,构建系统应用任务综合过程,实现系统应用过程组织优化的目标;如何组建航空电子系统功能处理过程,构建系统功能处理综合过程,实现系统功能处理组织优化的目标;如何组建航空电子系统物理资源操作过程,构建系统物理资源操作综合过程,实现系统物理资源组织优化的目标;最后,如何建立航空电子系统应用任务、系统功能、设备资源结构化综合组织,组建系统任务运行、功能处理、资源操作协同综合过程,构建系统任务需求、功能能力、资源结果一体化综合目标,实现航空电子系统综合化要求。

随着航空电子系统应用任务需求大幅度扩展,系统功能需求大幅度增加、物理资源能力需求大幅度提升,系统的目标、过程和结果性能要求也大幅度提高,航空电子系统组织与运行变得越来越复杂。航空电子系统综合化技术就是针对复杂性日益增长的航空电子系统,采用系统综合过程方法,实现航空电子系统的应用任务过程、系统功能处理过程品质和设备资源能力的综合模式,实现航空电子系统综合优化的系统运行过程组织。即通过应用任务的过程组织与综合,提升系统任务应用效能;通过系统功能处理过程的组织与综合,提升系统功能处理效用;通过系统物理资源操作过程共享与综合,提升系统资源操作可用性。

航空电子系统组织综合化分为三大空间:应用空间、能力空间和物理空间。通过系统应用空间组织,实现应用任务行为、组织和目标的活动综合,形成系统不同应用对象、环境和模式的目标与效能最优化;通过系统能力空间组织,实现系统能力范围、作用和逻辑信息综合,形成系统不同目标、环境、状态下系统能力的品质和有效性最优化;通过系统物理空间组织,实现系统物理能力、模式和操作的集成,形成资源利用率(最小的资源配置)、操作效率和结果置信度最优化。

航空电子系统过程组织综合是基于系统任务架构、功能架构和物理架构,实现系统一体化的优化组织过程。其目标是针对航空电子系统的复杂性特征,通过采用系统综合化技术,实现系统任务过程能力最大化和效能最优化,系统功能处理过程品质最佳化和能力最优化、系统资源配置和操作过程最小化和效率最大化目标。

航空电子系统过程组织综合是基于复杂系统特征的多重飞行过程应用模

式、多种运行功能处理和多类过程资源组织和优化。对于多目标、多能力和多过程的航空电子系统而言,由于系统存在显现的和隐含的、直接的和间接的、独立的和交联的、权重的和权轻的系统元素,对系统过程的目标、环境、能力和结果产生不同的影响,任何单一过程的活动、作用和能力不能反映系统能力和响应。因此,航空电子系统过程的组织、运行和管理必须建立在系统过程综合化组织的基础上。

　　航空电子系统组织综合化建立在系统架构组织的基础上。已知航空电子系统架构由任务架构、功能架构和物理架构组成。任务架构是面向系统应用需求,通过建立面向任务组织的应用能力,构建面向任务运行的过程组织,实现任务目标的运行结果;功能架构面向任务活动的系统专业能力组织,通过建立面向任务能力的专业处理模式,构建面向任务运行的专业处理过程,实现面向任务目标的专业处理结果;物理架构是面向驻留功能专业的设备资源类型组织,通过建立面向驻留功能处理的设备资源能力构成,构建面向驻留功能运行的设备资源操作模式,实现面向驻留功能条件的设备资源性能要求。因此,航空电子系统组织综合化建立在系统应用任务过程、系统功能处理过程和系统物理资源操作过程组织和综合的基础上。

7.1　系统应用、能力与设备组织

　　航空电子系统综合化架构描述航空电子系统应用、能力和资源综合优化组织。航空电子系统组织综合是基于复杂系统特征的飞行过程的多种应用运行模式、多重能力过程组织和多类运行资源操作组织和优化的有效途径。航空电子系统综合过程与组织通过建立系统优化的需求和范围,针对系统应用的任务组织、系统能力的功能组织、系统设备的资源组织,根据系统应用组织的业务、目标、领域、元素,类型、事件的分类,依据系统能力组织的专业、目标、过程、角色、关系、条件的分类,以及针对系统资源组织的类型、目标、方法、因素、操作、状态的分类,实现系统应用运行效果的最优化,系统功能处理效能的最优化和系统资源操作效率最优化。

　　航空电子系统组织综合是基于系统任务架构、功能架构和物理架构,实现系统一体化优化的组织过程。其目标是针对航空电子系统的复杂性特征,通过采用系统综合化技术,实现系统应用任务运行能力最大化和效能最优化,系统功能处理品质最佳化和能力最优化,系统资源配置最小化和操作效率最大化目标。

　　应用任务系统是面向复杂飞行环境的多种模式的应用任务组织过程,应用任务的组织过程又是面向复杂系统处理能力的多种专业的系统功能处理过程,系统功能处理过程又是面向复杂设备资源的多种类型的操作组织过程,这种多种任务运行模式、专业功能处理和资源操作过程必须建立在有效的系统组织和协同管理下,通过系统集成和综合,才能既满足应用目标、又满足系统效率最大化和资源最小化的需求。因此,航空电子系统首先要针对不同的应用需求,确定相关的应用环境,组织不同的对应模式,构建相应的应用任务;其次要针对不同应用任务的组织,确定相关的任务目标,组织不同的对应能力,构建相应的功能处理;最后要针对不同功能能力,确定系统处理品质,组织不同的对应操作,建立相应的物理资源。因此,航空电子系统组织综合是基于应用任务实现过程、系统功能实现过程、物理资源操作实现系统运行过程的一体化综合组织。

　　已知航空电子系统架构组织是根据系统任务、功能和物理组织的需求,针对架构组织三要素:架构组织(目标、元素和关系)、架构能力(事件、行为和过程)和架构结果(条件、活动和结果),构建架构组织要素(需求、模式、能力、响应、组织、管理)和架构目标要求(目标、过程、角色、关系、条件),实现航空电子系统组织的综合。因此,航空电子系统组织综合通过面向飞机应用任务架构(架构组织、架构能力、架构结果)的组织,实现系统应用过程能力(架构组织要素、架构目标要求)最大化;通过面向系统功能架构(架构组织、架构能力、架构结果)的组织,实现系统功能处理能力(架构组织要素、架构目标要求)最佳化;通过面向系统资源架构(架构组织、架构能力、架构结果)的组织,提供系统操作能力(架构组织要素、架构目标要求)最优化。

因此,建立航空电子系统架构的目的是通过面向飞机应用任务的组织,提供系统应用能力最大化;通过面向系统处理的组织,提供系统功能能力最佳化;通过面向系统能力结构的组织,提供系统组织能力最优化。

系统应用确立了系统应用体系结构,其目的是确定应用场景和目标的任务需求,构建支撑任务组成的能力架构,如图7.1所示。

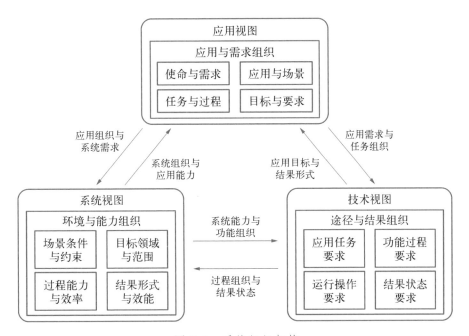

图 7.1　系统组织架构

航空电子系统首先要考虑应用视图。即要针对飞机飞行需求,根据飞机的应用使命,通过飞机应用与场景设计,确定飞行任务目标,明确飞行任务过程,确定自身(飞机)角色,构建能力需求,最终形成满足飞机飞行的应用与需求。

针对上述应用视图系统设计过程描述,航空电子系统是在飞行任务系统定位、规划、组织和管理的基础上,确定航空电子系统的背景和需求。即根据飞行的应用需求,构建航空电子系统的应用目标;根据飞行场景的能力需求,构建航空电子系统能力支撑;根据确定的执行需求,构建航空电子系统资源保障,最终形成航空电子系统需求架构。

系统飞行应用模式针对飞机的使命需求,依据飞行场景和条件,实现飞机飞行的目标组织模式。作为飞行应用需求,航空电子系统首要目标就是实现飞机应用任务应用过程组织。航空电子系统针对飞机应用模式,实现飞行任务和过程组织。主要要求:第一,满足飞行应用目标组织需求,即基于应用使命目标的飞行任务组织;第二,满足飞行应用过程组织需求,即基于飞行阶段的过程组织;第三,满足飞行应用环境组织需求,即基于交联关系模式的任务角色组织。

航空电子系统应用模式需求根据飞行使命规划的目标,针对飞行环境,依据当前的任务,优化飞行过程,支持协同的模式,依据当前条件,实现航空电子系统应用模式组织。

系统能力模式针对飞行应用任务组织需求,依据飞行场景定义,实现飞行过程的功能组织模式。作为飞行任务的能力需求,航空电子系统根据飞行任务实现过程,构建系统功能运行过程组织。航空电子系统是针对任务系统能力模式,实现飞机功能组织。主要要求:第一,满足应用任务的目标类型组织需求,即基于任务过程的功能专业组织;第二,满足应用任务的能力组织需求,即基于任务过程的功能品质组织;第三,满足应用任务的性能结果需求,即基于任务过程的功能处理组织。

航空电子系统能力模式需求是根据飞行应用系统的任务目标和需求,依据任务类型的过程模式,针对任务行为的能力模式,形成任务组织的功能专业能力,确定功能专业类型处理能力,明确功能处理需求输入能力,实现航空电子系统功能模式组织。

系统物理模式是针对飞机功能能力组织需求,依据飞行场景操作需求,实现功能的操作组织模式。作为飞行任务的能力需求,航空电子系统根据飞机的应用任务过程,构建系统物理操作组织。航空电子系统是针对任务系统物理模式,实现飞机物理操作过程组织。主要要求:第一,满足功能目标的专业类型组织需求,即基于功能专业的物理类型组织;第二,满足功能能力性能组织需求,即基于功能过程的物理操作组织;第三,满足功能结果的有效性需求,即基于功能处理的物理状态组织。

航空电子系统操作模式需求是根据飞行功能系统的处理和逻辑能力需求,依据功能专业和能力类型模式,形成资源和能力物理架构,确定物理架构的资源组织,确定资源组织操作模式,确定操作有效性的管理组织,实现航空电子系统操作模式需求。

7.1.1　飞行应用任务组织

飞行应用任务组织是基于系统应用模式,面向飞行过程的应用任务组织。即针对航空电子系统复杂应用环境,根据系统应用层定义,定义应用的组织,确定应用的目标,明确应用的响应,构建面向航空电子系统应用组织的任务架构。针对任务架构组织,依据任务能力需求,支持任务感知、构建任务过程、确定执行模式,支持任务分析,实现任务目标的过程。系统任务运行组织是面向系统应用任务能力、组织、决策、管理组织处理过程。系统任务综合根据系统应用任务目标,构建基于任务应用综合的任务管理、任务模式和决策组织;根据系统应用任务管理的需求,构建基于任务能力综合的任务计划、任务评估和任务能力;根据系统应用任务组织的需求,构建基于任务态势综合的态势感知、态势识别和态势推测。系统任务综合的目标是有效提升系统应用任务和目标响应、能力优化和组织、结果效能与有效性,实现航空电子系统应用组织、系统感知、系统决策能力的效能、效率和有效性。

1)飞行应用目标

针对飞行组织需求,首先要确定飞行的应用目标,建立应用期望需求,确定应用场景组成,定义任务的范围,明确应用结果要求。

飞行应用目标定义了飞机飞行过程要达到的目标要求。对于飞机飞行过程，首先要确定飞行的使命和需求，即飞机类型、运输能力、飞行航程、飞行效益等。飞行的使命和需求形成用户的需求。第二，确定飞行应用和场景，即飞行航线、空域要求、气象条件、机场状态等。飞行的应用和场景确定了飞机飞行适应的环境。第三，明确飞行的任务与过程，即飞行地区、飞行阶段、飞行状态、飞行要求等。飞行的任务与过程确定了飞机飞行的过程组织。第四，定义飞行结果与要求，即飞行环境、飞行安全、飞行过程、飞行效率。飞行的任务与过程确定了飞行要达到的状态。因此，我们定义飞行应用目标为 $F_1(x)$。飞行应用目标组织过程如图 7.2 所示。

$$F_1(应用目标) = f_1(使命与需求, 应用与场景, 任务与过程, 结果与要求)$$

2）飞行应用环境

针对飞行环境需求，应用环境要在应用目标组织的基础上，定义飞行的飞行场景状态，确定任务作用范围，活动过程能力，结果要求条件。

飞行应用环境定义了飞机飞行过程要满足的环境要求。对于飞机飞行应用环境，首先要确定飞行应用目标的需求，即飞行的阶段、飞行区域、计划航路和气象条件的目标和需求。飞行的应用目标需求形成期望达到的飞行环境需求。第二，确定飞行任务作用范围，即飞机阶段的任务构成，如滑行、起飞、爬升、巡航、降落、进近和着陆任务。飞行的任务作用和范围确定了飞机阶段的任务构成。第三，明确飞行的活动过程能力，即飞行阶段任务过程的种类、目标、条件和能力。飞行的任务活动过程确定了飞机飞行的实现。第四，定义飞行结果与条件，即飞行阶段任务过程的目标、条件、效率和结果。飞行的结果要求条件确定了飞机飞行任务要达到的状态和结果。因此，定义飞行应用目标为 $F_2(x)$。飞行应用环境组织架构如图 7.3 所示。

$$F_2(应用环境) = f_2(应用目标需求, 任务作用范围,$$
$$活动过程能力, 结果要求条件)$$

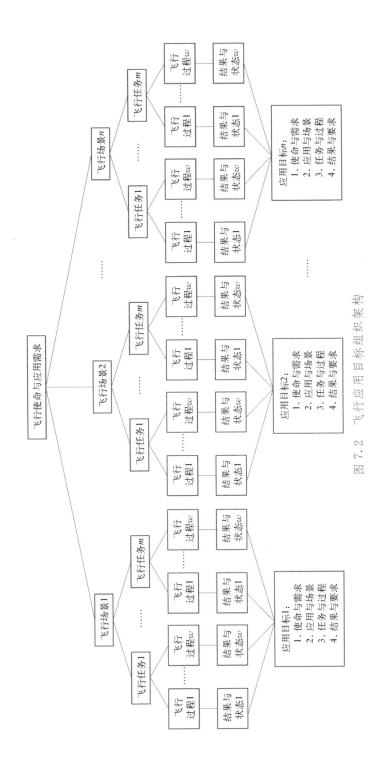

图 7.2　飞行应用目标组织架构

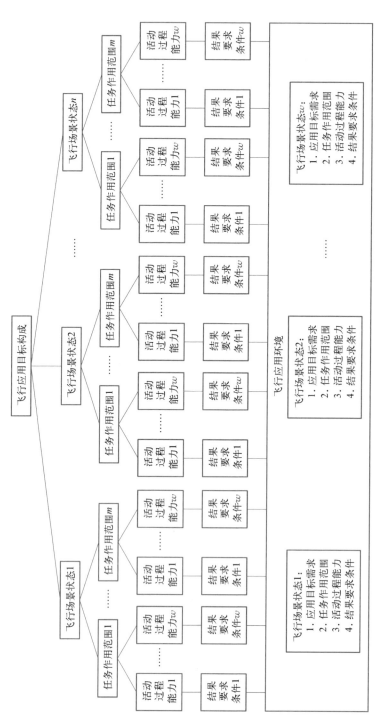

图 7.3 飞行应用环境组织架构

406

3) 飞行应用任务

针对飞行任务需求,应用任务组织要在应用目标组织的基础上,基于飞行应用环境,定义飞行的活动和范围、场景状态,确定任务作用范围、活动过程能力和结果要求条件。

飞行应用任务定义飞机飞行过程要完成的任务和要求。对于飞机飞行应用任务,首先要细化飞行应用任务的应用目标场景需求,即不同飞行阶段、不同飞行场景、不同计划航路和不同气象条件需要的任务目标,飞行的应用目标形成飞行运行的目标要求。第二,确定飞行事件和条件,即飞行阶段对应的事件,如飞行指令、防撞告警、隔离要求、气象条件事件。飞行事件确定了飞行阶段激活的任务。第三,明确飞行的过程能力领域,即飞行事件任务的距离保持、机动回避、隔离监视、降落复飞过程。飞行的过程能力领域确定了飞机飞行的活动。第四,定义飞行结果性能,即飞行阶段任务、事件和过程的需求、条件、结果、效果的要求。飞行的结果要求条件确定飞行任务要达到的结果和性能。因此,定义飞行应用任务为 $F_3(x)$。飞行应用任务组织过程如图 7.4 所示。

$$F_3(应用任务) = f_3(应用目标场景,飞行事件条件,$$
$$过程能力领域,结果状态性能)$$

4) 飞行应用能力

针对飞行能力需求,应用能力要在应用目标与环境组织的基础上,基于飞行应用环境,定义飞行的活动和范围、场景状态,确定任务作用范围、活动过程能力、结果要求条件。

飞行应用能力定义了完成飞行过程的能力需求。对于飞机飞行应用能力,第一,针对飞行应用目标能力需求,即不同的应用、不同的应用类型、不同应用过程和不同应用结果,构建飞行目标能力平台。飞行的应用能力平台支持飞行应用的目标要求。第二,确定飞行环境能力需求,即飞机阶段的场景需求、场景类型、场景关系和场景结果,构建应用环境能力平台。飞行的环境能力平台确

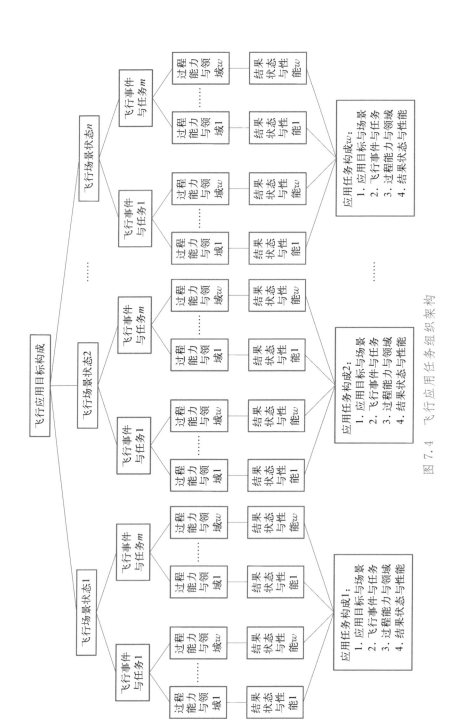

图 7.4 飞行应用任务组织架构

定了飞机应用的运行环境要求。第三,明确飞行任务的能力需求,即飞行任务的需求、类型、条件和结果,构建飞行任务能力平台。飞行能力平台确定了飞行过程的运行任务要求。第四,定义飞行结果能力需求,即飞行过程需求、过程类型、过程处理和过程结果,构建飞行过程结果能力平台。飞行的结果能力平台确定了飞机飞行过程的结果要求。因此,定义飞行应用任务为 $F_4(x)$。飞行应用能力组织过程如图 7.5 所示。

$$F_4(应用能力)=f_4(应用目标能力,应用环境能力,$$
$$应用任务能力,应用结果能力)$$

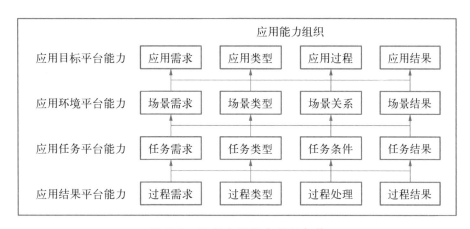

图 7.5　飞行应用能力组织架构

7.1.2　系统功能能力组织

系统功能能力是基于专业分类和能力构成,依据专业技术和处理模式,针对飞行应用任务需求,根据系统功能层定义,确定系统专业领域的构成,明确专业能力的需求,建立专业逻辑和处理模式,构建面向航空电子系统能力组织的功能架构,即第一,构建系统功能的专业组织,实现基于功能需求、功能模式、功能能力的功能组织过程,形成了功能的任务组织(功能目标需求、处理模式和专业能力)、功能过程组织(功能结果需求、逻辑模式和过程能力)和功能条件组织(功能环境需求、约束条件和处理状态)。第二,构建系统功能的处理过程,实现基于功能输入,功能元素,功能逻辑专业处理组织模式,形成功能专业能力(基于任务态势的功能专业、品质、能力)功能处理能力(基于功能专业的元素组织、品质、关系)和功能输入综合(基于功能元素传感器输入、性能、程度)处理过程组织,满足功能处理品质、性能和有效性要求。

系统功能能力组织是面向飞行应用任务的能力、作用域、逻辑和过程组织。飞行功能能力组织主要是定义面向飞行任务需求的系统能力构成,明确系统功能组织,建立功能处理过程,确定系统设备资源需求。因此,系统能力与功能组织由系统专业能力、系统运行功能,系统功能处理过程和系统支撑设备资源需求构成。

1) 系统能力组织

系统能力针对飞行任务运行能力的构成,根据系统应用任务的能力需求,定义系统专业组织领域,明确系统专业领域功能组织,确定功能的逻辑处理结果。

系统能力定义了飞机飞行任务需要的能力需求。对于系统能力,首先要针对飞行任务能力需求,建立相关专业能力需求,满足不同飞行阶段,不同飞行场景、不同飞行条件、不同飞行过程的飞行任务运行的要求。第二,针对专业领域状态,建立专业能力分类需求,满足不同专业领域、不同专业能力、不同专业作用域、不同专业结果的专业能力构成的要求。第三,针对专业功能状态,建立专业领域功能需求,满足不同处理目标、不同处理事件、不同处理条件、不同作用域的专业功能构成的要求。第四,针对功能处理状态,建立专业功能作用形式,满足不同处理过程,不同处理逻辑、不同处理结果、不同处理性能的专业功能处理的要求。因此,定义飞行应用任务为 $F_{11}(x)$。飞行应用能力组织过程如图 7.6 所示。

$$F_{11}(\text{系统能力}) = f_{11}(\text{应用能力组织},\text{专业类型组织},$$
$$\text{功能逻辑组织},\text{处理过程组织})$$

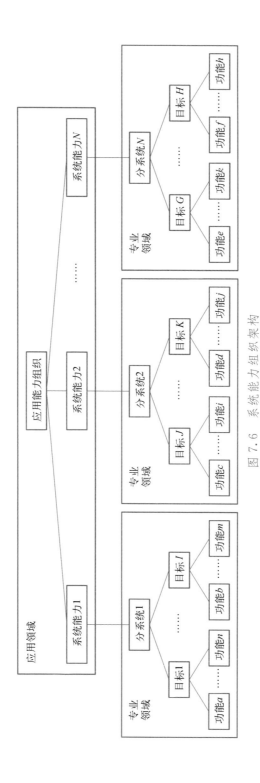

图 7.6　系统能力组织架构

2）专业功能组织

专业能力针对系统能力的组织与构成，根据专业的特征和能力，定义系统功能需求和构成，建立系统的功能目标和需求，确定系统的功能组织与逻辑能力，明确系统的功能处理与运行条件，确定系统的功能的逻辑处理结果。

专业功能定义了系统能力的构成。对于专业功能，第一，针对系统能力的构成模式，建立相关专业功能分类组织需求，满足系统能力构成的目标、事件，环境、条件组织的需求。第二，针对系统能力的运行模式，建立相关专业功能处理能力需求，满足系统能力运行的过程、能力、效率、有效性的要求。第三，针对系统能力的组织状态，建立相关专业功能处理逻辑需求，满足系统能力活动的输入、逻辑、输出、作用域的要求。第四，针对专业功能组织模式，建立专业功能管理需求，满足系统能力组织的角色、关系、交联和协同处理的要求。因此，定义飞行应用任务为 $F_{12}(x)$。飞行应用能力组织过程如图 7.7 所示。

$$F_{12}(\text{专业功能}) = f_{12}(\text{功能类型组织，功能性能组织，}$$
$$\text{功能处理组织，功能管理组织})$$

7.1.3　系统物理设备组织

系统物理设备是基于系统设备分类构成，依据设备资源的能力和操作模式，针对设备驻留应用和功能需求，根据系统物理层定义，确定系统物理领域的构成，明确设备能力的需求，建立资源能力领域和操作模式，构建面向航空电子系统能力组织的物理架构，即第一，构建系统设备的类型能力组织，实现设备能力需求、资源操作模式、资源结果性能要求，形成系统物理资源的能力组织（能力类型、作用空间、处理内容、结果性质）、资源操作组织（访问空间、操作模式、过程效率、结果性能）和资源条件组织（资源有效环境、资源操作条件和资源运行状态）。第二，构建系统设备的操作模式，实现基于驻留应用，处理环境，操作类型，结果形式，形成设备资源操作能力（输入/输出能力、操作计算能力、逻辑

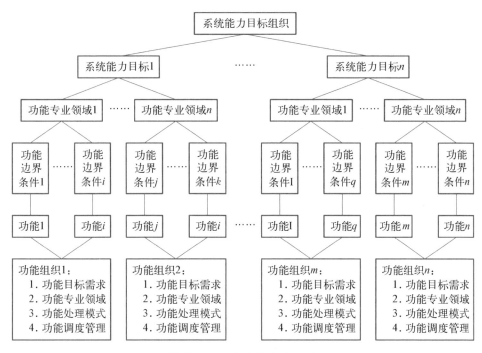

图 7.7　专业功能组织架构

处理)、设备资源驻留组织能力(信息存储、程序存储、数据存储、状态管理)和设备资源状态管理能力(分区隔离、缺陷报告、错误处理、故障保护)处理过程组织,满足功能处理品质、性能和有效性要求。

系统设备资源和操作是面向系统驻留应用和功能的能力、作用域、逻辑和过程处理组织,依据资源能力、类型、操作、范围和性能组织,满足系统驻留应用和功能运行和处理的需求,同时提供系统设备资源构型能力组织、系统应用和功能运行保护、系统设备能力缺陷、处理错误和运行故障管理,提供系统设备资源运行有效性状态。

1) 设备能力组织

设备能力是描述支持系统功能驻留、覆盖系统功能处理和满足系统功能性能的设备资源组织和操作能力。即针对设备驻留功能的组织与需求,根据功能专业特征和作用领域,定义设备能力类型和资源构成;针对驻留功能处理的目标和需求,根据功能逻辑组织和处理过程,定义设备能力模式和操作过程;针对驻留功能结果的性能和需求,根据功能处理条件和过程品质,定义设备能力操作和结果性能。

设备定义了系统能力的构成和专业功能的运行平台。对于设备能力,第一,针对系统的能力类型和系统功能特征组织,建立相关设备能力分类组织需求,满足系统功能处理的能力、逻辑和过程处理的要求。第二,针对系统能力运行要求和系统功能的逻辑模式,建立相关设备处理能力需求,满足系统功能运行过程、效率、可用性的要求。第三,针对系统能力状态和系统功能性能条件,建立相关设备操作性能需求,满足系统功能处理结果的精度、性能和品质要求。第四,针对系统能力工作环境和功能运行条件,建立设备工作环境性能需求,满足系统功能运行的恶劣条件、工作环境和有效性的要求。因此,定义飞行应用任务为 $F_{13}(x)$。飞行应用能力组织过程如图 7.8 所示。

$$F_{13}(设备能力)=f_{13}(功能领域,设备类型,设备处理,设备性能)$$

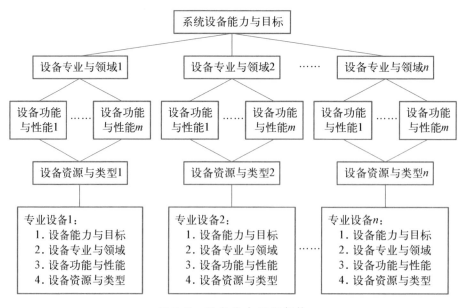

图 7.8　设备能力组织架构

2) 操作过程组织

操作过程针对系统设备能力与构成,根据系统功能的运行逻辑和操作,确定系统设备操作模式;针对系统功能目标和性能需求,支持设备的能力和性能,确定系统设备操作性能;针对功能协同和管理,支持设备能力分类和组织,确定设备操作调度与管理。

操作过程定义了应用任务运行过程、系统功能运行过程和资源运行过程的组织模式。对于操作过程组织,第一,针对应用任务能力和运行需求,建立任务活动的组织,确定活动的行为,形成应用任务操作过程,满足应用任务处理的要求。第二,针对系统功能能力和运行需求,建立功能逻辑组织模式,确定功能逻辑运行过程,满足系统功能运行的要求。第三,针对系统设备操作处理需求,确定系统设备资源的操作处理过程,满足系统设备操作过程要求。第四,针对应用任务活动与行为过程,根据系统功能逻辑运行过程,依据设备资源操作处理过程,建立整个系统应用、能力、操作过程调度与协同管理,满足整个系统运行过程要求。因此,定义飞行应用任务为 $F_{14}(x)$。飞行应用能力组织过程如图 7.9 所示。

$$F_{14}(\text{操作过程}) = f_{14}(\text{任务活动行为},\text{功能逻辑组织},$$
$$\text{设备资源模式},\text{操作过程组织})$$

7.2 系统应用任务过程综合

航空电子系统综合化首要的任务是确立系统应用的优化组织。面向复杂系统的应用综合优化就是针对航空电子系统复杂应用环境,确定应用的组织,明确应用的目标,构建应用的响应和面向航空电子系统应用组织的任务架构,并提出系统应用综合的目标和实现任务的能力需求。

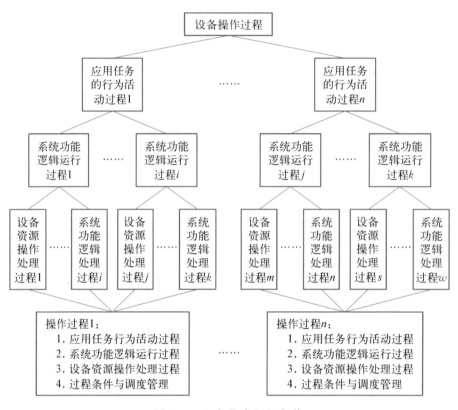

图 7.9　设备能力组织架构

　　航空电子系统的应用综合优化是依据系统层次划分,针对系统应用环境需求,根据系统飞行过程定义,建立系统任务架构组织。系统任务架构是根据系统任务组织,针对系统能力目录,依据当前环境,通过任务感知能力,构建任务计划组织,形成任务运行管理。系统的任务架构基于飞行过程场景和环境,构建系统应用组织需求;根据飞行过程目标和要求,明确系统应用需求和目标;依据飞行过程效果和结果,确定系统任务组织和应用收益。

　　任务组织架构是面向任务系统的应用组织模式。根据航空电子系统复杂应用环境,依据系统架构的组织方法,确定航空电子系统的任务组织和目标。针对航空电子系统应用环境需求,通过任务组织目标、能力、过程、方式、角色和结果组织的分解,建立分层级过程和特征过程组织,形成任务行为各层级活动的构成。

任务架构由任务的使命、类型、模式、响应、组织和管理构成。其中任务使命应用任务需求由任务情景构成,任务类型由任务目标、过程、能力、角色和事件构成,任务模式由功能专业、逻辑、结果、关系和条件构成,任务响应由态势类型、范围、感知、识别和推测构成,任务组织由任务计划、过程、结果、评估和决策构成,任务管理由任务目标监控、过程监控、状态监控、任务管理和下一任务管理构成。

应用任务综合是基于系统应用的感知、组织、优化和管理综合过程。系统任务综合是面向航空电子系统态势感知、任务组织和应用目标综合,是基于系统环境、任务状态和系统能力组织的综合。系统任务综合根据系统应用任务目标需求,构建基于任务应用综合的任务管理、任务模式和决策组织的综合;根据系统应用任务管理的需求,构建基于任务能力综合的任务计划、任务评估和任务能力的综合;根据系统应用任务组织的需求,构建基于任务态势合成的态势感知、态势识别和态势推测的合成。系统任务综合有效提升了系统应用任务和目标响应、能力优化和组织、结果效能与有效性,实现了航空电子系统应用组织、系统感知、系统决策能力的效能、效率和有效性。

7.2.1 应用任务架构组织

任务架构组织是面向航空电子系统应用目标,根据系统应用场景,基于系统能力和环境,支持应用任务的组织、运行和管理的系统架构。任务架构目标针对飞机的飞行与任务需求,通过分解飞行应用需求,定义飞行应用模式。任务架构组织针对飞机的应用模式,构建航空电子系统的任务组织。即针对任务运行和任务组织,首先根据应用运行的任务要求,确定应用任务运行组织:任务运行要求、能力要求和过程条件,构建应用任务的应用模式;其次根据应用组织的任务需求,确定应用任务组织能力:任务需求、任务模式、任务能力、任务响应、任务组织、任务管理,构建应用任务的组织模式;最后根据任务运行的能力需求,确定应用运行能力要素:目标、能力、过程、角色、关系、环境,构建应用任务的组织要素。

任务架构的应用模式、组织模式和组织要素如式 F_1（任务应用模式）、F_2（任务组织模式）和 F_3（任务组织要素）所示，其关系构成如图 7.10 所示。

应用任务的应用模式：

$$F_1(任务1,\cdots,任务 n)=f(运行模式,能力组织,过程条件)$$

应用任务的组织模式：

$$F_2(任务1,\cdots,任务 n)=f(需求,模式,能力,响应,组织,管理)$$

应用任务的组织要素：

$$F_3(任务1,\cdots,任务 n)=f(目标,过程,角色,关系,条件)$$

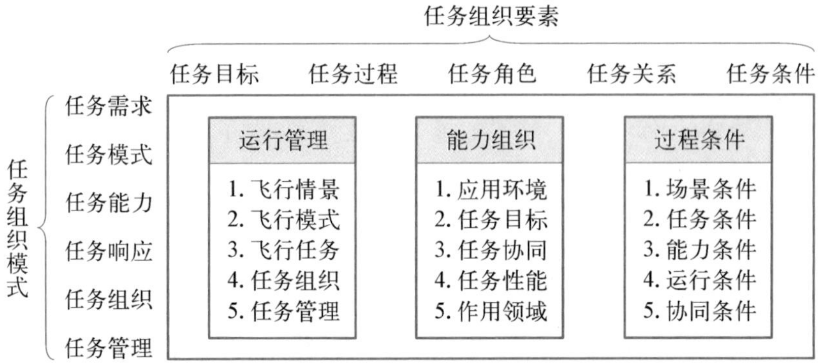

任务组织要素

	任务目标	任务过程	任务角色	任务关系	任务条件

任务需求	运行管理		能力组织		过程条件
任务模式	1. 飞行情景		1. 应用环境		1. 场景条件
任务能力	2. 飞行模式		2. 任务目标		2. 任务条件
任务响应	3. 飞行任务		3. 任务协同		3. 能力条件
任务组织	4. 任务组织		4. 任务性能		4. 运行条件
任务管理	5. 任务管理		5. 作用领域		5. 协同条件

（左侧竖排标注：任务组织模式）

图 7.10　应用任务组织架构

任务组织架构是面向系统应用的任务组织。任务组织架构由任务的运行组织、模式组织和要素组织构成。任务运行组织通过建立飞行运行管理：飞行情景、飞行模式、飞行任务、任务组织和任务管理，确定飞行能力组织：应用环境、任务目标、任务协同、任务性能、作用领域，明确运行条件：场景条件、任务条件、能力条件、运行条件和协同条件。任务要素组织通过任务过程组织，确定飞行过程复杂应用环境，依据系统架构的组织方法，确定飞行过程运行管理、能力组织和过程条件，即任务目标、任务过程、任务角色、任务关系、任务条件。任务模式组织通过建立分层级过程和特征过程组织，形成任务行为各层级活动的构成。即任务的需求、模式、能力、响应、组织和管理构成。

7.2.2　任务生成过程和任务组织过程

任务生成过程和任务组织过程描述针对任务运行过程需求,通过任务组织活动的深入和细化,确定任务组织模式(任务的需求、模式、能力、响应、组织、管理)的应用过程。按应用任务构建的概念分类,一类是需要提供什么样的任务,即面向应用需求的任务设计——任务生成过程,主要是描述构建什么样的任务,满足飞行任务支持需求;另一类是什么情况需要运行的任务,即面向应用运行的任务组织——任务组织过程,主要描述组织运行什么样的任务,满足飞行任务运行需求。

因此,任务生成过程与任务组织过程由下面几部分构成:任务需求与管理,F_{11}(任务需求)和 F_{12}(任务管理);任务构成与组织,F_{21}(任务构成)和 F_{22}(任务组织);任务能力与响应,F_{31}(任务能力)和 F_{32}(任务响应),其关系构成如图 7.11 所示。

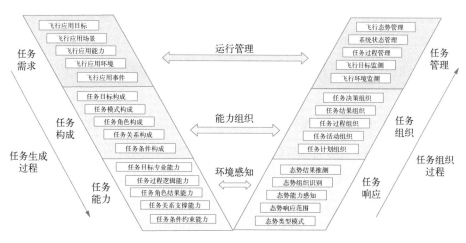

图 7.11　任务生成过程与任务组织过程架构

应用任务需求与应用任务管理:

$$\begin{cases} F_{11}(任务需求)=f_1(应用目标,应用场景,应用能力,应用环境,应用条件) \\ F_{12}(任务管理)=f_2(飞行环境,飞行目标,任务过程,系统状态,飞行态势) \end{cases}$$

应用任务构成与应用任务组织：

$$\begin{cases} F_{21}(任务构成)=f_1(任务目标,任务模式,任务角色,任务关系,任务条件) \\ F_{22}(任务组织)=f_2(任务计划,任务活动,任务过程,任务结果,任务决策) \end{cases}$$

应用任务能力与应用任务响应：

$$\begin{cases} F_{31}(任务能力)=f_1(目标专业,过程逻辑,角色结果,关系支持,约束条件) \\ F_{32}(任务响应)=f_2(态势类型,响应范围,能力感知,环境识别,结果推测) \end{cases}$$

任务生成过程是面向飞行应用需求的任务能力与构成,由任务需求、任务构成和任务能力构成。任务需求面向飞行应用目标,针对飞行应用场景,基于飞行应用能力,根据飞行应用环境,依据飞行应用条件,建立满足飞机飞行使命定义的飞行任务需求。任务构成基于任务目标构成,面向任务模式构成,根据任务角色构成,依据任务关系构成,针对任务条件构成,建立满足应用任务需求的飞行任务组织模式。任务能力基于任务目标专业能力,面向任务过程逻辑能力,根据任务角色结果能力,依据任务关系支撑能力,针对任务条件约束能力,建立满足任务组织模式的飞行任务能力需求。

任务组织过程面向飞行应用运行的任务组织与管理,由任务响应、任务组织和任务管理构成。任务响应面向飞行环境态势感知类型模式,针对态势响应范围,基于态势能力感知,根据态势组织识别,依据态势结果推测,建立面向飞行环境的态势感知、识别和推测。任务组织基于飞行环境态势感知的任务计划组织,面向任务活动组织,根据任务过程组织,依据任务结果组织,针对任务决策组织,建立面向当前态势感知推测的飞行任务组织模式。任务管理面向任务组织运行,通过基于飞行环境监视,面向飞行目标监测,根据任务运行过程管理,依据系统运行状态管理,针对飞行状态管理,建立面向满足任务组织模式的飞行任务运行过程和状态管理。

7.2.3 任务能力、活动和行为组织

7.2.1节描述了应用任务的架构组织,确定了任务的应用模式、组织模式

和过程要素,建立了飞行应用任务的需求、能力和条件。7.2.2 节描述任务的过程组织,确定了任务的需求与管理,构成与组织,能力与响应过程,建立任务的生成过程和任务的组织过程。本节描述任务能力、活动和行为组织要求,定义任务组织模式、任务组织要素和任务组织类型的构成,确定任务组织模式、任务组织要素和任务组织类型之间的能力、活动和行为组织,形成任务组织和运行的能力过程。

任务能力、活动和行为组织描述系统应用任务过程的组织形式、作用过程、作用领域。任务过程的能力组织形式为 F(任务组织模式):任务的需求、模式、能力、响应、感知、管理,形成任务生成过程和任务组织过程构成;任务过程活动的作用形式为 F(任务要素组织):任务的目标、过程、角色、关系、条件,形成任务活动空间的要求和条件;任务过程行为的作用领域为 F(任务类型组织):任务的业务、功能、环境、范围、性能,形成任务运行过程的作用空间要求和条件。

因此,通过任务过程组织形式 $F_1(x)$、作用过程 $F_2(y)$ 和作用领域 $F_3(z)$ 关联、投影和分解,构建任务过程能力。

任务过程的组织架构:

$$\begin{cases} F_1(任务组织模式)=f_1(任务需求,任务模式,任务能力,任务响应, \\ \qquad\qquad 任务感知,任务管理) \\ F_2(任务组织要素)=f_2(任务目标,任务过程,任务角色,任务关系, \\ \qquad\qquad 任务条件) \\ F_3(任务组织类型)=f_3(任务业务,任务功能,任务环境,任务范围, \\ \qquad\qquad 任务性能) \end{cases}$$

根据 F_1(任务组织模式)、F_2(任务组织要素)和 F_3(任务组织类型)定义,建立任务组织不同层级,根据任务作用不同要素,依据任务类型不同领域,形成任务过程作用能力,如图 7.12 所示。

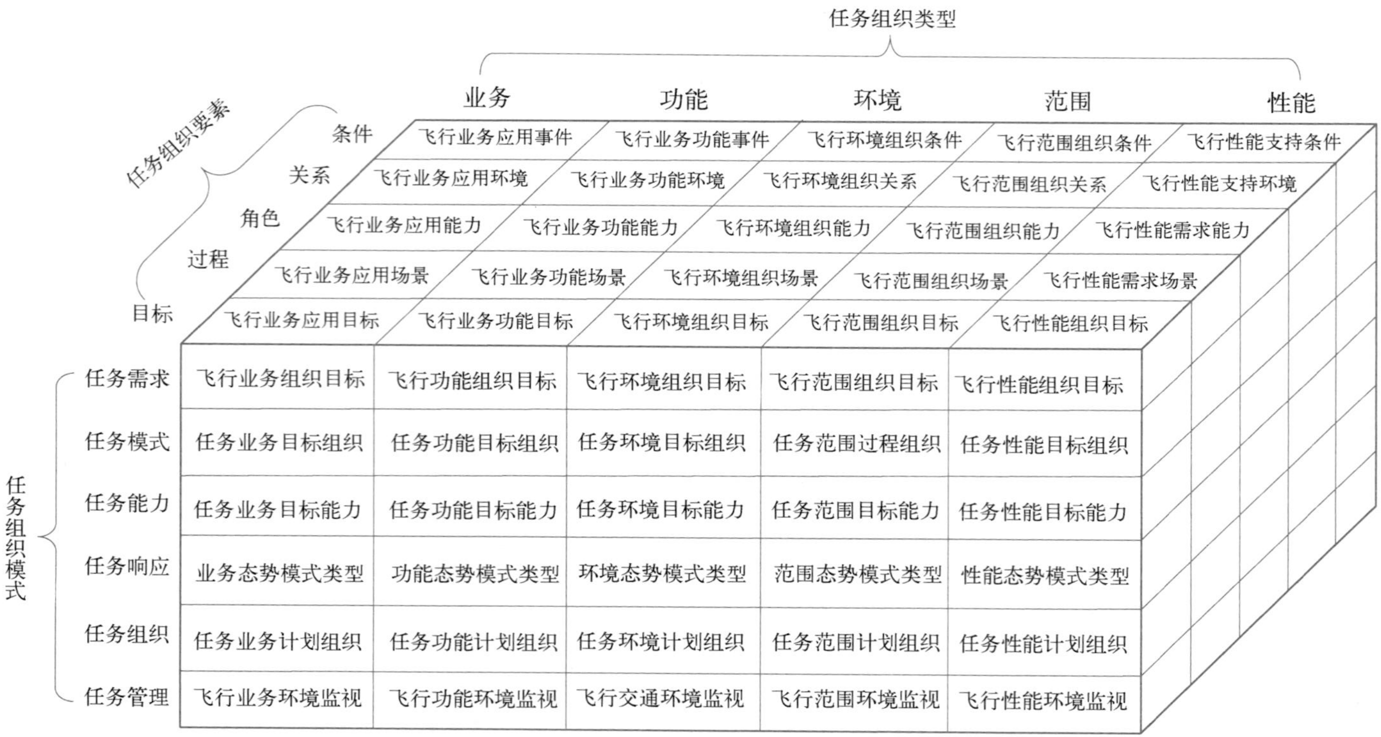

任务组织类型
业务
功能
环境
范围
性能
任务组织要素
条件
关系
角色
过程
目标
飞行业务应用事件
飞行业务功能事件
飞行环境组织条件
飞行范围组织条件
飞行性能支持条件
飞行业务应用环境
飞行业务功能环境
飞行环境组织关系
飞行范围组织关系
飞行性能支持环境
飞行业务应用能力
飞行业务功能能力
飞行环境组织能力
飞行范围组织能力
飞行性能需求能力
飞行业务应用场景
飞行业务功能场景
飞行环境组织场景
飞行范围组织场景
飞行性能需求场景
飞行业务应用目标
飞行业务功能目标
飞行环境组织目标
飞行范围组织目标
飞行性能组织目标
任务组织模式
任务需求
飞行业务组织目标
飞行功能组织目标
飞行环境组织目标
飞行范围组织目标
飞行性能组织目标
任务模式
任务业务目标组织
任务功能目标组织
任务环境目标组织
任务范围过程组织
任务性能目标组织
任务能力
任务业务目标能力
任务功能目标能力
任务环境目标能力
任务范围目标能力
任务性能目标能力
任务响应
业务态势模式类型
功能态势模式类型
环境态势模式类型
范围态势模式类型
性能态势模式类型
任务组织
任务业务计划组织
任务功能计划组织
任务环境计划组织
任务范围计划组织
任务性能计划组织
任务管理
飞行业务环境监视
飞行功能环境监视
飞行交通环境监视
飞行范围环境监视
飞行性能环境监视

图 7.12　任务组织、活动和行为过程

7.2.4　任务的组织与综合

已知飞行过程是复杂的,是由多个任务协同完成的。每个任务具有自身的目标、环境、能力和过程,飞行过程就是由这些不同的目标、环境、能力和过程组织完成的。对于飞行过程,不仅仅希望组织完成飞行,而且希望通过多重任务组织优化,推进目标组织,扩宽应用空间,提升能力支持,增强环境适应性,最终提升飞行过程的应用能力、结果效能和应用有效性。这就是任务综合。

任务综合面向系统应用效能。飞行过程根据飞机飞行需求,依据当前飞行环境,针对飞行任务能力,通过飞行任务组织,实施飞行组织管理。任务综合是通过态势感知合成,确定飞行需求;通过态势识别合成,确定飞行场景;通过态势推测合成,确定飞行目标;通过飞行任务决策合成;最后,确定飞行任务,并通过飞行任务状态合成,实现飞行过程管理。任务组织与综合如下式所示。

$$
\begin{cases}
F_1(任务综合) = f[f_1(任务感知合成), f_2(任务组织合成), \\
\qquad f_3(任务运行合成)] \\
f_1(任务感知合成) = g[g_1(态势感知合成), g_2(态势识别合成), \\
\qquad g_3(态势推测合成)] \\
f_2(任务组织合成) = g[g_1(任务计划合成), g_2(任务能力合成), \\
\qquad g_3(任务条件合成)] \\
f_3(任务运行合成) = g[g_1(任务目标合成), g_2(任务过程合成), \\
\qquad g_3(任务环境合成)]
\end{cases}
$$

任务综合通过建立任务综合过程(环境感知、关系组织、能力配置、作用领域、任务管理、系统管理),支持子任务的任务类型(业务、功能、环境、程度、条件)和任务综合目标(目标、角色、关系、过程、条件、能力),形成由各个子任务综合的作用域(目标区域、能力区域、环境区域、支持区域),最终形成飞行任务目标综合(目标、角色、关系、过程、条件、能力),如图 7.13 所示。

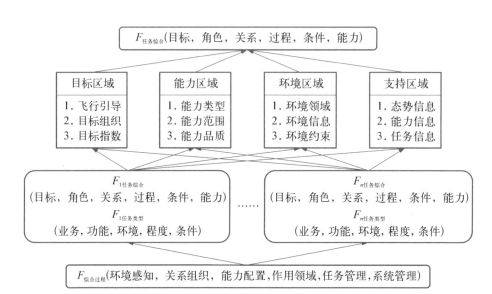

图 7.13　任务过程综合

7.3　系统功能处理过程综合

系统功能综合是基于系统能力的领域、逻辑、处理和品质综合过程。系统功能综合过程是面向航空电子系统应用组织、任务架构和能力需求,构建基于系统能力领域的专业分类、专业能力和专业作用域组织的综合;构建基于系统逻辑组织的运行目标、运行领域和运行事件的综合;构建基于系统处理组织的处理范围、处理过程和处理性能的综合;构建基于系统性能组织的组织性能、处理性能和结果性能综合;最后构建航空电子系统功能架构,并提出系统功能综合的目标和功能实现的资源平台类型与能力需求。系统功能综合组织依据系统层次划分,针对系统任务能力需求,根据系统功能组织定义,建立系统功能架构组织。系统功能架构是根据系统的任务组织,针对系统应用能力需求,针对当前任务运行模式,确定功能能力构成,构建系统功能处理逻辑,确定功能处理输入信息组织。系统功能架构是基于系统能力组织,依据系统功能组织和处理方式,确定系统功能专业能力和结果品质。系统功能综合有效增强了系统专业能力组合和专业领域的能力,提升了系统逻辑组织和逻辑处理能力,提高功能处理能力和处理效率,提升了系统功能运行组织性能、效率和有效性。

7.3.1　系统功能架构组织

功能架构组织是面向航空电子系统能力组织需求,构建满足系统任务能力需求,基于系统专业能力和逻辑处理模式,支持系统资源操作的组织架构。系统功能架构目标根据系统需求,通过定义功能需求,建立功能组织,确定功能条件,构建系统功能组织。功能架构组织是针对系统任务和运行模式和能力需求,构建航空电子系统的功能逻辑组织,过程能力和处理品质。即根据功能目标和功能组织,首先针对系统任务运行模式,确定系统的功能需求:任务能力、专业领域、处理逻辑、操作过程和结果条件,建立覆盖系统任务运行的功能需求组织;其次针对构建的功能需求,确定系统功能组织能力:目标组织、领域范围、逻辑算法、过程组织和输入信息,建立系统功能的组织模式;第三,针对构建的功能组织,确定功能运行的环境和条件:环境条件、专业条件、逻辑条件、过程条件和信息性能,构建系统功能运行的保障条件;最后针对任务运行的能力需求,确定系统功能运行能力要素:领域、类型、状态、操作、条件、性能,构建系统功能的组织要素。

功能架构的应用需求、组织模式和组织要素如下式 F_1(功能应用需求),F_2(功能组织模式)和 F_3(功能组织要素)所示,其关系构成如图 7.14 所示。

系统功能的应用需求:

$$F_1(功能 1, \cdots, 功能 n) = f(功能需求, 功能组织, 处理条件)$$

系统功能的组织模式:

$$F_2(功能 1, \cdots, 功能 n) = f(需求, 能力, 组织, 专业, 元素, 输入)$$

系统功能的组织要素:

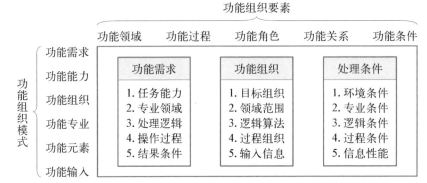

图 7.14　系统功能组织架构

$$F_3(功能\ 1,\cdots,功能\ n)=f(领域,过程,角色,关系,条件)$$

功能组织架构是面向任务系统的功能组织。功能组织架构由应用功能需求组织、功能模式组织和功能要素组织构成。应用功能需求组织通过建立功能需求,提供支持任务运行能力要求,构建功能领域、能力、逻辑和结果需求;通过建立功能组织,提供系统功能组织能力,构建功能处理目标、范围、途径和输入要求;通过建立处理条件,提供系统功能运行模式,构建功能运行环境、条件和性能要求。系统功能要素组织通过确定功能领域组织,构建功能作用空间;通过确定系统功能的过程,构建功能运行模式;通过系统功能作用组织,构建功能作用能力;通过系统功能的交联模式,构建功能协同管理;通过确定系统功能条件,构建功能运行管理。功能模式组织通过建立分层级过程和特征过程组织,形成功能组织各层级活动的构成:功能需求,支持系统任务需求;功能能力,支持任务活动;功能组织,支持任务范围;功能专业,支持任务领域;功能元素,支持任务运行;功能输入,支持任务激励。

7.3.2　功能生成过程和功能组织过程

功能生成过程和功能组织过程是描述针对功能运行过程需求,通过功能组织活动的深入和细化,确定功能组织模式(功能的需求、能力、组织、专业、元素、输入)的功能过程。按功能构成和运行构建的概念分类,一类是需要构建什么样的功能,即面向任务需求的功能设计——功能生成过程,主要是描述构建什么样的功能,满足任务运行支持需求;另一类是什么情况需要运行的功能,即面向系统运行的功能组织——功能组织过程,主要描述组织运行什么样的功能,满足系统功能运行需求。

功能生成过程与功能组织过程由下面几部分构成:功能需求领域,F_{11}(功能需求)和F_{12}(功能专业);功能能力与逻辑,F_{21}(功能能力)和F_{22}(功能元素);功能组织与输入,F_{31}(功能组织)和F_{32}(功能输入),其关系构成如图7.15所示。

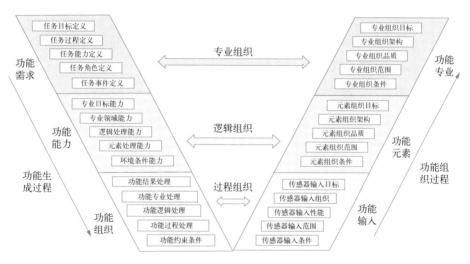

图 7.15　功能生成过程与功能组织过程架构

系统功能需求与功能领域:

$$\begin{cases} F_{11}(功能需求)=f_1(任务目标,任务过程,任务能力,任务角色,任务事件) \\ F_{12}(功能专业)=f_2(专业目标,专业领域,专业品质,专业范围,专业条件) \end{cases}$$

系统功能能力与功能逻辑:

$$\begin{cases} F_{21}(功能能力)=f_1(目标组织,领域组织,逻辑组织,元素组织,环境条件) \\ F_{22}(功能元素)=f_2(元素目标,元素组织,元素品质,元素范围,组织条件) \end{cases}$$

系统功能组织与功能输入：

$$\begin{cases} F_{31}(功能组织) = f_1(功能结果, 专业处理, 逻辑处理, 过程处理, 约束条件) \\ F_{32}(功能输入) = f_2(输入目标, 输入组织, 输入性能, 输入范围, 输入条件) \end{cases}$$

功能生成过程是面向任务运行的功能能力与构成，由功能需求、功能能力和功能组织构成。功能需求面向任务目标定义，针对任务过程构成，基于任务能力组织，根据任务角色作用，依据任务事件条件，建立满足系统任务运行的系统功能需求。功能能力基于专业目标能力，面向专业领域构成，根据专业逻辑组织，依据处理元素构成，针对环境条件限制，建立满足系统功能需求的功能能力组织模式。功能组织基于功能目标结果要求，面向功能专业在组织模式，根据功能逻辑组织和处理，依据功能过程处理能力，针对功能处理约束条件，建立满足功能需求和功能能力的功能处理组织模式。

功能组织过程面向系统任务运行的功能组织与管理，由功能输入（激励）、功能元素（处理）和功能专业（运行）构成。功能输入面向任务运行传感器感知输入，即针对传感器输入条件，根据传感器输入范围，针对传感器输入性能，基于传感器输入构成，确定传感器输入状态，建立面向传感器输入功能引导、态势和识别。功能元素是基于系统功能处理环境和处理逻辑的处理元素（变量）组织，即根据功能处理目标，确定功能元素构成要求；根据功能处理逻辑，确定功能元素组织；根据功能处理结果，确定功能元素品质；根据功能环境条件，确定功能元素范围；根据功能专业领域，确定元素的组织条件；建立面向功能运行的元素组织和处理模式。功能专业面向功能组织运行，即根据任务运行要求，确定功能运行结果；根据任务活动空间，确定功能处理领域；根据任务作用能力，确定功能处理品质；根据任务结果要求，确定专业功能范围；根据任务运行环境，确定功能运行条件；建立面向任务运行需求的功能运行与管理。

7.3.3 功能能力、逻辑和操作组织

前两节描述了系统功能的架构组织和系统功能的过程组织，建立功能的生

成过程和功能的组织过程。本节将描述功能能力、逻辑和操作组织要求,定义功能组织模式、功能组织要素和功能组织类型的构成,确定功能组织模式、组织要素和组织类型之间的能力、逻辑和操作组织,形成功能组织和运行的能力过程。

功能能力、逻辑和操作组织描述系统功能过程的组织形式、作用过程、作用领域。功能过程的能力组织形式为 F(功能组织模式):功能的需求、能力、组织、专业、元素、输入,形成功能生成过程和功能组织过程构成;功能过程能力的作用形式为 F(功能要素组织):功能的领域、过程、角色、关系、条件,形成功能过程组织的要求和条件;功能过程操作的作用领域为 F(功能类型组织):功能的专业、类型、环境、状态、性能,形成功能运行过程的操作空间和能力的要求和条件。

因此,通过功能过程组织形式 $F_1(x)$、作用过程 $F_2(y)$ 和作用领域 $F_3(z)$ 关联、投影和分解,构建任务过程能力。

任务过程的组织架构:

$$\begin{cases} F_1(功能组织模式) = f_1(功能需求,功能能力,功能组织,功能专业, \\ \qquad\qquad 功能元素,功能输入) \\ F_2(功能组织要素) = f_2(功能领域,功能过程,功能角色,功能关系, \\ \qquad\qquad 功能条件) \\ F_3(功能组织类型) = f_3(功能专业,功能类型,功能环境,功能状态, \\ \qquad\qquad 功能性能) \end{cases}$$

根据 F_1(功能组织模式)、F_2(功能组织要素)和 F_3(功能组织类型)定义,建立功能组织不同层级,根据功能作用不同要素,依据功能类型不同领域,形成功能过程作用能力,如图 7.16 所示。

7.3.4　功能的组织与综合

系统功能组织是面向系统应用任务需求,由多种专业、多项功能和多个作

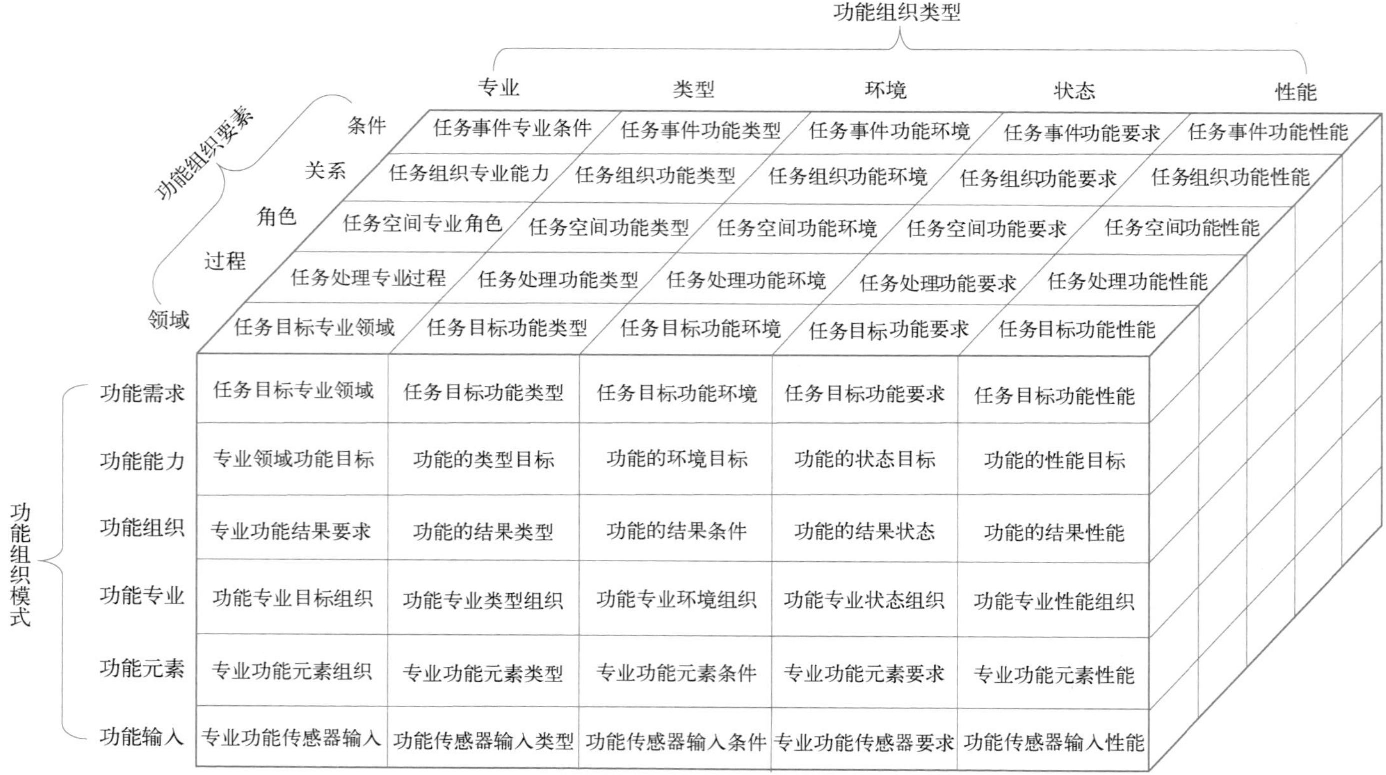

功能组织类型
专业
类型
环境
状态
性能
功能组织要素
条件
关系
角色
过程
领域
任务事件专业条件
任务事件功能类型
任务事件功能环境
任务事件功能要求
任务事件功能性能
任务组织专业能力
任务组织功能类型
任务组织功能环境
任务组织功能要求
任务组织功能性能
任务空间专业角色
任务空间功能类型
任务空间功能环境
任务空间功能要求
任务空间功能性能
任务处理专业过程
任务处理功能类型
任务处理功能环境
任务处理功能要求
任务处理功能性能
任务目标专业领域
任务目标功能类型
任务目标功能环境
任务目标功能要求
任务目标功能性能
功能组织模式
功能需求
功能能力
功能组织
功能专业
功能元素
功能输入
任务目标专业领域
任务目标功能类型
任务目标功能环境
任务目标功能要求
任务目标功能性能
专业领域功能目标
功能的类型目标
功能的环境目标
功能的状态目标
功能的性能目标
专业功能结果要求
功能的结果类型
功能的结果条件
功能的结果状态
功能的结果性能
功能专业目标组织
功能专业类型组织
功能专业环境组织
功能专业状态组织
功能专业性能组织
专业功能元素组织
专业功能元素类型
专业功能元素条件
专业功能元素要求
专业功能元素性能
专业功能传感器输入
功能传感器输入类型
功能传感器输入条件
专业功能传感器要求
功能传感器输入性能

图 7.16　功能能力、逻辑和操作过程

用域组织完成的。由于每项功能具有自身的能力、条件、逻辑和处理,系统应用任务就是通过这些不同的功能协同响应的能力、条件、逻辑和处理完成的。对于系统功能组织,不仅希望组织完成功能运行,而且希望通过多种功能组织优化,扩展能力空间,扩宽环境条件,提升处理效率,增强处理品质,最终提升系统功能的能力范围、处理效率和结果性能。这就是功能综合。

功能综合面向系统功能支持能力和运行效率的综合。系统功能能力是面向系统任务运行需求,根据任务能力的专业构成,构建基于专业领域的功能组织综合;根据任务过程的功能构成,构建功能逻辑组织的综合;根据任务事件的功能输入,构建功能传感器输入的综合。功能专业能力综合是通过多项功能专业类型综合,扩展功能覆盖范围;通过多功能能力综合,提升功能能力作用领域;通过多功能处理性能综合,提升功能运行品质。功能处理能力综合是通过多项功能处理方式综合,扩展功能处理范围;通过多功能处理逻辑综合,提升功能目标品质;通过多功能处理过程综合,提升功能处理效率。功能输入能力综合是通过多项功能传感器输入类型综合,提升功能输入参数性能;通过多功能传感器输入方式综合,提升功能输入参数范围;通过多功能传感器输入性能综合,提升功能输入参数有效性。功能组成与综合如下式所示。

$$F_1(功能综合)=f[f_1(功能专业能力),f_2(功能处理能力),$$
$$f_3(功能输入能力)]$$

$$\begin{cases} f_1(功能专业能力综合)=g[g_1(专业能力类型),g_2(专业能力领域), \\ \qquad\qquad g_3(专业能力品质)] \\ f_2(功能处理能力综合)=g[g_1(功能处理模式),g_2(功能处理逻辑), \\ \qquad\qquad g_3(功能处理过程)] \\ f_3(功能输入能力综合)=g[g_1(传感器输入类型),g_2(传感器输入方式), \\ \qquad\qquad g_3(传感器输入性能)] \end{cases}$$

功能综合通过建立功能综合过程(能力类型、能力领域、专业逻辑、专业处理、输入范围、输入性能)，支持子功能的功能类型(专业、类型、环境、状态、性能)和功能综合目标(能力、类型、关系、过程、条件、元素)，形成由各个子功能的作用域(目标区域、冗余区域、作用区域、支持区域)，最终形成系统功能目标综合(能力、类型、关系、过程、条件、元素)。如图 7.17 所示。

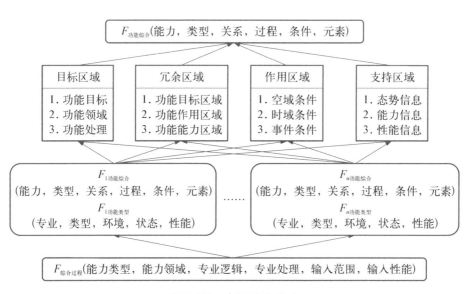

图 7.17　功能过程综合

7.4　系统物理资源操作过程综合

系统物理综合是基于系统资源组织运行系统任务和功能的能力、效能、性能和有效性综合过程。首先，系统物理综合针对系统应用任务能力需求，根据系统功能逻辑组织要求，构建基于支持任务目标和功能逻辑驻留的资源类型和能力，通过资源共享综合，提升资源利用率和可用性能力。其次，物理综合针对驻留任务运行模式，根据驻留功能逻辑处理过程，构建基于支持驻留任务运行与管理和驻留功能处理和操作过程，通过过程复用和结果继承，提升操作过程能力和效率。最后,物理综合针对驻留任务和驻留功能安全性和可靠性需求,构建基于支持系统任务能力和功能处理的任务故障、功能错误和资源缺陷管理,提升系统任务和功能安全性和可靠性能力。

系统物理综合是系统资源组织和优化过程。面向复杂能力的物理综合优化就是针对航空电子系统复杂应用环境、任务架构、功能架构和资源需求,确定资源的类型、能力、性能和操作模式,并提出资源综合的目标和资源能力的性能需求。物理综合优化依据系统的层次划分,针对系统功能操作处理需求,根据系统资源组织定义,建立系统物理架构组织。物理运行组织是根据系统的任务组织,针对系统能力需求,确定功能处理模式和需求,构建专业物理资源专业类型组织,形成物理资源处理能力,明确物理资源操作模式。系统物理架构是系统资源操作组织,依据系统资源类型和操作模式,确定系统的操作能力和有效性。

7.4.1　系统物理架构组织

系统物理架构组织面向航空电子系统任务和功能运行的资源组织和操作过程要求。首先根据资源驻留任务需求,通过分解驻留作用领域和形式,定义资源的能力类型和作用空间;通过分析和解释功能组织逻辑和处理,定义资源的操作类型和操作模式。物理架构组织针对系统的任务和功能需求,构建资源能力平台,满足系统任务和功能驻留和管理的要求;针对系统驻留任务和驻留功能应用和运行需求,构建资源能力的操作模式,满足系统任务和功能运行能力和效率的要求;针对系统各个不同驻留任务和驻留功能的目标和处理性能的需求,构建资源状态管理模式,满足系统任务和功能过程性能和结果性能的要求。物理综合针对驻留任务和功能组织需求,构建系统资源需求:驻留任务的目标、驻留功能的专业、应用结果的性能、功能逻辑处理和运行环境条件;针对确定的系统资源需求,构建系统资源组织:运行需求、资源类型、资源范围、操作模式和性能要求;针对确定的资源需求和资源组织,构建资源运行操作条件:

应用条件、环境条件、操作条件、性能条件和输入条件。同时,针对资源应用需求和运行要求,构建系统资源组织模式:驻留任务需求、驻留功能需求、资源能力需求、资源能力组织、资源过程组织、资源管理组织。物理架构根据驻留任务和功能运行的能力需求,构建资源运行能力要素:资源类型、资源能力、资源操作、资源条件、资源性能。

物理架构的应用模式、组织模式和组织要素如下式 F_1(资源运行模式), F_2(资源组织模式)和 F_3(资源组织要素)所示,其关系构成如图 7.18 所示。

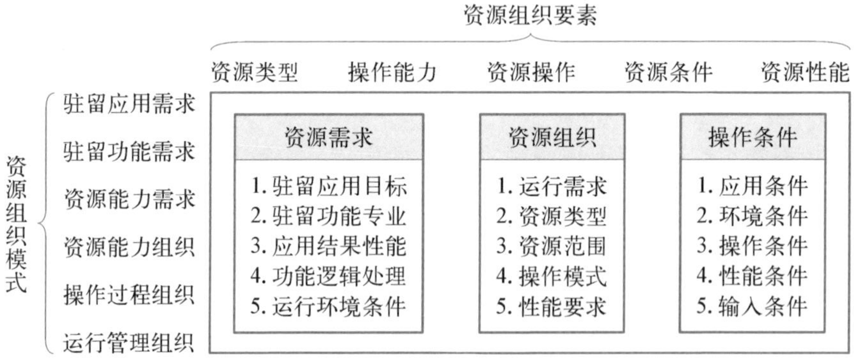

图 7.18　系统物理组织架构

系统资源运行模式:

$$F_1(资源1,\cdots,资源\,n) = f(资源需求,资源组织,运行条件)$$

系统资源组织模式:

$$F_2(资源1,\cdots,资源\,n) = f(任务,功能,能力,组织,过程,管理)$$

系统资源组织要素:

$$F_3(资源1,\cdots,资源\,n) = f(类型,能力,操作,条件,性能)$$

物理组织架构是面向驻留任务和功能的组织模式。物理组织架构由资源运行组织、任务模式组织和任务要素组织构成。资源运行组织通过建立资源运行模式:定义任务和功能目标的资源需求,确定系统资源类型和能力,支持系统任务和功能驻留：定义任务和功能运行需求,确定系统资源操作模式,支持驻留任务和功能运行和处理;定义任务和功能运行条件,确定资源操作环境,支持驻留任务和功能运行约束和作用环境。其次,物理架构通过资源要素组织,明确资源类型,支持任务和功能驻留;确定资源能力,支持任务和功能处理;建立资源操作,支持任务和功能过程;确定资源条件,支持任务和功能运行环境;明确资源性能,支持任务和功能性能要求。另外,物理架构通过建立分层级过程和特征过程组织,形成资源应用、操作和管理各层级活动的构成。建立驻留任务需求,支持任务运行和管理;建立驻留功能需求,支持功能组织和处理;建立资源能力需求,支持任务和功能资源能力;建立资源组织,支持基于资源能力的任务和功能状态管理;建立资源过程组织,支持基于资源能力的任务和功能运行管理;建立资源管理组织,支持基于资源能力的任务和功能运行可靠性和有效性管理。

7.4.2　资源生成过程和资源组织过程

资源生成过程和资源组织过程描述针对驻留任务和功能需求,通过资源组织模式的深入和细化,确定资源组织模式(驻留任务需求、驻留功能需求、资源能力需求、资源能力组织、操作过程组织、运行管理组织),构建系统资源能力,提供系统驻留任务和功能运行的资源组织。从系统资源能力和系统资源组织来看,构建系统资源能力是面向驻留任务和功能需求——资源生成过程,主要是描述构建什么样的资源,满足驻留任务和功能需求;另一类是什么情况根据当前调度运行需求,建立面向驻留任务和功能运行的资源配置组织——资源组织过程,主要描述组织什么样的资源支持当前任务和功能运行需求。

资源生成过程与资源组织过程由下面几部分构成：驻留任务需求与运行管理组织,F_{11}(驻留任务需求)和F_{12}(运行管理组织);驻留功能需求与操作过程组织,F_{21}(驻留功能需求)和F_{22}(操作过程组织);资源能力需求与资源能力组织,F_{31}(资源能力需求)和F_{32}(资源能力组织);其关系构成如图 7.19 所示。

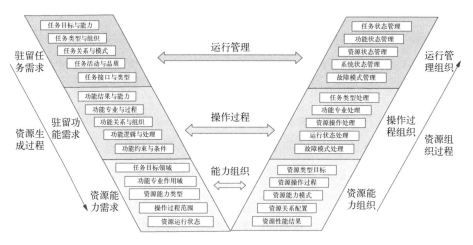

图 7.19　资源生成过程与资源组织过程架构

驻留任务需求与运行管理组织：

$$
\begin{cases}
F_{11}(驻留任务需求) = f_1(目标与能力, 类型与组织, 关系与模式, \\
\qquad\qquad 活动与品质, 接口与类型) \\
F_{12}(运行管理组织) = f_2(任务状态, 功能状态, 资源状态, 系统状态, \\
\qquad\qquad 故障模式)
\end{cases}
$$

驻留功能需求与操作过程组织：

$$
\begin{cases}
F_{21}(驻留功能需求) = f_1(结果与能力, 专业与过程, 关系与组织, \\
\qquad\qquad 逻辑与处理, 约束与条件) \\
F_{22}(操作过程组织) = f_2(任务类型, 专业功能, 资源操作, 运行状态, \\
\qquad\qquad 故障模式)
\end{cases}
$$

资源能力需求与资源能力组织：

$$
\begin{cases}
F_{31}(资源能力需求) = f_1(任务领域, 功能作用域, 资源类型, \\
\qquad\qquad 资源操作范围, 资源运行状态) \\
F_{32}(资源能力组织) = f_2(目标类型, 操作过程, 能力模式, 关系组织, \\
\qquad\qquad 结果性能)
\end{cases}
$$

资源生成过程是面向驻留任务和驻留功能运行要求,针对资源能力特征,建立系统资源组织。资源生成过程由驻留任务、驻留功能需求和资源能力需求构成。驻留任务是面向系统任务架构组织定义的任务组织与运行模式,根据任务目标与能力,确定资源的作用空间;根据任务类型与组织,确定资源的能力条件;根据任务关系和模式,确定资源的操作接口;根据任务活动与品质,确定资源的操作和性能;根据任务结果与类型,确定资源的输出要求。驻留功能是面向系统功能架构组织定义的功能定义与逻辑组织,根据功能结果与能力,确定资源的能力与输入;根据功能专业与过程,确定资源的类型与组织;根据功能关系和组织,确定资源的过程与接口;根据功能逻辑与处理,确定资源的操作与过程;根据功能约束与条件,确定资源的性能与环境。资源能力需求基于驻留任务和驻留功能需求,确定资源类型和能力,明确资源组织与操作,建立资源性能有效性。

资源组成过程面向系统运行任务和功能的资源组织与管理,针对任务和功能运行资源能力需求,由资源能力组织、操作过程组织和运行过程管理构成。资源能力组织是面向任务和功能运行需求,针对任务目标响应范围,基于功能逻辑处理要求,根据资源类型和能力状态,依据系统可靠性能力和要求,建立面向系统任务和功能运行的资源能力、类型和效能配置。操作过程组织是面向驻留任务和功能运行过程组织要求,针对任务运行类型,根据功能逻辑处理,依据资源操作过程,基于系统运行状态,根据系统故障模式,建立面向任务和功能运行过程和资源能力的操作组织。运行管理组织是面向驻留任务和功能运行过程管理组织要求,针对任务运行状态的监控和管理,通过系统运行通过基于飞行环境监视,面向飞行目标监测,根据任务运行过程和管理,依据功能运行状态和管理,建立资源操作状态的组织和管理,提供系统状态管理和资源配置,支持系统故障模式和资源管理。

7.4.3　资源能力、操作和状态组织

前两节描述了应用任务架构和系统功能架构组织,论述了资源运行需求、

组织需求和组织要素,建立了资源生成过程和资源组织过程。本节将描述资源能力、操作和状态组织要求,定义资源组织模式、资源组织要素和资源组织类型的构成,确定资源组织模式、资源组织要素和资源组织类型之间的能力、操作和状态组织,形成资源组织和操作的能力过程。

资源能力、操作和状态组织描述系统资源运行驻留任务和功能的资源组织形式、作用形式、作用领域。资源能力组织形式为 F(资源组织模式):驻留任务需求,驻留功能需求,资源能力需求,资源能力组织,操作过程组织,运行管理组织,任务感知,形成资源生成过程和资源组织过程;资源作用形式为 F(资源要素组织):资源类型,操作能力,操作过程,操作条件,操作性能,形成资源操作运行要求和条件;资源作用领域为 F(资源组织类型):操作领域,作用空间,参数范围,操作环境,结果有效性,形成资源操作过程作用空间的要求和条件。

因此,通过资源组织形式 $F_1(x)$、作用形式 $F_2(y)$ 和作用领域 $F_3(z)$ 关联、投影和分解,构建资源过程能力。

资源操作过程的组织架构:

$$
\left\{
\begin{aligned}
&F_1(\text{资源组织模式})=f_1(\text{任务需求,功能需求,资源需求,能力组织,}\\
&\qquad\qquad\qquad\qquad\text{操作组织,运行组织})\\
&F_2(\text{资源组织要素})=f_2(\text{资源类型,操作能力,操作过程,操作条件,}\\
&\qquad\qquad\qquad\qquad\text{资源性能})\\
&F_3(\text{资源组织类型})=f_3(\text{操作领域,作用空间,参数范围,操作环境,}\\
&\qquad\qquad\qquad\qquad\text{结果有效性})
\end{aligned}
\right.
$$

根据 F_1(资源组织模式)、F_2(资源组织要素)和 F_3(资源组织类型)定义,建立资源组织不同层级,根据资源作用不同要素,依据资源类型不同领域,形成资源操作过程作用能力。如图 7.20 所示。

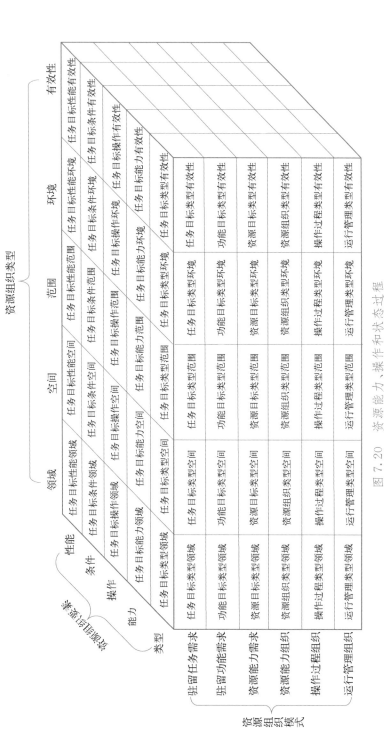

图 7.20　资源能力、操作和状态过程

7.4.4 资源的组织与综合

系统资源组织是面向系统驻留任务和驻留应用任务需求,由多种类资源、多种操作和多个作用空间组织完成的。由于每种资源能具有自身的能力、条件、操作和性能,系统资源组织就是根据驻留任务和功能目标、能力、过程和作用空间要求,构建支持和满足这些要求的资源类型、操作过程、性能要求和结果形式的资源组织和能力。对于系统资源组织,不仅仅希望支持和完成驻留任务和功能运行,而且希望通过资源综合,实现资源共享,提升资源利用率;通过过程复用,提升处理效率,通过结果继承,减少重复活动;通过状态管理,提升结果置信度。这就是系统物理综合。

物理综合(也称资源综合)是面向系统资源利用率、操作效率和结果置信度的综合技术,其目标是提升系统资源效能、操作效率和结果有效性。首先,根据驻留任务和功能需求,依据资源类型和能力,针对任务运行和功能逻辑,通过驻留任务和功能能力需求与资源能力组织共享综合,提升资源利用率;其次,根据任务活动和功能逻辑要求,依据资源类型和操作过程,针对任务和功能处理过程,通过驻留任务和功能处理过程与资源操作过程复用综合,提升过程效率;最后,根据驻留任务和功能运行的状态,如任务故障,功能错误,依据资源操作,如缺陷,针对系统运行与状态管理,通过当前系统运行任务故障状态、功能错误状态与资源缺陷状态综合,提升系统任务运行结果、功能处理结果和资源操作结果可信度。物理综合组成如下式所示。

$$F_1(物理综合) = f[f_1(资源能力综合), f_2(资源操作综合),$$
$$f_3(资源状态综合)]$$

$$\begin{cases} f_1(资源能力综合) = g[g_1(资源应用综合), g_2(资源能力综合), \\ \qquad\qquad g_3(资源效能综合)] \\ f_2(资源操作综合) = g[g_1(操作类型综合), g_2(操作能力综合), \\ \qquad\qquad g_3(操作模式综合)] \\ f_3(资源状态综合) = g[g_1(能力状态综合), g_2(性能状态综合), \\ \qquad\qquad g_3(结果状态综合)] \end{cases}$$

物理综合通过建立资源综合过程(资源类型、资源能力、操作模式、操作条件、资源结果、资源状态),支持子资源的能力类型(类型、能力、操作、条件、性能)和资源综合目标(驻留任务需求、驻留功能需求、资源能力需求、资源能力组织、操作过程组织、运行管理组织),形成由各个子资源综合的作用域(能力区域、过程区域、状态区域、支持区域),最终形成资源平台综合(能力、类型、状态、操作、条件、性能),如图 7.21 所示。

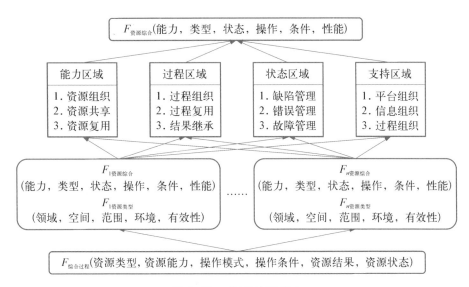

图 7.21　物理过程综合

7.5　系统组织过程与综合

系统组织与综合是由面向应用组织和运行的系统任务综合、面向系统能力组织和处理的系统功能综合、面向系统设备组织的系统资源组织和操作的系统物理综合。航空电子系统应用综合建立在系统任务组织的基础上,针对系统的应用需求和目标期望,依据系统应用的场景和环境条件,根据任务的特征、作用和领域,通过任务活动、行为与过程组织,实施任务组织联合、协同和互补,实现任务运行的目标、过程和结果优化。

系统构成的三大基本要素目标是:应用的能力、效能和有效性,组织能力、效能和有效性,操作能力、效能和有效性。系统组织架构决定了系统组织的能力与方式,确定了系统组织任务模式、功能模式和资源模式要求。系统应用任务组织架构决定了系统的应用形态与能力,确定了系统的应用目标、应用过程和应用结果要求。因此,必须建立系统任务组织,通过系统优化技术,实现系统应用能力、效能和有效性的优化过程,系统组织能力、效能和有效性优化过程,系统操作能力、效能和有效性优化过程。

7.5.1 系统综合空间和综合任务构成

系统综合技术针对系统优化的需求,基于系统需求架构和系统组织架构,依据系统应用目标和需求,根据系统组织和能力,通过系统综合模式和技术,实现系统能力、效能和有效性优化。因此,针对航空电子系统的需求架构的要求,根据系统组织架构的分类,航空电子系统综合技术分为三大空间:应用空间、能力空间和物理空间。通过系统应用空间综合,实现应用任务行为、组织和目标的活动合成,形成系统不同应用对象、环境和模式的目标与效能优化;通过系统能力空间综合,实现系统能力范围、作用和逻辑信息综合,形成系统不同目标、环境、状态下系统能力的品质和有效性优化;通过系统物理空间综合,实现系统物理能力、模式和操作的综合,形成资源利用率(最小的资源配置)、操作效率和结果置信度优化。因此,系统综合技术由面向系统应用模式的任务综合技术、面向系统能力的功能信息综合技术和面向系统资源的系统物理综合技术构成,如图7.22所示。

航空电子系统应用能力和需求是针对飞机应用任务组织需求,依据飞行阶段和场景组织,基于飞行过程应用模式、能力模式和物理模式,通过组织、集成与归并,实现任务过程的能力需求组织。任务系统能力需求是航空电子系统组

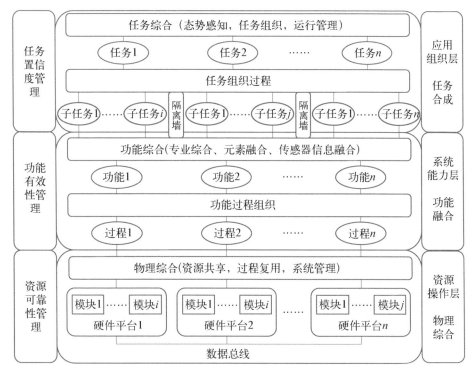

图 7.22　综合化航空电子系统架构组织

织的目标,决定了航空电子系统的能力和性能,并为任务系统的任务组织、功能组织和物理组织奠定了基础。航空电子系统的能力要求是:第一,满足系统任务组织需求,即基于任务过程的活动行为的应用能力组织;第二,满足系统功能组织需求,即基于功能过程的逻辑处理的专业能力组织;第三,满足系统物理组织需求,即基于资源过程的操作模式的与性能运行能力组织。

7.5.2　系统任务综合、功能综合和物理综合内容

　　系统任务综合技术是航空电子系统任务应用效能组织和管理过程的综合技术,是面向系统应用效能组织的优化技术。航空电子系统任务综合主要内容为:系统态势合成(感知组织)、任务模式合成(活动组织)和任务决策合成(决策组织)。系统任务综合首先要根据系统应用模式,确定应用综合的任务需求:

态势感知、任务组织和运行管理，建立系统任务综合的空间和任务；通过任务综合要素，确定综合任务组织：目标、角色、关系、过程、条件和能力，建立任务综合引导因素；通过任务综合过程，确定综合任务作用：业务、功能、环境、程度和条件，建立任务综合作用域；通过任务综合目标区域，形成综合任务的提升空间：目标区域、能力区域、环境区域和支持区域，建立任务能力、范围和性能提升空间。

系统功能综合是航空电子系统的能力组织和处理效率提升综合技术，是面向系统功能组织的优化技术。航空电子系统功能综合主要内容为：系统功能能力综合（专业组织）、系统功能处理综合（逻辑组织）、系统功能输入综合（性能组织）。系统任务综合首先要根据任务能力，确定系统综合的功能需求：专业组织、逻辑组织和传感器输入组织，建立系统综合空间和任务；通过功能综合要素，确定综合功能组织：能力、类型、关系、过程、条件和元素，建立功能综合引导要素；通过功能综合过程，建立功能综合作用对象：专业、资源、过程、程度和条件，建立功能综合作用域；通过功能综合目标区域，形成综合任务的提升空间：目标区域、专业区域、条件范围、元素范围，建立功能能力、处理和效率提升空间。

系统物理综合是航空电子系统的资源组织和操作处理提升综合技术，是面向系统物理资源组织的优化技术。航空电子系统物理综合主要内容为：系统资源能力综合（资源共享）、系统资源操作综合（过程复用）、系统资源状态综合（故障/错误/缺陷）。系统物理综合首先要根据驻留任务和功能需求，确定系统综合的资源需求：资源能力组织、操作过程和运行状态，建立系统物理综合空间和任务；通过物理综合要素，确定综合资源组织：能力、类型、状态、操作、条件和性能，建立资源综合引导要素；通过资源综合过程，建立资源综合作用对象：类型、能力、操作、条件和性能，建立资源综合作用域；通过资源综合目标区域，形成资源综合的提升空间：能力共享、过程共享、状态共享、操作复用，建立资源能力范围、利用率、操作效率和置信度提升空间，如图 7.23 所示。

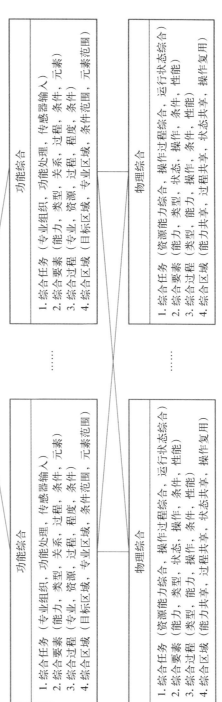

图 7.23　综合化航空电子系统架构组织

综合化航空电子系统任务组织的综合需要经过计划阶段、态势合成阶段、任务管理阶段和决策阶段。通过任务目标、处理方式和组织模式的综合,提升系统任务计划能力、组织能力、有效性能力;通过态势感知、识别和推测合成,针对综合的任务计划,形成任务能力的评估;通过系统任务组织、安全告警和任务状态显示综合,提升任务执行能力、监控能力和管理能力;根据任务组织的计划或优化规则,形成基于目标效能的任务树决策。在整个任务的组织与综合过程中,通过系统感知和态势识别形成的环境条件、环境能力和有效性是进行计划、态势合成、任务管理和决策的前提,其对提升系统任务感知能力、组织能力和任务结果能力有着直接的影响。

7.5.3 综合技术分类与技术组织架构

综合技术分类和技术组织架构是描述航空电子系统应用任务、系统功能、设备资源实现的方法和途径。技术方式和能力是针对航空电子系统的复杂性特征,通过采用系统应用组织技术,系统功能处理技术和资源组织运行技术实现系统应用效能的最大化、系统专业组合协同的最优化、系统资源组织配置的最小化、系统功能处理效率的最大化和系统运行有效性最大化目标。

根据以上所述,系统组织由系统应用组织、系统功能组织和设备能力组织构成,系统处理过程由系统应用任务活动行为过程、系统功能逻辑运行过程和设备资源操作处理过程构成。因此,首先,系统的应用技术是针对系统应用需求、目标、场景和环境,根据系统应用任务的组织模式,依据系统应用活动行为过程的处理要求,构建技术目标、领域、方法和途径。即系统应用技术依据系统应用需求和目标,实施应用组织的能力和处理过程,形成应用任务结果和收益。第二,系统的功能技术是针对系统功能专业、逻辑、性能和条件,根据系统功能的组织模式,依据系统功能逻辑运行处理要求,确定技术领域、模式、方法和性能。即系统功能技术依据系统功能逻辑需求和目标,实施功能组织的能力和处理过程,形成系统功能品质和处理结果。系统设备资源技术是针对系统设备资源操作类型、过程、状态和结果,根据子系统设备资源组成模式,依据设备资源的操作处理过程,构建技术能力、范围、方法和结果。即设备资源技术依据系统设备资源需求类型和目标,实施设备资源组织的能力和处理过程,形成系统设备资源处理结果和有效性。因此,针对航空电子系统的目标,根据系统构成分类,航空电子系统综合化分为三大空间:应用空间、功能空间和资源空间。通过系统应用空间技术过程,实现应用任务行为、组织和目标的处理,形成系统应用最大效能和最优效果;通过系统功能空间技术过程,实现系统功能处理效率的品质,形成系统能力需求下系统功能运行效率和有效性;通过系统资源空间技术过程,实现设备资源操作处理和结果,形成最大资源利用率(最小的资源配置),最大的处理效率,最高的结果置信度。

对于航空电子系统,由于系统架构组织由系统任务架构、系统功能架构和系统物理架构组成,航空电子系统的技术分类和构成由面向应用需求的航空电子系统的任务组织——系统技术,面向功能能力的航空电子系统功能组织——专业技术,面向操作处理的航空电子系统组织——设备技术组成。

1) 系统技术组织和架构

系统技术面向应用组织和总体能力要求,提供系统需求、系统架构和系统综合。系统技术主要任务是:系统应用模式组织技术、系统能力模式组织技术、系统优化模式组织技术和系统有效性模式组织技术,如图 7.24 所示。

系统应用模式与组织技术由系统应用需求设计技术、系统应用环境设计技术、系统应用活动设计技术和系统应用能力设计技术构成。首先,针对飞机飞行使命,定义飞行目标与要求,确定系统应用需求设计技术,构建航空电子系统应用需求。第二,针对飞机飞行阶段,定义飞行环境与条件,确定系统应用环境设计技术,构建航空电子系统应用场景需求。第三,针对飞机飞行任务,定义飞行任务模式与活动,确定系统应用活动设计技术,构建航空电子系统飞行过程需求。第四,针对飞机飞行过程保证,定义飞行过程特征与行为,确定系统应用能力设计技术,构建航空电子系统飞行能力需求。

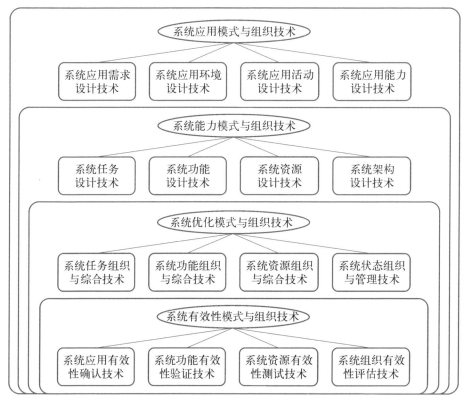

图 7.24 系统技术组织架构

系统能力模式与组织技术由系统任务设计技术、系统功能设计技术、系统资源设计技术和系统架构设计技术构成。首先,针对系统的应用需求,定义系统应用实施的任务需求,确定系统任务设计技术,构建航空电子系统任务组织。第二,针对系统的任务组织,定义系统支持任务的能力需求,确定系统功能设计技术,构建航空电子系统功能组织。第三,针对系统的功能组织,定义支持功能运行的资源需求,确定系统资源设计技术,构建航空电子系统资源组织需求。第四,针对系统任务、功能和资源组织,定义应用、能力和操作一体化需求,确定系统架构设计技术,构建航空电子系统组织需求。

系统优化模式与组织技术由系统任务组织与综合技术、系统功能组织与综合技术、系统资源组织与综合技术和系统状态组织与管理技术构成。首先,针对系统的任务组织,定义系统任务目标和能力需求,确定系统任务活动组织模式技术,形成任务活动优化综合技术,构建航空电子系统任务综合。第二,针对系统的功能组织,定义系统功能的能力和品质需求,确定系统功能能力组织技术,形成功能过程优化综合技术,构建航空电子系统功能综合。第三,针对系统的资源组织,定义系统资源类型和操作需求,确定系统资源能力组织技术,支持资源优化共享综合技术,构建航空电子系统资源综合。第四,针对系统任务、功能和资源架构组织,定义应用、能力和操作综合需求,确定任务、功能和资源运行状态管理技术,构建航空电子系统一体化综合优化需求。

系统有效性模式与组织技术由系统应用有效性确认技术、系统功能有效性验证技术、系统资源有效性测试技术和系统组织有效性评估技术构成。首先,面向系统的应用需求,根据系统任务组织,针对系统任务综合,定义系统应用目标、任务活动、任务综合确认标准,建立系统应用有效性确认技术,满足系统应用有效性要求。第二,面向系统的功能需求,根据系统功能组织,针对系统功能综合,定义系统功能能力、功能处理、功能综合验证标准,建立系统功能有效性验证技术,满足系统功能有效性要求。第三,面向系统的资源需求,根据系统资源组织,针对系统资源综合,定义系统资源组织、资源操作、资源综合测试标准,建立系统资源有效性测试技术,满足系统资源有效性要求。第四,针对系统任务、功能和资源一体化组织需求,根据应用、能力和操作综合,针对任务、功能和资源运行状态管理,定义系统组织有效性评估标准,建立系统组织有效性评估技术,满足系统组织有效性要求。

2) 专业技术组织和架构

专业技术面向专业组织和功能处理要求,提供专业领域能力、功能逻辑组织和过程方法处理。专业技术主要任务是:建立专业技术领域分类,确定专业功能组织,明确专业性能处理,确定专业能力有效性,如图 7.25 所示。

系统专业领域与组织技术由系统专业功能分类与组织模式、专业功能作用空间与范围、专业功能逻辑模式与领域和专业功能架构与组织构成。首先,针

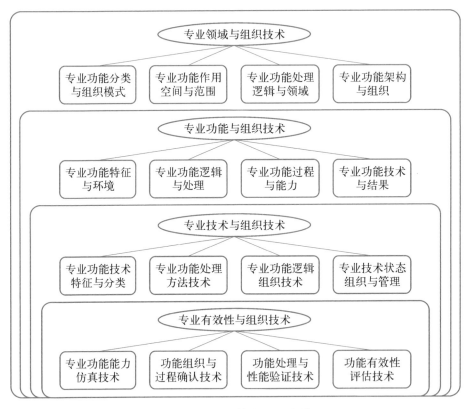

图 7.25 专业技术组织架构

对任务组织的能力特征,定义专业能力与构成需求,确定功能分类与组织模式,满足任务过程的能力要求。第二,针对专业功能分类与构成,定义专业能力和特征,确定专业功能的作用空间与范围,满足任务结果作用域要求。第三,针对专业功能构成和作用域,定义专业能力和处理方式,确定专业功能处理逻辑与领域,满足任务运行模式要求。第四,针对专业功能分类、能力和处理组成,定义专业功能类型、作用域和处理逻辑组织,确定系统专业功能架构组织,满足航空电子系统功能架构组织的要求。

系统专业功能与组织技术由系统专业功能特征与环境、专业功能逻辑与处理、专业功能过程与能力和专业功能技术与结果构成。首先,针对专业功能特征和作用,定义专业类型与能力需求,确定功能逻辑与处理,满足系统功能的能力要求。第二,针对专业功能类型和领域,定义功能能力和作用空间,确定功能逻辑与处理,满足功能能力的要求。第三,针对专业功能逻辑组织,定义功能处理方式,确定功能处理过程,满足功能处理过程要求。第四,针对功能能力、逻辑和处理过程组成,定义功能目标、过程和状态组织,确定功能条件、技术和结果组织,满足航空电子系统功能处理结果的要求。

系统专业技术与组织技术由系统专业功能技术特征与分类、专业功能处理方法与元素、专业功能逻辑组织与条件和专业功能技术状态与管理构成。首先,针对专业功能特征和目标,定义专业功能处理技术需求,确定功能技术特征与分类,满足系统功能技术实施要求。第二,针对专业功能的处理技术需求,定义功能技术处理和环境,确定功能处理方法与元素,满足功能技术处理模式的要求。第三,针对专业功能技术的处理方法需求,定义功能处理方法的逻辑过程,确定功能逻辑组织与条件,满足功能技术实施过程要求。第四,针对功能技术特征、处理方法和逻辑条件,定义功能技术需求、能力条件和过程状态组织,确定功能技术状态组织与管理,满足航空电子系统功能处理过程和管理的要求。

系统专业有效性与组织技术由系统功能领域与能力仿真技术、功能组织与过程确认技术、功能处理与性能验证技术和功能处理结果有效性评估技术构成。首先,针对专业功能特征和目标,定义专业功能应用需求和要求,确定功能领域与能力仿真技术,通过功能仿真评估系统功能组织有效性。第二,针对专业功能的应用的目标和需求,定义功能能力组织需求和要求,确定功能组织与过程确认技术,通过功能确认评估功能过程的有效性。第三,针对专业功能处理逻辑和性能,定义功能逻辑方法和处理性能,确定功能处理与性能验证技术,通过功能验证评估系统处理的有效性。第四,针对功能应用仿真、过程确认和逻辑验证,定义功能评估需求和要求、确定功能处理结果有效性评估技术,最终验证和评估系统功能能力、处理和结果有效性。

3) 设备技术组织和架构

设备技术面向资源与平台组织和功能运行设备,提供支持功能运行资源环境,资源操作过程和资源有效性方法处理。设备技术主要任务是：建立设备专业分类,确定设备功能能力,确定设备性能要求,确定设备状态有效性,如图 7.26 所示。

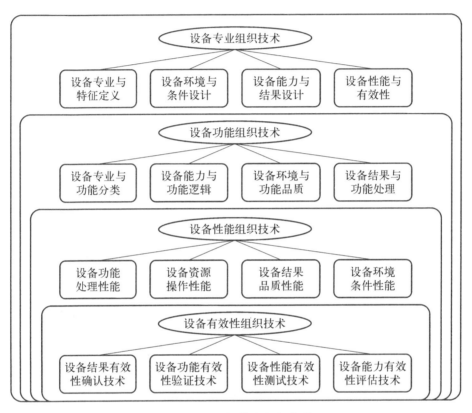

图 7.26　设备技术组织架构

　　设备专业组织技术由设备专业与特征技术、设备环境与条件技术、设备运行能力与结果技术和设备操作性能与有效性技术构成。首先,针对设备运行的功能的特征,定义设备的能力与性能需求,确定设备专业与特征定义,构建支持设备支撑的功能运行要求。第二,针对设备类型和支持的功能特征,定义设备能力和功能环境需求,确定设备环境与条件技术,构建设备运行条件和运行环境要求。第三,针对设备类型与环境条件,定义设备操作过程与结果状态,确定设备运行能力与结果技术,构建设备运行能力和结果要求。第四,针对设备类型、环境和能力需求,定义设备能力、条件和操作,确定设备操作性能与有效性技术,构建设备操作性能和结果有效性要求。

设备功能组织技术由设备领域与功能分类技术、设备能力与功能逻辑技术、设备环境与功能品质技术和设备结果与功能处理技术构成。首先,针对设备运行的功能类型,定义设备的运行操作需求,确定设备专业与功能分类技术,构建面向驻留功能设备专业与范围要求。第二,针对设备操作领域和驻留功能特征,定义设备操作能力和功能运行逻辑需求,确定设备能力与功能逻辑技术,构建面向驻留功能运行逻辑设备保障能力要求。第三,针对设备能力组织和功能处理逻辑,定义设备操作过程与功能运行需求,确定设备环境与功能品质技术,构建面向功能运行品质的设备操作环境要求。第四,针对设备操作领域、能力和环境需求,定义设备操作和功能处理条件需求,确定设备结果与功能处理技术,构建设备操作结果和功能处理有效性要求。

设备性能组织技术由设备功能处理性能技术、设备资源操作性能技术、设备结果品质性能技术和设备环境条件性能技术构成。首先,针对设备驻留功能处理类型,定义设备的运行功能处理环境需求,确定设备功能处理性能技术,构建面向驻留功能处理性能和条件要求。第二,针对设备资源类型和操作特征,定义设备资源使用条件和操作过程要求,确定设备资源操作性能技术,构建面向资源操作过程的性能要求。第三,针对设备能力组织和功能处理逻辑,定义设备结果形式与结果性能需求,确定设备结果状态性能技术,构建面向功能运行品质的设备结果性能要求。第四,针对设备操作过程和结果性能,定义设备操作和结果处理条件与环境,确定设备环境条件性能技术,构建保证设备操作结果性能的环境和条件要求。

设备有效性组织技术由设备结果有效性确认技术、设备功能有效性验证技术、设备性能有效性测试技术和设备能力有效性评估技术构成。首先,针对设备资源操作和输出结果需求,定义设备的操作和结果要求,确定设备结果有效性确认技术,满足设备操作有效性要求。第二,针对设备驻留功能运行结果需求,定义设备操作能力和功能运行条件,确定设备功能有效性验证技术,满足设备驻留功能运行有效性要求。第三,针对设备能力和操作过程需求,定义设备操作性能与操作过程条件,确定设备性能有效性测试技术,满足设备操作性能有效性要求。第四,针对设备操作和功能运行结果需求,定义设备操作过程和功能处理条件需求,确定设备能力有效性评估技术,满足设备能力和功能运行结果要求。

7.6 小结

航空电子系统组织是一个系统结构化组织,应用任务层、系统功能层和物理设备层具有独立组织、运行和管理模式,支持系统任务、功能和设备运行和管理,提供系统整体组织和管理能力。航空电子系统综合是通过组建航空电子系统应用任务层、系统功能层和物理设备层一体化组织管理,构建系统应用任务、功能处理、物理资源一体化运行过程,实现系统应用任务、功能处理、物理资源一体化优化目标。

本章介绍了系统的应用、能力和设备的构成,描述了飞行应用任务、系统功能能力和设备物理资源一体组织模式。针对系统一体化组织,介绍了面向飞行应用目标需求的系统任务构成和组织过程,面向应用任务运行需求的系统功能构成和组织过程,以及面向系统功能处理需求的设备资源构成和组织过程,介绍了系统应用、功能和设备的系统功能模式。最后介绍了系统应用任务、系统功能和设备资源综合技术组织架构。重点有以下几个方面:

1) 建立系统应用任务组织与综合模式

本章首先介绍了系统任务组织架构,描述了基于应用任务架构任务组织,即应用任务应用模式、组织模式和组织要素,支持系统应用任务能力组织;其次介绍了系统应用任务组织的两种模式,一是系统应用能力任务组织,即面向应用能力需求——任务生成过程,另一是系统运行任务组织,即面向任务运行需求——任务组织过程,支持系统应用任务过程组织;再接着介绍了应用任务能力、活动和行为组织,即任务过程组织形式、作用过程和作用领域,支持系统应用任务综合组织;最后介绍了应用任务综合,即任务感知合成、任务组织合成和任务运行合成。

2) 建立系统功能处理组织与综合模式

本章首先介绍了系统功能组织架构,描述了基于系统功能架构功能组织,即系统功能应用需求、组织模式和组织要素,支持系统专业功能能力组织;其次介绍了系统功能组织的两种模式,一是系统专业能力功能组织,即面向任务能力需求——功能生成过程,另一是系统运行功能组织,即面向功能运行需求——任务组织过程,支持系统功能处理过程组织;再接着介绍了系统功能能力、逻辑和操作组织,即功能过程组织形式、作用过程和作用领域,支持系统功能处理综合组织;最后介绍了系统功能综合,即功能专业综合、功能处理综合和功能输入综合。

3) 建立系统物理资源组织与综合模式

本章首先介绍了系统物理组织架构,描述了基于系统物理架构资源组织,即系统资源运行模式、组织模式和组织要素,支持系统物理资源能力组织;其次介绍了系统资源组织的两种模式,一是系统驻留能力资源组织,即面向驻留能力需求——资源生成过程,另一是系统资源操作组织,即面向资源运行需求——资源组织过程,支持系统资源操作过程组织;再接着介绍了系统资源能力、操作和状态组织,即系统资源组织形式、作用形式和作用类型,支持系统物理资源综合组织;最后介绍了系统资源综合,即资源能力综合、资源操作综合和资源状态综合。

4) 建立综合技术组织架构

本章针对系统任务、系统功能和系统物理架构,根据系统任务、系统功能和系统物理综合模式,介绍了面向任务组织和综合——系统任务技术、面向功能组织和综合——系统功能技术以及面向资源组织和综合——系统设备技术。论述了系统任务技术构成,即系统应用模式技术、系统能力模式技术、系统优化模式技术和系统有效性组织技术;论述了系统功能技术构成,即专业功能领域技术、专业功能处理技术、功能过程性能技术和功能结果有效性技术;最后论述了系统资源技术构成,即设备能力组织技术、设备操作处理技术、设备操作性能技术和设备结果有效性技术。

参考文献

[1] Januzaj V, Kugele S, Biechele F, et al. A configuration approach for IMA systems[C]//SEFM. 2012:203 – 217.

[2] Rosa J, Craveiro J, Rufino J. Safe online reconfiguration of time- and space-partitioned systems [C]//IEEE International Conference on Industrial Informatics. IEEE, 2011:510 – 515.

[3] Wolfig R, Jakovljevic M. Distributed IMA and DO – 297: Architectural, communication and certification attributes [C]//Digital Avionics Systems Conference, 2008. Dasc 2008. Ieee/aiaa. IEEE, 2008:1. E. 4 – 1 – 1 – E. 4 – 10.

[4] Annighöfer B, Thielecke F. Multi-objective mapping optimization for distributed modular integrated avionics[C]//Digital Avionics Systems Conference. IEEE, 2012:6B2 – 1 – 6B2 – 13.

[5] Lauer M, Ermont J, Boniol F, et al. Latency and freshness analysis on IMA systems[J]. 2011, 19(6):1 – 8.

[6] 唐玲.安全操作系统中的功能隔离机制研究[D].合肥:中国科学技术大学,2007.

[7] Easwaran A, Lee I, Sokolsky O, et al. A Compositional scheduling framework

for digital avionics systems[C]//IEEE International Conference on Embedded and Real-Time Computing Systems and Applications. IEEE, 2009: 371 - 380.

[8] 李伟. 高可靠嵌入式操作系统的构建与配置研究[D]. 南京: 南京航空航天大学, 2010.

[9] Schneele S, Geyer F. Comparison of IEEE AVB and AFDX[C]//Digital Avionics Systems Conference. IEEE, 2012: 7A1 - 1 - 7A1 - 9.

[10] 熊华钢, 王中华. 先进航空电子综合技术[M]. 长沙: 国防工业出版社, 2009.

8

典型航空电子系统综合架构

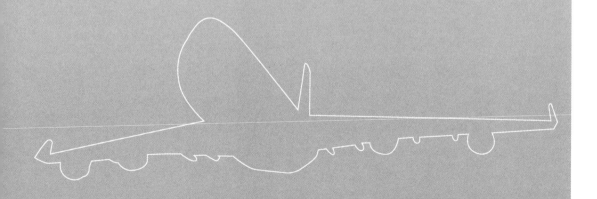

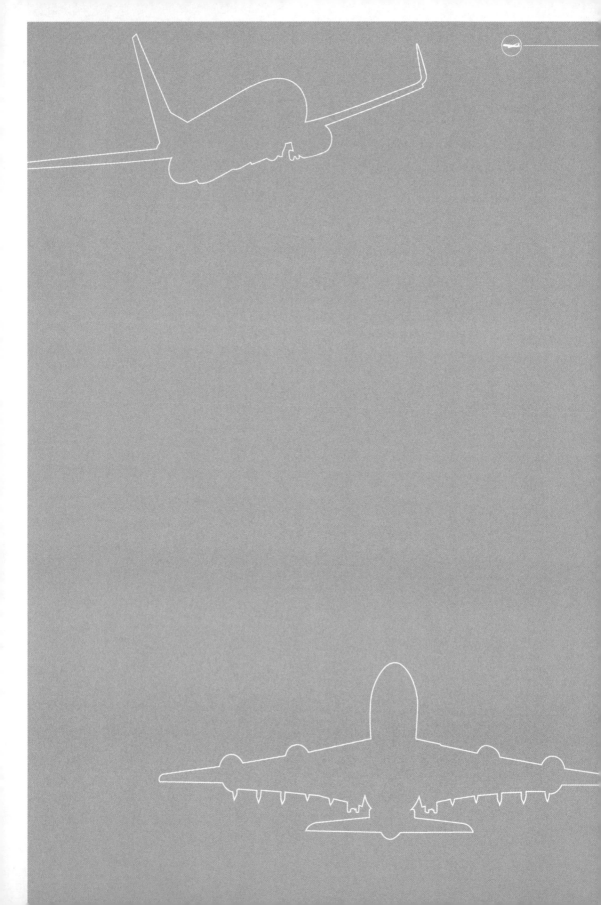

航空电子系统综合是采用系统综合方法,增强系统任务应用效能,提升系统功能能力效用,提高系统资源操作有效性的系统技术。前几章介绍了航空电子系统的任务综合、功能综合和物理综合,论述了综合的目标、能力和收益,描述了综合的任务、方法和过程。前几章根据航空电子系统发展的趋势,面对整体的航空电子系统设计需求,采用自上而下的系统设计思想,讨论系统架构组织,论述系统综合方法。即通过描述飞行应用需求,系统叙述了系统任务构成和系统任务的综合;通过描述系统组织,系统论述了系统功能构成和系统功能综合;通过描述系统物理组织,系统论述了系统资源构成和系统物理综合,深入讨论了航空电子系统综合机理、思路和方法。

典型航空电子系统工程综合方法是针对航空电子系统工程综合实施现状,描述面向工程化能力的系统综合(飞行效能、系统效率、资源有效性),形成具有典型意义的航空电子系统综合方法。典型航空电子系统工程综合方法结合发展历程思路,依据当时技术能力和技术成熟性,形成具有代表性的系统综合化技术。即根据航空电子系统发展历程和发展阶段,面向飞行工程应用需求和工程开发能力,针对当时代表性技术的能力和特征,定义典型的航空电子系统综合架构,描述航空电子系统综合技术和方法。

本章主要介绍目前典型航空电子系统综合化架构。所谓典型的航空电子系统架构是理论的航空电子系统架构综合化技术与工程应用技术权衡的产物。已知任何技术实现过程都要受到三种因素影响,即基于技术进步与技术有效性的平衡因素、系统组织与系统复杂性的平衡因素,以及应用需求与开发成本的平衡因素。典型航空电子系统综合化架构就是这三种因素平衡的产物。

从航空电子系统工程研究和研究发展历程上看,目前航空电子系统综合化三种典型架构是:联合式航空电子系统架构(Federated Architecture)、综合模块化航空电子系统架构(IMA)和分布式综合模块化航空电子系统架构(DIMA)。这三种典型的航空电子系统综合架构已应用于当前飞机或者正为新一代飞机研制中。如联合式航空电子系统架构已经用在 B737 和 A320 飞机上，IMA 航空电子系统架构已经用在 B787 和 A380 飞机上，DIMA 航空电子系统正在针对新一代飞机需求进行研究。这三种系统架构已成为航空电子系统架构的典型代表。本章将系统介绍这三种典型的航空电子系统架构综合思路与方法。

典型航空电子系统综合化架构是系统综合技术理论和方法与工程技术实施和能力权衡的产物。在一般研究中，我们往往将现实的物理世界抽象成理想的理论世界，除去研究对象的特殊性和背景限制条件，建立理想情况，论述研究思路，确立研究目标，明确研究方法，确定研究过程，分析研究结果。

但在现实物理世界中，任何技术研究，特别是高新技术和复杂系统，必然受到现实环境的能力问题、技术问题、条件问题、成熟问题、时间问题以及费用问题的影响，必然要做出一定的妥协和权衡。航空电子系统综合化系统技术一样，必须针对当前航空电子系统技术需求与工程能力和开发能力与工程条件、实施时间、能力、性能和费用的平衡。因此，典型航空电子系统综合架构就是通过技术、时间、能力、性能和费用的平衡，形成了联合式、IMA 和 DIMA 三种典型航空电子系统综合架构。

本章将根据前几章论述的航空电子系统综合技术和方法的思路，针对典型航空电子系统的情况的权衡，系统论述联合式航空电子系统架构、IMA 航空电子系统架构、DIMA 航空电子系统架构的特征，描述该三种典型架构的系统应用、能力和操作组成，讨论该三种典型架构的系统任务、功能和资源组织，论述该三种典型架构的系统任务、功能和物理综合方法，分析该三种典型架构的系统综合的效能、效用和有效性。

8.1 联合式组织系统综合

联合式系统架构是航空电子系统"联邦"组织管理模式。联合式系统架构是由于当时的信息技术能力、设备资源与技术构成,受到系统应用技术现状、系统架构技术与能力限制,根据数据处理机技术、系统总线技术能力与进步牵引,提出的基于系统设备能力的系统应用综合。

在目前航空电子系统综合技术发展论述中,由于联合式系统架构是基于系统设备能力的系统组织,系统设计和系统需求集中在设备能力和设备操作方面,系统能力仅仅体现在设备处理结果,所以没有将联合式系统架构纳入系统综合化技术的范畴。但是,随着技术的进步和系统思维的发展,以及联合式系统架构设计思维的扩展和深入,特别是加强面向飞行应用设计,目前许多研究将联合式架构的系统活动纳入系统综合考虑和组织的领域。联合式系统架构设计的变化主要有两方面:一是大幅度增强了航空电子系统应用设计。即目前联合式航空电子系统设计不再采用基于当前设备能力的系统构成,而是采用面向系统应用需求的设备组织配置。二是增加系统应用任务运行组织与综合和系统设备功能处理组织与综合。由于这两个方面属于航空电子系统综合的范畴,本书就把联合式系统架构列入典型系统综合的早期形式,重点论述系统应用组织和系统设备功能组织综合的问题。

联合式系统架构出现在 20 世纪 80 年代初,当时以计算机为代表的数字技术正在高速应用和发展,航空电子系统也正处在从模拟处理向数字系统转变时期。数字总线的出现大大推动了航空电子系统综合技术的发展。受到当时的技术推动和限制,航空电子系统综合化技术的主要目标是如何将系统各个独立部件和设备综合起来,统一协同完成飞行组织和管理的任务。在联合式架构之前,航空电子系统由离散的独立设备构成,每个设备具有自身独立的专业和功能,配有自身的资源和能力,其中许多都是模拟操作资源,依据自身的特征和模式工作。通常称这种系统离散模式为分立式系统架构。分立式系统架构的每个设备是独立运行的,系统设备之间没有交联和协同模式,每个设备依据飞行员的操作和命令独立运行各自的功能,属于非综合航空电子系统。随着数字化技术的进步,特别是总线技术的发展,离散设备之间的数据交联成为可能,形成了联合式系统组织架构。联合式系统架构是针对系统不同设备的专业能力，通过构建系统中的各个设备数据通信总线，建立设备之间的数据交联，实现系统功能组织和处理的数据交互，构成系统设备组织和功能集成综合化航空电子系统。

联合式系统架构是航空电子系统第一种综合模式，是基于分立式发展阶段演进的一个代表产物。联合式系统架构基于数字化技术的发展，特别是总线技术的发展，建立分立式发展阶段独立设备的交联，通过系统独立设备运行功能的协同，实现系统各个设备功能处理结果的集成和管理。联合式系统架构是分立式发展阶段设备能力与数据通信综合的权衡，实现了局部系统综合组织。

在目前航空电子系统研究分类中，联合式系统架构不属于综合化航空电子系统。主要是因为联合式系统架构是基于自主组织与管理的"联邦"组织。也就是说，联合式系统架构的设备基于自身内部目标、规则、组织和管理协同模式。即目标自己定义，资源自己配置、能力自己组织、功能自己运行、任务自己管理。但联合式系统的设备运行功能的结果通过系统总线实现航空电子系统功能的集成。从系统操作的角度看，联合式系统架构设备是独立工作模式，属于联邦管理模式。但从系统运行的角度看，联合式系统架构设备通过系统交联总线实现了系统功能运行组织和处理结果的集成，属于综合模式。所以，在本书中我们将联合式架构称为初步的系统综合模式。典型联合式航空电子系统架构如图8.1所示。

所谓联合式系统架构是指"联邦式"组织与管理模式，即航空电子系统各个设备根据系统功能处理的业务模式，依据资源相关专业领域，确定设备自身专业资源组织，定义设备的系统输入，实现组织处理和管理。另外，联合式系统架构根据系统功能组织的需求，依据系统数据总线的能力和组织，构建系统设备之间的交联，建立系统设备之间的数据共享能力。同时，联合式系统架构根据系统功能组织和运行需求，依据系统构建的通信数据总线，建立系统功能处理和结果的集成，实现系统功能组织和运行的目标。

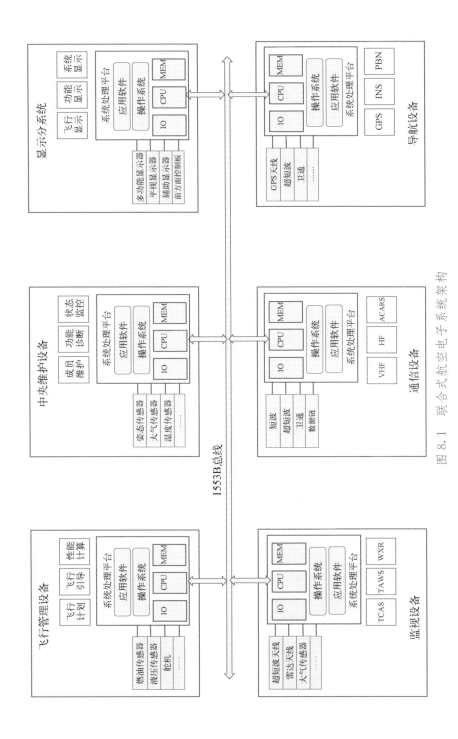

图 8.1　联合式航空电子系统架构

8.1.1 基于设备领域的操作组织

对于任何航空电子系统,如何建立系统处理和运行组织是系统的首要任务。联合式系统的组织由基于系统应用领域需求的不同专业设备构成,系统的能力基于系统专业设备处理的不同功能组织,系统的运行基于系统专业设备功能的不同环境操作过程。因此,联合式系统设备的类型、功能和操作组织是系统能力、运行和结果有效性的基本保障。另外,由于航空电子系统是飞机飞行组织和管理的系统,而联合式系统的能力和运行是面向系统设备作用领域组织,基于系统设备内在能力、环境和条件,其系统功能领域、处理和逻辑必然受到系统设备专业、能力和操作模式的影响。所以,对于联合式架构的嵌入式系统,如何根据系统设备专业、能力和操作,建立与其相关联的系统功能能力、逻辑和处理是系统能力组织和操作效率的保障。本节我们论述如何针对联合式系统运行领域需求,选择和确定系统设备的功能处理领域构成;如何根据联合式系统运行能力需求,定义和确定系统设备的功能处理逻辑组织;如何依据联合式系统运行管理需求,定义和确定系统功能处理和操作环境要求。

联合式航空电子系统的目标主要通过系统设备组织与能力构成,根据系统设备具有的功能专业和处理组织,依据系统设备资源组织和操作过程,实现系统应用运行和目标需求。联合式航空电子系统面向系统应用需求与嵌入式特征,基于不同类型和特征、构建系统专业处理能力的设备。系统的设备含有的功能是面向设备特征和领域的处理的目标需求,基于各种不同专业处理模式方法,提供系统设备专业处理模式。系统配置的资源面向设备驻留功能的逻辑处理需求,基于不同资源操作能力和过程,组织系统设备操作模式和结果能力。

对于联合式航空电子系统特征和综合需求,我们首先讨论系统的构成,即构成系统的专业设备、能力类型、作用领域和操作空间,形成系统的应用组织与构成;其次,我们讨论系统的功能组织,即系统含有的功能构成、专业领域、组织逻辑和结果形式,形成系统的能力组织与构成;最后,我们讨论系统的资源组织模式,即系统支持功能处理的资源类型、操作过程、状态管理和结果性能,形成系统的运行组织与构成。根据系统应用、能力和运行组织与需求，联合式系统设备与能力组织主要特征如下。

1) 面向应用领域的专业设备组织

面向应用领域的专业设备组织主要描述联合式系统针对系统设备专业领域构建的系统设备组织。联合式系统依据系统应用的需求和特征，根据当前设备的作用领域和能力，通过设备的组织和协同，实现系统应用的需求。由于系统应用是面向飞行过程的，而系统设备是面向专业领域的，如何通过设备专业的组织，建立设备专业能力，覆盖系统应用空间，提供系统应用任务的实现，是联合式系统组织的首要任务。因此，针对联合式系统组织需求，首先根据系统应用作用形式，划分系统设备专业领域特征，构建系统设备的专业能力空间组织，覆盖系统应用作用空间。第二，根据系统应用运行性能，建立系统设备专业作用形式和能力类型，构建系统设备的专业能力特征和性能要求，支持系统应用运行目标需求。第三，根据系统应用组织模式，建立系统设备专业能力范围和协同组织，构建系统设备的专业能力作用条件和协同运行，覆盖系统应用运行处理能力和结果作用范围要求。联合式航空电子系统通过系统设备的能力组织、性能保障和运行协同实现系统的应用能力覆盖，为系统功能组织、资源配置和系统管理奠定能力保障的基础。

2) 面向设备专业的功能处理组织

面向设备专业的功能处理组织主要描述联合式系统针对系统应用运行需求和系统构成的设备能力构建的系统功能的组织。联合式系统依据系统设备的特征和能力，根据基于设备组织的系统功能专业和能力，通过设备支持的功能逻辑和处理，依据设备之间的功能关联和集成，实现系统应用的目标需求。由于系统应用是面向飞行过程的，系统设备是面向专业资源领域的，而设备功能基于系统应用组织和系统设备操作能力的逻辑处理过程，如何通过功能作用领域组织，建立功能逻辑能力，满足系统设备操作能力，支持系统应用运行目标，是联合式系统组织的重要任务之一。因此，针对联合式系统运行需求，第一,根据系统应用环境,建立面向应用组织的功能作用能力类型,构建系统设备能力的功能专业构成,覆盖系统应用目标和环境需求。第二,根据系统应用运行过程,建立面向应用的功能逻辑组织,构建系统设备能力的功能处理要求,支持系统应用运行过程需求。第三,根据系统应用运行目标,建立面向系统设备功能处理过程和结果能力组织,构建系统设备之间功能关联和权重处理运行,覆盖系统应用运行过程能力和结果目标要求。联合式航空电子系统通过系统设备的功能组织、功能处理和功能关联协同运行,实现系统设备能力的功能专业组织、设备资源模式的功能处理和设备操作的功能关联系统,满足系统应用处理过程能力需求。

3) 面向功能处理的资源能力组织

面向功能处理的资源能力组织主要描述联合式系统针对系统应用运行需求和系统设备功能处理模式的系统设备资源能力组织。联合式系统依据系统应用需求确定系统设备构成,根据系统应用组织和系统设备特征确定功能专业和能力,通过设备的功能逻辑确定系统设备资源的配置,依据系统功能处理和设备资源操作确定设备资源的性能,最终实现系统应用能力和运行需求。由于系统应用是面向飞行过程的,系统功能是面向系统专业逻辑的,系统设备必须提供系统应用作用空间需求,同时满足系统功能处理资源操作能力。针对系统设备的飞行应用领域和功能处理模式需求,如何通过系统设备能力组织,建立系统设备作用空间、过程模式和操作性能,满足系统应用运行需求、系统功能处理和系统结果品质,是联合式系统组织的重要任务之一。因此,针对联合式系统运行需求,首先根据系统应用运行能力,建立面向应用作用领域的设备能力类型,构建系统设备能力的作用空间,覆盖系统应用运行能力需求。其次,根据系统功能构成和处理能力需求,建立面向功能专业逻辑的设备资源类型和能力组织,构建系统实现功能处理的资源操作模式,支持系统功能处理过程需求。最后,根据系统应用运行环境和相关功能处理过程需求,建立面向应用运行目标和功能处理品质的设备资源性能,实现基于系统设备资源操作的相关功能处理品质要求,满足系统应用运行目标性能需求。联合式航空电子系统通过系统设备的资源能力组织,构建面向系统应用环境的资源能力,支持相关功能处理的资源操作性能,实现系统应用运行目标要求,满足系统功能处理过程性能需求。

基于设备领域的联合式系统操作组织架构如图8.2所示。

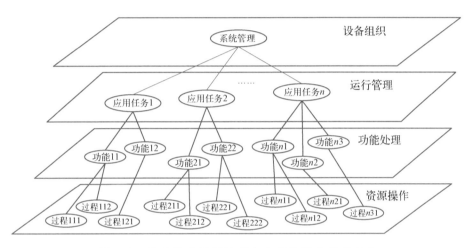

图8.2　基于设备领域的联合式系统操作组织架构

8.1.2　基于设备能力的功能需求

对于任何系统,我们都非常关注系统功能的构成和作用范围,即整个系统能干什么。本节主要根据联合式系统架构和组织特征论述如何选择和确定系统的功能构成。所谓面向设备能力的专业功能需求是描述联合式航空电子系统的构成特征和组织模式。联合式系统基于系统设备技术和能力,依据系统内在处理模式的任务自主定义、功能自主配置、过程自主处理和状态自主管理的特征,构建系统专业处理需求的任务模式、功能能力和操作资源组织,实现基于设备能力的系统组织和运行模式。联合式架构各个设备或分系统是独立的,基于自主专业特征的分类,如通信专业、显示专业等。系统的专业功能组织根据设备具有的专业能力,依据设备资源支持的专业功能,针对设备运行环境支持的专业功能范围,构建系统的功能组织,形成基于设备或分系统的系统能力和目标。如依据当前机载通信电台的能力和品质确定系统通信功能和通信带宽和速率,建立系统通信目标和结果指标,确定资源性能和操作模式,构建系统专业功能组织,形成系统组织的架构。

其实,我们从上述描述来看,联合式系统架构是航空电子系统发展的一个阶段性里程碑。联合式航空电子系统架构的目标主要是针对独立系统设备的能力和功能,通过建立系统通信总线,实现系统功能组织和协同运行。即联合式航空电子系统架构组织模式是:面向系统外部运行环境,组织独立的专业设备,实现基于设备专业功能运行,通过设备功能运行结果的管理和集成,提供航空电子系统处理结果能力。联合式架构功能组织主要特征如下。

1)面向独立设备能力领域的功能专业需求

独立设备能力领域的功能专业需求指的是按设备能力作用领域构建的功能专业的构成。按照一般系统设计的思路,系统功能来源于系统应用的需求。但是在联合式系统中,系统功能基于组成系统的设备能力。所谓联合式架构实际上是面向系统各种设备能力的联合组织。也就是说联合式系统架构是基于设备能力组织构建的航空电子系统。在联合式系统架构中,设备所有功能都是在设备内部完成的,每项功能处理都具有自身独立作用领域,独立的处理逻辑,独立的操作资源,独立的输入/输出,是由设备独立组织和运行管理。因此,独立设备能力领域的功能专业构成是联合式系统的处理能力的构成。主要有:第一,建立设备资源作用领域与设备驻留功能专业领域相吻合模式。设备的资源组织就是针对设备驻留功能处理的模式需求构建的设备资源类型和能力,建立设备资源能力与设备驻留功能处理统一作用空间,形成设备资源能力与设备驻留功能能力吻合模式。第二,建立设备资源操作能力与设备驻留功能处理能力紧耦合模式。设备的功能处理模式是由系统的设备资源操作过程实现的,建立系统设备资源操作能力与功能处理能力紧耦合模式,实现设备资源操作过程和设备驻留功能处理一致性。第三,建立设备资源操作环境和驻留功能处理条件一致性。设备的功能处理过程是由系统的设备资源操作环境确定的,系统设备资源操作环境决定了功能处理要求,建立基于设备驻留功能处理条件需求的设备资源操作环境,确定设备资源操作组织以满足设备驻留功能处理条件。总之,联合式航空电子系统架构依据系统设备自身的专业领域,根据设备工程组织能力,确定功能的构成、专业作用域、覆盖范围和处理逻辑。通过设备的能力组织,确定自身操作模式,形成资源的类型、能力和操作模式,最终实现设备驻留功能构成和处理能力。

2) 面向独立设备资源性能的功能品质需求

独立设备资源性能的功能品质需求指的是以设备资源性能组织建立功能品质的模式。按照一般系统设计的思路,系统功能来源于系统应用目标要求。但是在联合式系统中,系统功能性能是基于组成系统设备资源的操作品质。对于联合式系统架构,由于设备的能力与功能是紧耦合模式,系统功能是通过与其耦合的设备资源的领域、能力和操作实现的,系统功能处理品质必然要受到资源操作性能限制。从原理上来说,功能处理品质需求应该来源于系统应用处理性能需求。但对于设备能力与系统功能紧耦合模式,系统的功能逻辑组织和处理过程依赖于设备的关联资源的能力和操作模式来实现。由于设备能力和操作模式依赖于设备资源的性能,而设备紧耦合的功能品质又依赖于关联的资源操作。因此,建立独立设备资源性能的功能品质需求是联合式系统处理性能组织。主要有:第一,建立设备资源能力范围与设备驻留功能专业处理范围的一致性。设备的资源能力是针对设备驻留功能处理的模式需求构建的设备资源作用空间,建立设备资源能力范围与设备驻留功能处理范围统一模式,形成设备资源操作能力与设备驻留功能处理配置覆盖。第二,建立设备资源操作过程与设备驻留功能处理过程一致性模式。设备的功能处理操作是由系统的设备资源操作过程实现的,建立系统设备资源操作过程与功能处理活动(算法)紧耦合模式,实现设备资源操作效率和设备驻留功能处理有效性。第三,建立设备资源性能和驻留功能处理品质一致性。设备的功能处理过程是由系统的设备资源操作过程实现的，系统设备资源性能和操作模式决定了功能处理品质，建立基于设备驻留功能处理品质需求的设备资源性能，确定设备资源性能组织以满足设备驻留功能处理品质。总之，联合式航空电子系统针对系统应用能力的需求，通过定义相关的专业领域能力，构建专业符合能力组织的设备构成。同时在此基础上，确定设备关联的功能构成，通过设备资源的能力和操作性能，建立设备耦合的功能能力和性能需求。最后针对系统内在的设备组织，依据系统各个设备能力和作用空间，根据设备关联功能的处理模式和性能，通过系统联合式组织和集成，形成联合式架构航空电子系统功能组织和处理结果形式。

3）面向独立设备操作环境的功能运行需求

独立设备操作环境的功能运行需求指的是以设备操作环境组织建立功能运行条件的模式。按照一般系统设计的思路，系统功能运行取决于系统应用运行环境需求。但是在联合式系统中，系统功能运行条件是基于系统设备操作环境。联合式系统的功能组织嵌入在系统设备能力中，而系统设备的能力取决于系统设备当前的操作环境和条件。也就是说在联合式系统架构中，设备所有功能逻辑都蕴含于设备能力操作模式，由设备操作的条件实现系统功能的处理过程。每项功能处理都基于设备资源的操作能力，每项功能逻辑组织都基于设备资源的操作模式，每项功能运行组织都基于设备资源的操作条件。即联合式系统功能运行基于设备独立组织和运行条件管理。因此，建立独立设备操作环境的功能运行需求是联合式系统处理条件组织。主要有：第一，建立设备资源性能与设备驻留功能处理性能一致性。设备的资源性能是设备操作结果性能的保障。功能处理性能是功能结果性能的保障。由于设备驻留功能处理模式（算法）是基于设备资源操作过程实现的，所以必须建立设备资源性能和设备驻留功能性能的一致性，最优满足系统面向系统应用的功能处理性能需求。第二，建立设备资源操作过程条件与设备驻留功能调用需求一致性模式。设备操作过程基于设备资源操作模式，功能处理过程基于功能调用模式。由于设备驻留功能运行通过设备资源操作实现，所以必须建立设备资源操作条件和设备驻留功能调用模式的一致性,实时满足系统面向系统应用的功能调用需求。第三,建立设备资源操作结果性能空间和驻留功能处理结果性能空间的一致性。设备操作结果空间基于设备资源操作过程和作用空间的结果构成,功能处理空间基于功能处理过程和逻辑作用空间的结果构成。由于设备驻留功能处理是通过设备资源操作实现的,所以必须建立设备资源操作过程和结果作用空间与设备驻留功能处理逻辑和结果作用空间的一致性,实时满足系统面向系统应用的功能处理结果需求。因此,联合式航空电子系统的功能运行是通过系统设备操作过程的环境决定的。系统功能的专业领域取决于系统设备构成作用领域,系统功能逻辑能力取决于系统设备构成的能力空间,系统功能处理性能取决于系统设备构成的操作品质,而系统功能运行条件取决于系统设备构成的操作环境。联合式系统通过对系统设备操作环境的监控和管理,实现系统功能组织和运行,建立面向系统应用模式的系统功能和运行模式。

基于设备能力的联合式系统功能组织架构如图 8.3 所示。

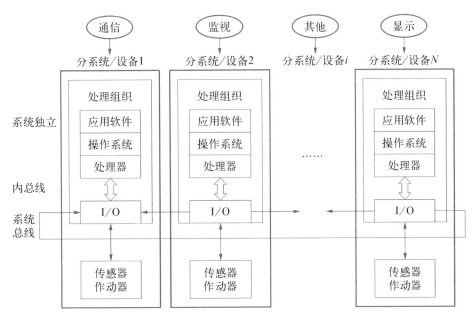

图 8.3　基于设备能力的联合式系统功能组织架构

8.1.3　基于系统能力的功能结果综合

联合式系统架构的最重要的特征是联合式协同模式。也就是说联合式系统通过设备能力构成系统功能组织，通过功能处理结果的协同构成系统应用需求。这就是我们所说的联合式系统架构的综合。

航空电子系统综合就是将构成系统的多个实体（系统或设备）环境、能力、过程、作用域、范围、品质和性能组织起来，通过行为的合成、性能的融合、成分的集成和操作的综合，实现应用组织和目标的优化，系统处理能力和性能优化，资源利用率和效率的优化，即综合化航空电子系统。但是，不同飞机能力有不同的需求和目标，不同系统架构有不同的能力和要求，航空电子系统综合的内容和程度是由飞机的目标需求和系统的架构能力要求所决定的。本节仅限于讨论大型客机需求和联合式系统架构综合模式。

对于联合式系统架构，系统的构成基于系统设备的能力实现飞行过程组织与管理。即系统的组织基于系统应用领域需求的不同专业设备资源类型构成，提供系统应用活动的能力保障；系统的能力基于系统专业设备驻留的不同功能组织，提供系统专业功能组织和处理模式；系统的运行基于系统专业设备功能的不同条件操作过程，提供系统资源组织和操作处理过程。但是，根据联合式系统架构特征，首先建立系统应用组织。由于联合式系统架构的能力基于设备组织的系统能力，系统应用与运行面向系统设备作用领域和能力组织，如飞行管理、通信链路、导航组织等，系统的应用构成实际上基于系统设备专业领域和能力组织；其次是建立系统运行组织。由于联合式系统架构的运行基于设备与驻留功能紧耦合的系统过程，系统运行和处理基于系统专业设备功能类型、能力范围和运行条件，如飞行计划、通信消息、导航模式等，系统的功能运行构成实际上基于系统设备专业能力和环境组织；最后是建立系统结果组织。由于联合式系统架构的结果基于设备与驻留功能处理结果的组合，系统运行和结果基于系统专业设备功能逻辑、处理过程和操作模式，如飞行状态、通信命令、飞行引导等，系统的功能处理结果构成实际上基于系统设备资源操作和结果性能组织。

因此,联合式系统架构的应用组织、运行组织和结果组织都是基于系统设备的能力、环境和结果的组织。联合式航空电子系统综合就是在系统设备能力、环境和结果组织的基础上,依据能力作用域的处理范围、运行环境的操作模式、处理结果的作用性能,建立联合式系统架构的综合模式,实现基于系统设备能力的应用范围和目标扩展,基于系统设备处理的运行环境和品质改进,基于系统设备结果的性能和有效性提升。联合式系统架构综合的任务和能力主要特征如下。

1) 基于设备专业领域的系统能力综合

基于设备专业领域的系统能力综合指的是依系统应用需求,根据系统设备构成,形成系统的整体能力。一般航空电子系统的能力是由系统功能能力组织和作用空间构成的。但是在联合式系统中,系统由独立的设备构成,而独立的设备又具有与自身特征和能力相关的嵌入式功能构成,也就是说,这些独立设备配置的驻留功能不是面向系统应用目标需求,而是面向设备特定领域和专业的处理需求。即在联合式系统架构中,系统设备构成是基于设备的特征和能力,设备所有功能都是在设备内部完成的,每项功能处理都具有自身独立的处理逻辑、独立的操作资源和独立的输入/输出,由设备独立组织和运行管理。联合式架构通过这些不同的独立的设备专业和能力组织,形成系统整体的能力。因此,基于系统设备能力综合是联合式系统组织的首要任务。主要分为以下几个方面:第一,建立系统一体化应用领域。系统应用领域是系统组织和运行的空间。系统组织依据系统应用领域的需求,通过系统能力组织,覆盖系统应用的空间,实现系统运行和目标。对于联合式系统架构,首先要建立系统应用目标和环境,确定系统的应用活动和作用域,明确系统运行模式和结果需求,通过应用能力和各个应用活动的综合,形成一体化的系统应用领域,为系统组织与构成奠定基础。第二,建立设备功能组织。已知系统应用领域基于系统应用需求,系统设备能力基于设备资源特征。联合式系统架构针对系统设备能力组织覆盖系统应用能力需求,系统设备组织通过当前设备的专业和能力特征,实现应用领域专业划分、能力划分、条件划分和操作划分,构建基于设备当前的能力、条件和范围的专业化设备作用域组织。再通过基于应用领域目标的设备作用域的目标、性能和结果综合,实现系统设备功能组织。第三,建立逻辑化功能作用域。已知设备功能是面向系统应用领域和运行需求,但设备功能是基于设备特征和设备操作资源能力。联合式系统架构系统设备功能依据功能专业逻辑组织,针对系统设备能力组织覆盖系统应用能力需求,实现应用领域的任务过程、任务操作和任务处理;系统设备功能依据功能专业逻辑处理,针对设备资源特征和操作模式,实现设备的功能算法、功能处理和功能运行;系统设备功能依据功能专业逻辑组织,依据设备资源特征和操作模式,实现系统应用运行过程、设备资源操作过程、设备功能处理过程的综合。总之,联合式航空电子系统设备专业领域的系统能力综合建立了系统应用领域组织、确定了系统设备功能组织、构建了系统操作逻辑的组织,实现了系统能力的综合。

2)基于设备环境组织的系统条件综合

基于设备环境组织的系统条件综合指的是依据系统应用运行环境,根据系统设备资源能力条件,针对系统设备驻留功能专业处理模式,形成系统运行有效保障条件。一体化的航空电子系统应用环境决定了系统运行条件,系统的运行条件决定了系统功能处理,系统功能处理决定了系统设备资源要求。但是在联合式系统中,系统是由独立的设备构成,而独立的设备嵌入自身特征功能组织。对于独立设备来说,其操作能力和运行状态的环境和条件是基于设备自身的资源能力和操作模式。对于设备驻留功能来说,其处理模式和操作逻辑的环境和条件是基于设备资源操作能力。对于系统应用来说,其应用组织和运行模式的环境和条件是基于系统设备能力条件和功能组织条件。即在联合式系统架构中,系统设备能力和操作条件直接影响系统功能处理能力和范围,而系统功能处理能力和条件直接影响系统应用的状态和结果。联合式架构系统通过这些不同设备、不同功能、不同应用的环境和条件组织,形成系统整体的运行能力和环境。因此,基于设备环境组织的系统条件综合是联合式系统组织的重要任务和保障条件。主要分为以下几个方面:第一,建立应用活动组织和运行条件。系统应用活动是系统应用处理和运行组织过程。系统活动组织就是依据系统应用领域的环境,通过系统活动能力和条件组织,建立系统应用需求的响应,实现系统运行和目标。对于联合式系统架构,系统应用组织和运行条件通过确定系统应用活动的类型,确定系统应用环境的响应模式;通过系统应用活动的运行需求,确定系统响应活动条件;通过应用目标和环境需求,确定系统响应活动组织和条件综合。第二,建立设备资源能力组织和操作条件。设备资源能力是系统设备操作模式和操作过程组织能力。设备资源能力就是依据系统该专业领域的特征,通过驻留功能能力和条件组织,建立面向系统应用模式的设备操作响应,实现系统应用目标和环境要求。对于联合式系统架构,设备资源能力和操作条件通过确定系统设备资源能力类型,确定系统设备资源操作响应模式;通过系统设备驻留功能处理需求,确定系统设备资源操作过程;通过系统设备的结果和条件需求,确定系统设备资源组织和条件综合。第三,建立功能专业逻辑和处理条件组织。设备功能专业逻辑和处理条件是系统功能运行组织和系统应用活动能力的保障。设备功能是面向系统应用运行逻辑处理需求的模式,设备功能处理过程基于设备资源操作过程。对于联合式系统架构,系统功能逻辑处理条件决定系统设备的功能,系统设备的功能组织决定系统应用活动能力和运行目标。系统设备资源操作条件决定系统功能处理,系统功能处理决定系统应用环境和运行处理。系统功能专业逻辑和处理条件组织确定了系统能力组织和运行过程。

3) 基于设备功能处理的系统结果综合

基于设备功能处理的系统结果综合指的是依据系统应用运行模式,根据系统设备资源操作过程,针对系统设备驻留功能处理结果,形成系统的运行结果能力和性能。一体化航空电子系统功能处理依据系统应用运行模式,依据系统专业处理功能处理组织,通过系统物理设备的运行支持,产生系统功能处理结果,最后通过系统应用组织,形成系统应用服务。但是在联合式系统中,系统由独立的设备构成,独立设备驻留自主处理的功能,系统的应用是通过这些设备嵌入式功能实现系统的应用。这样,联合式系统设备功能处理是根据系统设备资源操作能力实现设备支持的逻辑处理结果,系统应用通过这些面向设备驻留功能处理结果的组织和综合实现系统应用需求。因此,基于系统设备功能处理结果的综合是联合式系统组织的重要任务之一。主要分为以下几个方面:第一,建立基于设备功能处理结果空间的集成。系统各个设备驻留功能处理是系统应用运行结果的组成部分。系统设备作用领域是依据系统应用组织需求构建的设备特征和能力领域,设备的驻留功能就是在支持该系统应用组织的设备能力基础上构建的功能处理模式。也就是说,设备功能组织和处理结果就是系统应用需求实现的一部分。对于联合式系统架构,由于每个设备的驻留功能具有自身的特征条件、作用领域和结果空间,虽然设备驻留功能是系统应用处理的一部分,但不同的设备和不同功能具有不同条件、作用领域和结果空间,系统应用组织应根据系统应用环境条件,根据系统资源组织能力构成,实现基于设备功能处理结果空间的集成,形成当前联合式系统架构应用组织和运行结果。第二,建立设备功能处理结果性能的融合。系统各个设备驻留功能过程是系统应用运行过程的组成部分。系统设备处理性能是依据系统应用性能需求构建的设备能力和性能。设备的驻留功能处理性能就是在支持该系统应用组织的设备能力和性能基础上构建的功能处理过程和结果性能。也就是说,设备功能处理和结果性能就是系统应用性能需求实现的一部分。对于联合式系统架构,由于每个设备的驻留功能具有各自独立的处理逻辑、条件和性能。虽然设备驻留功能处理性能是系统应用处理性能构成的一部分,但不同的设备和不同功能具有不同逻辑、不同条件和不同性能,系统性能组织应根据系统应用环境,针对系统资源性能组织构成,实现基于设备功能处理结果性能的融合,形成当前联合式系统架构应用品质和运行性能组织。第三,建立设备功能处理结果协同组织综合。系统各个设备驻留功能处理过程是系统应用运行过程子过程或支持过程。系统设备处理需求是依据系统应用目标需求构建的设备专业领域的处理模式。设备的驻留功能结果就是基于不同系统应用运行过程和不同设备资源类型形成的特定的处理结果。也就是说，设备功能处理结果针对不同应用处理、设备能力、功能专业和环境条件形成的应用、阶段、过程和条件结果。对于联合式系统架构，由于每个设备的每项驻留功能都具有独立的结果，系统应用和功能组织应根据系统应用环境，针对系统应用过程组织，确定系统各个应用运行结果形式；依据系统功能逻辑组织，确定系统各个功能处理结果形式；根据系统资源操作组织，确定各个设备资源操作结果形式，最终实现设备功能处理结果协同组织综合，形成当前联合式系统架构应用结果和运行能力的组织。

基于设备能力的联合式系统功能结果综合组织架构如图 8.4 所示。

8.2　IMA 架构系统综合

综合模块化航空电子系统（IMA）架构是目前应用非常广泛的航空电子系统综合架构。由于系统设备专用性和封闭性的限制，联合式系统架构综合能力仅限于系统应用组织和系统设备功能运行结果组织范畴。随着 IT 技术的高速发展，除了系统物理环境转换处理（如射频转换处理）和系统能量转换处理（如电源转换）还保留系统模拟处理能力之外，系统几乎所有的逻辑处理过程全部由数字系统来实现和完成。这种数字化的逻辑处理过程基于系统通用处理和系统通用计算资源能力，提供系统数字逻辑处理算法，构建系统功能逻辑处理能力，实现航空电子系统的程序处理和运行过程，同时也为航空电子系统综合化奠定基础。

现代航空电子系统处理模式基于程序化信息处理模式。即航空电子系统是基于系统逻辑处理算法，通过计算技术指令处理引导、基于程序处理流程、通过数据存储管理，实现系统应用和功能需求的面向信息处理的模式。所有这些

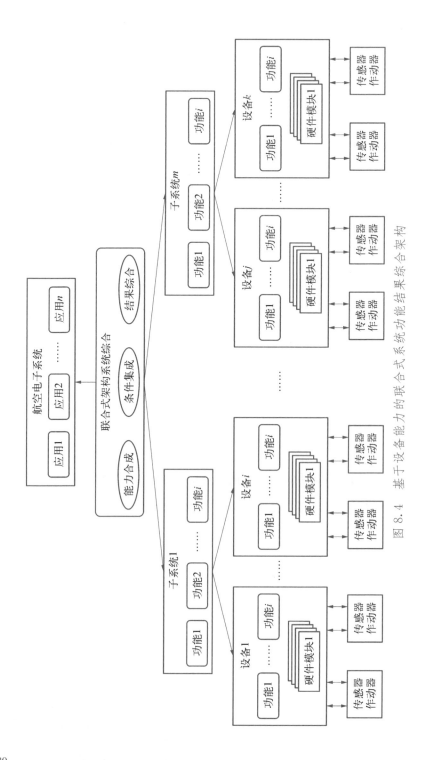

图 8.4 基于设备能力的联合式系统功能果综合架构

都建立在系统通用处理和通用计算资源平台的基础上。但是,在现实工程环境中,航空电子系统必然要受到三种因素影响,即基于技术进步的时间因素、基于系统复杂性限定的平衡因素和基于应用与开发费用限制的成本平衡因素。也就是说,由于技术、时间、成本和环境的限制,航空电子系统无法完全实现通用化处理模式,系统通用计算资源平台无法覆盖系统所有应用和能力处理的需求。针对现实工程情况限制和技术发展能力,能否构建一个尽可能多的系统通用处理模式,运行在一个系统通用计算资源平台中,覆盖整个系统应用组织,提供系统的综合能力;同时又保留一些系统专用处理设备或子系统,实现系统专用业务处理需求,还支持系统应用组织综合。IMA 就是这种实际工程环境的航空电子系统架构权衡的产物。

IMA 架构的主要思想是将能支持航空电子系统综合化的通用处理从系统紧密耦合组织中剥离出来,构建一个统一、独立和干净的通用处理环境和平台,并保留基本的系统专用处理能力作为系统松耦合支持部分,形成系统驻留通用处理功能组织和综合模式,提供系统资源组织与综合,支持基于驻留功能的系统应用组织与综合。

典型的 IMA 综合化航空电子系统架构如图 8.5 所示。

IMA 综合化航空电子系统运行模式主要基于系统建立通用计算平台,通过驻留和处理系统通用处理应用和功能,实现航空电子系统的综合。基于 IMA 的航空电子系统综合模式首先将系统的通用应用与专用处理分离,将分离出的通用应用和处理集中到 IMA 平台中,通过 IMA 平台,实现 IMA 驻留功能、资源组织和运行模式的综合。也就是说,基于 IMA 架构的航空电子系统的主要目标是基于 IMA 平台实现系统综合。已知航空电子系统的目标是实现飞行应用需求。在 IMA 架构模式中,飞行员依据飞机的使命和当前环境,确定飞机的任务,调用基于 IMA 平台的任务管理系统,实现支持任务的功能组织与运行。在 IMA 平台中,根据计算资源的能力和特征,通过操作系统建立功能分区,支持系统独立运行和协同交互组织。对于工程化的航空电子系统,大部分

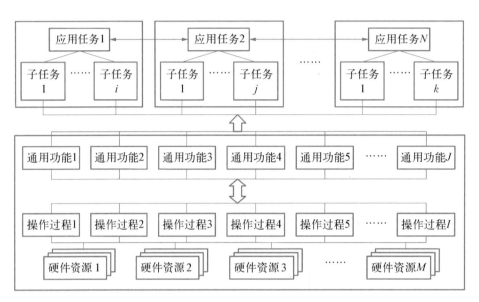

图 8.5　IMA 综合化航空电子系统组织架构

系统应用都是由通用处理部分和专用处理部分构成。为了提升系统综合能力，应该尽可能将系统应用的通用处理部分集中驻留到 IMA 平台中，而系统应用专用部分还保留在系统专用设备中，如图 8.5 所示。在 IMA 系统架构中，航空电子系统实现了三种综合。下面简述基于 IMA 系统综合的思路。

一是飞行任务综合。飞行任务是通过基于 IMA 驻留系统应用组织，实现飞行任务的综合。例如飞行任务组织。飞行过程通过驻留 IMA 平台飞行管理系统组织，建立飞行环境感知和飞行态势组织；通过当前驻留在 IMA 平台的飞行计划，建立飞行任务和飞行条件组织；通过驻留 IMA 平台 PBN 导航功能，实现导航位置处理和完好性计算；通过驻留 IMA 平台飞行监视功能，实现航路交通情况和安全隔离的监视，通过驻留 IMA 平台通信功能，实现与空管员的交互，通过驻留 IMA 平台显示功能，建立航路、航向和航迹导引，提交给飞行员决策和响应。

二是系统功能综合。系统功能是描述专业处理与组织的能力，通过基于 IMA 驻留系统专业功能，实现系统功能的综合。例如机场场面滑行任务。系统滑行功能组织通过驻留 IMA 平台增强视景功能,给飞行员提供当前环境条件的滑行路径显示能力;通过驻留 IMA 平台滑行位置报告功能,给飞行员和空管员提供当前飞机滑行位置和滑行航向;通过当前驻留在 IMA 平台的通信功能,给飞行员提供机场交通环境广播信息;通过当前驻留在 IMA 平台的交通态势处理功能,给飞行员提供当前滑行路径交通环境和安全隔离能力;通过驻留 IMA 平台安全间隔告警功能,给飞行员提供当前滑行冲突监视和告警能力。

三是物理综合。物理综合是通过基于 IMA 驻留系统应用组织,实现资源共享和处理复用的综合。例如,系统通用应用和功能驻留在 IMA 平台的飞行管理系统组织,建立分时系统应用处理模式,共享 IMA 平台计算资源,提升了 IMA 平台资源利用率;系统应用和功能驻留在 IMA 平台的共享处理过程,建立系统通用处理结果共享和过程复用,如通用算法、驱动、输入和输出处理,提升系统处理效率;系统专用应用和功能驻留在 IMA 的平台专业处理系统组织,建立系统前端处理的复用,如射频处理,减少系统专用资源需求;系统专用处理模块嵌入在共享 IMA 平台的专用模块管理组织,建立系统共享 IMA 处理和转换的信息,如数模转换或输入滤波,减少系统处理重复,实现系统处理复用。

IMA 系统架构就是通过系统应用模式组织,建立支持系统应用综合的通用应用运行平台;通过系统功能组织,建立支持系统功能综合的通用功能处理平台;通过系统资源组织,建立支持系统物理综合的通用资源操作台;最终实现航空电子系统的综合化。

8.2.1 IMA 平台资源组织

物理资源能力是支持航空电子系统的应用和功能需求的保障。在讨论 IMA 系统物理综合之前,首先要清楚系统物理资源组织与构成。系统物理资源是为系统应用和功能的目标、组织和运行提供服务。即通过系统物理资源的能力、类型和形式,建立、解释、执行和实现系统应用和功能的目标和要求。因此,系统物理资源应根据系统不同的应用模式和需求、不同系统功能逻辑和处理,配置与其相适应的物理资源能力和操作模式。

1) 建立面向系统驻留功能的 IMA 平台资源能力

IMA 平台首要任务是建立支持驻留功能处理需求的物理资源能力。对于 IMA 平台组织而言,由于驻留功能包含有不同的专业、逻辑和处理模式,具有不同能力、性能和过程组织,需要 IMA 平台提供相应的资源能力、操作过程和运行性能保障。因此,IMA 平台必须建立相应物理资源能力,满足驻留功能应用能力、处理逻辑、运行性能和专业特征的要求。其主要任务如下:第一,建立面向驻留功能应用和综合需求的资源能力。即 IMA 平台物理资源根据系统的驻留功能应用模式要求,确定驻留功能的应用环境,明确驻留功能的运行模式,支持驻留功能的综合要求,构建满足驻留功能应用需求的 IMA 平台物理资源运行能力组织。第二,建立面向驻留功能逻辑和处理的资源能力。即 IMA 平台物理资源能力根据驻留功能的处理模式要求,确定驻留功能的专业领域,明确驻留功能的处理逻辑,支持驻留功能处理的操作过程,构建满足驻留功能处理需求的 IMA 平台物理资源操作模式组织。第三,建立面向驻留功能性能和品质的资源能力。即 IMA 平台物理资源能力根据驻留功能处理过程和结果要求,确定系统驻留功能性能和处理品质,明确驻留功能处理环境和运行条件,支持驻留应用处理过程,构建系统满足驻留功能品质需求的 IMA 平台物理资源操作性能组织。第四,建立面向驻留功能专用特征的资源能力。即 IMA 系统物理资源能力根据驻留应用专业特征和处理领域,建立驻留功能专业分类组织和作用形式,确定系统计算资源能力与工作模式,明确系统专用计算资源能力和工作模式,建立系统专用物理操作资源能力和工作模式,构建系统满足驻留功能专业需求的 IMA 平台物理资源能力类型组织。

2) 建立 IMA 平台资源和驻留功能独立模式

IMA 平台资源与其驻留功能独立性是 IMA 平台综合能力、效率和安全性的保障。IMA 平台由 IMA 的系统应用处理、平台资源组织和系统综合模式构成。通过 IMA 平台资源综合过程,实现平台能力组织优化;通过 IMA 平台应用综合过程,实现驻留功能的应用处理优化;通过 IMA 系统综合,实现航空电子系统组织优化。

IMA 平台资源组织是基于平台资源能力和类型构成,IMA 平台资源的综合建立在独立通用资源能力共享的基础上,即通过建立开放式资源平台,提供资源分时使用,保证资源独立操作,支持多道程序并行模式,实现 IMA 平台资源的综合。IMA 平台应用综合建立在独立通用功能处理共享资源基础上,即通过分解功能处理过程,构建通用功能单元,提供功能运行分区,保证功能独立处理,支持多类功能分组模式,实现 IMA 平台驻留功能综合。IMA 系统综合建立在独立资源组织、独立功能单元和独立应用需求的基础上,即通过建立基于应用目标、驻留功能和资源能力的构型,确定系统当前驻留功能和资源能力可用状态,保证驻留功能和资源能力独立组织,依据系统应用目标和组织环境,实现基于应用的航空电子系统综合。

IMA 系统驻留功能和资源独立性主要有三个方面:一是建立 IMA 平台通用资源独立模式,即资源能力独立、操作过程独立和结果性能独立。这种通用资源独立模式支持建立通用操作共享能力(共享存储、共享输入/输出、共享运算器)和分时使用模式(类型、周期、条件)。二是建立 IMA 平台驻留功能独立模式,即运行专业组织独立、处理逻辑独立和运行过程独立。这种驻留功能独立模式支持建立通用功能共享能力(通用单元、通用算法、通用过程)和分区组织模式(功能隔离、单元隔离、过程隔离)。三是建立 IMA 系统驻留功能与资源能力独立模式,即功能专业与资源类型独立、功能处理与资源操作独立和功能性能和资源能力独立。这种系统组织独立模式支持建立驻留应用与资源能力的构型配置(系统、专业、资源)和管理模式(过程、能力、范围)。

3) 建立 IMA 系统资源组织

IMA 系统资源组织通过系统应用模式,建立 IMA 系统应用通用处理组织;通过系统资源能力,建立 IMA 系统通用资源组织;通过系统运行和状态模式,建立系统故障管理平台组织。首先,建立系统应用通用处理组织。即通过

IMA 平台的驻留功能的独立性,IMA 系统不再将功能绑定到固定的硬件设备,而是根据 IMA 系统当前的资源分配状况,将功能交给当前最合适的设备来实现。由于 IMA 系统是采用驻留功能单元组织模式,允许将一个功能单元分配到诸多独立计算资源中运行,这样 IMA 系统大大提高了驻留功能共享资源的能力。第二,建立系统通用资源处理组织。即通过 IMA 平台资源的独立性,IMA 资源平台建立了通用操作模式,形成支持驻留功能分区共享资源能力,通过共享系统的计算资源,支持功能之间的数据共享,实现平台资源共享(能力、操作、结果、接口)。第三,建立系统通用能力和状态管理组织。即通过故障分类,建立系统资源能力缺陷、操作错误、结果故障监控与管理模式,支持系统资源能力组织与再分配,支持模块的可重用性,减少系统资源能力空闲和浪费,增强 IMA 平台资源能力有效性和置信度。

根据 IMA 系统综合和组织特征,IMA 资源构成是基于系统应用和功能运行需求,依据资源自身的能力和操作模式,实现系统应用和功能目标和性能要求。即 IMA 系统资源是通过资源自身的能力和模式支持和解释系统的应用和功能处理。也就是说,IMA 系统资源操作能力针对系统应用和功能能力和目标需求,IMA 系统资源操作模式面对系统应用和功能处理过程,IMA 系统资源操作效率面向系统应用和功能组织过程。另外,IMA 系统资源操作不依赖系统应用和功能运行状态,具有自主运行操作和离散状态特征。因此,IMA 平台资源能力是根据系统应用和功能处理目标需求,建立基于 IMA 资源自身特征的能力类型,构建 IMA 系统资源能力组织,确定 IMA 资源能力操作模式,形成基于系统应用和功能的 IMA 资源能力配置。对于航空电子系统,已知不同的系统应用和功能具有不同资源配置,不同资源配置蕴含着不同资源能力。IMA 系统资源能力是针对系统资源操作能力需求,通过基于 IMA 系统能力的资源配置,实现 IMA 资源能力组织,支撑 IMA 系统应用和功能运行目标和需求。

IMA 平台资源组织架构如图 8.6 所示。

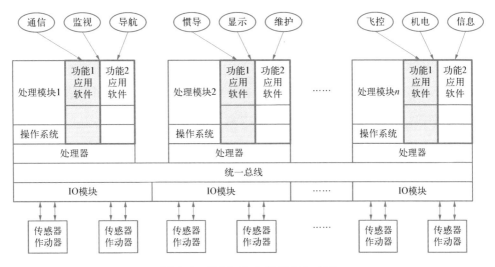

图 8.6　IMA 平台资源组织架构

8.2.2　IMA 系统组织架构

IMA 是基于计算资源组织的平台,提供系统驻留功能的处理能力、存储能力和通信能力。IMA 平台配置的实时操作系统提供系统驻留功能的分时组织、分区组织和等级组织。IMA 系统提供了系统管理模式,构建了系统资源组织、过程组织和应用组织。IMA 系统的最终目标是通过基于 IMA 平台资源的综合,通过基于 IMA 功能处理的综合、通过基于 IMA 系统组织的综合,实现航空电子系统的综合。IMA 综合化技术是面对复杂性系统发展趋势,提升系统综合效能的有效解决途径。即通过 IMA 资源的物理综合化技术,实现资源共享,大幅度降低资源需求,降低系统成本;通过 IMA 驻留的功能综合化技术,实现过程和功能共享,大幅度提升处理能力,提升系统效能;通过 IMA 系统运行综合化技术,实现系统运行目标需求,提升系统应用有效性、可用性和可靠性。

任何系统组织的有效活动都建立在有效活动载体能力的基础上。IMA 系统一样,要实现系统综合化,提升系统综合能力、品质和效率,首先建立 IMA 系统能力规范,即建立 IMA 资源类型、活动模式、过程能力规范,为 IMA 系统综合能力组织奠定基础;第二,建立 IMA 系统作用过程标准,即确定 IMA 系统行为模式、操作过程和过程组织标准,为 IMA 系统综合过程组织奠定基础;第三,建立 IMA 系统结果形式要求,即明确 IMA 系统作用空间、过程品质和结果形式要求,为 IMA 系统综合目标组织奠定基础。最终通过这些 IMA 系统的规范、标准和要求,支持系统能力综合、过程综合和结果综合。

1) 资源与驻留功能通用模式

资源与驻留功能通用模式是 IMA 资源综合化能力的重要保障。所谓资源与驻留功能通用模式是指 IMA 系统资源基于通用能力,面向系统所有的驻留功能操作需求。IMA 驻留功能基于通用处理过程模式,面向通用资源的操作模式。随着航空电子系统应用大幅度提升,系统的功能组织大幅度增加。对于 IMA 系统来说,面对系统综合应用需求的增加,IMA 系统其驻留功能也大幅度增加。这些驻留功能的增加对 IMA 系统存储、运行和管理提出更高的需求。如何建立 IMA 平台资源组织,实现资源共享,满足驻留功能处理和运行的需求是 IMA 组织的首要问题。资源与驻留功能通用模式提供了 IMA 资源与驻留功能动态配置能力,有效地支持 IMA 资源共享模式和综合过程要求。

IMA 系统资源组织是面向航空电子系统功能的通用处理过程资源配置。根据前面论述,现代航空电子系统是面向信息环境,基于计算机平台,采用计算方法和算法,通过计算机程序,完成系统的应用和功能处理。对于整个航空电子系统物理资源构成,除了个别的专用事件和处理模式之外,航空电子系统功能都是建立在计算机处理程序的基础上,而计算机处理程序建立在通用计算处理资源平台技术上,是通过计算机资源支持和运行来实现的。因此,IMA 平台资源是面向程序化处理的计算资源,覆盖系统所有功能计算处理的需求,支持系统功能通用处理独立运行、独立组织和独立管理。

根据程序化航空电子系统处理特征,IMA 资源综合的思路主要包含以下几个方面:首先,建立系统通用计算资源的存储能力组织与共享。航空电子系统是程序化的数字信息处理系统,所有的系统应用和功能处理都是通过程序的形式描述其操作过程。所谓系统应用和功能的驻留共享存储环境是指将系统计划综合的应用和功能程序驻留在一个程序存储资源内,操作数据共用一个数据存储单元,通过不同的分区管理,实现多道程序使用一个共享程序和数据存储资源和空间。第二,建立通用计算资源的操作处理复用。航空电子系统是程序化的数字信息处理系统,具有运算器、数值协处理器、逻辑处理单元,以及辅助处理器等计算处理单元。所有的系统应用和功能处理程序根据运行环境激励,通过系统调度时间分区,分时复用和共享系统计算处理资源。第三,建立通用输入/输出资源数据共享。系统通用应用和功能驻留共享系统程序与数据存储资源,而这些系统应用和功能运行需要共享系统输入/输出资源,通过共享和分时,实现应用和功能的输入和输出处理。第四,建立通用信息传输资源的复用。系统通用应用和功能驻留在系统资源平台,系统内部通信和外部通信需要共享系统内部总线和系统外部总线,通过分时使用,实现系统内部和外部的交互。

2)资源分时使用和功能分区保护

资源分时使用和功能分区保护是 IMA 实时操作系统重要的能力和系统驻留运行效率和有效性的重要保障。所谓资源分时使用是指 IMA 实时操作系统提供系统驻留功能并行调度,提供分时使用共享资源的能力;而功能分区保护是指 IMA 实时操作系统建立系统驻留功能运行独立逻辑空间,提供分区隔离保护能力。

IMA 系统支持多种驻留功能并行运行组织,实现系统应用组织和综合。这种并行驻留功能并行运行模式不仅需要实时资源能力和操作支持,而且需要独立运行空间和保护模式。对于 IMA 系统驻留应用来说,已知功能运行是基于系统环境需求而调用的,也就是说,不同的环境条件调用不同的应用处理。针对 IMA 系统这种需求,ARINC653 提出了分时使用和分区隔离与组织的概念,通过将不同关键级别的任务分配到不同的分区中,使得 IMA 驻留功能并行运行在同一计算资源上,通过资源分时调用策略,实现多种功能运行共享资源,且它们之间各种任务不会相互影响。另外,在 IMA 系统中,一个核心模块可以支持一个或多个航空电子应用软件,对运行在核心模块上的多个应用软件可按功能划分为多个分区,一个分区由一个或多个并发执行的进程组成。在操作系统层,系统采用轮转调度的方式激活每一个分区,在每一个分区中,系统根据分区内定义的调度策略进行调度。因此每一个分区内部的任务只能在当前分区处于激活状态才有可能被执行,从而使得核心模块中的各个分区相互独立。在分区操作系统中系统软件和应用软件相互独立,应用软件之间相互隔离。一个应用不能直接访问其他应用的资源,它们只能通过标准接口实现与系统的关联。系统软件具有可升级性的优点,应用软件也具有可移植性、可重用性的优点,使得系统的升级和维护更加容易。

3) 应用、功能和能力操作分层组织

应用、功能和能力操作分层组织是 IMA 系统能力组织、过程组织和运行组织的模式,是系统综合和管理有效性的重要保障。系统活动是按任务、功能、资源层级分类组织的,所有 IMA 要完成系统的综合,也必须按照系统的层级分类划分,与系统组织保持一致。所谓能力组织是指 IMA 系统资源的构成、资源的操作和资源的管理,提供给 IMA 系统的资源操作的环境和能力。所谓过程组织是指 IMA 系统驻留应用活动、功能处理和功能操作过程,提供给 IMA 系统的功能操作条件和过程。所谓运行组织指的是 IMA 系统的运行组织、运行状态和运行管理过程,提供给 IMA 系统的运行组织与管理模式。因此,IMA 系统应用、功能和能力操作分层组织提供了独立的系统能力、处理和运行组织,有效地支持了 IMA 系统的综合。

应用、功能和能力操作分层组织建立 IMA 系统的应用运行模式、功能处理模式和资源操作模式,支持 IMA 面向应用组织的综合、面向系统功能组织的综合和面向系统资源组织的综合。首先,建立 IMA 系统应用层组织。IMA 应用层组织根据航空电子系统应用需求,建立 IMA 系统的应用背景和环境,明确 IMA 系统的应用组织和需求,确定 IMA 系统的应用过程和环境,构建基于

IMA 系统的运行目标与要求。即系统应用组织—运行模式—任务综合。第二,建立 IMA 系统功能层组织。IMA 功能层是根据航空电子系统应用任务需求,明确 IMA 系统的专业能力范围和领域,确定 IMA 系统的功能处理过程和条件,构建基于 IMA 系统驻留应用处理逻辑和要求,即能力类型—处理过程—功能综合。第三,建立 IMA 系统资源层组织。IMA 资源层是根据航空电子系统应用和功能需求,明确 IMA 系统的资源能力和类型,确定 IMA 系统的资源操作模式和条件,构建基于 IMA 系统资源能力和处理结果和要求,即资源类型—操作过程—资源综合。

因此,应用、功能和能力操作分层组织建立了系统应用、系统功能、系统资源三个层面组织,支持应用运行、功能处理和资源操作的平台能力,支持基于 IMA 系统的航空电子系统与任务综合、功能综合、物理综合。这三个分层平台构成如下:首先,IMA 系统针对应用任务、能力和操作过程组织,建立系统应用组织过程:应用组织、应用过程、应用环境,形成基于 IMA 系统的应用综合平台;其次,IMA 系统针对系统功能能力、逻辑组织、处理模式,建立系统功能组织过程:专业组织、逻辑过程、处理条件,形成基于 IMA 系统的功能综合平台;最后,IMA 系统针对系统资源类型、操作组织、结果性能,建立系统资源组织过程:能力组织、操作过程、结果条件,形成基于 IMA 系统的资源综合平台。

IMA 系统组织架构如图 8.7 所示。

8.2.3　IMA 系统综合模式

IMA 系统最为重要的任务是 IMA 系统综合。前两节论述的 IMA 平台资源组织和 IMA 系统组织模式都是为 IMA 系统综合奠定基础。为了理清 IMA 系统综合思路与技术,首先要分清楚什么是 IMA 平台和什么是 IMA 系统。IMA 平台描述的是 IMA 资源的组织、驻留功能构成和操作系统的配置,也称为 IMA 内部能力组织。IMA 平台的活动和综合描述的是基于 IMA 内部能力和内部作用范围的活动和综合。如 IMA 平台的系统分区、操作过程、资源综合

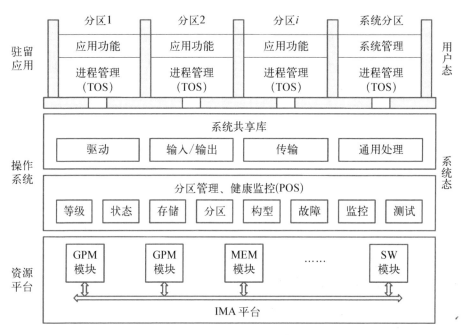

图 8.7　IMA 系统组织架构

等。IMA 系统描述的是基于 IMA 平台组织的系统应用、系统功能、系统活动（系统其他设备关联的活动）和系统管理，通常称为 IMA 系统能力组织。IMA 系统的活动和综合面向航空电子系统整个组织架构，描述系统架构组织的系统活动和综合，系统应用态势、应用感知和应用任务的综合，系统能力、系统逻辑和系统功能的综合，系统设备、IMA 平台和飞行员资源的综合。也就是说，IMA 系统综合是基于 IMA 平台实现面向整个航空电子系统的综合。有了 IMA 平台和 IMA 系统的区分，我们就可以理清另外一个经常应用的概念：IMA 平台驻留的功能和 IMA 系统驻留的应用。所谓 IMA 平台驻留功能是针对 IMA 平台内部活动功能的逻辑组织和处理模式，其作用范围和结果领域局限于 IMA 内部。所谓 IMA 系统驻留的应用是针对航空电子系统的应用模式，通过 IMA 驻留应用组织、运行和管理，实现系统应用组织与综合。即 IMA 系统驻留的应用作用范围是超越 IMA 平台环境的，通过与航空电子系统其他设备/系统的应用相互作用,实现系统的运行和管理。

任何系统组织一般分为系统应用组织、能力组织和资源组织。IMA系统的应用组织依据系统应用需求和目标,确定系统任务组织和应用收益;IMA系统能力组织依据系统功能组织和处理方式,确定系统处理品质和结果性能;IMA系统资源组织依据系统构成元素和操作模式,确定系统的组成能力和有效性。IMA系统综合化是系统一体化思维和组织优化过程。即IMA系统综合化的目标是针对航空电子系统的复杂性特征,通过采用系统综合化技术,实现系统应用组织效能最大化、系统能力组织最优化和系统资源配置组织最小化的目标。

因此,IMA系统综合首先通过IMA资源平台结构组织,形成面向通用过程的平台资源综合,实现资源共享,减少资源闲置时间,提高资源利用率,提升资源使用效率,降低资源配置需求;其次通过IMA驻留功能架构组织,形成面向过程平台的功能综合,采用功能独立和标准方式,建立面向应用任务的功能规范组织,实现功能结果共享和功能过程复用,降低系统重复活动,减少功能处理结果专用现象,实现功能结果的共享,提高系统处理效率,提升系统处理能力和有效性;最后通过建立IMA系统运行状态和管理组织,根据系统当前任务、功能和资源需求,依据系统不同任务状态与能力、功能状态与能力、资源状态与能力,通过系统任务构建、功能组织、资源配置,形成系统分类组织的状态管理,提供当前系统具备的支撑能力,并依据任务故障、功能错误和资源缺陷状态,实现基于状态监控的任务、功能、资源有机组织,实现系统状态有效性组织,减少环境与状态变化对系统影响,提升系统有效性。

1) 建立基于IMA平台资源综合

IMA平台资源综合属于系统物理综合的范围,是针对综合化系统资源组织优化的需求,实现IMA平台资源能力组织综合与IMA平台资源能力生成综合技术。对于航空电子系统物理资源组织来说,由于通用计算处理资源是面向航空电子系统应用和功能处理和运行的,并具有自身的资源特征操作模式。航空电子系统物理资源组织应针对系统应用和功能需求,根据通用计算处理资源的特征,确定通用计算处理资源能力和操作模式,建立面向系统不同应用、不同功能的资源组织和操作方式,形成航空电子系统通用处理资源平台模式。因此,为了建立有效的航空电子系统通用计算资源,首先需要了解航空电子系统应用与功能处理模式,明确它们的特征对资源的需求;其次,需要了解系统物理资源针对航空电子系统应用和功能需求具有的相关能力和方法,确定它们的能力类型和操作模式;最后,需要针对航空电子系统应用与功能需求和其配置的通用计算处理资源能力,建立既满足系统应用与功能运行与处理的需求,又实现资源特征能力和运行效能最大化。

IMA 资源综合技术是通过构建航空电子系统 IMA 平台资源组织,实现系统资源、功能和管理的综合。首先,通过建立 IMA 平台功能分区、系统分级、资源分类,形成系统能力优化组合,实现系统区域与系统资源优化配置、能力优化组合,提升区域与系统能力,降低区域与系统能力配置与复杂性;第二,通过建立 IMA 资源平台、功能平台和系统平台,支持基于资源共享的物理综合、基于结果共享的功能综合和提升系统有效性的管理综合;第三,通过建立 IMA 资源操作过程,通过物理操作综合,提升资源共享率,降低资源需求;通过功能过程综合,提升功能结果共享和过程复用率,提升处理效率;通过运行操作综合,提升系统有效性,增强系统能力。

IMA 平台资源综合主要有以下几个方面:第一,建立 IMA 平台资源组织。即通过构建系统资源能力组织综合技术,实现基于资源能力的应用过程操作、功能过程操作、资源过程操作的综合过程,建立资源类型组织,即资源类型、形式、结果;确定资源操作组织,即资源模式、操作、过程;明确资源性能组织,即能力、条件、性能。第二,建立 IMA 平台资源综合。即通过构建系统资源能力生成综合技术,实现基于资源类型、资源能力、资源管理的资源能力生成综合过程,形成资源能力综合、资源能力的分时使用共享和提升资源利用率;构建资源操作综合,实现资源操作的处理结果复用,提升资源效率;资源综合的状态管理,实现资源故障状态管理的资源能力组织,提升资源可用性,最终实现 IMA

平台资源综合收益。

2）建立基于 IMA 平台功能综合

IMA 平台功能综合属于系统功能综合的范围，是针对综合化系统功能组织和处理过程优化的需求，实现 IMA 平台驻留功能能力组织综合与 IMA 平台驻留功能处理过程生成综合。对于航空电子系统功能组织来说，首先要构建IMA 平台驻留功能处理的能力。功能能力是综合化系统能力的核心。功能能力组织是功能能力配置、功能过程组织、功能效能提升的保障。对于 IMA 平台驻留功能综合，不同的功能具有不同操作方式，不同操作方式具有不同组织逻辑。针对不同功能应用需求，通过建立不同操作方式的功能组织，提升功能操作过程能力是实现航空电子系统综合化功能能力的基础。其次要确定 IMA 平台驻留功能处理效率。功能效能是综合化系统效能的核心。功能效能组织是通过功能综合，提升功能结果共享和过程复用保障。对于综合化系统，不同任务具有各自的功能组织，不同的功能组织具有不同功能结果。由于存在着系统任务与各自相关功能的耦合性和关联性，针对系统功能组织与操作方式，通过基于系统任务需求的功能综合，实现功能结果共享，增强功能操作最大收益，有效地提升功能效能。最后要保障 IMA 平台功能处理的有效性。功能有效性是综合化系统有效性的核心。功能能力是系统任务能力的基础，功能组织是系统任务过程的支撑，功能有效性是系统任务结果有效性的保障。针对综合化系统，通过基于功能状态的系统管理综合，形成功能能力有效性组织。

IMA 平台驻留功能处理综合过程是根据 IMA 系统应用任务运行环境与结果品质的需求，针对系统输入品质、过程处理元素品质和功能结果品质，根据功能处理领域结果性能要求，确定功能提升的目标，明确功能处理缺陷的影响，扩展功能处理信息支撑能力，提升功能逻辑处理品质，提高功能活动和处理效率，降低功能过程重叠与冲突，实现功能综合结果性能、范围和有效性的目标。因此，IMA 平台驻留功能处理综合的主要任务是：首先，通过 IMA 平台驻留功能信息组织处理模式，建立面向功能运行的信息组织与性能的处理模式。即通过信息能力、信息组织和信息结果来描述功能逻辑活动。其中信息能力是描述功能逻辑处理元素的信息构成模式,信息组织是描述功能逻辑处理的信息组织模式,信息处理是描述功能逻辑处理的信息处理模式。其次,通过 IMA 平台驻留功能专业组织处理模式建立面向功能活动的专业特征与构成的处理模式。即通过专业领域处理、专业特征处理和专业环境处理来描述功能逻辑活动。其中专业领域处理是描述功能逻辑处理的领域组织模式,专业特征处理是描述功能逻辑处理的算法组织模式,专业环境处理描述功能逻辑处理的性能组织模式。最后,通过 IMA 平台管理组织处理模式建立面向功能专业、能力和协同一体化的组织模式。驻留功能是 IMA 系统应用任务的专业能力组成部分。而应用任务往往由一组特定的驻留功能能力来实现。对于多个应用任务而言,其每个应用任务的专业能力组织需要多组驻留功能来实现。对于 IMA 平台多组驻留功能组织,必然存在大量功能能力重叠和交叉重复,因此需要构建平台一体化的功能处理组织,覆盖 IMA 系统应用任务组织需求,减少应用任务交叉与重复。其中 IMA 平台管理组织由基于专业分类的功能协同平台组织、基于专业领域的功能协同平台组织和基于通用共享能力的功能平台组织构成。

IMA 平台功能综合主要有以下几个方面:第一,构建 IMA 平台驻留功能的组织综合技术,实现基于功能需求、功能模式、功能能力的功能组织的综合过程,建立功能的任务组织(功能目标需求、处理模式和专业能力),确定功能过程组织(功能结果需求、逻辑模式和过程能力),明确功能条件组织,即功能环境需求、约束条件和处理状态。第二,构建 IMA 平台驻留功能的生成综合技术,实现基于功能输入、功能元素、功能专业的功能生成综合过程,建立功能专业能力综合(基于任务态势的功能专业、品质、能力),确定功能处理能力综合(基于功能专业的元素组织、品质、关系),明确功能输入能力综合(基于功能元素传感器输入、性能、程度),最终实现 IMA 平台驻留功能综合收益。

3) 建立基于 IMA 系统应用任务综合

IMA 系统应用综合属于系统任务综合的范围,是针对综合化系统任务组织和运行过程优化的需求,实现 IMA 系统驻留应用能力组织综合与 IMA 系统驻留应用处理过程生成综合。对于航空电子系统应用组织来说,首先要构建 IMA 系统驻留应用处理的能力。系统能力是综合化系统能力的保障,系统能力组织是系统能力配置、系统状态管理、系统有效性保障的核心。对于系统状态与系统能力,不同的系统状态形成不同的系统能力支撑,不同的系统能力具有不同的系统任务环境保障。针对不同系统任务需求,通过建立基于系统任务需求分类的系统能力基础,提升系统组织管理能力是航空电子系统综合化任务能力的基础。其次要确定 IMA 系统驻留应用运行效能。系统效能是综合化系统效能的保障。系统效能组织通过系统管理综合,提升系统有效支撑能力保障。对于综合化系统,不同的系统组织方式具有不同系统能力,不同系统能力具有不同任务/功能/资源组织。对于系统不同管理需求,通过建立基于系统当前任务/功能/资源的监控能力,针对系统状态环境,通过基于系统状态的管理综合,实现系统状态能力共享,增强系统能力组织最大收益,有效提升系统效能。最后要保障 IMA 系统应用运行的有效性。系统有效性是综合系统有效性的保障。系统能力是系统任务/功能/资源组织基础,系统状态系统任务/功能/资源活动支撑,系统状态管理任务/功能/资源有效性保障。针对综合化系统,通过基于系统状态管理综合,形成任务/功能/资源有效性组织。

　　系统应用综合化是增强飞行任务能力、提升系统效能、降低系统成本的重要途径。随着飞行应用需求的不断增加,系统性能需求不断增长,系统有效性能力不断提升,对航空电子系统任务能力、任务效能、任务可靠性、系统可用性以及系统成本提出强烈的要求。IMA 系统驻留应用根据飞行应用需求综合建立整个航空电子应用情景,如当前飞行的态势情景、飞行能力情景和飞行条件情景;依据飞行应用组织综合建立整个航空电子应用状态,如当前飞行计划运行状态、飞行任务运行环境,飞行任务态势范围和飞行情景运行结果;针对飞行应用环境综合建立整个航空电子应用要求,如飞行计划目标、飞行环境条件、飞行任务能力;最后根据飞行应用目标综合建立整个航空电子应用管理,如当前飞行情景、飞行过程和飞行任务需求的管理。IMA 系统应用综合化就是在 IMA 系统驻留功能组织的基础上,针对飞行应用的过程组织管理,提升系统能力,增强系统效能,提高系统可靠性、可用性和安全性,满足飞行应用目标的要求。

IMA 系统应用综合主要有以下几个方面:第一,构建 IMA 系统任务的组织综合技术,实现基于任务需求、任务模式、任务能力的任务组织的合成过程,建立任务应用组织(系统任务的应用、要求、关系、环境),确定任务模式组织(系统能力的专业、逻辑、品质、条件),明确任务能力组织(任务响应的态势组织,感知、识别、推测)。第二,构建 IMA 系统应用的生成综合技术,实现基于任务响应、任务组织、任务管理的任务生成综合过程,建立任务态势能力综合(任务响应的态势组织,感知、识别、推测),确定任务模式决策合成(任务组织的计划组织,模式、评估、决策),明确任务执行管理合成(任务管理的组织,监控、管理、组织),最后实现 IMA 系统任务综合收益。

IMA 系统综合组织架构如图 8.8 所示。

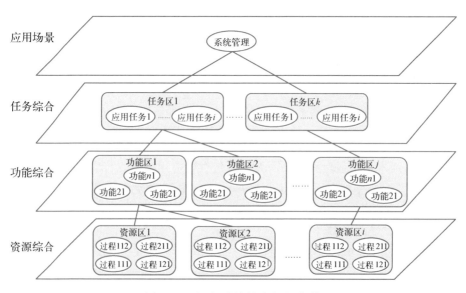

图 8.8　IMA 系统综合组织架构

8.3　DIMA 架构系统综合

本章 8.1 节介绍的联合式架构的综合是建立在系统固定设备与能力组织基础上的系统应用综合。8.2 节介绍的 IMA 架构的综合是建立在系统共用计算平台基础上的系统综合。本节将讨论新一代的航空电子系统综合架构——分布式综合模块化航空电子系统架构(DIMA)。分布式综合模块化航空电子系统架构是目前航空电子系统综合架构研究的热点。从航空电子系统综合基本思路来说,综合化就是系统针对功能化需求(即系统应用组织和系统功能组织的需求)与非功能化需求(即资源利用率,处理效率,可靠性、可用性需求等),基于当前飞行环境、能力条件和运行状态,面向系统应用目标、处理能力、过程效率和结果性能的需求,将系统应用、能力和资源组织,实现目标、过程和结果综合,突出各自相对的优势,回避各自存在的劣势,提高系统运行目标、能力、效率和有效性,提升系统功能化和非功能化能力。

IMA 平台资源综合是基于系统计算资源的综合架构,主要模式是通过分区,实现功能组织;通过分时,实现资源共享。IMA 架构机理是通过资源综合,实现资源共享,减少资源配置;通过过程复用,实现结果继承,提升处理效率;通过状态管理,实现隔离、监控和重构管理模式,提升系统置信度。由于 IMA 系统是基于系统计算资源组织的平台,而系统有各种目标和专业任务和功能组织,系统不同任务周期不同,不同功能等级不同,IMA 无法适应不同任务周期和功能等级之间的相互综合。因此,IMA 系统的主要收益体现在 IMA 平台计算资源的分时共享上。同时,由于 IMA 系统具有任务与功能独立的特征,形成了 IMA 面向通用计算平台组织,不能覆盖具有专业特征的射频领域。航空电子系统的许多分系统,如雷达、通信导航、监视、飞行管理等都构建了各自独立的综合模式,如雷达孔径和射频综合,通信导航的软件无线电,监视的综合监视等。目前,世界许多国家在推进第二代 IMA(IMA 2G)。第二代 IMA 的目标是建立更强处理能力(如多核 GPU),构建更大的存储驻留空间,增加通用输入/输出管理。第二代 IMA 主要目标是提高 IMA 系统处理能力,增强 IMA 系统存储驻留空间,支持系统输入/输出交互能力,从而提升 IMA 综合覆盖率。但是,第二代 IMA 组织和综合机制与第一代 IMA 相同,其主要思路是面向 IMA 平台内部能力和处理效率,提升系统 IMA 平台内部能力。

DIMA 架构针对 IMA 平台局限性问题,根据航空电子系统专业分系统/设备各自专业特征,依据各自任务类型,通过分布式架构,建立面向航空电子系统自身特征和能力操作与管理系统组织环境。DIMA 通过采用基于时间触发总线(TTE 或 TTP),实现基于时间模式配置的航空电子系统分系统/设备特征自身的资源能力组织,并提供基于各自时间区域的空余能力。通过空余能力的组织,DIMA 构建基于整个航空电子系统组织和面向航空电子系统各分系统/设备特征的虚拟 IMA 综合平台环境。这样,DIMA 的每个分布式 IMA 的资源组织是面向航空电子系统各分系统/设备任务模式的,基于各分系统/设备的任务周期和功能等级组织(即各自分布的 IMA 与各自分系统的任务周期与功能能力匹配),有效支持任务组织和功能模式与各分系统/设备输入前期匹配,与各分系统设备孔径综合和射频综合集成一起。

DIMA 系统依据航空电子系统任务、功能和资源的特征与综合需求,针对 IMA 基于通用计算平台和通用处理模式的局限性问题,依据航空电子系统各自任务目标、功能特征和资源模式,通过采用分布式架构模式,实现系统应用分类任务组织。DIMA 系统根据航空电子系统资源分散布局、功能分布处理、任务独立组织的现状,针对航空电子系统资源操作综合、功能能力综合和任务模式综合的需求,构建应用任务分步组织、系统功能分布处理、资源分布操作的 DIMA 系统架构。首先,DIMA 根据系统任务目标、功能专业和资源类型相异特性,采用分布式架构模式,构建系统物理空间模式,实现系统任务、功能和资源分类组织与分布式处理,支持系统任务、功能和资源的特征与有效处理与管理需求;第二,DIMA 系统根据航空电子系统的任务模式、功能能力和资源操作相关特征,构建系统虚拟空间,屏蔽系统设备位置、通信、交互过程,消除系统设备位置、能力、条件和操作不同的影响,建立系统独立应用运行、功能处理和资源组织运行虚拟环境,支持系统目标、环境、能力和过程组织,实现系统、功能和资源的系统综合、信息融合与活动合成模式,提升系统任务协同能力、功能品质能力和资源操作效能。

　　DIMA 架构的重要思路是建立系统虚拟空间和系统物理空间。系统虚拟空间面向系统应用组织和功能组织,支持系统应用环境和任务综合和系统功能逻辑和处理综合。系统物理空间面向系统资源组织和操作模式,支持系统应用运行过程和系统功能处理过程的资源能力与操作综合。DIMA 系统综合化通过系统分布组织、并行处理、协同共享的综合思路,增强系统并行处理能力,优化系统应用效能,增强系统功能组织协同,提升系统资源配置利用率,提高系统功能处理效率优化和提升系统运行有效性。

　　DIMA 系统针对航空电子系统设备处理功能和资源构成,根据系统应用和功能处理需求,构建基于系统设备的功能、能力资源的分布式组织和管理,形成面向系统应用和功能的分布式通用处理环境,即虚拟空间,支持系统应用和功能组织、处理和运行的综合;建立面向系统设备的分布式处理环境,即物理空间,支持系统设备物理能力组织、过程处理和资源操作。DIMA 系统首先通过系统应用目标分类和组织,支持系统应用的功能专业分类与构成,实现系统设备资源的类型和能力需求。其次,DIMA 系统根据虚拟空间模式,构建系统应用模式组织、功能处理组织、输入信息组织、处理过程组织、操作性能组织,提供系统应用领域构成和功能处理构成,建立系统综合模式,实现系统应用运行目标和功能处理能力。最后,DIMA 系统针对物理空间模式,建立系统设备的资源类型和能力组织、物理操作类型和过程、过程处理和响应模式以及不同资源操作协同管理,提供支持系统虚拟空间的物理操作能力,同时支持系统资源能力综合,提升系统设备资源利用率和操作效率。典型的 DIMA 综合化航空电子系统架构如图 8.9 所示。

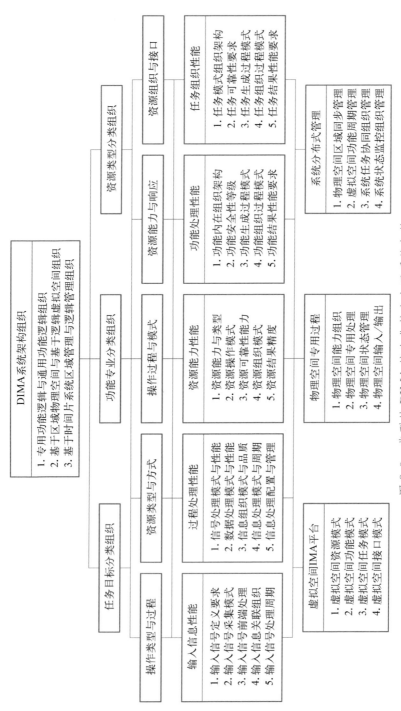

图 8.9 典型的 DIMA 综合化航空电子系统架构

8.3.1　DIMA 系统虚拟空间

DIMA 系统是基于计算机分布式系统技术,通过系统操作分布式处理和组织(系统管理和分布式操作系统),屏蔽系统处理的不同设备位置、能力和处理特性,构建面向系统应用的处理环境和能力,支持系统独立的应用组织和并行处理模式。DIMA 针对航空电子系统的目标,根据系统构成分类,航空电子系统综合化分为三大作用域:应用作用域、功能作用域和能力作用域。通过系统应用作用域综合,实现应用任务行为、组织和目标的综合,形成系统应用最大应用效能和应用最优效果;通过系统功能作用域综合,实现系统功能处理过程和品质的综合,形成系统不同目标、环境、状态下系统优化信息品质、增强专业能力、提升处理效率;通过系统能力作用域和环境综合,实现系统运行环境、操作能力和处理过程的综合,提高系统应用运行效率和功能处理能力,提升应用运行目标和功能处理结果置信度。

系统虚拟空间是通过分布式系统的分布式操作系统建立的面向应用的虚拟运行环境,提供系统应用和功能运行和处理。系统虚拟空间通过采用虚拟空间模式,实现系统专业功能分布处理;通过采用物理空间模式,实现资源能力分类组织,实现系统资源运行分布操作。这样 DIMA 通过虚拟空间组织,构建分布式虚拟并行 IMA 平台组织架构,每个虚拟的 IMA 系统面向独立航空电子分系统/设备应用和功能处理,支持基于虚拟 IMA 系统应用综合和虚拟 IMA 平台功能综合。由于每个虚拟 IMA 系统是基于各分系统/设备的任务周期和功能等级组织,与各分系统/设备的任务周期与功能能力匹配,能有效支持该系统/设备应用和功能与系统输入处理匹配,如支持分系统孔径综合和射频综合。同时,DIMA 架构根据分布式组织,建立面向系统应用分布组织、运行和管理模式,在虚拟的 IMA 平台和设备的基础上,实现整个航空电子系统应用组织和综合。

1) 系统应用模式的虚拟空间

系统应用组织是航空电子系统最为重要的组织需求。DIMA 系统根据分布式组织模式,实现面向系统应用组织集成和系统组织管理模式。对于 DIMA 虚拟空间,DIMA 系统通过系统分布式系统架构,针对不同应用组织,如机场滑行管理,起飞过程、进近过程等,需要建立面向应用任务处理模式,如航路组织、飞行导引、环境监视等,构建系统应用的目标组织、任务组织、环境组织。同时,DIMA 虚拟空间根据系统的分布式组织,建立功能分区,构建系统应用独立运行,支持系统应用并行处理需求,满足系统应用独立组织和运行管理模式。另外,DIMA 虚拟空间还根据系统的虚拟环境组织,根据分布式系统功能分区特征,构建系统应用组织条件要求,支持系统分布式系统任务调度和管理需求。因此,DIMA 虚拟空间支持系统应用任务、系统功能和系统资源统一组织、监控和管理,同时建立系统任务分布组织、系统功能分布处理和系统过程分布操作,形成应用作用域、功能作用域和能力作用域,支持不同系统应用任务目标组织综合、系统各种过程组织和运行综合、系统环境和条件能力组织和综合要求,实现系统应用目标、应用能力、应用环境组织综合需求,满足系统应用能力组织和应用结果优化目标。

应用模式的虚拟空间组织主要是建立系统面向应用模式的虚拟环境空间组织和建立该虚拟空间与系统设备能力组织。

所谓系统面向应用模式需求的虚拟环境空间组织实际上是根据系统应用模式组织,建立面向应用目标的应用运行环境组织,即应用模式、作用领域、结果目标、环境条件。例如飞行过程安全和效率监视应用,首先确定监视的需求构成,如飞行安全保障和飞行效率支持;其次确定系统监视的领域,如飞行距离、安全隔离、飞行间隔等,再确定飞行监视目标,如空中防撞告警、最小安全隔离、最优飞行间隔等;最后确定飞机监视环境条件,如飞行交通态势、飞行气象条件、航路计划组织等。即系统监视应用满足应用模式需求的虚拟环境空间的应用、领域、环境,活动的组织要求。

所谓建立系统应用虚拟空间与系统设备能力组织实际上是针对系统建立的虚拟空间,根据系统设备分布式专业组织,建立面向应用模式的分布式设备能力组织,即设备类型、作用领域、运行模式。例如系统安全和效率监视分布式设备组织。对于飞行过程安全和效率监视应用,首先确定面向应用模式的系统设备专业,如自动相关监视广播 ADS-B、机载气象雷达、机载空中防撞等;其次确定面向应用作用域系统设备能力,如 ADS-B、机载气象雷达和机载空中防撞的功能;再确定面向应用目标的飞行监视目标,如 ADS-B 飞行状态报告、航路气象危害告警,空中防撞告警等;最后确定面向应用运行环境组织,如交通态势组织、气象探测、航路询问等。即系统设备能力组织满足应用虚拟空间的目标、能力和范围要求。

2) 系统功能处理的虚拟空间

对于功能处理需求,DIMA 系统根据分布式组织模式,实现面向系统功能能力和处理的组织和管理模式。对于 DIMA 虚拟空间,DIMA 系统通过分布式系统组织,针对系统不同设备专业能力,如飞行管理系统设备、通信设备、导航设备、监视设备以及显示设备等,确定分布式系统功能作用领域的构成,建立与系统应用组织作用领域相吻合的作用空间。同时,DIMA 虚拟空间根据系统的功能分布式组织,建立功能分布式组织架构,构建系统基于资源分布的功能处理协同模式,支持系统功能并行处理需求,满足系统分布式组织和运行管理模式。另外,DIMA 虚拟空间还根据系统的设备分布虚拟环境组织,根据不同设备的分布式系统功能特征,构建系统分布式运行条件要求,支持基于系统分布式设备的系统功能调度和管理需求。因此,DIMA 虚拟空间支持系统设备、系统功能、系统能力统一组织、监控和管理,同时建立系统基于设备类型的分布式组织、基于设备能力的系统功能分布式处理和基于设备操作系统的分布式操作过程,形成系统分布式功能作用域、功能作用空间和功能处理过程组织,支持分布式系统功能需求目标组织综合、分布式设备各种过程组织和运行综合、分布式系统设备环境和条件能力组织和综合要求,实现系统功能目标、功能能力、功能环境组织综合需求,满足分布式系统功能组织和优化,满足系统功能能力组织和应用结果优化目标。

3）系统虚拟空间组织模式

系统虚拟空间组织模式主要是建立系统面向系统功能领域的虚拟环境空间组织和建立该虚拟空间与系统设备操作过程组织。

所谓面向系统功能领域的虚拟环境空间组织实际上是根据系统功能处理领域组织,建立面向功能专业的处理环境组织,即功能类型、专业能力、处理过程、操作条件。例如监视系统功能组织。对于系统功能类型组织,首先针对监视需求确定监视系统功能作用领域构成,如基于飞行状态报告监视的 ADS－B,基于空中防撞监视的 TCAS,基于航路气象监视的气象雷达等;其次确定系统监视的功能构成,如基于 ADS－B 飞行冲突监测功能、基于 TCAS 防撞告警功能、基于气象雷达湍流探测功能等,再确定系统功能处理过程,如态势显示、语音告警、发送报告等;最后确定系统功能操作条件,如系统能力构型、飞行环境需求、飞行任务组织等。即系统监视功能满足系统功能领域的虚拟环境空间的专业、能力、过程、范围组织要求。

所谓建立系统功能虚拟空间与系统设备能力组织实际上是针对系统建立的功能虚拟空间,根据系统设备分布式能力组织,建立面向应用模式的分布式设备操作过程组织,即设备能力、操作过程、操作条件。例如系统监视设备组织。对于系统运行的功能需求,首先确定面向系统功能专业的设备资源能力,如 ADS－B 设备的信息组织、通信频段、射频处理资源、逻辑处理资源需求等,覆盖系统功能能力需求;其次确定面向系统功能处理的系统设备操作过程,如 ADS－B 的输入射频转换、信号处理、逻辑处理等,提供系统功能处理过程能力;再确定面向系统功能处理的输入/输出过程、转换过程、通信过程、处理算法等,支持系统过程处理能力;最后确定面向系统功能处理条件组织,如任务运行需求、环境运行状态、系统运行命令等。即系统设备操作组织满足系统功能虚拟空间的能力、过程和操作要求。

分布式系统的系统虚拟空间组织模式如图 8.10 所示。

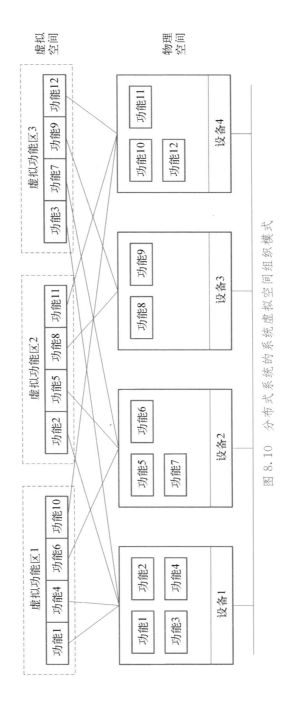

图 8.10　分布式系统的系统虚拟空间组织模式

8.3.2 DIMA 系统物理空间

对于 DIMA 系统来说，系统虚拟空间面向系统应用和功能组织，但系统虚拟空间必须建立在系统物理资源组织能力、操作和管理，即系统物理空间的基础上。分布式系统基于多种专业的设备能力，依据设备各自的位置环境，根据系统通信链路交联，面向多种功能组织，支持系统并行处理，实现系统任务调度和运行管理系统架构。对于航空电子系统而言，由于系统应用的需求，分布式航空电子系统的设备组织具有不同的专业领域、不同资源类型能力、不同功能构成、不同的作用环境、不同的操作过程和不同的结果形式。因此，对 DIMA 分布式综合系统，如何组织系统专业设备构成，建立系统能力空间和作用领域，构建系统功能类型和处理能力，确定系统操作模式和过程组织，确定系统任务组织和调度模式，支持系统虚拟空间应用和功能处理需求，即系统物理空间，是 DIMA 组织运行和系统物理综合的核心任务。

DIMA 系统物理空间是针对 DIMA 系统应用虚拟空间，依据系统设备响应的操作模式，根据系统分布式设备能力构成，建立系统设备类型、操作和能力组织需求。首先，DIMA 系统物理空间组织根据面向应用模式的设备能力组织，即功能分类、分布组织、分区管理的应用运行支持模式，建立系统分布式设备物理空间能力环境，支持系统虚拟空间应用运行能力，满足系统物理空间应用运行组织需求；其次，DIMA 系统物理空间组织根据面向分布式系统操作模式组织，即活动组织、操作过程、环境条件的资源操作支持模式，建立系统分布式设备物理空间运行操作，支持系统虚拟空间功能处理能力，满足系统物理空间功能操作组织需求。另外，DIMA 系统物理空间组织根据面向分布式系统设备能力组织，即设备类型、作用领域、结果性能的运行结果支持模式，建立系统分布式系统物理空间作用环境，支持系统虚拟空间处理品质，满足系统物理空间设备性能需求。因此，DIMA 系统物理空间主要由系统物理空间分布式系统能力组织和系统物理空间分布式资源能力组织构成。

1) 系统物理空间分布式系统能力组织

系统物理空间作用能力基于分布式系统设备的运行模式,构建面向系统虚拟空间应用、功能和性能需求的物理空间类型、能力和操作组织。系统物理空间能力组织必须满足系统虚拟空间运行需求。对于 DIMA 分布式系统,首先,确定系统物理空间作用领域与系统虚拟空间应用组织能力。系统物理空间作用领域基于整个分布式系统节点设备的作用领域构成,针对节点设备的类型构成,根据节点设备的活动分布,依据节点设备的运行模式,建立分布式系统物理空间作用领域,支持分布式系统虚拟空间应用空间任务配置,确定分布式系统虚拟空间应用运行空间任务调度与管理模式。第二,确定系统物理空间能力组织与系统虚拟空间功能处理模式。系统物理空间处理能力基于整个分布式系统节点设备专业模式构成,针对节点设备的专业能力,根据节点设备的专业分布,依据节点设备的专业操作,建立分布式系统物理空间功能处理模式,支持分布式系统虚拟空间功能分区配置,确定分布式系统虚拟空间功能分区处理与运行模式。第三,确定系统物理空间操作组织与系统虚拟空间运行模式。系统物理空间操作基于整个分布式系统节点设备操作模式构成,针对节点设备的类型组织,根据节点设备的能力分布,依据节点设备的操作条件,建立分布式系统物理空间操作过程组织,支持分布式系统虚拟空间运行过程配置,确定分布式系统虚拟空间运行管理组织。

例如,由导航设备、通信设备和显示设备构成 DIMA 分布式航空电子系统架构。DIMA 系统通过分布式系统设备组织,建立导航设备物理空间:GPS 处理、位置处理、完好性计算,建立通信设备物理空间:通信数据、通信链路、消息组织,建立显示设备物理空间:位置显示、导航显示、状态显示。然后 DIMA 基于物理空间能力组织,实现虚拟空间的应用需求。如飞行导引应用的虚拟空间:飞机位置显示,GPS 完好性能力,飞行引导显示,飞行决策协同。又如飞行管理应用的虚拟空间:飞行计划状态,计划航路显示,飞机位置计算,导航模式选择,飞行状态报告。

2）系统物理空间分布式资源能力组织

系统物理空间能力构成是基于分布式系统设备的资源能力，构建面向系统物理空间功能、处理和结果需求的系统设备能力、资源和操作组织。系统设备资源能力组织必须满足系统物理空间运行需求。对于 DIMA 分布式系统，首先，确定系统设备资源能力与系统物理空间能力组织。系统设备资源能力基于整个分布式系统节点设备的资源构成，针对节点设备类型的资源能力构成，根据节点设备性能的资源性能要求，依据节点设备操作的资源操作模式，建立分布式系统物理空间资源能力构成，支持分布式系统物理空间功能组织需求，确定分布式系统物理空间资源能力配置和操作过程管理需求。第二，确定基于分布式系统设备操作系统的系统物理空间功能与资源管理模式。分布式系统设备操作系统是基于整个分布式系统节点资源能力管理和功能组织调度的实时操作系统，分布式操作系统针对节点设备的资源构成，根据节点设备的功能组织，依据节点设备的操作模式，建立系统物理空间功能组织分区模式，提供物理空间分布式实时资源组织和共享服务，建立系统分布式并行任务调度队列：并行就绪队列、运行队列和挂起队列管理，形成分布式系统物理空间功能运行和资源配置管理。第三，确定系统资源组织与操作能力组织模式。系统物理空间资源组织能力建立在资源操作模式的基础上。当前分布式系统设备基本上都是程序化处理系统，因此确定分布式系统节点设备处理机类型和能力，建立系统节点处理指令和逻辑处理模式是分布式系统资源能力和操作模式的基础和保障，也是分布式系统实时操作系统运行的平台。因此物理空间资源能力必须建立面向物理空间功能处理的指令系统和处理程序，确定面向物理空间功能逻辑的系统处理过程和管理模式，针对基于系统物理空间的系统资源能力分布组织和系统分布操作系统调度与管理，实现 DIMA 系统物理空间功能运行与资源组织管理需求。

还是以导航设备、通信设备和显示设备构成 DIMA 分布式航空电子系统架构为例。DIMA 系统通过分布式系统设备组织，如同前例所示，建立导航设备、通信设备和显示设备的物理空间,建立支持操作系统运行的处理机平台,如导航设备的导航功能处理计算机,通信设备的通信组织与管理计算机,显示设备的功能组织和图形管理计算机,构建面向该三个计算机平台功能和资源组织的分布式实时操作系统,确定该三个设备的操作需求的资源配置,如导航设备GPS处理模块,通信设备的信息通信链路,显示设备图形处理引擎模式等,形成系统三个独立物理空间资源组织,支持基于分布式实时操作系统调度与运行管理需求。

3）系统物理空间激励模式

DIMA系统物理空间操作模式是面向系统能力操作模式和面向资源能力操作模式。所谓面向系统能力操作模式是基于DIMA构成航空电子系统整个分布式系统组织架构,根据整个系统的应用组织,依据系统各个节点的功能处理,形成系统分布能力组织和操作处理。DIMA系统物理空间系统能力激励模式操作采用基于事件触发激励,建立DIMA系统物理空间任务活动和过程组织。即针对事件条件,根据事件活动,依据事件交联,基于分布式系统的物理空间应用任务关联,创立DIMA系统物理空间关联任务的运行。所谓面向资源能力操作模式是基于DIMA构成航空电子系统各个节点处理模式组织,根据各个节点运行功能对资源类型需求与构成,依据系统各个节点的资源能力和操作过程,形成整个系统分布式资源能力组织和操作过程构成。DIMA系统物理空间资源能力激励模式操作采用基于时间触发(TTE或TTP时间触发总线)激励,创立DIMA系统节点物理空间资源能力组织和操作过程。即针对时间计时,依据时间分片,根据任务周期,基于分布式系统的物理空间时间片周期任务关联,创立DIMA系统节点物理空间关联周期任务组织运行。

分布式系统的系统物理空间组织模式如图8.11所示。

8.3.3　DIMA系统综合

DIMA系统综合是基于分布式航空电子系统架构组织,面向航空电子系统

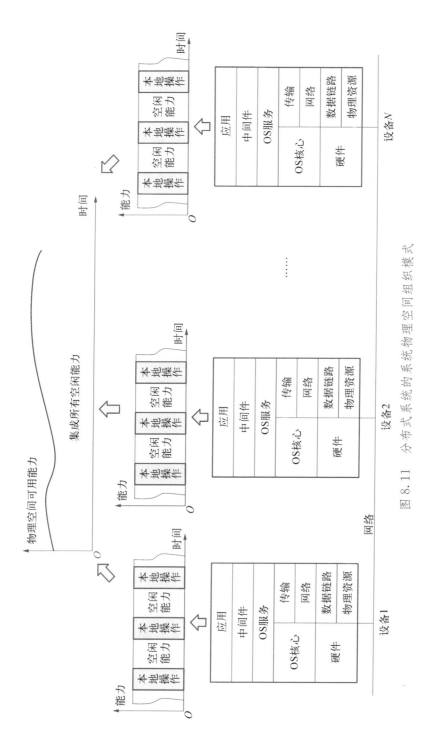

图 8.11　分布式系统的系统物理空间组织模式

的整体应用需求、系统能力和所有活动的综合,实现航空电子系统的应用效能、系统效率和资源利用率优化和提升。航空电子系统组成分为:系统应用组织、功能组织和资源组织。航空电子系统综合是通过采用系统综合方法,提升系统应用运行效能,提升系统功能处理效率,提升系统资源操作有效性。系统的应用组织是依据系统应用需求和目标,确定系统任务组织和应用收益;系统功能组织是依据系统功能组织和处理方式,确定系统处理品质和结果性能;系统资源组织是依据系统资源构成和操作模式,确定系统的资源能力和结果有效性。

DIMA 系统是航空电子系统典型架构组织,是基于分布式架构组织的航空电子系统。DIMA 系统综合是基于分布式系统组织航空电子系统的应用任务、系统功能和设备资源的综合。DIMA 系统建立在分布式系统架构的基础上,针对航空电子系统的目标需求,依据系统虚拟空间应用处理,根据系统分布应用构成,通过系统应用任务综合,实现应用任务行为、组织和目标的优化,有效地提升系统应用效能和应用效果;针对系统电子系统的功能构成,依据系统虚拟空间功能组织,根据系统分布式功能处理分类,通过系统功能综合,实现系统处理信息品质的优化,有效地提升系统不同目标、环境、状态下系统功能处理能力、功能处理品质和功能处理效率;针对系统电子系统的资源组织,依据系统物理空间资源组织,根据系统分布式资源能力分类,通过系统物理综合,实现系统操作能力的优化,有效提升资源利用率(最小的资源配置)、资源操作效率和资源操作结果置信度。

DIMA 系统综合模式是基于分布式系统组织,针对分布式系统应用任务组织,根据分布式系统功能构成,依据分布式系统资源配置,通过分布式系统应用空间和运行过程的组织与优化、分布式系统功能领域和处理过程的组织与优化、分布式系统资源能力和操作过程的组织和优化,实现航空电子系统的应用效能、功能品质和资源利用率提升。因此,DIMA 的应用任务综合是针对分布式系统设备作用领域,依据系统虚拟空间的应用能力,构建系统分布式应用任务组织,实施系统分布式应用任务运行模式和协同综合,实现系统分布式应用运行目标、过程和环境优化过程组织；DIMA 的系统功能综合针对分布式系统设备能力类型，依据系统虚拟空间的功能需求，构建系统分布式功能组织，实施系统分布式功能处理过程和品质综合，实现系统分布式功能处理能力、品质和效率优化过程组织；DIMA 的系统物理综合针对分布式系统设备资源构成，依据系统物理空间的资源能力，构建系统分布式资源组织，实施系统分布式物理能力和操作综合，实现系统分布式资源共享、过程复用和状态管理优化过程组织。

DIMA 分布式虚拟空间应用和功能综合与分布式物理空间资源综合架构如图 8.12 所示。

DIMA 系统综合是面向航空电子系统的应用任务组织、系统功能处理和物理资源管理的综合模式。所谓系统应用任务组织综合是面向分布式系统应用组织架构，基于系统建立的虚拟空间应用运行模式和任务处理，建立面向任务协同模式的分布式任务组织和综合。所谓系统功能处理组织综合是面向分布式系统功能组织架构，基于系统建立的虚拟空间功能类型与处理模式，建立面向功能互补模式的分布式系统功能组织。所谓系统物理资源管理组织综合是面向分布式系统设备组织架构，基于系统建立的物理空间资源能力和操作模式，建立面向资源共享模式的分布式系统资源组织和综合。下面分别论述 DIMA 三种综合模式。

1）面向任务协同模式的分布式应用任务组织和综合

面向任务协同模式的系统任务合成是基于分布式系统组织的应用感知、组织、管理和优化综合技术。面向任务协同模式的分布式任务组织和综合主要由以下任务构成：首先，建立基于分布式系统架构的虚拟空间应用需求综合。基于分布式系统架构的虚拟空间应用需求是根据 DIMA 系统的分布式应用组织，针对系统分布式应用构成特征，构建面向分布式应用类型的系统虚拟空间应用模式，即建立分布式应用环境、应用态势和应用场景构成的应用情景组织虚拟空间，实现基于应用情景虚拟空间的应用目标、应用能力和应用条件的综

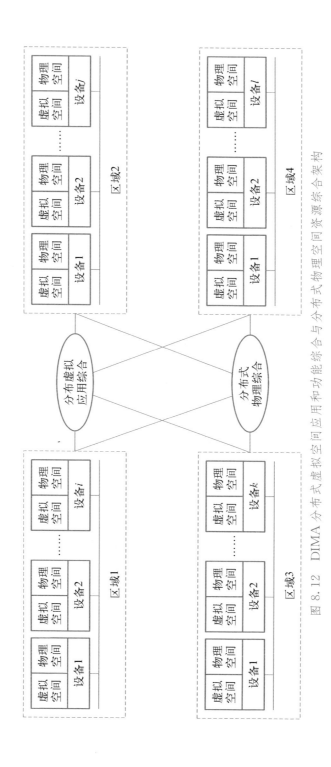

图 8.12　DIMA 分布式虚拟空间应用和功能综合与分布式物理空间资源综合架构

合。第二,建立基于分布式系统架构的虚拟空间应用任务合成。基于分布式系统架构的虚拟空间应用任务是根据 DIMA 系统的分布式任务构成,针对系统分布式任务构成特征,构建面向分布式任务类型的系统虚拟空间应用模式,即建立基于分布式任务感知、任务识别和任务组织构成的任务识别与组织虚拟空间,实现基于应用任务识别与组织的任务类型、任务能力和任务组织的合成。第三,建立基于分布式系统架构的虚拟空间应用运行合成。基于分布式系统架构的虚拟空间应用运行是根据 DIMA 系统的分布式应用运行模式,针对系统分布式运行组织特征,构建面向分布式应用运行管理的系统虚拟空间应用模式,即建立基于分布式应用计划运行管理、应用运行环境管理和应用运行任务管理的应用任务运行与管理虚拟空间,实现基于应用任务运行与管理的应用运行需求、应用运行场景和应用运行管理的合成。

2) 面向功能互补模式的分布式系统功能组织和综合

面向功能互补模式的系统功能综合是基于分布式系统组织的系统专业、逻辑和处理和优化综合技术。面向功能互补模式的分布式系统功能组织和综合主要由以下任务构成:首先,建立基于分布式系统架构的虚拟空间的面向目标任务需求功能专业综合。基于分布式系统架构的虚拟空间的面向目标任务需求功能专业是根据 DIMA 系统的分布式功能类型组织,针对系统分布式功能能力特征,构建面向分布式功能专业的系统虚拟空间功能互补模式,即建立分布式专业处理能力、专业处理过程和专业处理结果的专业组织处理模式虚拟空间,实现基于专业组织处理模式虚拟空间的分布式专业处理领域、专业处理活动和专业处理形式的互补综合。第二,建立基于分布式系统架构的虚拟空间的面向功能处理需求的功能逻辑综合。基于分布式系统架构的虚拟空间的面向功能处理需求的功能逻辑是根据 DIMA 系统的分布式功能逻辑组织,针对系统分布式功能处理特征,构建面向分布式功能处理的系统虚拟空间功能互补模式,即建立分布式功能能力信息模式、功能逻辑组织模式和功能信息处理模式的功能组织处理模式虚拟空间,实现基于功能组织处理模式虚拟空间的分布式功能能力组织、功能逻辑品质构成和功能操作处理模式的互补综合。第三,建立基于分布式系统架构的虚拟空间的面向功能组织需求的功能协同综合。基于分布式系统架构的虚拟空间的面向功能组织需求的功能能力是根据 DIMA 系统的分布式功能协同组织,针对系统分布式功能交互特征,构建面向分布式功能协同的系统虚拟空间功能互补模式,即建立分布式系统任务配置模式、系统功能运行模式和系统平台运行管理的系统功能协同运行管理模式虚拟空间,实现系统功能协同运行管理模式虚拟空间的分布式系统任务能力组织、系统功能处理过程和系统运行管理的互补综合。

3) 面向资源共享模式的分布式系统资源组织和综合

面向资源共享模式的系统物理综合是基于分布式系统组织的系统资源能力、操作过程和系统状态优化综合技术。面向资源共享的分布式系统资源组织和综合主要由以下任务构成:首先,建立基于分布式系统架构的物理空间的资源访问共享综合。基于分布式系统架构的物理空间的资源访问共享是根据 DIMA 系统的分布式资源类型组织,针对系统分布式资源能力分类特征,构建面向分布式资源组织的系统物理空间资源共享模式,即建立分布式资源类型、操作过程、分区组织的系统资源共享物理空间,实现基于系统资源共享物理空间的分布式资源能力、分时访问、分区保护的系统资源共享综合。第二,建立基于分布式系统架构的物理空间的资源操作过程综合。基于分布式系统架构的物理空间的资源操作过程是根据 DIMA 系统的分布式资源操作模式,针对系统分布式资源操作行为特征,构建面向分布式资源组织的系统物理空间资源操作过程,即建立分布式资源能力、操作模式、结果范围的系统资源操作物理空间,实现基于系统资源操作物理空间的分布式资源操作类型、操作条件、操作结果的系统资源操作综合。第三,建立基于分布式系统架构的物理空间的资源管理状态综合。基于分布式系统架构的物理空间的资源管理状态是根据 DIMA 系统的分布式资源能力和运行状态,针对系统分布式资源有效能力组织特征,构建面向分布式资源组织的系统物理空间资源状态管理,即建立分布式资源能力缺陷模式、操作错误模式、运行故障模式的系统资源状态物理空间，实现基于系统资源状态管理物理空间的分布式资源能力有效性、资源操作有效性和资源处理结果有效性的系统资源状态管理综合。

DIMA 分布式航空电子系统综合组织架构如图 8.13 所示。

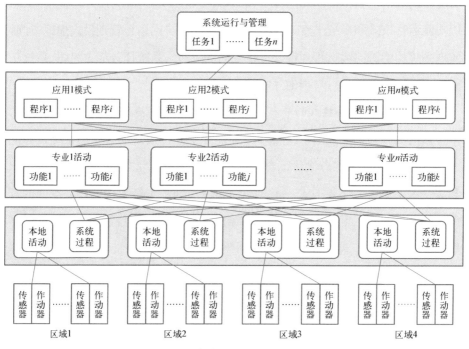

图 8.13　DIMA 分布式航空电子系统综合组织架构

8.4　小结

典型航空电子系统综合化架构描述航空电子系统发展历程的典型工程综合技术架构的代表。典型的航空电子系统架构通过技术进步与技术有效性的平衡因素、系统组织与系统复杂性的平衡因素，以及应用需求与开发成本的平衡因素，形成航空电子系统综合化技术架构典型代表：联合式系统架构、IMA

系统架构和 DIMA 系统架构。

　　本章介绍联合式系统架构、IMA 系统架构和 DIMA 系统架构综合思路和方法。即叙述了联合式系统架构是基于当时数字化技术、总线技术和软件技术能力,实现系统不同设备协同的应用任务综合;IMA 系统架构是基于系统通用计算平台、驻留系统应用综合和系统网络组织技术,实现基于 IMA 平台资源、IMA 系统功能和航空电子系统应用任务综合;DIMA 系统架构是基于系统应用分布组织、功能分布处理和资源分布操作的分布式技术,实现航空电子系统任务模式综合、功能能力综合和资源操作综合。重点有以下几个方面:

　　1) 建立联合式架构综合模式和方法

　　本章通过论述联合式架构组织,介绍了联合式架构设备领域的操作组织,其中包括面向应用领域的专业设备组织、面向设备专业的功能处理组织和面向功能处理的资源能力组织;描述了设备能力的功能需求,其中包括面向独立设备能力领域的功能专业需求、面向独立设备资源性能的功能品质需求和面向独立设备操作环境的功能运行需求;论述了系统能力的功能结果综合,其中包括设备专业领域的系统能力综合、设备环境组织的系统条件综合和设备功能处理的系统结果综合。

　　2) 建立 IMA 架构综合模式与方法

　　本章通过论述 IMA 架构组织,介绍了 IMA 平台资源组织,其中包括面向系统驻留功能的 IMA 平台资源能力、IMA 平台资源和驻留功能独立模式和IMA 系统资源组织;描述了 IMA 系统组织架构,其中包括资源与驻留功能通用模式、资源分时使用和功能分区保护和应用功能和能力操作分层组织;论述了 IMA 系统综合模式,其中包括 IMA 平台资源综合、IMA 平台功能综合和IMA 系统应用任务综合。

　　3) 建立 DIMA 架构综合模式与方法

　　本章通过论述 DIMA 架构组织,介绍了 DIMA 系统虚拟空间,其中包括系统应用模式的虚拟空间、系统功能处理的虚拟空间和系统虚拟空间组织模式;

描述了 DIMA 系统物理空间,其中包括系统物理空间分布式系统能力组织、系统物理空间分布式资源能力组织和系统物理空间激励模式;最后论述了 DIMA 系统综合,其中包括任务协同模式的分布式应用任务组织和综合、功能互补模式的分布式系统功能组织和综合和资源共享模式的分布式系统资源组织和综合。

参考文献

[1] Wang G. Integration technology for avionics system[C]//Digital Avionics Systems Conference. IEEE, 2012:7C6-1-7C6-9.

[2] Badache N, Jaffres-Runser K, Scharbarg J L, et al. End-to-end delay analysis in an Integrated Modular Avionics architecture[C]//Emerging Technologies & Factory Automation. IEEE, 2013:1-4.

[3] Stone T, Alena R, Baldwin J, et al. A viable COTS based wireless architecture for spacecraft avionics[C]//Aerospace Conference. IEEE, 2012:1-11.

[4] Rufino J, Craveiro J, Verissimo P. Building a time- and space-partitioned architecture for the next generation of space vehicle avionics[C]//Software Technologies for Embedded and Ubiquitous Systems -, Ifip Wg 10. 2 International Workshop, Seus 2010, Waidhofen/ybbs, Austria, October 13 - 15, 2010. Proceedings. DBLP, 2010:179-190.

[5] Li Z, Li Q, Xiong H. Avionics clouds:A generic scheme for future avionics systems[C]//Digital Avionics Systems Conference. IEEE, 2012: 6E4 - 1 - 6E4 - 10.

[6] Nchez-Puebla M A, Carretero J. A new approach for distributed computing in avionics systems [C]//International Symposium on Information and Communication Technologies. Trinity College Dublin, 2003:579-584.

［7］　Balashov V V，Kostenko V A，Smeliansky R L，et al. A tool system for automatic scheduling of data exchange in real-time distributed embedded systems ［C］//International Symposium on Computer Networks. IEEE，2006：179 – 184.

［8］　Balasubramanian K 1. Applying model-driven development to distributed real-time and embedded avionics systems［J］. International Journal of Embedded Systems，2007，2(3/4)：142 – 155.

［9］　Xu J，Li F，Xu L. Distributed fusion parameters extraction for integrated system health management to space avionics［J］. Journal of Aerospace Computing Information & Communication，2013，10(9)：430 – 443.

［10］　Bartholomew R. Evaluating a networked virtual environment for globally distributed avionics software development［C］//IEEE International Conference on Global Software Engineering. IEEE Computer Society，2008：227 – 231.

［11］　Insaurralde C C，Seminario M A，Jimenez J F，et al. IEC 61499 model for avionics distributed fuel systems with networked embedded holonic controllers ［C］//IEEE Conference on Emerging Technologies and Factory Automation. IEEE，2006：388 – 396.

［12］　Insaurralde C C，Seminario M A，Jimenez J F，et al. Model-driven system development for distributed fuel management in avionics ［J］. Journal of Aerospace Computing Information & Communication，2013，10(2)：71 – 86.

［13］　Annighofer B，Thielecke F. Multi-objective mapping optimization for distributed Integrated Modular Avionics［C］//Digital Avionics Systems Conference. IEEE，2012：6B2 – 1 – 6B2 – 13.

［14］　Annighöfer B，Thielecke F. Supporting the design of distributed integrated modular avionics systems with binary programming［C］//Deutscher Luftund Raumfahrtkongress. 2012.

9

综合化航空电子系统测试与验证

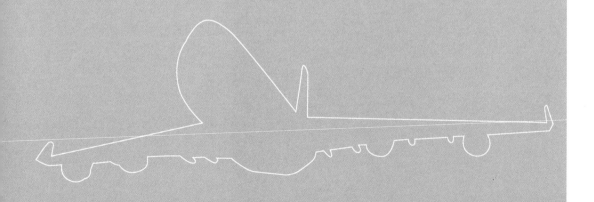

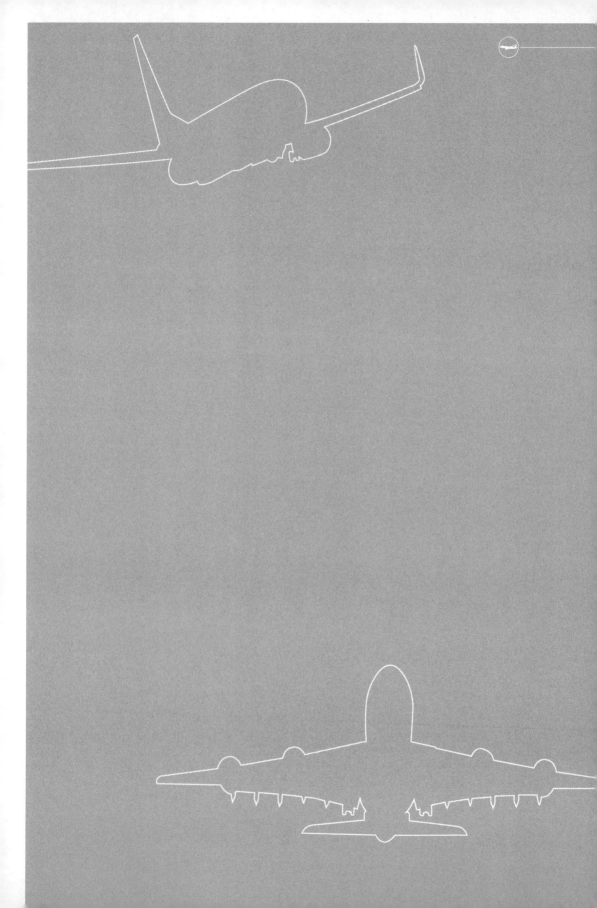

对于一个多目标、多要素、多条件和多过程的综合系统,如何开展系统的测试与验证,测试系统综合过程的关联、偏移和冲突的影响,确认和验证系统综合目标的能力、品质和效率的实现,是综合系统的关键与核心技术。

航空电子系统综合化是面向飞行运行需求的任务组织和过程综合、系统能力需求的功能组织和处理综合、系统设备操作需求的能力组织和运行综合,能够有效地优化和提升航空电子系统应用效能、处理能力和操作有效性。虽然航空电子系统综合化有效地提升了系统能力、性能和有效性,但与此同时,航空电子系统综合化也极大增加了系统的耦合性、关联性和混沌性。这不仅大大增加了系统原有缺陷和错误的变量关联、过程冲突和区域范围,而且引入了系统故障成分、状态、危害度变化问题,系统故障混沌、隐含和淡化问题以及系统故障关联、传播和扩散问题等系统综合问题。这些问题对航空电子系统的测试与验证提出了巨大的挑战。

航空电子系统综合化是根据不同飞行过程需求,针对不同的飞行环境,通过不同任务组织,增强飞机任务能力、提升系统效能、降低系统成本的重要途径。随着飞机任务功能需求的不断增加,系统性能需求不断增长,系统有效性能力不断提升,航空电子系统对任务的能力、效能、可靠性、系统可用性以及成本提出更高的要求。综合化是在确保系统功能组织的基础上,针对航空电子系统综合化技术的发展,采用物理平台架构和系统资源综合化技术,有效提升系统能力,增强系统效能,提高系统可靠性、可用性和安全性,同时降低系统成本和费用。

航空电子系统综合化测试与验证是根据系统的需求构成,依据系统的能力组织,测试系统运行处理的有效性,验证系统目标实现的完整性。航空电子系统由应用层、系统层和设备层组成。应用层描述飞机的飞行需求与组织,即根据飞行计划,针对空域环境,通过任务组织综合,实现飞行过程能力和效能目标需求;系统层描述系统处理过程需求与组织,即根据系统应用组织,针对系统的专业能力,通过系统功能综合,实现系统功能处理能力和效率目标需求;设备层描述系统物理设备的处理过程需求和组织,即根据设备驻留功能处理能力和效率要求,针对设备的资源能力,通过设备物理综合,实现设备资源运行效能和有效性目标需求。

航空电子系统综合验证环境平台是航空电子系统测试与验证的基础。它提供飞机飞行的仿真环境,支持飞行过程与环境组织和运行管理;提供系统功能(模型或功能程序)组织和运行管理环境,支持系统不同专业功能运行和处理分析;支持系统不同设备(或模拟器)接入和运行管理,支持系统不同设备驻留应用运行和设备管理。航空电子系统测试通过建立系统飞行应用、系统功能组织和系统设备驻留应用的系统构型,确定基于不同飞行环境的应用任务、系统功能和设备驻留应用运行模式,根据系统的应用任务、功能和设备综合方法,构建航空电子系统动态仿真运行过程。在此基础上,针对系统运行的构型,根据系统综合模式,依据系统综合故障、错误和缺陷分析方法,实现航空电子系统综合模式测试与验证。

航空电子系统测试与验证涉及不同的学科和领域,不仅关系到航空电子系统的专业与构成,关系到系统仿真环境和运行模式,还关系到系统综合技术和方法。因此,航空电子系统综合化测试与验证是新一代综合化航空电子系统的核心领域与关键技术,也是航空电子系统综合化有效性的保障。

本章根据航空电子系统的组织与构成,针对航空电子系统综合技术和方法,系统论述面向飞行过程组织的应用任务综合、面向系统能力组织的功能综合和面向系统设备资源组织的物理综合的测试与验证方法,提供航空电子系统应用、功能和资源综合有效性分析和评估,为航空电子系统综合化有效性和完整性奠定基础。

9.1 系统开发过程测试与验证组织

众所周知,任何系统的实现都是建立在系统开发过程组织和实施的基础上。航空电子系统的需求、目标和收益是由系统开发过程需求和能力组织实现的,系统的偏离、缺陷和问题也是由系统开发过程类型和活动实施决定的。因此,航空电子系统测试与验证必须面向系统开发过程组织,根据系统开发过程组织架构,建立系统测试与验证的领域分类;根据系统开发组织活动,建立系统测试与验证的操作模式;根据系统开发过程的组织条件,建立系统测试与验证的运行环境;根据系统过程的处理结果,建立系统测试与验证的状态要求;最终根据系统开发过程需求、目标和收益实现能力,完成系统开发过程实施结果、性能和有效性的评估和确认。

系统开发过程构建了应用组织、系统领域、系统功能和设备资源分类的层级架构组织,根据不同层级的组织模式构建了系统的目标需求、作用空间、能力组织、环境条件和结果性能的实施过程。因此,航空电子系统测试与验证应构建与系统开发层级对应的系统应用组织开发过程、系统领域开发过程、系统功能开发过程以及设备资源开发过程的测试与验证过程,最终通过系统所有层级逻辑过程组织,提供系统整体需求目标和结果状态的分析与评估。

航空电子系统开发组织是构建基于系统应用和组织分类的系统开发过程组织架构。首先,建立系统应用层面开发模式。即构建系统飞行应用需求,确定系统飞行应用目标,建立系统飞行应用过程,明确系统飞行应用运行结果要求;第二,建立系统领域层面开发模式。即构建系统类型分类(如飞行控制领域、驾驶舱领域、发动机控制领域、客舱服务领域等),确定面向飞行应用过程的系统领域能力和空间组织,建立领域的活动和过程管理,明确领域的目标和结果要求;第三,建立子系统层面开发模式。即构建子系统专业分类(如通信、导航、监视、显示、飞行管理、维护等),确定面向系统领域处理过程的系统专业能力和作用域组织,建立系统专业功能组织和处理过程,明确系统专业的功能处理结果和性能要求;第四,建立设备层面开发模式。即构建系统类型分类(如通用处理平台、显示平台、通信数据链、总线、模拟处理、输入/输出接口等),确定面向系统专业的功能驻留和处理资源能力组织,建立设备资源操作过程和管理模式,支持设备驻留应用组织和运行管理,明确设备处理结果和性能要求。

航空电子系统开发组织架构如图9.1所示。

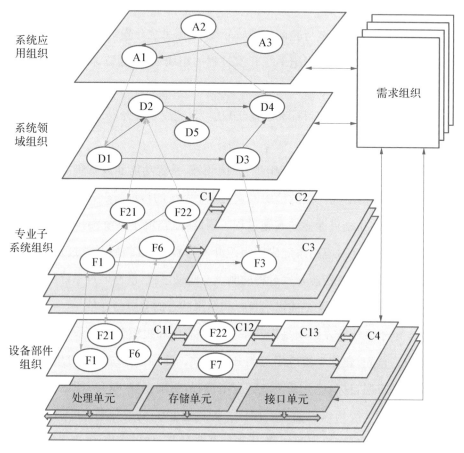

图 9.1 航空电子系统开发组织架构

航空电子系统测试与验证建立在系统综合和测试环境的基础上。所谓航空电子系统综合和测试环境是建立航空电子系统运行支持和运行环境,提供飞行运行环境仿真和任务运行,建立系统功能激励和处理过程,构建系统专业设备运行模拟和组织管理,形成航空电子系统地面仿真运行过程,覆盖系统的飞行应用、功能处理、设备运行整个过程,支持航空电子系统需求和结果、目标和环境、能力和性能测试和确认。在该环境中,航空电子系统测试与验证针对系统应用需求设计、系统功能需求设计和系统设备(资源)需求设计,根据系统应用运行、系统功能处理和设备运行管理的目标和条件,建立系统应用效能、功能效率和设备性能的测试方法和监视参数,构建系统应用、功能和设备模拟和仿真运行,测试系统运行过程和活动与需求设计的任务符合性,评估系统运行品质和状态与需求设计的性能符合性,验证系统结果和状态与需求设计的目标符合性。

9.1.1　系统开发与验证层级组织

综合化航空电子系统开发过程是基于不同开发层级的组织架构。系统测试与验证是面向系统整体目标、能力与活动的一体化组织过程评估和测试。系统综合化是根据系统分类组织架构,构建不同层面系统综合,最终形成系统一体化组织模式。综合化航空电子系统根据系统分类组织模式,建立系统开发过程组织架构。即综合化系统是由系统应用、系统领域、系统功能和设备资源层级分类构成。系统组织是针对系统应用层级,构建系统应用需求、应用任务和应用过程,建立系统应用综合的目标、能力和性能需求,确定相关系统应用开发过程组织;针对系统领域层级,构建系统作用空间、运行范围和支持能力,建立系统综合的领域、环境和性能需求,确定相关系统领域开发过程组织;针对子系统层级,构建系统专业类型、处理模式和结果状态,建立系统功能综合的能力、性能和效率需求,确定相关子系统功能开发过程组织;针对设备层级,构建系统设备资源类型、操作模式和结果状态,建立系统设备资源综合的能力、操作和有效性需求,确定相关子系统设备资源开发过程组织。

系统开发组织架构是航空电子系统测试和验证的基础。航空电子系统由多种应用、多个领域、多种功能和多种设备构成。因此,首先按照设计层级分类,定义系统开发过程层级:T0级——应用运行开发(应用级)、T1级——系统能力开发(系统级)、T2级——系统专业功能开发(子系统级)、T3级——设备操作过程开发(设备部件级)和T4级——软硬件过程开发(模块级)。航空电子系统开发过程组织首先根据不同开发层级的分类,构建系统不同层级的开发目标、领域、范围和结果;根据不同开发层级的特征,构建系统不同层级的开发需求、内容、活动和过程;根据系统不同开发层级的要求,构建不同层级的开发测试,综合、评估和验证。航空电子系统开发层级组织架构如图 9.2 所示。

针对系统分级开发过程组织和相关系统验证要求,航空电子系统开发层级组织架构的主要任务如下。

1) 系统开发层级的目标组织

系统开发目标是系统开发过程的设计要求,也是系统测试过程的支撑、验证过程的引导和符合性验证的依据,为系统开发过程和系统验证过程构建期望和要求。系统开发层级目标组织就是面向 T0 应用级、T1 系统级、T2 子系统级、T3 设备部件级和 T4 软硬件模块级的分类,根据系统不同开发层级的作用需求、依据系统不同开发层级的作用能力,针对不同开发层级的作用条件,构建不同开发层级期望结果。系统开发层级目标是级联、分解和细化的。也就是说,每一级系统开发目标都是基于上一级开发目标的需求,针对自身开发层级的作用领域、能力和条件,通过开发流程组织,形成本级开发的目标。例如 T0 应用级的系统开发目标是针对飞行应用的使命,根据规定的飞行环境,依据相关的飞行模式,构建系统应用结果的期望。T1 系统级的系统开发目标是针对 T0 目标组织的开发流程需求,根据关联的系统作用领域,依据相关系统能力和运行模式,构建系统领域结果的期望。T2 子系统级的系统开发目标是针对 T1 目标组织的应用模式需求,根据关联的系统专业能力,依据相关系统专业功能和组织模式,构建子系统功能结果的期望。T3 设备部件级的系统开发目标是针对 T2 目标组织的专业功能处理需求,根据关联的设备或部件资源驻留应用和处理能力,依据相关系统资源操作和性能模式,构建设备活动处理结果的期望。T4 软硬件模块级的系统开发目标是针对 T3 目标组织的驻留应用和操作需求,根据关联的软件处理逻辑和硬件操作类型和能力,依据相关软件逻辑模块和硬件处理模块组织,构建软硬件结果的期望。

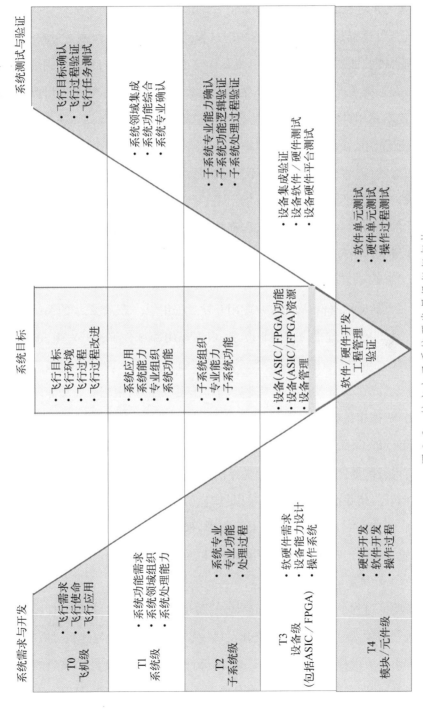

图 9.2　航空电子系统开发层级组织架构

2）系统开发层级的过程组织

系统开发过程是系统开发目标实现过程的组织，也是系统测试过程、验证过程和符合性验证的基础，为系统开发目标实现和系统验证过程构建系统开发实践过程和系统实现目标结果。系统开发过程组织是针对系统开发目标层级分类，构建与其相对应的 T0 应用级、T1 系统级、T2 子系统级、T3 设备部件级和 T4 软硬件模块级的开发过程组织。系统各个层级的开发过程根据系统不同开发层级的目标需求、依据系统不同开发层级的运行环境，针对不同开发层级的开发内容，构建不同开发层级的开发过程。系统开发活动同样是级联、分解和细化的。即每一级系统开发过程都是基于上一级开发过程的需求，针对自身开发层级的作用范围、环境和程序，通过开发活动组织，形成本级开发过程。例如 T0 应用级的系统开发过程是针对本层级的开发目标，根据规定的应用模式，依据相关的应用逻辑，构建系统应用开发过程组织。T1 系统级的系统开发过程是针对 T0 开发过程应用逻辑需求，根据作用领域分解和开发模式，依据相关开发环境和运行条件，构建系统领域开发过程组织。T2 子系统级的系统开发过程是针对 T1 开发过程的专业处理和作用域需求，根据专业功能定义和处理能力，依据相关功能处理逻辑和品质，构建子系统功能开发过程组织。T3 设备和部件级的系统开发过程是针对 T2 开发过程的功能逻辑处理过程需求，根据运行设备或部件资源驻留应用操作模式，依据支持系统驻留运行品质的资源操作和状态，构建设备处理开发过程组织。T4 软硬件模块级的系统开发过程是针对 T3 开发过程运行和操作状态需求，根据驻留应用的软件处理逻辑组织，依据资源操作的硬件处理逻辑组织，构建软硬件开发过程。

3）系统开发层级的验证组织

系统验证过程是系统开发目标确认过程，也是系统开发过程有效性验证过程。系统开发验证组织是针对系统开发目标层级分类，构建与其相对应的 T0 应用级、T1 系统级、T2 子系统级、T3 设备部件级和 T4 软硬件模块级的目标有效性标准；针对系统开发过程层级分类，构建与其相对应的 T0、T1、T2、T3

和 T4 各级的独立开发过程测试和目标关联过程组织集成。对于 T0 应用级来说,系统验证过程是针对应用结果期望定义的本层级目标组织,针对飞行应用开发过程形成的过程结果和性能,完成基于应用活动开发过程结果测试,组织基于目标和环境关联开发过程综合,实现系统应用开发过程综合结果与目标组织的符合性验证。对于 T1 系统级来说,系统验证过程是针对系统领域结果期望定义的本层级目标组织,针对系统领域开发过程形成的过程结果和能力,完成基于领域能力开发过程结果的测试,组织基于目标和范围关联开发过程的综合,实现系统领域开发过程综合结果与目标组织的符合性验证。对于 T2 子系统级来说,系统验证过程是针对系统专业功能结果期望定义的本层级目标组织,针对系统专业功能开发过程形成的过程结果和性能,完成基于专业功能开发过程结果的测试,组织基于目标和条件关联开发过程的综合,实现系统功能开发过程综合结果与目标组织的符合性验证。对于 T3 设备部件级来说,系统验证过程是针对设备部件驻留应用运行和资源操作性能结果期望定义的本层级目标组织,针对设备驻留应用和资源操作开发过程形成的过程结果和性能,完成基于资源能力和操作开发过程结果的测试,组织基于目标和能力关联开发过程的综合,实现设备资源开发过程综合结果与目标组织的符合性验证。对于 T4 软硬件模块级来说,系统验证过程是针对软件模块和硬件目标运行结果期望定义的本层级目标组织,针对软件处理逻辑和硬件操作模式开发过程形成的过程结果和性能,完成基于软件处理结果和硬件操作状态的开发过程结果的测试,组织基于目标和处理关联开发过程的综合,实现软硬件开发过程综合结果与目标组织的符合性验证。

9.1.2　系统开发过程组织与验证

　　航空电子系统测试与验证是面向系统开发过程组织,即根据系统应用组织、系统领域、系统功能和设备资源的系统开发组织模式层级,建立面向不同层级系统开发过程的系统测试与验证过程。其主要任务包括:首先,建立基于系统应用综合的测试验证模式。即针对系统应用组织综合模式,建立系统飞行应用需求、目标和运行过程组织,明确系统飞行应用运行结果的能力、形式和性能要求,组建系统飞行应用综合的符合性和有效性测试与验证。第二,建立基于系统领域综合的测试验证模式。即针对系统领域组织综合模式,建立系统领域的任务作用空间、环境和能力过程组织,明确系统领域的任务类型、活动和性能要求,组建系统领域综合的适应性和匹配测试与验证。第三,建立基于子系统专业综合的测试验证模式。即针对子系统专业综合模式,建立子系统专业的功能类型、条件和能力过程组织,明确子系统专业的功能处理、逻辑和性能要求,组建子系统功能综合的协同性和一致性测试与验证。第四,建立基于设备资源综合的测试验证模式。即针对设备资源综合模式,建立设备系统资源需求类型、能力和操作过程组织,明确设备资源的资源共享、操作复用和结果状态要求,组建设备资源综合的共享组织和操作模式一体化测试与验证。

系统开发过程组织是面向航空电子系统开发目标、活动和结果的组织与管理。航空电子系统开发过程组织由 T0、T1、T2、T3 和 T4 各级构成。系统开发过程各层级是面向自身目标、活动和结果需求组织的。每个层级均基于不同层面的应用视角,面向不同需求的目标期望,依据相关的运行环境条件,针对活动能力的预期结果,形成该层级独立的开发过程组织。也就是说,每个层级目标、活动和结果的开发过程均覆盖该层级自身的目标实施、能力组织和结果有效性开发需求。

除了不同层级内部的开发过程有效组织之外,如何建立系统不同层级之间的开发过程衔接和过渡,保证系统整体开发过程一致性和有效性,是系统开发过程组织有效性的重要因素。对于整个系统层级分类来说,由于每个层级都是面向自身应用需求和独立视角的开发过程组织,系统层级之间必然存在作用目标、作用领域和作用环境的差异。因此,航空电子系统开发过程组织首先要根据不同的开发层级,构建系统不同层级内部的目标、内容、活动的开发过程组织;根据不同开发层级的特征,构建系统不同层级之间的目标传递、内容细化和活动扩展的系统开发过程一体化组织,保证系统整体的目标一致性、内容和活动要求,满足系统整体开发过程一致性和有效性要求。航空电子系统一体化开发过程组织架构如图9.3所示。

针对系统一体化开发过程组织和系统验证要求,航空电子系统一体化开发过程组织架构的主要任务如下。

1) 应用层级开发过程与领域组织

系统应用层级是面向飞行过程的应用组织与管理,系统领域组织由系统飞行过程涉及的机载系统作用领域构成。系统应用层级开发过程由系统应用模式过程组织和系统应用开发状态管理两部分构成。所谓系统应用模式开发组织是面向系统应用需求,依据系统应用环境,针对系统应用任务,构建系统应用过程组织。其目标是通过系统应用组织,提供系统运行结果与系统应用目标的符合模式。如飞行着陆过程(STAR)请求、许可、航迹、导引、监视和进近应用过程组织。所谓系统应用开发状态管理是面向应用任务运行开发过程,即根据任务过程作用领域,针对任务过程参数范围,构建系统任务运行状态组织。其目标是验证系统任务运行性能与系统应用品质的符合性。如飞行着陆过程通信、协同、导航、隔离、偏离和范围等开发状态管理。

系统应用开发过程能力需求建立在系统领域层级能力组织的基础上,即根据系统应用开发过程的种类与构成,依据系统开发过程的作用领域和作用空间,针对系统开发过程的条件和环境,建立系统应用领域的构成。它包括面向应用的系统领域组织,如飞行控制,飞机驾驶舱,发动机控制,机电管理,客舱管理等,确定系统应用过程类型、能力、作用域、范围和性能,建立系统各个应用过程的运行和操作,覆盖系统应用过程的任务和目标,为系统各个应用过程和开发管理奠定基础。

系统应用层级测试与验证由系统应用过程组织完整性和系统应用开发状态管理有效性构成。所谓系统应用过程组织完整性是指系统应用过程组织覆盖系统应用需求。系统应用过程组织完整性主要是依靠系统应用使命需求,根

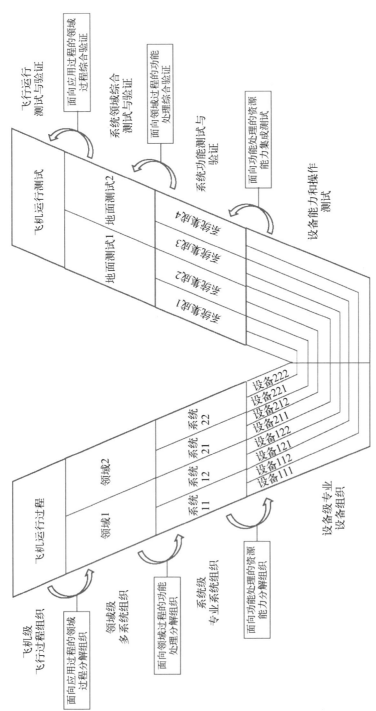

图 9.3 航空电子系统一体化开发过程组织架构

据系统应用过程组织,依据系统应用运行约束,测试系统应用过程有效性;综合系统应用过程,确认系统应用过程覆盖系统应用需求的完整性。所谓系统应用开发状态管理有效性是指系统领域结果与系统应用过程的符合性以及系统应用过程结果的有效性。系统应用状态管理有效性主要依靠系统领域运行过程结果,测试系统独立领域运行结果领域、范围和性能;通过系统应用过程综合,验证系统领域综合与系统应用运行过程的符合性;最后通过系统运行过程组织,确认系统运行过程结果的有效性。

2) 领域层级开发过程与子系统组织

系统领域层级是面向飞行过程机载系统能力领域组织与管理,子系统组织由机载能力领域涉及的系统专业功能构成。系统领域层级开发过程由系统作用领域过程组织和系统作用领域能力开发状态管理两部分构成。所谓系统作用领域开发组织是面向系统应用过程,依据系统领域作用空间,针对系统领域能力构成,构建系统领域能力过程组织。其目标是通过系统领域能力组织,提供系统领域输出能力与系统应用过程能力符合模式。如飞行控制领域的主飞行控制系统、辅助飞行控制系统、飞行数据管理系统、飞机襟副翼控制系统能力组织。所谓系统作用领域能力开发状态管理是面向系统领域开发能力组织,即根据能力作用空间,针对能力参数范围,构建系统领域运行能力状态组织。其目标是确认系统能力运行性能与系统应用过程品质需求的符合性。如飞行控制领域处理能力、通信能力、结果性能、作用范围等开发状态管理。

系统领域能力组织建立在子系统层级功能处理组织的基础上,即根据系统作用领域的类型与能力构成,依据系统开发过程的专业模式和处理组织,针对系统开发过程的条件和环境,建立系统专业功能构成。它包括面向系统作用领域的系统功能组织,如飞行管理,座舱显示,通信链路,告警模式,信息管理等,确定系统作用领域类型、能力、作用域、范围和性能,建立系统各个领域的类型和能力,覆盖系统作用领域能力范围和目标,为系统各个作用领域能力组织和开发管理奠定基础。

系统作用领域层级测试与验证由系统作用领域能力组织完整性和系统作用领域能力开发状态管理有效性构成。所谓系统作用领域组织完整性是指系统作用领域能力组织覆盖系统应用过程能力需求。系统作用领域组织完整性主要依靠系统应用过程构成，根据系统应用过程类型，测试系统作用领域组织的适配性；综合系统作用领域能力，确认系统领域能力覆盖系统应用过程能力需求的完整性。所谓系统作用领域能力开发状态管理有效性是指子系统功能组织与系统领域能力的符合性以及系统领域能力的有效性。系统作用领域能力状态管理开发管理有效性主要依靠子系统功能类型和组织，测试子系统独立运行结果能力、范围和性能；通过面向系统领域能力组织综合，验证子系统专业功能能力综合与系统领域能力需求的符合性；最后通过系统领域能力组织，确认系统领域能力的有效性。

3）子系统层级开发过程与设备部件组织

子系统层级是面向系统专业功能组织与管理，设备部件组织由系统专业功能驻留和处理的设备资源载体构成。子系统领域层级开发过程由子系统专业功能组织和子系统专业功能组织开发状态管理两部分构成。所谓子系统专业功能开发组织是面向系统作用领域能力需求，依据系统专业能力，通过专业处理模式，构建子系统专业功能组织。其目标是通过子系统专业功能组织，提供子系统专业功能处理与系统作用领域能力符合模式。如飞行子系统专业功能的飞行计划、航迹计算、飞行导引、飞行管理和飞行状态控制功能等。所谓子系统专业功能组织开发状态管理是面向子系统专业功能开发能力组织，即根据专业功能处理过程，针对专业功能参数范围，构建子系统专业功能处理状态组织。其目标是验证子系统专业功能处理性能与系统领域能力性能需求的符合性。如飞行子系统的专业功能飞行计划决策、航迹运行误差、导航导引精度、飞行偏离状态和驾驶控制等，确定系统专业功能处理类型、能力、作用域、范围和性能，建立系统各个功能的处理过程和逻辑，覆盖系统分专业功能处理的范围和目标，为子系统软硬件开发管理奠定基础。

子系统专业功能组织建立在设备部件层级处理过程组织的基础上，即根据子系统专业功能的类型与能力构成，依据系统开发过程的设备资源能力和操作组织，针对系统模块开发条件和环境，建立系统设备部件能力和操作过程构成。它包括面向系统专业功能的设备部件驻留软件处理逻辑和硬件资源操作组织，如飞行管理功能：导航数据库参数管理、位置计算、导航数据获取、信息显示、输入/输出、存储管理等，确定设备部件处理类型、能力、作用域、范围和性能，建立系统各个专业功能处理能力和性能，覆盖子系统专业功能范围和目标，为系统各个专业功能处理和开发管理奠定基础。

子系统层级测试与验证由子系统专业功能组织完整性和子系统专业功能开发状态管理有效性构成。所谓子系统专业功能组织完整性是指子系统专业功能组织覆盖子系统作用领域能力需求。子系统专业功能组织完整性主要依靠子系统作用领域的构成，根据子系统作用领域的类型，测试子系统专业功能组织的适配性；综合子系统专业功能处理过程，确认子系统专业功能覆盖系统应用过程能力需求的完整性。所谓子系统专业功能开发状态管理有效性是指系统设备部件组织与分系统专业功能的符合性以及子系统处理的有效性。子系统专业功能开发状态管理有效性主要依靠系统设备部件类型和组织，测试系统设备部件驻留应用和资源操作独立运行结果能力、范围和性能；通过子系统专业功能组织综合，验证系统设备部件处理综合与子系统专业功能处理需求的符合性；最后通过系统专业功能处理组织，确认子系统专业功能的有效性。

9.1.3　系统综合过程组织与验证

飞行应用组织由飞行情景、飞行任务和飞行管理过程构成。飞行应用过程是基于飞行应用需求、飞行应用环境和飞行应用结果构建飞行应用过程组织。飞行应用过程综合是通过飞行情景过程组织，包括飞行的需求、环境、场景过程组织，构建飞行过程约束要求；通过飞行任务过程组织，包括飞行的计划、能力和过程组织，构建飞行处理模式，根据飞行运行的过程管理、计划管理、阶段管理、模式管理,构建飞行状态控制。

因此,系统综合过程是面向航空电子系统目标、过程和结果的综合优化过程。已知航空电子系统开发过程组织是由 T0 应用级、T1 系统级、T2 子系统级、T3 设备部件级和 T4 软硬件模块级构成。其中,T0 应用级是面向飞行组织过程,实现飞行目标需求,系统综合是基于目标实现优化的应用过程综合;T1 系统级是面向系统作用领域,构建系统飞行过程能力空间,系统综合是基于作用领域扩展的能力综合;T2 子系统级是面向系统专业功能组织,提供系统专业处理逻辑和过程,系统综合是基于系统品质增强的综合;T3 设备部件级是面向设备资源能力组织,提供系统驻留应用运行平台和资源操作,系统综合是基于系统资源利用率提升的综合;T4 软硬件模块级是面向独立软件和硬件处理模块,提供软件处理和硬件操作单元能力,系统综合是基于软硬件处理性能提升的综合。

IMA 系统是新一代综合化航空电子系统。IMA 系统是基于航空电子系统核心处理资源——IMA 平台,支持设备资源综合;构建驻留系统核心综合应用,支持软硬件系统综合;根据系统网络组织,建立基于 IMA 系统的综合化航空电子系统,实现系统领域综合;最后,通过 IMA 驻留应用运行和组织,实现与系统中其他子系统应用综合,完成系统飞行应用综合的需求。因此,基于 IMA 平台的航空电子系统综合测试与验证如图 9.4 所示。

针对 IMA 平台系统开发过程组织和系统验证要求,航空电子系统综合化开发过程组织架构的主要任务如下。

1) IMA 平台能力综合测试与验证

IMA 平台组织架构是综合化航空电子系统的系统综合组织和运行管理的基础。根据前几章论述,综合化航空电子系统通过建立 IMA 平台,建立平台资源共享能力,提供平台驻留系统驻留综合程序,构建系统交联网络,支持航空电子系统不同层级的综合。即 IMA 航空电子系统综合是通过 IMA 平台资源处理能力,实现系统资源能力综合,支持系统资源共享和操作优化能力;根据

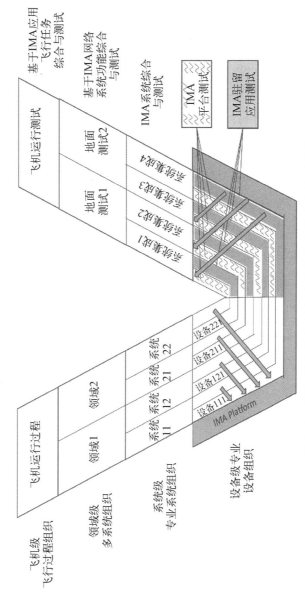

图 9.4　IMA 平台的航空电子系统综合测试与验证架构

IMA 平台网络互联组织,支持系统功能综合,提供系统能力处理优化和处理模式综合;依据 IMA 平台驻留应用运行管理,支持系统应用综合,提供系统应用结果和性能优化运行过程。由于 IMA 平台通过组织共享通用处理资源和系统网络建立系统综合平台资源能力,首先应建立 IMA 平台能力、配置和隔离模式的测试和验证过程,保证系统综合基础能力的有效性。

针对 IMA 平台组织架构,其综合过程测试验证主要任务有:首先,针对不同层级的 IMA 系统组织,确保所有层级的需求都是正确的和完整的,包括模块、驻留应用、平台和 IMA 系统的需求,并根据层级处理需求,实施下一层级需求符合性测试;第二,根据 IMA 平台组织,评估 IMA 系统的架构和驻留应用的功能分配,确定处理资源能力和使用情况、存储器分配、I/O 设备与总线以及其他共享资源,实施资源有效性测试;第三,针对 IMA 资源分区隔离,测试分区隔离保护健壮性,验证冗余、资源管理、健康监控和故障管理,确认每个驻留在 IMA 系统上的应用符合安全性、完整性和可靠性,实现驻留应用分区有效性测试;第四,依据 IMA 平台资源组织和分区管理,评估模块和应用之间的数据耦合与控制耦合,确保考虑了正常操作与降级操作的情况,特别是这些操作对飞机安全性的潜在影响,实现 IMA 平台安全验证。

2) IMA 驻留应用综合测试与验证

IMA 驻留应用是航空电子系统综合能力保障的基础。前面章节论述了 IMA 平台构建了资源共享平台,提供 IMA 平台驻留系统应用,支持系统综合。即系统综合是在 IMA 平台上,通过系统应用的运行和管理,实现系统综合过程。也就是说,航空电子系统综合模式和能力是由 IMA 平台驻留的应用程序所决定的。IMA 驻留应用针对系统应用过程,确定系统作用领域能力需求,构建系统应用过程综合模式,建立 IMA 平台的基于系统作用领域的独立物理资源组织,支持面向各种系统应用过程的系统领域能力综合;IMA 驻留应用针对系统领域能力组织需求,确定系统专业功能组织,构建系统作用领域能力的综合模式,建立 IMA 平台的基于系统分区的功能组织,支持面向各种系统作用领域能力的系统专业功能综合;IMA 驻留应用针对子系统专业功能处理需求,确定子系统专业功能运行的资源类型和组织,构建子系统专业功能的综合模式,建立 IMA 平台的基于资源共享的资源组织,支持面向各种系统专业功能的系统资源能力综合。由于 IMA 驻留应用是整个系统综合组织和运行过程,应组建 IMA 驻留应用条件、关联和独立性模式的测试和验证,保证系统综合过程组织的有效性。

为了保障 IMA 平台驻留功能综合化和完整性,必须建立 IMA 平台驻留应用的运行和隔离测试过程,满足 IMA 平台驻留应用运行有效性和可用性需求。针对 IMA 驻留应用组织模式,其综合过程测试验证主要任务有:首先,组建应用的独立作用领域能力组织与隔离测试,即系统不同应用过程的作用领域能力组织测试、系统不同作用领域的资源隔离测试和系统不同条件作用领域的资源可用性测试;第二,组建作用领域独立系统功能组织与分区测试,即系统不同作用领域的系统专业功能组织测试、系统不同专业功能的分区隔离测试和不同环境条件的专业功能运行测试;第三,组建不同功能的共享资源与分时测试,即系统不同专业功能处理的资源共享模式测试、不同专业功能过程资源分时模式测试和不同功能条件的资源状态测试;第四,组建不同资源的共享能力组织模式的过程操作测试,即不同共享资源类型组织的资源操作过程能力测试、面向不同共享资源性能组织的操作过程品质测试和不同资源共享条件的资源操作状态测试。

3) IMA 系统组织综合测试与验证

IMA 系统由 IMA 平台和 IMA 驻留应用共同组成。IMA 系统综合是基于 IMA 平台网络互联模式和驻留应用运行的航空电子系统综合。也就是说,IMA 系统通过系统网络实现 IMA 平台与航空电子系统其他子系统和设备互联,建立统一的航空电子系统组织架构,然后通过 IMA 平台驻留应用实现系统的应用、功能和资源的运行与综合。因此,IMA 系统综合是面向航空电子系统整体的应用模式、系统功能和设备能力的综合,实现航空电子系统整体目标、能力和品质优化和提升。IMA 系统组织和综合的首要任务是面向系统应用运行的综合,即针对当前应用环境,通过 IMA 平台的驻留应用和系统网络组织,建立系统应用的组织模式,实现提升系统应用目标、环境和性能的整个系统应用过程的综合。另一项任务是面向系统功能运行的综合,即 IMA 系统针对系统运行功能组织,通过 IMA 平台的驻留应用和系统网络组织,建立系统运行功能组织,实现提升系统功能处理能力、品质和效率的整个系统功能过程综合。IMA 系统是面向设备资源的组织和操作模式,即 IMA 系统针对系统设备的构成,依据系统设备驻留的功能,通过 IMA 平台驻留应用的组织,建立面向设备驻留功能运行的资源能力分时共享和资源操作过程运行复用的综合。由于 IMA 系统综合依据系统应用、组织和管理需求,组织和集成整个系统能力和活动,应组建 IMA 系统组织、交联、协同和模式的测试和验证,保证系统综合过程组织的有效性。

为了保障 IMA 系统综合组织的完整性和有效性,IMA 系统综合测试与验证主要任务有:第一,基于 IMA 平台的航空电子系统网络组织测试与验证,主要是由 IMA 平台交换机建立的系统整体组成能力和模式测试,它包括 IMA 平台与系统各子系统或设备之间的接口信号测试、信息组织与数据流测试以及数据和信息格式测试。第二,基于 IMA 驻留应用综合交互组织模式测试,主要是由 IMA 驻留应用与独立应用和其他系统或设备交互测试构成,它包括 IMA 驻留应用与其他分区交联和同步测试,IMA 驻留应用与其他系统或设备功能交互和同步测试,IMA 驻留应用综合的构型模式测试。第三,基于 IMA 驻留应用综合结果和性能组织测试,主要是由 IMA 驻留应用和其他系统或设备综合结果形式测试构成,它包括 IMA 驻留应用运行环境与被综合其他系统或设备运行环境一致性测试,IMA 驻留应用目标与其他系统或设备功能的综合结果测试,IMA 驻留应用其他系统或设备综合功能的运行状态和性能测试。

9.2　系统应用综合测试与验证组织

飞行应用综合是通过飞行应用情景、飞行应用任务和飞行运行管理的组织和综合,实现飞行应用的目标。其中,飞行应用情景综合是通过飞行的场景需求、场景类型、场景元素和场景条件组织和综合,构建飞行约束环境。飞行应用任务综合是通过飞行的任务需求、任务类型、任务条件和任务结果组织和综合,构建飞行处理模式。飞行运行管理综合是通过运行的过程需求、过程类型、过程处理及过程状态管理和综合,构建飞行状态控制。

飞行应用组织由飞行情景组织、飞行任务组织和飞行管理组织构成。其中,飞行情景组织是通过当前飞行环境、飞行态势和飞行场景构建过程,形成支持飞行需求、适应飞行环境和满足飞行模式的决策环境——飞行情景;飞行任务组织是通过当前飞行任务感知、任务识别和任务组织构建过程,形成适应飞行环境、支持飞行能力和满足飞行过程的组织环境——飞行任务;飞行管理组织是通过当前的飞行计划、飞行环境和飞行任务构建过程,形成满足飞行目标、适应飞行情景和支持任务状态的管理环境——飞行管理。

系统应用综合测试与验证是面向飞行情景组织、飞行任务组织和飞行管理组织,测试系统应用综合的目标、环境、能力实现结果状态,确认系统应用综合结果的应用能力提升的有效性。因此,系统应用综合测试与验证要针对飞行应用组织和综合,构建飞行情景、任务和管理综合过程测试方法,建立其综合结果的有效性验证模式,满足系统应用综合目标要求。

航空电子系统飞行过程综合组织架构如图9.5所示。

9.2.1　飞行情景综合的测试与验证

飞行情景综合是基于当前的飞行情景,综合飞行的计划、组织和过程的运行状态,实现飞行的环境、态势和场景的综合。其中,飞行环境综合是根据当前飞行的运行阶段、环境条件和约束模式,构建飞行情景作用范围;飞行态势综合

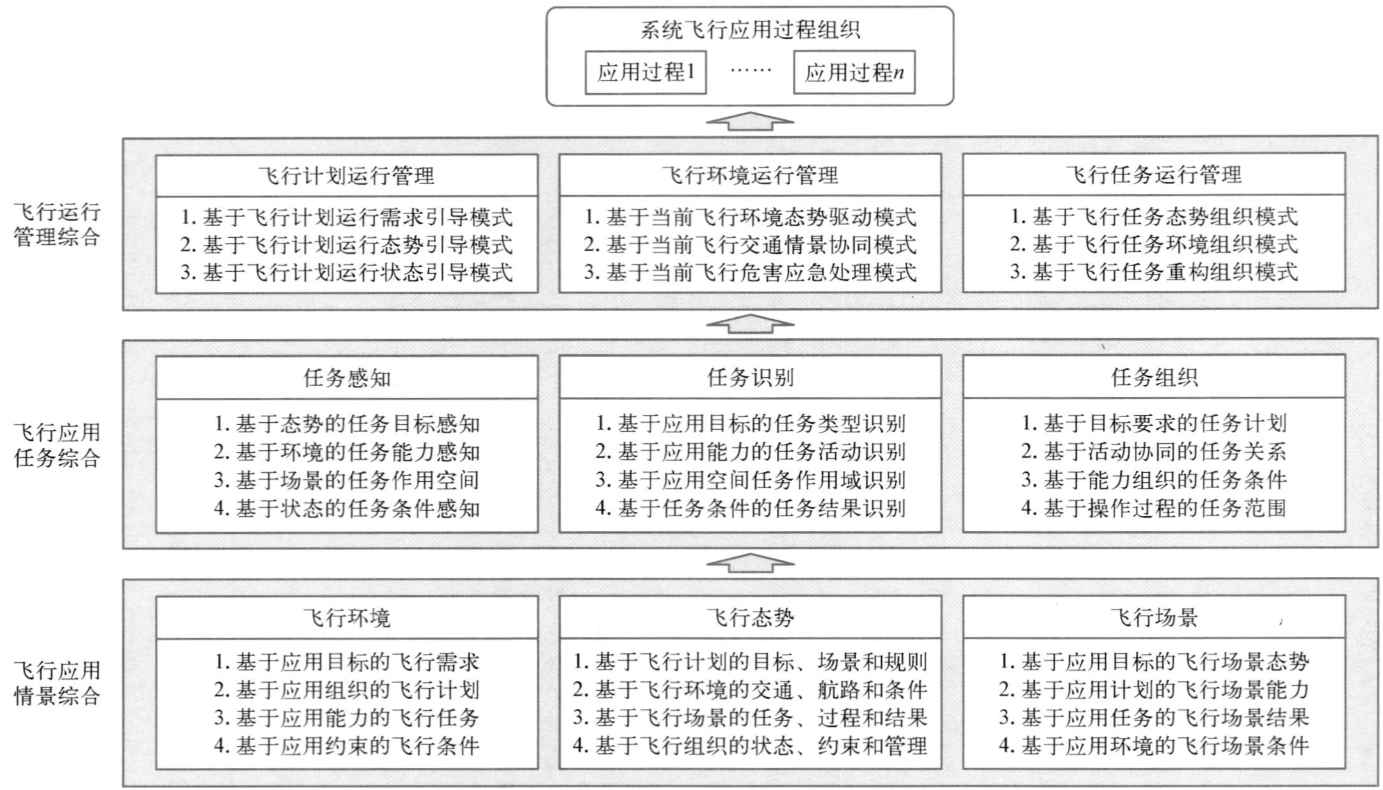

系统飞行应用过程组织

应用过程1 …… 应用过程n

飞行计划运行管理
1. 基于飞行计划运行需求引导模式
2. 基于飞行计划运行态势引导模式
3. 基于飞行计划运行状态引导模式

飞行环境运行管理
1. 基于当前飞行环境态势驱动模式
2. 基于当前飞行交通协同模式
3. 基于当前飞行危害应急处理模式

飞行任务运行管理
1. 基于飞行任务态势组织模式
2. 基于飞行任务环境组织模式
3. 基于飞行任务重构组织模式

任务感知
1. 基于态势的任务目标感知
2. 基于环境的任务能力感知
3. 基于场景的任务作用空间
4. 基于状态的任务条件感知

任务识别
1. 基于应用目标的任务类型识别
2. 基于应用能力的任务活动识别
3. 基于空间任务作用域识别
4. 基于任务条件的任务结果识别

任务组织
1. 基于目标要求的任务计划
2. 基于活动协同的任务关系
3. 基于能力组织的任务条件
4. 基于操作过程的任务范围

飞行环境
1. 基于应用目标的飞行需求
2. 基于应用组织的飞行计划
3. 基于应用能力的飞行任务
4. 基于应用约束的飞行条件

飞行态势
1. 基于飞行计划的目标、场景和规则
2. 基于飞行环境的交通、航路和条件
3. 基于飞行场景的任务、过程和结果
4. 基于飞行组织的状态、约束和管理

飞行场景
1. 基于应用目标的飞行场景态势
2. 基于应用计划的飞行场景能力
3. 基于应用环境的飞行场景结果
4. 基于应用环境的飞行场景条件

飞行运行管理综合

飞行应用任务综合

飞行应用情景综合

图 9.5 航空电子系统飞行应用综合过程组织架构

是根据当前飞行的计划执行状态、环境变化趋势和过程状态,构建飞行情景变化趋势;飞行场景综合是根据当前空域交通环境、飞行过程状态和任务执行模式,构建飞行运行空间。

因此,飞行情景综合测试与验证是基于飞行应用综合的目标、环境和能力的主导-适配方法,针对当前飞行环境,测试飞行情景作用范围;针对当前飞行态势,测试飞行情景作用空间;针对当前飞行场景,测试飞行情景组织状态;最后集成飞行情景范围、趋势和空间,支持实施系统飞行应用综合的目标、环境、能力有效性的验证与确认。飞行情景综合测试与验证架构如图9.6所示。

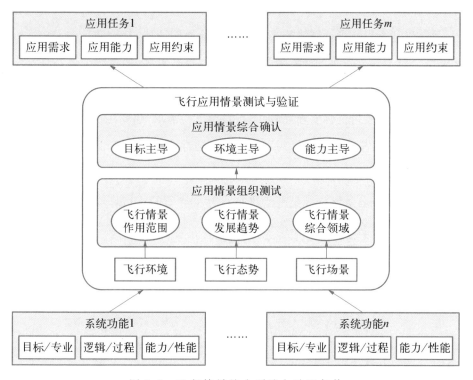

图9.6   飞行情景综合测试与验证架构

1) 飞行情景作用范围有效性测试

飞行情景的作用范围基于当前飞行环境下的飞行状态综合形成。飞行状态由当前飞行运行阶段、飞行环境条件和飞行约束模式构成。由于飞行运行阶段、飞行环境条件和飞行约束模式的作用形式和过程是独立的,它们之间的综合往往存在作用范围的偏离和不一致。因此,飞行情景作用范围采用飞行情景的主导-适配组织综合方法,建立飞行情景主导-适配因素集合:目标、环境和能力,确定主导因素参数能力和范围,配置因素适应能力和范围,从而形成飞行情景范围。飞行情景作用范围有效性测试是面向主导因素有效参数需求,测试配置因素逻辑关联过程符合性。

根据飞行应用综合的目标、环境和能力需求,飞行情景作用范围的主导-适配组织方法由基于当前飞行环境的飞行目标主导、基于当前飞行环境的飞行条件主导和基于当前飞行环境的飞行能力主导三种模式构成。针对飞行情景作用范围,以基于当前飞行环境的飞行目标主导为例论述,其他两种引导模式以此类推。对于基于当前飞行环境的飞行目标主导,首先,通过当前飞行环境下的飞行计划状态,确定飞行目标需求,形成飞行情景的目标和作用参数范围;其次,根据明确的飞行目标要求,确定飞行目标支持需求,建立飞行环境条件和飞行任务能力综合模式;最后,针对飞行目标参数性能,确定飞行目标参数组织模式,构建基于综合逻辑处理过程的飞行环境条件和飞行任务能力参数要求。飞行情景作用范围有效性测试是基于飞行目标主导下的飞行环境和飞行能力综合范围和参数符合性测试。

假设:$FS(x)$为系统飞行情景有效范围,$f(x)$为系统主导过程,$g(x)$为系统适配过程,则飞行情景范围测试过程原理表达式为:

$$FS_{范围}(x) = \begin{pmatrix} f_{目标主导}(x) \\ f_{环境主导}(x) \\ f_{能力主导}(x) \end{pmatrix} = \begin{pmatrix} g_{范围/目标}(x), \ g_{范围/环境}(x), \ g_{范围/能力}(x) \\ g_{条件/目标}(x), \ g_{目标/环境}(x), \ g_{目标/能力}(x) \\ g_{能力/目标}(x), \ g_{能力/环境}(x), \ g_{环境/能力}(x) \end{pmatrix}$$

2)飞行情景发展趋势有效性测试

飞行情景发展趋势基于当前飞行态势的变化趋势综合形成。所谓变化趋势由当前飞行计划执行状态、空域交通条件和飞行过程状态构成。由于飞行计划执行状态、空域交通条件和飞行过程状态变化形式和变化过程是独立的,它们之间的综合往往存在发展方向的偏离和不一致。因此,飞行情景发展趋势采用飞行情景的主导-适配组织综合方法,建立飞行情景主导-适配因素集合:目标、环境和能力,确定主导因素的发展趋势参数能力和范围,配置因素适应能力和范围,从而形成飞行情景发展趋势。飞行情景发展趋势有效性测试是面向主导因素有效参数需求,测试配置因素逻辑关联过程符合性。

根据飞行应用综合的目标、环境和能力需求,飞行情景发展趋势的主导-适配组织方法由基于当前飞行态势的飞行目标主导、基于当前飞行态势的飞行环境主导和基于当前飞行态势的飞行能力主导三种模式构成。同样,针对飞行情景发展趋势,以基于当前飞行态势的飞行目标主导为例论述,其他两种引导模式以此类推。对于基于当前飞行态势的飞行目标主导,首先,通过当前飞行态势下飞行计划需求(航迹和航路点),确定飞行态势发展需求,形成飞行情景的期望和作用参数范围;其次,根据明确的飞行态势发展要求,确定飞行情景计划发展趋势,建立飞行环境条件和飞行任务能力综合模式;最后,针对飞行态势参数性能,构建基于综合逻辑处理过程的飞行环境条件和飞行任务能力参数要求。飞行情景发展趋势有效性测试是基于飞行目标主导下的飞行环境和飞行能力综合趋势和参数符合性测试。

假设:$FT(x)$为系统飞行情景有效趋势,$f(x)$为系统主导过程,$g(x)$为系统适配过程,则飞行情景趋势测试过程原理表达式为

$$FT_{趋势}(x) = \begin{pmatrix} f_{目标主导}(x) \\ f_{环境主导}(x) \\ f_{能力主导}(x) \end{pmatrix} = \begin{pmatrix} g_{趋势/目标}(x), & g_{趋势/环境}(x), & g_{趋势/能力}(x) \\ g_{条件/目标}(x), & g_{目标/环境}(x), & g_{目标/能力}(x) \\ g_{能力/目标}(x), & g_{能力/环境}(x), & g_{环境/能力}(x) \end{pmatrix}$$

3) 飞行情景综合领域有效性测试

飞行情景的综合领域基于当前飞行场景的作用模式综合形成。所谓作用模式由当前飞行过程类型、飞行能力组织和飞行条件状态构成。由于飞行过程

类型、飞行能力组织和飞行条件组成形式和运行过程是独立的,它们之间的综合往往存在作用领域分类和不一致。因此,飞行情景的综合采用飞行情景主导-适配组织综合方法,建立飞行情景主导-适配因素集合:目标、环境和能力,确定主导因素的综合领域参数能力和范围,配置因素适应能力和范围,从而形成飞行情景综合领域。飞行情景综合领域有效性测试是面向主导因素有效参数需求,测试配置因素逻辑关联过程符合性。

根据飞行应用综合的目标、环境和能力需求,飞行情景综合领域的主导-适配组织方法由基于当前飞行场景的飞行目标主导、基于当前飞行场景的飞行环境主导和基于当前飞行场景的飞行能力主导三种模式构成。同样,针对飞行情景综合领域,以基于当前飞行场景的飞行目标主导为例论述,其他两种引导模式以此类推。对于基于飞行场景的飞行目标主导,首先,通过当前飞行场景下飞行计划范围、环境因素和任务活动,确定飞行场景作用模式,形成飞行情景的组织和作用参数范围;其次,根据明确的飞行场景作用模式要求,确定飞行场景作用域和能力构成,建立飞行环境条件和飞行任务能力综合模式;最后,针对飞行场景作用模式参数性能,构建基于综合逻辑处理过程的飞行环境条件和飞行任务能力参数要求。飞行情景综合领域有效性测试是基于飞行目标主导下的飞行环境和飞行能力综合领域和参数符合性测试。

假设:$FS(x)$为系统飞行情景有效领域,$f(x)$为系统主导过程,$g(x)$为系统适配过程,则飞行情景领域测试过程原理表达式为

$$FS_{领域}(x)=\begin{pmatrix}f_{目标主导}(x)\\f_{环境主导}(x)\\f_{能力主导}(x)\end{pmatrix}=\begin{matrix}g_{领域/目标}(x),\ g_{领域/环境}(x),\ g_{领域/能力}(x)\\g_{条件/目标}(x),\ g_{目标/环境}(x),\ g_{目标/能力}(x)\\g_{能力/目标}(x),\ g_{能力/环境}(x),\ g_{环境/能力}(x)\end{matrix}$$

9.2.2　飞行任务综合的测试与验证

飞行任务组织综合是针对当前飞行情景识别与组织,基于飞行的环境、态

势和场景的综合,实现任务的感知、识别和组织的综合。其中任务感知是针对当前飞行的计划执行、环境支撑、场景态势和任务执行状态情况,构建基于飞行计划目标、满足飞行环境约束、支持飞行态势引导和符合飞行任务上下文的任务需求。任务识别是针对当前任务的态势感知、组织模式、能力与条件和处理环境与结果需求,建立任务目标与结果需求、任务内容与处理模式识别、任务活动与作用领域和任务品质与操作性能识别。任务组织是针对飞行任务、态势、环境和结果需求,根据飞行应用、事件、功能和过程要求,基于目标、组织、逻辑和操作模式,针对应用管理、功能管理、过程管理和性能管理模式,建立面向应用需求的任务目标组织,构建面向系统构成的任务能力组织,形成面向功能处理的任务环境组织,确定面向运行状态的任务管理组织。

飞行任务组织综合测试与验证是基于飞行应用综合的计划、情景和事件的主导-适配方法,根据当前飞行过程计划执行需求、依据当前飞行环境情景,以及针对当前飞行过程特定事件(空管或飞行操纵指令),建立基于主导因素驱动的任务感知、主导因素组织的任务识别和主导因素操作的任务组织,实现飞行过程有效性测试和结果符合性验证。因此,飞行任务组织综合测试与验证主要是主导因素驱动任务感知目标与内容测试、主导因素组织任务识别领域和能力测试、主导因素操作任务组织活动和结果测试;最后集成飞行任务感知、任务识别和任务组织,支持实施系统飞行任务组织综合的目标、环境、能力有效性的验证与确认。飞行任务综合测试与验证架构如图9.7所示。

1) 任务感知有效性测试

任务感知描述基于当前飞行情景对应的后续任务需求,主要由基于飞行计划状态的任务感知、基于飞行环境条件的任务感知和基于任务上下文状态的任务感知构成。由于飞行计划状态、飞行环境条件和任务上下文状态的变化和进展是相对独立的,对任务类型和能力的需求往往不一致或有所偏离。因此,飞行任务感知的组织采用任务感知主导-适配方法,建立飞行任务组织主导-适配因素集合:计划、情景和事件,确定主导因素的综合领域参数能力和范围,配置

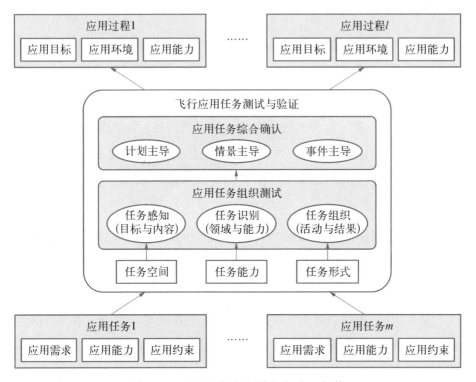

图 9.7 飞行任务综合测试与验证架构

因素适应能力和范围,从而形成任务感知的任务空间构成。飞行任务感知有效性测试是面向主导因素有效参数需求,测试配置因素逻辑关联过程符合性。

根据飞行任务综合的计划、情景和事件需求,飞行任务态势的主导-适配组织方法由基于当前飞行计划主导、基于当前飞行情景主导和基于当前飞行事件主导三种模式构成。针对任务感知,以基于当前计划主导为例论述,其他两种引导模式以此类推。对于基于当前飞行计划主导,首先,根据当前飞行计划执行状态,针对飞行结果和飞行状态感知,通过空地协同,感知以飞行计划为主导的飞行任务空间,确定任务的目标和内容需求;其次,根据当前建立的飞行情景,针对飞行态势和飞行环境感知,通过空地协同,感知以飞行情景为主导的飞行任务条件,确定任务的目标和内容类型;最后,根据当前飞行事件,针对飞行模式和飞行条件,通过空地协同,感知以飞行事件为主导的飞行任务过程,确定任务的目标和内容的范围。飞行任务感知有效性测试是基于飞行任务计划主导过程下的飞行任务需求和任务感知综合有效性和参数符合性测试。

假设：$FT(x)$为系统飞行任务有效能力，$f(x)$为系统主导过程，$g(x)$为系统适配过程，则飞行任务感知测试过程原理表达式为

$$FT_{感知}(x)=\begin{pmatrix}f_{计划主导}(x)\\f_{情景主导}(x)\\f_{事件主导}(x)\end{pmatrix}=\begin{pmatrix}g_{感知/计划}(x),\ g_{感知/情景}(x),\ g_{感知/事件}(x)\\g_{情景/计划}(x),\ g_{计划/情景}(x),\ g_{计划/事件}(x)\\g_{事件/计划}(x),\ g_{事件/情景}(x),\ g_{情景/事件}(x)\end{pmatrix}$$

2）任务识别有效性测试

任务识别描述基于应用任务需求相适应的系统功能能力识别，主要由任务的结果需求识别、处理模式识别、作用领域识别和任务操作性能识别构成。由于上述几项是相对独立的，对任务构成和能力的需求往往不一致或有所偏离。因此，飞行任务识别组织采用任务识别主导-适配方法，建立飞行任务组织主导-适配因素集合：计划、情景和事件，确定主导因素的综合领域参数能力和范围，配置因素适应能力和范围，从而形成任务识别的任务能力构成。飞行任务识别有效性测试是面向主导因素有效参数需求，测试配置因素逻辑关联过程符合性。

根据飞行任务综合的计划、情景和事件需求，飞行任务识别的主导-适配组织方法由基于当前飞行计划主导、基于当前飞行情景主导和基于当前飞行事件主导三种模式构成。针对任务识别，以基于当前计划主导为例论述，其他两种引导模式以此类推。对于基于当前飞行计划主导，首先，根据当前飞行任务计划、目标和内容，识别基于任务目标与类型的空间与领域组织，构建任务作用领域与能力需求；其次，根据当前任务类型、能力、条件要求，识别基于系统任务处理与范围的逻辑与能力组织，构建任务作用领域与能力处理条件；最后，根据任务专业、领域和处理组织要求，识别基于任务逻辑与能力的过程与性能组织，构建任务作用领域与能力处理模式。飞行任务识别有效性测试是基于飞行任务

计划主导过程下飞行任务感知和任务识别综合有效性和参数符合性测试。

假设：$FT(x)$ 为系统飞行任务有效能力，$f(x)$ 为系统主导过程，$g(x)$ 为系统适配过程，则飞行任务感知测试过程原理表达式为

$$FT_{识别}(x) = \begin{pmatrix} f_{计划主导}(x) \\ f_{情景主导}(x) \\ f_{事件主导}(x) \end{pmatrix} = \begin{pmatrix} g_{识别/计划}(x), & g_{识别/情景}(x), & g_{识别/事件}(x) \\ g_{情景/计划}(x), & g_{计划/情景}(x), & g_{计划/事件}(x) \\ g_{事件/计划}(x), & g_{事件/情景}(x), & g_{情景/事件}(x) \end{pmatrix}$$

3）任务组织有效性测试

任务组织是描述基于任务识别的能力需求的当前运行任务组织，主要由任务的目标组织、能力组织、环境组织和管理组织构成。由于这几项是相对独立的，对任务组织和运行的需求往往不一致。因此，飞行任务组织采用主导-适配方法，建立飞行任务组织主导-适配因素集合：计划、情景和事件，确定主导因素的综合领域参数能力和范围，配置因素适应能力和范围，从而形成任务组织的任务活动构成。飞行任务组织有效性测试是面向主导因素有效参数需求，测试配置因素逻辑关联过程符合性。

根据飞行任务综合的计划、情景和事件需求，飞行任务组织的主导-适配组织方法由基于当前飞行计划主导、基于当前飞行情景主导和基于当前飞行事件主导三种模式构成。针对任务组织，以基于当前计划主导举例论述，其他两种引导模式以此类推。对于基于当前飞行计划主导，首先，针对任务目标组织，根据任务目标计划、内容空间和领域能力，组织基于目标需求的任务活动和结果要求，构建满足任务感知目标和任务识别任务能力需求的任务目标组织。其次，针对任务能力组织，根据任务内容、类型和条件，组织飞行过程的运行和处理要求，构建满足任务感知内容组织和任务识别领域组织的任务能力组织。最后，针对任务的环境组织，根据任务感知建立的任务领域、范围和能力，组织飞行过程运行环境、条件和结果要求，构建满足任务感知环境组织和任务识别结果组织的任务处理组织。飞行任务组织有效性测试是基于飞行任务计划主导

过程下飞行任务识别与任务组织综合有效性和参数符合性测试。

假设：$FT(x)$ 为系统飞行任务有效能力，$f(x)$ 为系统主导过程，$g(x)$ 为系统适配过程，则飞行任务感知测试过程原理表达式为

$$FT_{组织}(x)=\begin{pmatrix}f_{计划主导}(x)\\f_{情景主导}(x)\\f_{事件主导}(x)\end{pmatrix}=\begin{pmatrix}g_{组织/计划}(x),\ g_{组织/情景}(x),\ g_{组织/事件}(x)\\g_{情景/计划}(x),\ g_{计划/情景}(x),\ g_{计划/事件}(x)\\g_{事件/计划}(x),\ g_{事件/情景}(x),\ g_{情景/事件}(x)\end{pmatrix}$$

9.2.3　飞行管理综合的测试与验证

飞行管理组织是针对当前飞行情景识别和飞行任务综合，基于飞行计划运行管理、飞行运行环境管理和飞行任务运行管理的综合。其中飞行计划运行管理是根据当前飞行计划的运行过程和执行状态、运行过程和支持能力，构建计划任务需求、任务引导模式、任务态势组织和后续任务组织；飞行运行环境管理根据当前飞行阶段的状态、条件变化、空域环境和航路环境，构建飞行阶段约束条件、飞行环境条件驱动模式、飞行环境变化态势组织和飞行交通情景协同过程。飞行任务运行管理是根据当前运行任务状态、飞行任务的运行组织、运行条件和处理事件，构建飞行任务态势组织、飞行任务环境组织、飞行任务过程组织和后续飞行任务组织。

飞行管理综合测试与验证是基于飞行应用综合的目标、条件和状态的主导-适配方法，根据当前飞行过程计划执行状态、依据当前飞行环境情景条件状态，以及针对当前飞行任务运行状态，建立基于主导因素驱动的飞行计划组织管理、主导因素组织的飞行情景组织管理和主导因素操作的飞行任务组织管理，实现飞行管理有效性测试和需求符合性验证。因此，飞行管理综合测试与验证主要是基于主导因素飞行计划执行与状态测试、主导因素飞行情景的条件和能力测试、主导因素飞行任务的活动和过程测试；最后集成飞行计划管理、飞行情景管理和飞行任务管理，支持实施系统飞行任务组织综合的目标、环境、能

力有效性的验证与确认。飞行管理综合测试与验证架构如图 9.8 所示。

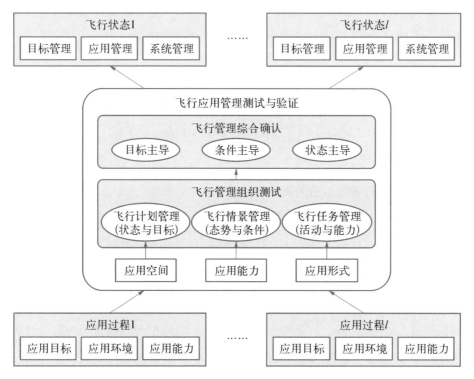

图 9.8　飞行管理综合测试与验证架构

1) 飞行计划执行状态管理有效性测试

飞行计划执行状态管理根据飞行计划组织,针对当前飞行情景环境和任务运行状态,通过基于飞行计划组织和管理,实现飞行过程组织和管理。飞行计划执行状态由飞行计划的需求、偏离、决策构成。由于这三者是相对独立的,对飞行计划组织和执行管理的需求往往不一致。因此,飞行计划执行状态管理采用主导-适配方法,建立飞行管理组织主导-适配因素集合:目标、条件和状态,确定主导因素的综合领域参数能力和范围,配置因素适应能力和范围,从而形成飞行计划组织的飞行过程状态管理。飞行计划执行状态管理有效性测试是面向主导因素有效参数需求,测试配置因素逻辑关联过程符合性。

根据飞行过程管理的目标、条件和状态管理需求,飞行计划执行管理的主导-适配组织方法由基于当前飞行计划目标主导、基于当前飞行计划条件主导和基于当前飞行计划状态主导三种模式构成。针对飞行计划执行管理,以基于当前飞行计划目标主导为例论述,其他两种引导模式可以此类推。对于基于当前飞行计划目标主导,首先,根据当前飞行计划运行结果、形式、状态和条件,确定后续飞行任务目标、能力、作用和性能,构建后续计划飞行任务运行要求;其次,根据当前飞行计划态势的发展趋势、组成要素、作用领域和限定条件,确定后续飞行任务类型、领域、空间和条件,构建后续计划飞行任务限制要求;最后,根据当前飞行计划运行的符合、偏移、冲突和威胁状态,确定后续任务维持、调整、重组和应急类型,构建后续计划飞行任务组织要求。飞行计划执行管理有效性测试是基于飞行任务计划目标主导过程下的飞行计划条件与飞行计划状态综合有效性和参数符合性测试。

假设:$FG(x)$为系统飞行管理有效能力,$f(x)$为系统主导过程,$g(x)$为系统适配过程,则飞行任务感知测试过程原理表达式为

$$FG_{计划}(x) = \begin{pmatrix} f_{目标主导}(x) \\ f_{条件主导}(x) \\ f_{状态主导}(x) \end{pmatrix} = \begin{pmatrix} g_{计划/目标}(x), \ g_{计划/条件}(x), \ g_{计划/状态}(x) \\ g_{条件/目标}(x), \ g_{目标/条件}(x), \ g_{目标/状态}(x) \\ g_{状态/目标}(x), \ g_{状态/条件}(x), \ g_{条件/状态}(x) \end{pmatrix}$$

2) 飞行情景环境状态管理有效性测试

飞行情景环境状态管理根据当前飞行阶段约束条件,针对当前飞行交通情景协同状态,依据当前飞行环境条件驱动能力,建立面向飞行环境的飞行情景环境状态管理模式。飞行情景环境状态管理模式由飞行阶段状态、空域交通状态、航路环境状态构成。由于飞行阶段状态、空域交通状态、航路环境状态是相对独立的,对飞行情景组织和状态管理的需求往往是不一致的。因此,飞行情景环境状态管理采用主导-适配方法,建立飞行管理主导-适配因素集合:目标、条件和状态,确定主导因素的综合领域参数能力和范围,配置因素适应能力和范围,从而形成飞行情景组织的飞行环境状态管理。飞行情景环境状态管理

有效性测试是面向主导因素有效参数需求，测试配置因素逻辑关联过程符合性。

根据飞行过程管理的目标、条件和状态管理需求，飞行情景环境状态管理的主导-适配组织方法由基于当前飞行情景目标主导、基于当前飞行情景条件主导和基于当前飞行情景状态主导三种模式构成。针对飞行情景环境状态管理，以基于当前飞行情景目标主导为例论述，其他两种引导模式以此类推。对于基于当前飞行情景目标主导，首先，针对当前飞行阶段状态，根据飞行阶段的特征状态、应用功能、环境条件、飞行过程，确定后续飞行任务的特征和类型、内容和范围、能力和性能、操作和结果，构建后续飞行情景任务能力状态要求；其次，针对飞行交通情景，根据当前飞行空域交通状态、交通流量、交通安全和交通威胁，确定后续飞行的航路规划、飞行间隔、安全隔离和应急告警相关任务，构建后续飞行情景任务运行状态要求；最后，针对飞行环境条件，根据飞行空域状态、航路环境、安全环境和过程环境，确定后续飞行任务的过程条件、协同决策、安全监视和能力组织，构建后续飞行情景任务环境状态要求。飞行情景环境状态管理有效性测试是基于飞行任务情景目标主导过程的飞行情景条件与飞行情景状态综合有效性和参数符合性测试。

假设：$FG(x)$ 为系统飞行管理有效能力，$f(x)$ 为系统主导过程，$g(x)$ 为系统适配过程，则飞行任务感知测试过程原理表达式为

$$FG_{情景}(x) = \begin{pmatrix} f_{目标主导}(x) \\ f_{条件主导}(x) \\ f_{状态主导}(x) \end{pmatrix} = \begin{pmatrix} g_{情景/目标}(x), & g_{情景/条件}(x), & g_{情景/状态}(x) \\ g_{条件/目标}(x), & g_{目标/条件}(x), & g_{目标/状态}(x) \\ g_{状态/目标}(x), & g_{状态/条件}(x), & g_{条件/状态}(x) \end{pmatrix}$$

3）飞行任务运行状态管理有效性测试

飞行任务运行状态管理根据当前飞行任务运行组织和状态，依据当前飞行任务运行态势，针对当前飞行任务运行条件，建立面向任务过程组织的飞行任务运行状态管理模式。飞行任务运行状态管理模式由飞行任务运行组织、任务

运行态势、任务运行条件构成。由于这三者是相对独立的,对飞行任务运行组织和状态管理的需求往往不一致。因此,飞行任务运行状态管理采用主导-适配方法,建立飞行管理主导-适配因素集合:目标、条件和状态,确定主导因素的综合领域参数能力和范围,配置因素适应能力和范围,从而形成飞行任务组织的飞行运行状态管理。飞行任务运行状态管理有效性测试是面向主导因素有效参数需求,测试配置因素逻辑关联过程符合性。

根据飞行过程管理的目标、条件和状态管理需求,面向飞行任务运行状态管理的主导-适配组织方法由基于当前飞行任务目标主导、基于当前飞行任务条件主导和基于当前飞行任务状态主导三种模式构成。针对飞行任务运行状态管理,以基于当前飞行任务目标主导举例论述,其他两种引导模式以此类推。对于基于当前飞行任务目标主导,首先,针对当前飞行任务态势,根据当前飞行任务态势的趋势、要素、组织和范围,确定后续飞行任务目标、类型、能力和条件,构建后续飞行任务能力管理要求;其次,针对当前飞行任务运行条件,根据当前飞行任务的应用条件、组织条件、操作条件和结果条件,确定后续飞行任务执行模式、处理能力、操作范围和运行组织,构建后续飞行任务运行管理要求;最后,针对当前飞行任务过程组织,根据当前飞行任务的作用领域、作用模式、作用条件和作用形式,确定后续任务过程的类型、能力、品质和结果,构建后续飞行任务过程管理要求。飞行任务运行状态管理有效性测试是基于飞行任务目标主导过程的飞行任务条件与飞行任务状态综合有效性和参数符合性测试。

假设:$FG(x)$为系统飞行管理有效能力,$f(x)$为系统主导过程,$g(x)$为系统适配过程,则飞行任务感知测试过程原理表达式为

$$FG_{任务}(x) = \begin{pmatrix} f_{目标主导}(x) \\ f_{条件主导}(x) \\ f_{状态主导}(x) \end{pmatrix} = \begin{pmatrix} g_{任务/目标}(x), & g_{任务/条件}(x), & g_{任务/状态}(x) \\ g_{条件/目标}(x), & g_{目标/条件}(x), & g_{目标/状态}(x) \\ g_{状态/目标}(x), & g_{状态/条件}(x), & g_{条件/状态}(x) \end{pmatrix}$$

9.3 系统功能综合测试与验证组织

　　系统功能综合由系统功能的应用综合、单元综合和处理综合构成。其中，系统功能应用综合面向系统应用任务组织需求，针对系统功能专业构成，建立不同功能作用空间和能力类型组织，形成基于任务能力需求的系统功能能力组织的综合；系统功能单元处理综合面向系统功能逻辑组织需求，针对系统功能专业领域，建立不同功能处理信息组织和处理逻辑组织，形成基于功能组织的系统功能单元的综合；系统功能处理组织综合针对处理过程需求，针对系统功能过程组织，建立不同功能输入类型和处理模式，形成基于功能操作的系统功能过程的综合。对航空电子系统，功能综合根据目标任务运行需求，通过系统功能专业能力、系统功能处理逻辑、系统功能操作过程，实现系统功能专业能力、系统功能逻辑和系统功能过程的优化，有效地支持系统应用层任务组织和运行。

　　系统功能组织由系统功能的专业能力、处理逻辑和操作过程组成。其中，系统功能专业能力由面向系统功能应用模式的专业领域、活动模式和作用能力构成，形成满足系统应用目标、结果性能和作用领域需求的专业能力组织——功能专业能力；系统功能处理逻辑由面向系统功能组织的目标需求、环境条件和处理模式构成，形成满足系统功能信息能力、逻辑组织和过程品质需求的系统处理组织——功能单元组织；系统功能操作管理由系统功能的输入信息、操作元素性能、操作条件要求和操作条件构成，形成满足系统功能信息处理、性能组织和操作模式——功能操作过程。

　　系统功能综合测试与验证是面向系统功能专业能力、系统功能处理逻辑和系统功能操作过程组织，测试系统功能综合实现的作用领域、逻辑组织、操作过程的结果范围、处理性能和过程效率，确认系统功能综合的结果能力、品质和性能提升。因此，系统功能综合测试与验证要针对系统功能组织和综合，构建系统功能能力、逻辑和操作综合过程测试方法，建立其综合结果有效性的验证模式,满足系统功能综合目标要求。

航空电子系统功能综合组织架构如图 9.9 所示。

9.3.1　系统功能专业综合测试与验证

系统功能专业组织描述系统功能应用模式的专业领域、活动和能力的构成。对于系统应用任务过程,系统功能专业能力是通过功能作用能力和空间的组织,提供支持系统应用过程能力需求,满足目标任务运行目标。功能能力专业描述专业处理与组织能力,也是面向系统专业特征的能力组织。对于功能专业组织,功能处理基于独立作用领域构成,由功能专业的作用域、范围、处理、效率和性能组成,是由系统不同的应用任务过程决定的。因此,目前基于系统应用任务过程能力需求的功能专业能力组织方法有:面向任务的目标需求的功能专业能力组织——任务目标引导模式,面向任务的处理模式的功能专业能力组织——任务性质引导模式,面向任务作用领域构成的功能专业能力组织——任务领域引导模式。

系统功能专业能力综合测试与验证是根据系统应用过程能力需求,确定系统应用过程能力组织:过程的目标、领域和范围;依据系统应用任务目标需求、处理模式和领域构成的任务引导模式,建立不同任务引导模式行为和结果测试;最后针对系统功能专业的组织:专业覆盖、专业条件和专业结果,构建系统功能专业能力组织:专业、作用域、范围和性能有效性确认和验证。

系统功能专业组织过程如图 9.10 所示。

1) 任务目标引导系统功能专业能力综合有效性测试

任务目标引导模式由任务目标需求引导和专业功能能力组织两部分构成。

任务目标需求引导针对系统应用任务过程组织(应用过程目标、领域和状态),通过构建系统应用目标组织(应用任务目标、环境和能力),建立应用任务目标驱动的引导模式;通过系统应用过程组织(应用任务类型、性质和条件),建立应用任务过程能力引导模式;通过构建系统应用任务状态(应用结果形式、作

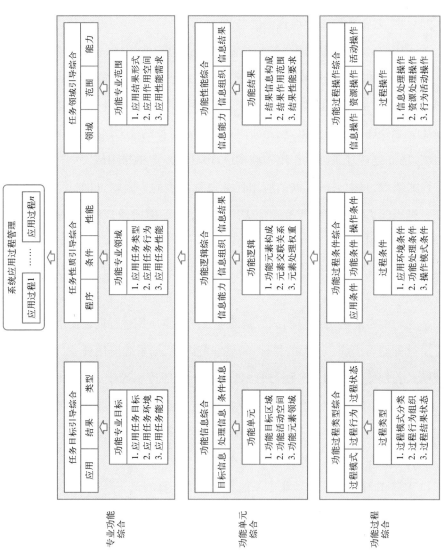

图 9.9　航空电子系统功能综合组织架构

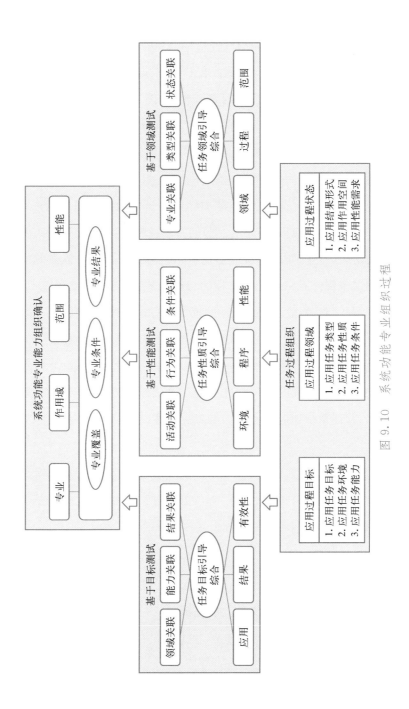

图 9.10   系统功能专业组织过程

用空间和性能需求），建立应用任务状态限制的引导模式；最终形成基于目标驱动、过程能力和状态限定组合的应用任务目标引导的功能专业能力需求。

专业功能能力组织针对任务目标需求引导，根据系统功能过程的应用、结果和有效性组织，实现基于功能过程的领域相关、能力相关和结果相关的系统任务目标引导综合。在此基础上，建立系统能力组织、环境识别和过程管理，满足系统功能专业覆盖、专业条件和专业结果需求，形成面向应用任务目标的系统专业能力要素（专业、作用域、范围、条件和性能）组织。

任务目标引导模式系统功能专业能力综合测试由两部分组成：一是基于任务目标引导模式结果（应用、结果、类型）的有效性测试，另一是基于系统功能应用专业能力组织（专业、作用域、性能）的有效性验证。任务目标引导模式结果的有效性测试主要针对应用任务过程的目标构成：目标、环境和能力，根据任务过程的领域状态：类型、性质和条件，依据任务过程的范围组织：形式、空间和性能，通过目标关联、能力关联和活动关联，测试系统功能专业能力的目标需求：应用、结果和类型的有效性。系统功能应用专业能力组织针对任务目标引导模式结果，根据其形成的系统功能专业能力需求状态：功能专业、运行条件和处理逻辑，验证系统功能专业能力要素：专业，作用域，范围、条件和性能组成的符合性。

假设：$AF(x, y, z)$为任务引导能力，$AP(x, y, z, s, u)$为系统功能专业能力，$f(x, y, z)$为基于系统任务目标的处理过程，$g(x, y, z)$为基于系统专业要求的组织过程，则面向任务目标引导模式系统功能专业能力综合测试和验证过程原理表达式为

$$AF_{目标引导}(应用，结果，类型) = f(目标关联，能力关联，活动关联)$$

$$AP_{专业能力}(专业，作用域，范围，条件，性能)$$

$$= g(专业覆盖，专业条件，专业结果) \mid AF_{目标引导}$$

2）任务性质引导系统功能处理综合有效性测试

任务性质引导模式由任务性质需求引导和专业功能处理组织两部分构成。

任务性质需求引导针对系统应用任务过程组织(应用过程目标、领域和状态),通过构建系统应用目标组织(应用任务目标、环境和能力),建立应用任务能力性能的引导模式;通过构建系统应用过程组织(应用任务类型、性质和条件),建立应用运行性能的引导模式;通过构建系统应用任务状态(应用结果形式、作用空间和性能需求),建立应用活动性能的引导模式;最终形成基于应用能力、运行和活动性能限定组合的应用任务性能引导的功能处理综合需求。

专业功能处理组织针对任务性质需求引导,根据系统功能过程的环境、程序和性能组织,实现基于功能过程的活动相关、行为相关和条件相关的系统任务性质引导综合。在此基础上,建立系统能力、过程和处理过程,满足系统功能专业覆盖、专业条件和专业结果需求,形成系统任务性质组织的系统专业能力要素(专业、作用域、范围、条件、性能)组织。

任务性质引导模式系统功能专业能力综合测试由两部分组成:一是基于任务性质引导模式结果(程序、条件、性能)的有效性测试,另一是基于系统功能应用专业能力组织(专业、作用域、性能)的有效性验证。任务性质引导模式结果的有效性测试主要针对应用任务过程的目标构成:目标、环境和能力,根据任务过程的领域状态:类型、性质和条件,依据任务过程的范围组织:形式、空间和性能,通过环境关联、行为关联和处理关联,测试系统功能专业能力的性质需求:程序、条件和性能的有效性。系统功能应用专业能力组织针对任务性质引导模式结果,根据其形成的系统功能专业能力需求状态:功能专业、运行条件和处理逻辑,验证系统功能专业能力要素:专业、作用域、范围、条件和性能组成的符合性。

假设:$AF(x,y,z)$为任务引导能力,$AP(x,y,z,s,u)$为系统功能专业能力,$f(x,y,z)$为基于系统任务目标的处理过程,$g(x,y,z)$为基于系统专业要求的组织过程,则面向任务性质引导模式系统功能专业能力综合测试和验证过程原理表达式为

$$AF_{\text{性质引导}}(\text{应用},\text{结果},\text{类型})=f(\text{环境关联},\text{行为关联},\text{处理关联})$$

$$AP_{\text{专业能力}}(\text{专业},\text{作用域},\text{范围},\text{条件},\text{性能})$$

$$=g(\text{专业覆盖},\text{专业条件},\text{专业结果})\mid AF_{\text{性质引导}}$$

3) 任务领域引导系统功能作用域综合有效性测试

任务领域引导模式由任务领域需求引导和专业功能作用域组织两部分构成。

任务领域引导模式针对系统应用任务过程组织(应用过程目标、领域和状态),通过构建系统应用目标组织(应用任务目标、环境和能力),建立应用任务目标领域的引导模式;通过构建系统应用过程组织(应用任务类型、性质和条件),建立应用任务范围的引导模式;通过构建系统应用任务状态(应用结果形式、作用空间和性能需求),建立应用结果空间的领域需求;最终形成基于应用目标、过程和结果边界限定组合的应用任务领域引导的功能作用域综合需求。

专业功能作用域组织针对任务领域需求引导,根据系统功能过程的领域、过程和范围组织,实现基于功能过程的专业相关、类型相关和状态相关的系统任务领域引导综合。在此过程任务领域引导综合的基础上,建立系统能力、过程和处理过程,满足系统功能专业覆盖、专业条件和专业结果需求,形成系统任务领域组织的系统专业能力要素(专业、作用域、范围、条件、性能)组织。

任务领域引导模式系统功能专业能力综合测试由两部分组成:一是基于任务领域引导模式结果(领域、范围、结果)的有效性测试,另一是基于系统功能应用专业能力组织(专业、作用域、性能)的有效性验证。任务目标引导模式结果的有效性测试主要针对应用任务过程的目标构成:目标、环境和能力,根据任务过程的领域状态:类型、性质和条件,依据任务过程的范围组织:形式、空间和性能,通过领域关联、范围关联和结果关联,测试系统功能专业能力的领域需求:领域、范围和结果的有效性。系统功能应用专业能力组织针对任务领域引导模式结果,根据其形成的系统功能专业能力需求状态:功能专业、运行条件和处理逻辑,验证系统功能专业能力要素:专业、作用域、范围、条件和性能组成的符合性。

假设:$AF(x,y,z)$为任务引导能力,$AP(x,y,z,s,u)$为系统功能专业能力,$f(x,y,z)$为基于系统任务目标的处理过程,$g(x,y,z)$为基于系统专业要求的组织过程,则面向任务性质引导模式系统功能专业能力综合测试和验证过程原理表达式为

$$AF_{领域引导}(领域,范围,结果)=f(领域关联,范围关联,结果关联)$$

$$AP_{专业能力}(专业,作用域,范围,条件,性能)$$

$$=g(专业覆盖,专业条件,专业结果)\mid AF_{领域引导}$$

9.3.2　系统功能单元综合测试与验证

系统功能单元组织描述系统的独立功能领域、能力和结构组织,由功能目标信息处理融合能力、功能过程逻辑处理综合能力和功能激励输入综合能力构成。其中,功能目标信息处理描述功能单元驱动逻辑处理的信息组织和信息融合,即根据确定功能单元目标的信息需求,依据功能处理领域的信息组织,针对功能处理逻辑的信息能力,构建实现功能目标的信息融合;功能过程逻辑处理描述功能单元过程能力处理的活动组织和逻辑综合,即根据确定功能单元能力的处理需求,依据功能处理领域的运行模式,针对功能处理逻辑的活动能力,构建实现功能过程的逻辑综合;功能激励输入处理描述功能单元输入能力处理的元素集成和性能综合,即根据确定功能单元空间的作用需求,依据功能处理领域的激励模式,针对功能处理逻辑的输入元素,构建实现功能输入的性能综合。目前基于系统功能单元组织和综合的方法有:面向功能单元目标需求的功能处理能力组织——功能处理信息融合模式,面向功能单元能力需求的功能处理过程组织——功能处理逻辑综合模式,面向功能单元激励需求的功能处理输入组织——功能处理输入综合模式。

系统功能单元处理综合测试与验证是根据系统功能专业组织需求,确定系统功能单元过程能力组织:专业能力、过程类型和处理条件;依据系统功能处理信息融合、逻辑综合和输入综合模式,建立不同功能单元综合活动和结果测试;最后针对系统功能单元的组织:功能目标能力、运行环境和处理品质,构建系统功能单元综合能力组织:目标、作用域、范围和条件有效性确认和验证。

系统功能单元综合过程如图 9.11 所示。

1) 系统功能处理信息融合有效性测试

系统功能处理信息融合由系统功能信息结构组织和功能信息融合模式两部分构成。

系统功能信息结构组织针对系统功能单元过程组织(专业能力、过程类型和处理条件),通过构建功能专业能力模式(功能目标区域、活动区域和元素领域),建立系统功能专业组织的融合模式;通过功能过程类型模式(操作模式分类、行为分类和结果状态),建立系统功能过程组织的融合模式;通过功能处理条件模式(环境组织条件、逻辑处理条件和操作模式条件),建立系统功能条件组织的融合模式;最终形成基于功能专业能力、过程类型、处理条件组合的系统功能融合信息组织需求。

系统功能信息融合模式针对系统功能信息结构,根据系统功能变量、品质和作用域组织,实现功能处理的目标、性能和领域信息融合。在此基础上,建立系统功能目标能力、功能运行环境和功能处理品质组织过程,形成系统功能单元信息能力和品质要素(目标、作用域、范围、关系、条件)组织,实现系统功能处理信息融合。

系统功能处理信息融合测试由两部分组成:一是基于功能单元过程组织的系统功能处理信息融合结果(目标、性能、领域)的有效性测试,另一是基于系统功能处理信息融合的系统功能单元能力(范围、关系、条件)的有效性验证。系统功能处理信息融合的有效性测试主要针对功能单元过程专业能力:目标区域、活动空间和元素领域,根据功能单元过程类型:操作模式、操作类型和操

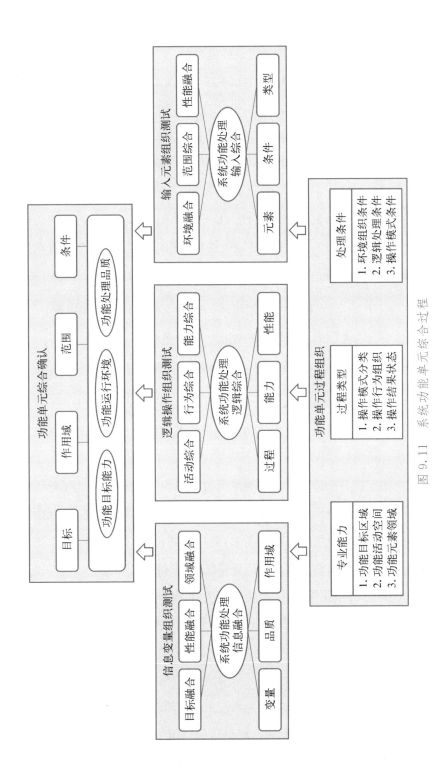

图 9.11 系统功能单元综合过程

作结果,依据功能单元过程处理条件:环境组织、逻辑处理和操作模式,通过变量关联、品质关联和作用域关联,测试系统功能处理信息融合:目标、性能和领域的有效性。系统功能单元能力组织针对系统功能处理信息融合的结果,根据其形成的系统功能单元能力组织:功能目标能力、功能运行环境和功能处理品质,验证系统功能单元能力要素:目标,作用域,范围、关系和条件组成的符合性。

假设:$FI(x,y,z)$为功能综合能力,$FU(x,y,z,s,u)$为系统功能单元组织能力,$f(x,y,z)$为系统功能综合处理过程,$g(x,y,z)$为系统功能单元能力组织过程,则面向系统功能处理信息融合测试和验证过程原理表达式为

$$FI_{信息融合}(目标,性能,领域)=f_{融合模式}(变量,品质,作用域)$$

$$FU_{功能单元}(目标,作用域,范围,关系,条件)$$

$$=g(目标能力,运行环境,处理品质)\,|\,FI_{信息融合}$$

2) 系统功能处理逻辑综合有效性测试

系统功能处理逻辑综合由系统功能逻辑关系组织和功能逻辑处理模式两部分构成。

系统功能逻辑关系针对系统功能单元过程组织(专业能力、过程类型和处理条件),通过构建功能专业能力模式(功能目标区域、功能活动区域和功能元素领域),建立功能专业组织的逻辑关系;通过功能过程类型模式(操作模式分类、操作行为分类、操作结果状态),建立系统功能过程组织的逻辑关系;通过功能处理条件模式(环境组织条件、逻辑处理条件、操作模式条件),建立功能条件组织的逻辑关系;最终形成基于功能专业能力、过程类型、处理条件组合的系统功能逻辑结构组织需求。

系统功能逻辑处理模式针对系统功能逻辑结构,根据系统功能过程、能力和性能组织,实现功能处理活动、行为和能力的逻辑综合。在此基础上,建立系统功能目标能力、功能运行环境和功能处理品质组织过程,形成系统功能单元

逻辑能力和品质要素(目标、作用域、范围、关系、条件)组织,实现系统功能处理逻辑综合。

系统功能处理逻辑综合测试由两部分组成:一是基于功能单元过程组织的系统功能处理逻辑综合结果(活动、行为、能力)的有效性测试,另一是基于系统功能处理逻辑综合的系统功能单元能力(范围、关系、条件)的有效性验证。系统功能处理逻辑综合的有效性测试主要针对功能单元过程专业能力:目标区域、活动空间和元素领域,根据功能单元过程类型:操作模式、操作类型和操作结果,依据功能单元过程处理条件:环境组织、逻辑处理和操作模式,通过过程关联、能力关联和性能关联,测试系统功能处理逻辑综合:活动、行为和能力的有效性。系统功能单元能力组织针对系统功能处理逻辑综合结果,根据其形成的系统功能单元能力组织:功能目标能力、功能运行环境和功能处理品质,验证系统功能单元能力要素:目标、作用域、范围、关系和条件组成的符合性。

假设:$FI(x,y,z)$为功能综合能力,$FU(x,y,z,s,u)$为系统功能单元组织能力,$f(x,y,z)$为系统功能综合处理过程,$g(x,y,z)$为系统功能单元能力组织过程,则面向系统功能处理信息融合测试和验证过程原理表达式为

$$FI_{逻辑综合}(活动,行为,能力)=f_{逻辑模式}(过程,能力,性能)$$

$$FU_{功能单元}(目标,作用域,范围,关系,条件)$$

$$=g(目标能力,运行环境,处理品质)\mid FI_{逻辑综合}$$

3) 系统功能处理输入综合有效性测试

系统功能处理输入综合由系统功能输入结构组织和功能输入处理模式两部分构成。

系统功能输入结构针对系统功能单元过程组织(专业能力、过程类型和处理条件),通过构建功能专业能力模式(功能目标区域、功能活动区域和功能元素领域),建立功能专业组织的输入模式;通过功能过程类型模式(操作模式分

类、操作行为分类、操作结果状态),建立系统功能过程组织的输入权重;通过功能处理条件模式(环境组织条件、逻辑处理条件、操作模式条件),建立功能条件组织的输入关系;最终形成基于功能专业能力、过程类型、处理条件组合的系统功能输入结构组织需求。

系统功能输入处理针对系统功能输入结构,根据系统功能输入元素、条件和类型组织,实现功能处理过程环境、范围和性能的输入综合。在此基础上,建立系统功能目标能力、功能运行环境和功能处理品质组织过程,形成系统功能单元输入能力和品质要素(目标、作用域、范围、关系、条件)组织,实现系统功能处理输入综合。

系统功能处理输入综合测试由两部分组成:一是基于功能单元过程组织的系统功能处理输入综合结果(元素、条件、类型)的有效性测试,另一是基于系统功能处理输入综合的系统功能单元能力(范围、关系、条件)的有效性验证。系统功能处理输入综合的有效性测试主要针对功能单元过程专业能力:目标区域、活动空间和元素领域,根据功能单元过程类型:操作模式、操作类型和操作结果,依据功能单元过程处理条件:环境组织、逻辑处理和操作模式,通过元素关联、条件关联和类型关联,测试系统功能处理输入综合:环境、范围和性能的有效性。系统功能单元能力组织针对系统功能处理输入综合结果,根据其形成的系统功能单元能力组织:功能目标能力、功能运行环境和功能处理品质,验证系统功能单元能力要素:目标、作用域、范围、关系和条件组成的符合性。

假设:$FI(x, y, z)$为功能综合能力,$FU(x, y, z, s, u)$为系统功能单元组织能力,$f(x, y, z)$为系统功能综合处理过程,$g(x, y, z)$为系统功能单元能力组织过程,则面向系统功能处理信息融合测试和验证过程原理表达式为

$$FI_{输入综合}(目标,性能,领域) = f_{输入模式}(过程,能力,性能)$$

$$FU_{功能单元}(目标,作用域,范围,关系,条件)$$

$$= g(目标能力,运行环境,处理品质) \mid FI_{输入综合}$$

9.3.3　系统功能过程综合测试与验证

系统功能过程是系统功能运行处理过程,它依据系统功能定义,针对系统功能目标需求,根据系统当前运行环境,依据系统功能专业逻辑,实施操作处理过程。系统功能过程综合是提升系统运行效率、品质和有效性重要途径。系统功能过程综合由系统功能处理过程复用、系统功能处理结果继承和系统功能处理状态组合构成。系统功能处理过程复用是指系统的一组通用(或相对通用)逻辑处理过程可被多个系统功能处理过程使用,减少系统资源配置的需求;系统功能处理结果继承是指系统的功能处理结果可提供系统其他功能引用,减少系统功能处理需求;系统功能处理状态组合是指系统不同功能状态可组合提供综合功能共享,减少系统功能独立管理和配置的需求。

系统功能过程综合测试与验证是根据系统功能处理过程组织需求,确定系统功能操作过程组织:专业操作、逻辑操作和数据操作;依据系统功能处理过程复用综合模式、功能处理结果继承综合模式和功能处理状态共享综合模式,建立不同功能过程综合活动和结果测试;最后针对系统功能过程:功能过程综合、功能结果综合和功能状态综合,构建系统功能过程综合能力组织:共享结果、共享过程、共享条件和共享状态有效性确认和验证。

系统功能过程综合如图 9.12 所示。

1) 系统功能过程复用有效性测试

系统功能过程复用由系统功能通用处理结构和功能通用过程组织两部分构成。

系统功能通用处理结构针对系统功能操作过程组织(专业操作、逻辑操作和数据操作),通过构建系统功能专业操作组织(事件操作处理、活动操作处理、状态操作处理),建立系统功能专业的通用操作模式;通过功能逻辑操作组织(元素作用能力、交联关系、处理权重),建立系统功能逻辑的通用操作模式;通过功能数据操作组织(信息数据处理、过程数据处理、输入数据处理),建立系统功能数据的通用操作模式;最终形成基于功能专业、逻辑和数据的通用处理结

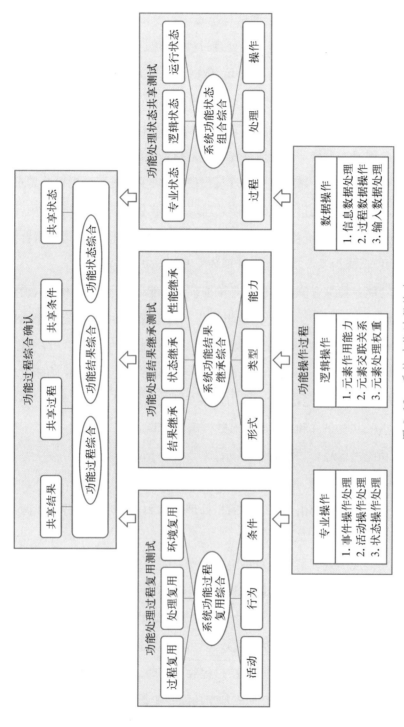

图 9.12　系统功能过程综合

构需求。

　　系统功能通用过程针对系统功能输入结构,根据系统功能过程活动、行为和条件组织,实现功能处理过程复用、处理复用和环境复用综合。在此基础上,建立系统功能过程综合、功能结果综合和功能状态综合组织过程,实现系统功能过程综合结果:共享能力,共享结果,共享过程,共享条件,共享状态。

　　系统功能过程复用测试由两部分组成:一是基于功能过程复用组织的系统功能处理过程复用结果(过程、处理、环境)的有效性测试,另一是基于系统功能处理过程复用的系统功能过程综合(功能过程综合、功能结果综合、功能状态综合)的有效性验证。系统功能处理过程复用结果的有效性测试主要针对功能过程专业操作:时间处理、活动处理和状态处理,根据功能过程逻辑操作:元素能力、元素关系和元素权重,根据功能过程数据操作:信息数据、过程数据和输入数据,通过过程复用、处理复用和环境复用,测试系统功能过程复用:过程、处理和环境复用的有效性。系统功能过程综合有效性验证针对系统功能过程复用形成结果,根据其系统功能过程复用综合模式:功能过程综合、功能结果综合和功能状态综合,验证系统功能过程综合结果:共享能力,共享结果,共享过程,共享条件和共享状态有效性。

　　假设:$FI(x,y,z)$为功能综合能力,$FU(x,y,z,s,u)$为系统功能过程综合能力,$f(x,y,z)$为系统功能综合处理过程,$g(x,y,z)$为系统功能过程能力组织过程,则面向系统功能处理信息融合测试和验证过程原理表达式为

$$FI_{过程复用}(过程,处理,环境)=f_{复用模式}(活动,行为,条件)$$

$$FU_{功能过程}(能力,结果,过程,条件,状态)$$

$$=g(过程综合,结果综合,状态综合)\,|\,FI_{过程复用}$$

2) 系统功能结果继承有效性测试

系统功能结果继承由系统功能目标处理结构和目标过程组织两部分构成。

系统功能目标处理结构是针对系统功能操作过程组织（专业操作、逻辑操作和数据操作），通过构建系统功能专业操作组织（事件操作处理、活动操作处理、状态操作处理），建立系统功能专业的目标处理模式；通过功能逻辑操作组织（元素作用能力、元素交联关系、元素处理权重），建立系统功能逻辑的目标处理模式；通过功能数据操作组织（信息数据处理、过程数据处理、输入数据处理），建立系统功能数据的目标处理模式；最终形成基于功能专业、逻辑和数据的目标处理结构需求。

系统功能目标过程针对系统功能目标处理结构，根据系统功能过程形式、类型和条件组织，实现功能处理结果继承、状态继承和性能继承综合。在此基础上，建立系统功能过程综合、功能结果综合和功能状态综合组织过程，实现系统功能过程综合结果：共享能力，共享结果，共享过程，共享条件，共享状态。

系统功能结果继承测试由两部分组成：一是基于功能结果继承组织的系统功能处理过程继承结果（结果、状态、性能）的有效性测试，另一是基于系统功能处理结果继承的系统功能过程综合（功能过程综合、功能结果综合、功能状态综合）的有效性验证。系统功能处理过程继承结果有效性测试主要针对功能过程专业操作：事件处理、活动处理和状态处理，根据功能过程逻辑操作：元素的能力、关系和权重，根据功能过程数据操作：信息数据、过程数据和输入数据，通过结果继承、状态继承和性能继承，测试系统功能结果继承：结果、状态和性能继承的有效性。系统功能过程综合有效性验证针对系统功能结果继承形成的结果，根据其系统功能结果继承综合模式：功能过程综合、功能结果综合和功能状态综合，验证系统功能过程综合结果：共享能力，共享结果，共享过程，共享条件和共享状态有效性。

假设：$FI(x, y, z)$ 为功能综合能力，$FU(x, y, z, s, u)$ 为系统功能过程综合能力，$f(x, y, z)$ 为系统功能综合处理过程，$g(x, y, z)$ 为系统功能过程能力组织过程，则面向系统功能处理信息融合测试和验证过程原理表达式为

$$FI_{结果继承}(结果,状态,性能)=f_{继承模式}(形式,类型,能力)$$

$$FU_{功能过程}(能力,结果,过程,条件,状态)$$

$$=g(过程综合,结果综合,状态综合)\mid FI_{结果继承}$$

3）系统功能状态组合有效性测试

系统功能状态由系统功能运行组织形式和功能处理过程状态组织两部分构成。

系统功能运行组织形式是针对系统功能操作过程组织（专业操作、逻辑操作和数据操作），通过构建系统功能专业操作组织（事件操作处理、活动操作处理、状态操作处理），建立系统功能专业的运行组织模式；通过功能逻辑操作组织（元素作用能力、交联关系、处理权重），建立系统功能逻辑的运行组织模式；通过功能数据操作组织（信息数据处理、过程数据处理、输入数据处理），建立系统功能数据的运行组织模式；最终形成基于功能专业、逻辑和数据的运行组织形式需求。

系统功能处理过程状态针对系统功能运行组织形式，根据支持系统功能过程组织的过程、处理和操作组织，实现功能处理专业状态、逻辑状态和运行状态的组合。在此基础上，建立系统功能过程综合、功能结果综合和功能状态综合组织过程，实现系统功能过程综合结果：共享能力，共享结果，共享过程，共享条件，共享状态。

系统功能状态组合测试由两部分组成：一是基于功能状态组合的系统功能处理过程状态结果（专业、逻辑、运行）的有效性测试，另一是基于系统功能处理状态组合的系统功能过程综合（功能过程综合、功能结果综合，功能状态综合）的有效性验证。系统功能处理过程状态有效性测试主要针对功能过程专业操作：事件处理、活动处理和状态处理，根据功能过程逻辑操作：元素能力、元素关系和元素权重，根据功能过程数据操作：信息数据、过程数据和输入数据，通过专业状态、逻辑状态和运行状态组织，测试系统功能状态组合：专业、逻辑和运行组合状态的有效性。系统功能过程综合有效性验证针对系统功能过程复用形成的结果,根据其系统功能过程复用综合模式:功能过程综合、功能结果综合和功能状态综合,验证系统功能过程综合结果:共享能力,共享结果,共享过程,共享条件和共享状态有效性。

假设:$FI(x, y, z)$为功能综合能力,$FU(x, y, z, s, u)$为系统功能过程综合能力,$f(x, y, z)$为系统功能综合处理过程,$g(x, y, z)$为系统功能过程能力组织过程,则面向系统功能处理信息融合测试和验证过程原理表达式为:

$$FI_{状态组合}(专业,逻辑,运行)=f_{状态模式}(过程,处理,操作)$$

$$FU_{功能过程}(能力,结果,过程,条件,状态)$$

$$=g(过程综合,结果综合,状态综合)\mid FI_{状态组合}$$

9.4 系统物理综合测试与验证组织

系统物理设备面向系统任务运行和功能处理需求,通过系统物理资源的配置,操作过程的组织和运行状态的管理,实现系统应用的目标和要求。系统物理综合是在满足系统任务运行和功能处理的基础上,优化系统设备资源能力、操作过程和运行管理的组织,为系统任务运行和功能处理提供一个优化的高利用率资源能力、高效率资源操作过程和高可靠性设备资源运行状态的设备资源平台。

系统物理综合由系统设备资源能力综合、驻留应用综合和运行状态综合构成。其中,系统设备资源能力综合是面向系统设备驻留应用能力需求,通过建立通用资源能力类型,实现资源分时共享,提升资源能力的利用率——系统设备资源能力组织与综合。系统设备驻留操作过程综合是面向系统设备驻留应用处理需求,通过建立设备资源操作过程,实现过程复用和结果共享,提升处理资源利用率和操作效率——系统设备应用操作过程与综合;系统设备运行管理综合是面向系统设备驻留应用运行需求,通过建立通用系统运行状态管理,支持资源操作状态和驻留应用运行状态综合,提升系统设备运行结果的可靠性——系统设备运行管理与综合。因此,航空电子系统综合组织物理综合根据系统设备驻留应用处理需求,通过系统资源能力、操作过程和运行管理综合,降低设备资源组织需求,提升设备驻留应用操作效率,增强设备运行结果的有效性。

系统物理综合测试与验证主要为三项任务,即针对三个物理设备综合化带来的问题。一是系统设备资源能力共享存在的问题。即根据设备驻留应用构成,确定驻留应用的处理能力需求,建立设备通用资源平台,明确设备的运行环境,验证设备通用资源能力与驻留应用能力符合性,测试设备通用资源分时共享的隔离性。二是系统设备驻留应用操作复用存在的问题。即根据设备资源能力和驻留应用处理模式,确定设备资源的操作模式,建立设备运行的通用操作过程,明确设备资源操作的结果领域,验证设备资源操作过程与系统驻留应用处理符合性,测试驻留应用过程复用和结果共享故障识别问题。三是系统设备运行管理存在的问题。即根据设备运行和管理模式,确定设备驻留应用处理过程,针对设备资源共享和过程复用过程,建立系统运行故障、处理错误和资源缺陷管理模式,验证系统设备运行管理结果可靠性状态,测试设备运行故障模式传播问题。

系统物理综合组织架构如图9.13所示。

9.4.1　设备资源能力综合测试与验证

设备资源能力组织根据设备应用模式与操作确定资源能力类型需求。即通过应用能力需求分析,构建支持该需求的资源类型;通过应用活动需求分析,构建覆盖该需求的资源能力;通过应用程序需求分析,构建实现该需求的资源

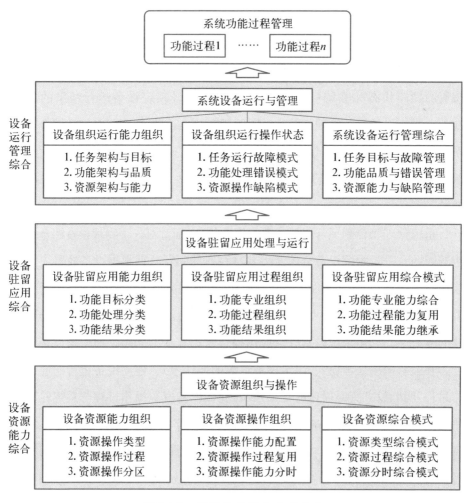

图 9.13　系统物理综合组织架构

操作。

　　设备资源能力综合是根据系统设备资源驻留的应用需求,针对设备资源类型、资源操作和资源结果分类,通过建立设备资源访问分时共享、过程复用和状态管理,优化设备资源的能力、作用域、范围、操作过程和操作结果,减少系统物理资源空闲状态,提升系统物理资源操作效率,复用系统物理资源操作过程,提高系统物理资源操作结果利用率,增强系统物理资源操作结果可用性,实现设备资源利用率、效率和有效性最大化。

　　设备资源能力综合测试与验证针对系统设备资源能力共享问题,验证设备共享资源能力与驻留应用需求符合性,测试设备共享资源分时访问隔离性;针对系统设备资源操作复用问题,验证设备资源操作过程与驻留处理需求符合性,测试设备驻留应用处理过程隔离性;针对系统设备资源缺陷状态问题,验证设备共享资源状态与驻留应用管理符合性,测试设备共享资源缺陷的隔离性。

　　设备资源综合与测试组织架构如图 9.14 所示。

　　1) 设备资源分时共享有效性测试

　　设备资源分时共享是描述设备中多个驻留应用访问设备共享资源的机理,建立在设备通用资源组织、资源分时访问和系统应用分区的基础上。设备通用资源组织针对设备驻留应用需求,根据资源能力分类,建立设备驻留应用的资源能力分类,包括资源能力类型、资源能力性质和资源能力范围,形成设备通用处理资源平台。设备通用资源分时访问基于设备通用资源能力,根据不同驻留应用处理需求,建立驻留应用处理与资源能力独立操作模式,通过系统运行调度管理,形成应用过程对通用资源分时使用的能力。系统应用分区是通过实时分区操作系统,提供系统驻留功能的分时组织、分区组织和层级组织,形成功能分区、系统分级和资源分类组织,形成系统驻留功能运行独立逻辑空间和分区隔离保护能力。

　　设备资源分时共享综合测试主要是根据设备驻留应用的安全性等级,建立相应设备资源分时共享综合的隔离措施(安全隔离措施是通过系统安全性分析,在这里我们描述所有隔离措施)。对于设备资源综合,隔离措施由资源环境隔离、硬件或活动隔离和应用活动隔离组成。其中环境资源综合测试针对系统不同应用驻留到不同设备,放在飞机不同物理位置,构成不同环境模式,其测试方法包括资源运行环境(如机上不同区域的环境)、资源保障环境(如电源供给和信号输入)和资源交联(如输入/输出接口和网络)隔离测试。硬件活动隔离描述硬件资源操作过程关联模式,即针对不同应用驻留在一个设备,但在不同硬件模块中,其测试方法包括硬件资源模块、硬件资源操作和硬件接口信号隔

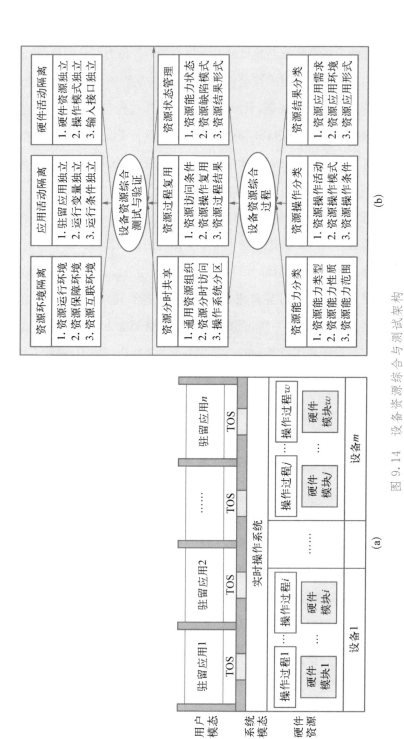

图 9.14 设备资源综合与测试架构

(a) 设备资源操作和过程组织 (b) 设备资源综合和隔离模式

离测试。应用活动隔离描述驻留应用运行交联模式,即针对不同应用驻留在一个设备和硬件模块,但在不同的操作系统分区中,其测试方法包括驻留应用、系统变量和运行条件隔离测试。

设备资源综合隔离测试如图 9.15 所示。

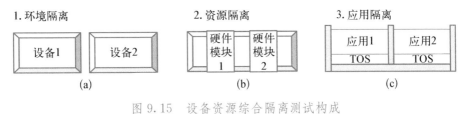

图 9.15　设备资源综合隔离测试构成

(a) 机上不同物理位置　(b) 不同的硬件模块　(c) 不同应用分区

2) 设备资源过程复用有效性测试

设备资源过程复用描述设备多个驻留应用共享设备资源操作过程的机理,它建立在设备操作类型、规范操作过程和系统调度组织的基础上。设备操作类型针对设备驻留应用通用处理需求,根据资源操作过程分类,建立设备驻留应用处理需求的通用资源操作模式,包括资源操作活动、资源操作模式和资源操作条件,形成设备资源通用操作过程组织。设备通用资源规范操作过程基于设备通用资源能力,根据不同驻留应用通用处理模式,建立驻留资源通用操作过程,通过系统运行调度管理,形成通用应用处理共享资源通用操作过程能力。系统调度组织通过设备实时操作系统,建立系统应用处理(进程)调度队列,提供运行队列、就绪队列和挂起队列管理,支持系统驻留功能处理复用设备操作过程,通过设备调度互斥信号灯实现共享隔离保护能力。

设备资源过程复用测试主要针对资源操作组织过程,根据设备驻留应用的处理模式,依据设备资源操作过程,建立相应设备驻留应用处理过程与设备资源操作之间配置组织,测试驻留应用之间的隔离性。针对设备驻留应用运行共用运行资源过程,通过实时操作系统建立系统运行就绪队列、运行队列和挂起队列,依据设备资源操作支持配置,测试应用过程之间的隔离性。对设备驻留应用复用资源操作过程,通过建立资源操作状态信息灯措施,依据设备资源操作共享使用,测试资源操作过程的互斥性。

设备资源操作复用隔离测试如图 9.16 所示。

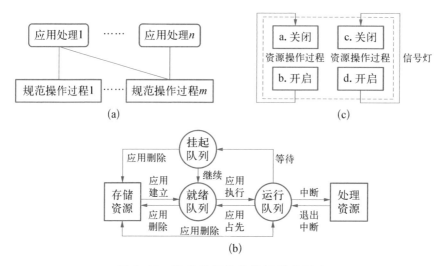

图 9.16 设备资源操作复用隔离测试

（a）驻留应用操作组织 （b）操作过程调度管理 （c）信号灯资源操作互斥隔离

3）设备资源状态管理有效性测试

设备资源状态管理描述设备驻留应用需求的资源运行能力组织、驻留应用处理的资源运行操作模式和驻留应用目标的资源运行状态管理。设备驻留应用需求的资源运行能力组织、操作模式和状态管理根据设备资源操作结果分类,建立面向设备驻留应用处理需求的通用资源操作结果能力,包括资源应用需求、资源应用环境和资源应用形式,构成设备资源操作应用输出结果。设备资源状态管理针对设备驻留应用处理结果组织的安全性分配,建立设备资源与驻留应用独立组织与管理模式,形成设备资源能力管理构型;针对设备驻留应用处理过程组织的实时性定义,建立设备资源操作过程与驻留应用处理过程独立组织与管理模式,构建设备资源操作的优先级组织管理;针对设备驻留应用处理状态组织的可用性要求,建立设备资源能力和操作过程条件与驻留应用处理与运行过程条件(或权重)独立组织与管理模式,建立设备资源状态管理模式。

设备资源状态管理测试主要是针对设备资源类型能力构型组织,根据设备驻留应用安全性分配,依据驻留应用处理过程和设备资源能力类型构成,测试设备资源类型能力构型配置项之间的隔离性。针对设备操作系统调度模式,根据设备驻留应用实时性定义,依据驻留应用处理模式和设备资源操作过程构成,测试设备资源作业调度的资源操作过程之间的隔离性。针对设备操作系统调度模式,根据设备驻留应用可用性要求,依据驻留应用处理权重和设备资源操作过程条件构成,测试不同条件设备资源过程资源之间的隔离性。

设备资源状态管理隔离测试如图 9.17 所示。

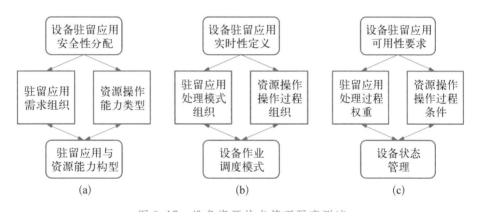

图 9.17 设备资源状态管理隔离测试
(a)驻留应用与资源能力构型组织 (b)设备操作系统调度组织
(c)设备资源状态管理

9.4.2 设备驻留应用综合测试与验证

设备驻留应用描述设备中多个驻留应用综合过程,它建立在设备应用分区组织的基础上。设备驻留应用的组织针对系统的应用需求,根据应用功能处理过程,依据设备资源类型和分区组织能力,建立应用类型(功能)、能力(作用域)、等级(安全性)和过程(实时性)的应用分类组织,构建能力支持、领域相关、等级相符和周期一致的应用分区模式,支持驻留应用目标组织、能力共享、逻辑隔离、过程独立设备驻留应用组织架构,满足驻留应用综合过程的结果和条件、活动与领域和信息与操作安全性要求,保障驻留应用综合的有效性。

设备驻留应用综合过程根据系统应用任务运行环境与结果品质的需求,针对系统输入品质、过程处理元素品质和功能结果品质,根据驻留应用处理领域结果性能要求,确定驻留应用提升的目标,明确驻留应用处理缺陷的影响,扩展驻留应用处理信息支撑能力,提升驻留应用逻辑处理品质,提高驻留应用活动和处理效率,降低驻留应用过程重叠与冲突,实现驻留应用综合结果性能、范围和有效性目标。

设备驻留应用综合测试与验证是针对驻留应用分区组织的模式,根据区内驻留应用的综合,确认综合结果的能力和性能改进状态,测试区内不同驻留应用的信息和操作过程的独立性;针对设备驻留应用分区隔离组织模式,根据区间驻留应用综合,确认综合结果的能力和性能改进状态,测试区间不同驻留应用的处理活动和领域的独立性;针对设备驻留应用分区隔离组织模式,根据区间驻留应用综合,确认综合结果的能力和性能改进状态,测试区间不同驻留应用的处理活动和领域的独立性。

设备驻留应用综合与测试组织架构如图 9.18 所示。

1)设备驻留应用分区综合有效性测试

设备驻留应用分区综合组织是针对设备应用分区架构,根据设备驻留功能专业、逻辑和处理需求,依据应用类型、能力、等级和过程,确定面向设备应用活动特征区内的应用过程组织,如图 9.18(a)驻留应用区 1 中的应用 1,……,应用 i,支持分区内基于应用目标需求的综合,支持分区内应用共享设备系统模态(操作系统的系统模态模式)的共用操作(输入、输出、格式转换、预处理等)结果共享,支持分区内应用复用和共享设备资源操作过程,满足设备驻留应用处理目标的需求。但是,对于驻留分区的综合来说,分区内应用综合的结果来源于各分区内被综合驻留应用独立的能力和处理过程,因此必须建立驻留应用自

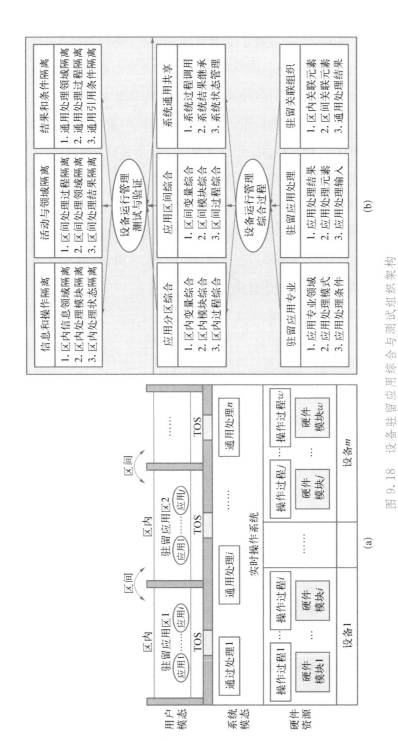

图 9.18　设备驻留应用综合与测试组织架构

（a）设备驻留应用处理和组织　（b）设备驻留应用综合和隔离模式

身的信息组织独立性和模块处理独立性，才能保证驻留应用综合的有效性。

设备驻留应用分区综合测试主要根据设备驻留分区内综合模式：分区内应用处理变量、处理模块和处理过程的综合，建立应用分区内综合的操作独立性和结果完整性。即针对分区内应用处理变量的综合，根据应用专业领域、处理元素和元素交联模式，确定驻留应用分区内应用综合的变量组织模式，测试各个变量作用领域的独立性；针对分区内应用处理模块的综合，根据应用的处理模式、处理结果和逻辑交联组织，确定驻留应用分区内应用综合的模块组织模式，测试各个独立逻辑组织的独立性；针对分区内应用处理过程的综合，根据应用的处理条件、处理输入和操作过程组织，确定驻留应用分区内应用综合的过程组织模式，测试各个独立操作过程的独立性。

设备驻留应用分区测试如图 9.19 所示。

图 9.19　设备驻留应用分区测试

(a) 处理元素独立性　(b) 处理逻辑独立性　(c) 处理过程独立性

2）设备驻留应用区间综合有效性测试

设备驻留应用区间综合组织是针对设备应用分区架构，根据设备驻留功能专业、逻辑和处理需求，依据应用类型、能力、等级和过程，确定面向设备应用专业特征分区的应用专业领域组织，如图 9.18(a) 驻留应用区 1，驻留应用区 2，支持各分区运行结果之间的综合，支持分区内应用共享设备系统模态的通用处理（驱动、标准函数、通用操作等）结果共享，支持分区内共享设备资源操作过程，满足系统应用运行目标的需求。但是，对于驻留区间的综合来说，区间的应用综合结果来源于各个分区自身的专业处理过程、专业作用领域和专业活动结果,因此必须建立各个分区应用自身的处理活动独立性和作用领域独立性,才能保证分区处理结果之间的综合有效性。

设备驻留应用区间综合测试主要根据设备驻留分区的综合模式:分区间应用处理过程、处理领域和处理结果的综合,建立应用各分区综合过程处理隔离性和结果完整性。即针对区间应用处理过程的综合,根据应用处理模式、处理元素和处理条件,确定驻留应用分区之间的处理过程综合模式,测试基于用户模态的各个分区之间处理过程的隔离性;针对区间内应用处理领域的综合,根据应用处理元素、交联模式和活动空间构成,确定驻留应用分区之间应用综合的作用域组织模式,测试基于用户模态的各个分区之间处理作用域的隔离性;针对区间内应用处理结果的综合,根据应用处理输入、处理逻辑和处理条件的能力和构成,确定驻留应用分区之间应用综合的结果组织形式,测试基于用户模态的各个分区之间处理结果状态的隔离性。

设备驻留应用区间测试如图 9.20 所示。

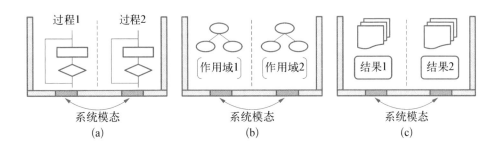

图 9.20　设备驻留应用区间测试

(a) 区间过程综合(过程 1∧过程 2)　(b) 区间领域综合(作用域 1∧作用域 2)
(c) 区间结果综合(结果 1∧结果 2)

3) 设备通用处理共享和综合有效性测试

设备通用处理共享综合组织针对设备应用分区驻留应用的构成,根据设备驻留应用专业、逻辑和处理需求,依据应用类型、能力、等级和过程,确定面向设备应用专业特征分区的系统通用共享处理过程组织,如图 9.18(a)通用处理

1,……，通用处理 n，建立通用过程处理，如标准功能、函数和算法等。系统通用处理过程是由操作系统独立运行管理的，它基于系统模态管理模式，提供设备所有分区驻留应用共享，有效地降低系统重复活动和处理，提升了系统综合能力和过程效率。但是，对于设备通用处理来说，它支持不同驻留应用分区和不同驻留应用处理共享需求，提供面向设备硬件资源操作过程的组织和共享，以及自身通用过程独立处理和管理，因此设备通用处理必须建立分区应用之间的独立性共享模式，建立硬件资源操作综合独立综合过程，以及建立自身完整性独立处理和隔离模式，实现设备通用处理组织和管理安全性需求。

设备通用处理共享和综合测试主要是根据设备驻留应用对通用处理过程共享需求，依据通用处理过程实施资源操作组织过程，针对通用处理过程的类型、能力和处理模式，建立驻留应用共享通用处理过程、通用过程综合资源操作过程以及通用处理过程自身处理过程隔离性和结果完整性。即针对驻留分区应用共享综合过程，根据应用处理模式、处理元素和处理领域，确定驻留应用过程之间的共享通用处理过程的独立性；针对通用处理过程对设备硬件资源操作的综合，根据通用处理过程专业、能力和处理需求，交联模式和活动空间构成，确定通用处理过程的资源能力、性能和结果操作过程组织，测试通用处理综合过程之间的独立性；针对通用处理过程的逻辑、处理和性能处理，根据通用处理过程目标、领域和能力模型组织，确定通用处理过程自身各自的结果形式，测试通用处理过程之间的隔离性。

设备通用处理共享测试如图 9.21 所示。

9.4.3 设备运行管理综合测试与验证

设备运行管理组织根据设备驻留应用运行组织、通用处理过程和资源操作模式构成，通过设备运行管理综合过程，满足系统应用目标、过程品质和资源有效性需求。设备驻留应用运行组织由应用任务组织、设备运行环境和设备能力构型组成，通过设备应用运行组织管理综合，实现设备应用运行管理、作用环境

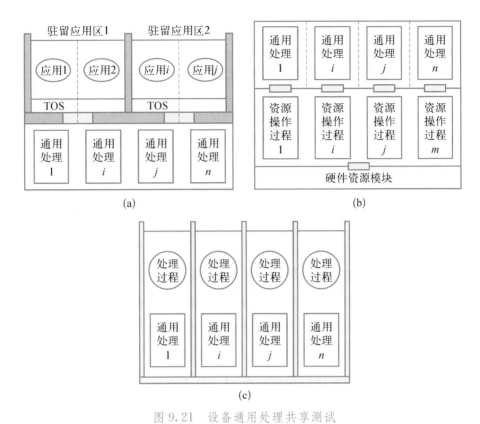

图 9.21　设备通用处理共享测试

(a) 基于通用处理共享驻留独立性　(b) 基于资源操作共享通用处理独立性
(c) 通用处理过程独立性和隔离

管理和运行状态管理,实现设备驻留应用运行过程有效性组织。设备通用处理过程由通用处理过程类型、通用过程处理条件和通用过程处理状态组成,通过设备通用处理过程管理综合,实现设备通用过程处理能力管理、访问管理和处理状态管理,实现设备通用处理过程有效性组织。设备资源操作模式由资源操作能力组织、资源访问操作条件和资源操作运行状态组成,通过设备资源操作模式管理综合,实现设备资源能力类型组织、操作过程条件和操作运行状态管理,实现设备通用处理过程有效性组织。总之,设备运行管理组织根据应用运行组织、通用处理过程和资源操作模式管理,通过设备运行过程和状态控制,实现设备运行能力、品质和有效性最大化。

设备运行管理组织测试与验证针对设备应用综合过程管理存在的问题,验证应用分区和区间综合以及运行状态管理与应用运行目标管理的符合性,测试设备应用运行模式、条件和状态的独立性;针对设备通用处理过程管理存在的问题,验证通用处理过程结果共享和过程集成综合以及处理状态管理与设备通用处理过程平台管理符合性,测试设备通用处理单元、处理过程和处理状态的独立性;针对设备资源操作过程管理存在的问题,验证资源操作过程资源能力共享和操作复用综合以及资源状态管理与设备资源操作平台能力的符合性,测试设备资源能力组织、操作过程和能力状态的独立性。

设备运行管理组织与测试架构如图 9.22 所示。

1) 设备应用运行管理有效性测试

设备应用运行管理是针对设备用户模态应用运行需求,根据设备分区内部应用专业、逻辑和处理需求,依据设备区间应用类型、能力、等级和过程,建立面向应用综合的应用类型、能力构成、环境条件、过程组织和运行状态,形成应用运行管理模式组织,明确应用运行模式,确定应用运行条件,明确应用运行状态,构建应用运行管理。设备应用运行管理过程是根据应用分区和应用构成,确定应用组织和应用综合模式;根据应用类型和运行条件,确定应用过程和应用运行模式;根据应用环境和运行状态,确定任务调度和状态管理模式。但是,对于设备应用运行管理来说,应用组织和分区综合管理建立在应用独立运行过程的基础上,应用过程和运行模式建立在应用独立运行条件基础上,任务调度和运行管理建立在应用独立运行状态的基础上,因此必须建立设备应用运行模式、条件和状态的独立性,才能保证设备应用运行管理的有效性。

设备应用运行管理测试主要分为三部分:一是根据设备用户模态应用任务组织构型,依据应用分区划分、区间组织和用户模态管理,建立应用运行组织管理过程,测试应用运行过程之间的独立性;二是根据设备用户模态应用运行环境,依据应用分区划分、区间组织和应用模态限定条件,建立应用运行条件管理过程,测试应用运行过程条件之间的独立性;三是根据设备驻留应用运行状

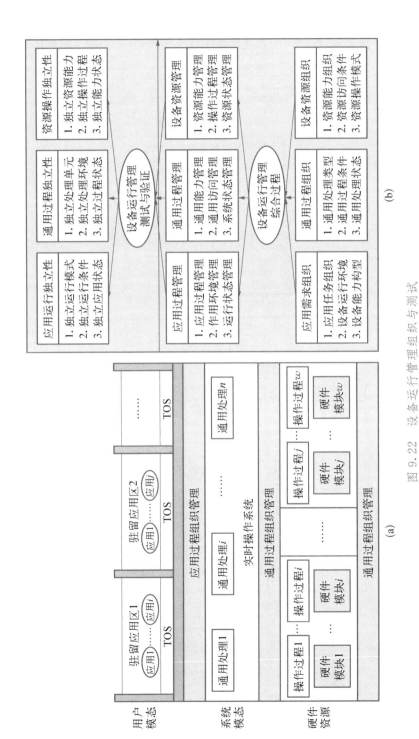

图 9.22　设备运行管理组织与测试

（a）设备运行管理架构　（b）设备运行管理综合和测试模式

态,依据应用分区划分、区间组织和应用模态状态控制,建立应用运行状态管理过程,测试应用运行过程状态之间的独立性。

设备应用运行管理测试如图 9.23 所示。

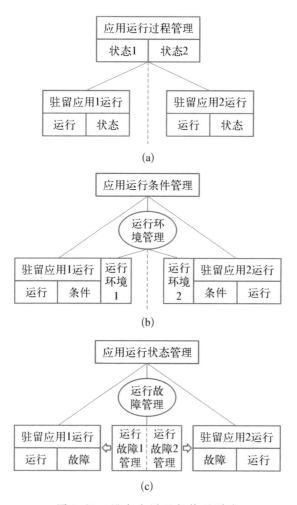

图 9.23　设备应用运行管理测试

（a）应用运行过程的独立性　（b）应用运行条件的独立性　（c）应用运行状态的独立性

2）设备通用处理管理有效性测试

设备通用处理管理针对设备系统模态通用处理过程组织,根据设备通用处理平台组织结果共享、处理复用和状态管理需求,依据设备通用处理类型、环境和能力组织,建立面向设备通用处理平台的处理单元、过程和类型,形成通用处理管理模式。设备应用运行管理过程根据系统应用过程共用能力需求和共用处理方式,确定通用处理能力和处理类型;根据通用处理逻辑和运行条件,确定通用过程组织和处理模式;根据通用处理条件和系统模态管理,确定通用过程调度和运行状态管理。但是,对于设备通用处理管理来说,通用处理能力和类型组织建立在通用处理能力和结果独立运行的基础上,通用处理共享和过程复用组织建立在通用处理过程和条件独立运行基础上,通用过程调度和通用处理模式建立在通用处理状态和管理独立运行的基础上,因此必须建立设备通用处理过程、条件和状态的独立性,才能保证设备通用处理管理的有效性。

设备通用处理管理测试主要分为三部分:一是根据设备系统模态通用处理组织构型,依据通用处理结果共享、处理过程复用和系统模态管理,建立通用处理组织管理过程,测试通用处理过程之间的独立性;二是根据系统模态通用处理运行环境,依据通用处理结果共享、通用处理过程复用和系统模态限定条件,建立通用处理条件管理过程,测试通用处理过程条件之间的独立性;三是根据系统模态通用处理运行状态,依据通用处理结果共享、通用处理过程复用和系统模态状态控制,建立通用处理状态管理过程,测试通用处理过程状态之间的独立性。

设备通用处理管理测试如图 9.24 所示。

3) 设备资源操作管理有效性测试

设备资源操作管理针对设备系统模态资源操作过程组织,根据设备资源管理平台组织能力共享、过程复用和状态管理需求,依据设备资源操作过程、类型和环境组织,建立面向设备通用资源平台的资源能力、访问操作和能力状态组织,形成通用处理管理模式。设备应用运行管理过程根据系统应用过程共用资源能力和共用访问方式,确定资源能力特征和结果形式;根据资源操作类型和运行条件,确定资源操作过程和访问模式;根据资源操作条件和系统模态管理,

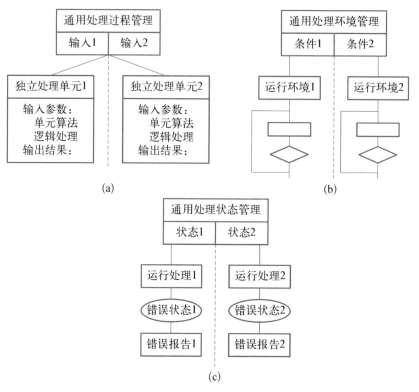

图 9.24　设备通用处理管理测试

（a）通用处理过程的独立性　（b）通用处理条件的独立性

（c）通用处理状态的独立性

确定资源过程调度和运行状态管理。但是，对于设备资源操作管理来说，资源能力构成和类型组织建立在资源能力组织和结果独立运行的基础上，通用资源能力共享和过程复用组织建立在资源访问过程和条件独立运行基础上，资源操作调度和资源有效模式建立在资源操作状态和管理独立运行的基础上，因此必须建立资源操作过程、条件和状态的独立性，才能保证资源操作管理的有效性。

设备资源操作管理测试主要分为三部分：一是根据设备系统模态资源能力组织构型，依据资源能力访问共享、过程复用和系统模态管理，建立资源操作组织管理过程，测试资源操作过程之间的独立性；二是根据系统模态资源操作过程环境，依据资源能力访问共享、资源操作过程复用和系统模态限定条件，建立资源操作条件管理过程,测试资源操作过程条件之间的独立性;三是根据系统模态资源操作运行状态,依据资源访问能力共享、资源操作过程复用和系统模态状态控制,建立资源运行状态管理过程,测试资源操作过程状态之间的独立性。

设备资源操作管理测试如图 9.25 所示。

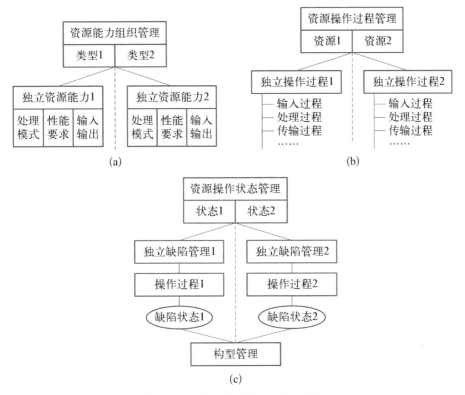

图 9.25　设备资源操作管理测试

(a)资源操作过程的独立性　(b)资源操作条件的独立性
(c)资源操作状态的独立性

9.5　小结

航空电子系统基于不同飞行应用需求、不同运行环境、不同作用领域和不同过程能力组织,实现应用目标明晰、领域扩展、环境精化和结果性能的综合;面向系统不同能力构成、不同专业领域、不同处理逻辑和不同处理性能,实现系统功能能力提升、范围增宽、品质优化和效率提升的综合;针对设备资源不同类型构成、不同操作过程、不同运行条件和不同能力状态,实现设备资源能力共享、过程复用、结果继承和性能增强的综合。最终实现系统应用目标能力、系统处理效率和资源使用效能有效改进和提升。

航空电子系统测试与验证针对系统开发层级组织,确定了不同开发层级的开发过程构成,建立了面向开发过程与需求目标的测试方法和验证要求;针对系统飞行应用综合组织,确定了不同飞行模式的应用过程构成,建立了面向应用组织与运行过程的测试方法和验证要求;针对系统功能处理综合组织,确定了不同系统功能专业的处理能力过程构成,建立了面向不同系统功能处理与过程能力的测试方法和验证要求;针对设备资源能力综合组织,确定了不同设备的资源类型和能力构成,建立了面向不同系统资源操作与结果性能的测试方法和验证要求。

本章重点论述了以下几方面内容:

1) 基于系统开发组织架构的系统开发过程测试与验证

本章针对系统开发与验证层级组织,论述了系统开发层级的目标组织、过程组织和验证组织;针对系统开发过程组织与验证,论述了应用层级开发过程与领域组织、领域层级开发过程与子系统组织和子系统层级开发过程与设备部件组织;针对系统综合过程组织与验证,论述了 IMA 平台能力综合测试与验证、IMA 驻留应用综合测试与验证和 IMA 系统组织综合测试与验证。

2) 基于系统飞行应用过程的系统应用综合测试与验证

本章针对飞行情景综合的测试与验证,论述了飞行情景作用范围有效性测试、发展趋势有效性测试和综合领域有效性测试;针对飞行任务综合的测试与验证,论述了任务感知有效性测试、任务识别有效性测试和任务组织有效性测试;针对飞行管理综合的测试与验证,论述了飞行计划执行状态管理有效性测试、飞行情景环境状态管理有效性测试和飞行任务运行状态管理有效性测试。

3）基于系统功能处理过程的系统功能综合测试与验证

本章针对系统功能专业综合测试与验证，描述了任务目标引导系统功能专业综合有效性测试、任务性质引导系统功能应用综合有效性测试和任务领域引导系统功能应用综合有效性测试；针对系统功能单元综合测试与验证，描述了系统功能处理信息融合有效性测试、系统功能处理逻辑综合有效性测试和系统功能处理输入综合有效性测试；针对系统功能过程综合测试与验证，描述了系统功能过程复用有效性测试、系统功能结果继承有效性测试和系统功能状态组合有效性测试。

4）基于系统资源操作过程的系统物理综合测试与验证

本章针对设备资源能力综合测试与验证，描述了设备资源分时共享有效性测试、设备资源过程复用有效性测试和设备资源状态管理有效性测试；针对设备驻留应用综合测试与验证，描述了设备驻留应用分区综合有效性测试、设备驻留应用区间综合有效性测试和设备通用处理共享和综合有效性测试；针对设备运行管理综合测试与验证，描述了设备应用运行管理有效性测试、设备通用处理管理有效性测试和设备资源操作管理有效性测试。

参考文献

[1] 乔乃强，徐涛，谷青范. ARINC653 分区调度算法的研究与改进[J]. Computer Engineering，2011，37(20).

[2] Grigg A. Reservation-based timing analysis（a partitioned timing analysis model for distributed real-time systems）[J]. University of York Department of Computer Science-Publications-YCST，2002.

[3] Zhou T，Xiong H. Design of energy-efficient hierarchical scheduling for integrated

modular avionics systems[J]. Chinese Journal of Aeronautics, 2012, 25 (1): 109 - 114.

[4] Bauer H, Scharbarg J L, Fraboul C. Applying and optimizing trajectory approach for performance evaluation of AFDX avionics network [C]//Emerging Technologies & Factory Automation, 2009. ETFA 2009. IEEE Conference on. IEEE, 2009: 1 - 8.

[5] 陈昕,周拥军,蒋文保,等. AFDX 协议性能分析及调度算法研究[J]. 电子学报, 2009, 37(5): 1000 - 1005.

[6] Marwedel S, Fischer N, Salzwedel H. Improving performance and reliability assessments of avionics systems [C]//Digital Avionics Systems Conference (DASC), 2011 IEEE/AIAA 30th. IEEE, 2011: 7D1 - 1 - 7D1 - 7.

[7] Watkins C B. Integrated modular avionics: managing the allocation of shared intersystem resources [C]//25th Digital Avionics Systems Conference, 2006 IEEE/AIAA. IEEE, 2006: 1 - 12.

索引

大飞机出版工程 书目

《航空压气机气动热力学理论与应用》

《燃气涡轮发动机性能》(译著)

《航空发动机进排气系统气动热力学》

《燃气涡轮推进系统》(译著)

《燃气涡轮发动机的传热和空气系统》

五期书目(已出版)

《民机飞行控制系统设计的理论与方法》

《民机导航系统》

《民机液压系统》(英文版)

《民机供电系统》

《民机传感器系统》

《飞行仿真技术》

《民机飞控系统适航性设计与验证》

《大型运输机飞行控制系统试验技术》

《飞行控制系统设计和实现中的问题》(译著)

《现代飞机飞行控制系统工程》

六期书目(已出版)

《民用飞机构件先进成形技术》

《民用飞机热表特种工艺技术》

《航空发动机高温合金大型铸件精密成型技术》

《飞机材料与结构检测技术》

《民用飞机构件数控加工技术》

《民用飞机复合材料结构制造技术》

《民用飞机自动化装配系统与装备》

《复合材料连接技术》

《先进复合材料的制造工艺》(译著)

七期书目(已出版)

《支线飞机设计流程与关键技术管理》

《支线飞机验证试飞技术》

《支线飞机电传飞行控制系统研发及验证》

《支线飞机适航符合性设计与验证》

《支线飞机市场研究技术与方法》

《支线飞机设计技术实践与创新》

《支线飞机项目管理》

《支线飞机自动飞行与飞行管理设计与验证》

《支线飞机电磁环境效应设计与验证》

《支线飞机动力装置系统设计与验证》

《支线飞机强度设计与验证》

《支线飞机结构设计与验证》

《支线飞机环控系统研发与验证》

《支线飞机运行支持技术》

《ARJ21-700新支线飞机项目发展历程、探索与创新》

《飞机运行安全与事故调查技术》

《基于可靠性的飞机维修优化》

《民用飞机实时监控与健康管理》

《民用飞机工业设计的理论与实践》

八期书目(已出版)